工程师经验手记

例说 STM32（第 4 版）

刘　军　徐伟健　凌柱宁　冯　源　编著

北京航空航天大学出版社

内 容 简 介

本书将由浅入深,带领读者学习 STM32F103 的各个功能,开启 STM32 的学习之旅。

本书分为 3 篇:第 1 篇为基础篇,主要介绍 STM32F103 的基础知识,包括 STM32 简介、开发环境搭建、STM32 时钟配置、SYSTEM 文件夹等;第 2 篇为入门篇,主要介绍 STM32F103 常用外设的使用,包括跑马灯、定时器、DMA 等;第 3 篇为提高篇,主要介绍 STM32F103 较难一点外设的使用及一些高级例程,包括 SD 卡、内存管理、串口 IAP 等。

本书配套资料包含详细原理图以及所有实例的完整代码,这些代码都有详细的注释。另外,源码有生成好的 hex 文件,读者只需要通过仿真器下载到开发板即可看到实验现象,亲自体验实验过程。

本书不仅非常适合广大学生和电子爱好者学习 STM32F103,其大量的实验以及详细的解说,也可供公司产品开发人员参考。

图书在版编目(CIP)数据

例说 STM32 / 刘军等编著. – – 4 版. – – 北京 : 北京
航空航天大学出版社,2023.9
ISBN 978 – 7 – 5124 – 4136 – 1

Ⅰ. ①例… Ⅱ. ①刘… Ⅲ. ①微控制器 Ⅳ.
①TP332.3

中国国家版本馆 CIP 数据核字(2023)第 144032 号

例说 STM32(第 4 版)

刘 军 徐伟健 凌柱宁 冯 源 编著

责任编辑 董立娟

*

北京航空航天大学出版社出版发行

北京市海淀区学院路 37 号(邮编 100191) http://www.buaapress.com.cn
发行部电话:(010)82317024 传真:(010)82328026
读者信箱:emsbook@buaacm.com.cn 邮购电话:(010)82316936
艺堂印刷(天津)有限公司印装 各地书店经销

*

开本:710×1 000 1/16 印张:30.25 字数:681 千字
2023 年 9 月第 4 版 2023 年 9 月第 1 次印刷 印数:2 000 册
ISBN 978 – 7 – 5124 – 4136 – 1 定价:99.00 元

前　言

本书的由来

2011 年，ALIENTEK 工作室同北京航空航天大学出版社合作，出版发行了《例说 STM32》。该书由刘军（网名：正点原子）编写，自发行以来，广受读者好评，更是被 ST 官方作为学习 STM32 的推荐书本。之后出版了"正点原子教你学嵌入式系列丛书"，包括：

《例说 STM32》

《精通 STM32F4》（寄存器版）/（库函数版）

《原子教你玩 STM32》（寄存器版）/（库函数版）

《FreeRTOS 源码详解与应用开发——基于 STM32》

《STM32F7 原理与应用》（寄存器版）/（库函数版）

随着技术的更新，每种图书都不断地更新和再版。

为什么选择 STM32

与 ARM7 相比，STM32 采用 Cortex-M3 内核。Cortex-M3 采用 ARMV7（哈佛）构架，不仅支持 Thumb-2 指令集，而且拥有很多新特性。较之 ARM7 TDMI，Cortex-M3 拥有更强劲的性能、更高的代码密度、位带操作、可嵌套中断、低成本、低功耗等众多优势。

与 51 单片机相比，STM32 在性能方面则是完胜。STM32 内部 SRAM 比很多 51 单片机的 FLASH 还多；其他外设就不一一比较了，STM32 具有绝对优势。另外，STM32 最低个位数的价格，与 51 单片机相比也是相差无几，因此 STM32 可以称得上是性价比之王。

现在 ST 公司又推出了 STM32F0 系列 Cortex-M0 芯片以及 STM32F4/F3 系列 Coretx-M4 等芯片满足各种应用需求。这些芯片都已经量产，而且购买方便。

如何学 STM32

STM32 与一般的单片机/ARM7 最大的不同就是它的寄存器特别多，在开发过程中很难全部记下来。所以,ST 官方提供了 HAL 库驱动,使得用户不必直接操作寄存器,而是通过库函数的方法进行开发,大大加快了开发进度,节省了开发成本。但是学习和了解 STM32 一些底层知识必不可少,否则就像空中楼阁没有根基。

学习 STM32 有 2 份不错的中文参考资料:《STM32 参考手册》中文版 V10.0 和《ARM Cortex-M3 权威指南》中文版(宋岩 译)。前者是 ST 官方针对 STM32 的一份通用参考资料,包含了所有寄存器的描述和使用,内容翔实,但是没有实例,也没有对 Cortex-M3 内核进行过多介绍,读者只能根据自己对书本内容的理解来编写相关代码。后者是专门介绍 Cortex-M3 架构的书,有简短的实例,但没有专门针对 STM32 的介绍。

结合这 2 份资料,再通过本书的实例,循序渐进,你就可以很快上手 STM32。当然,学习的关键还是在于实践,光看不练是没什么效果的。所以建议读者在学习的时候,一定要自己多练习、多编写属于自己的代码,这样才能真正掌握 STM32。

本书内容特色

本书结合《STM32 参考手册》和《ARM Cortex-M3 权威指南》两者的优点,从 HAL 库级别出发,深入浅出,向读者展示 STM32 的各种功能。

本书内容分为 3 篇:

基础篇,包括第 1～10 章,详细介绍开发环境及其资源。

入门篇,包括第 11～26 章,详细介绍基础外设、涉及的寄存器以及相关应用。

提高篇,包括第 27～31 章,详细介绍了各种高级外设和实用的中间组件。由于本篇涉及的内容掌握起来难度较大,需要大家认真学习,并多加练习,做到举一反三。

本书适合的读者群

不管您是一个 STM32 初学者,还是一个老手,本书都非常适合您。尤其对于初学者,本书将手把手地教您如何使用 MDK,包括新建工程、编译、仿真、下载调试等一系列步骤,让您轻松上手。

本书使用的开发板

本书的实验平台是正点原子 MiniSTM32V3.0 开发板,有这款开发板的朋友可以直接拿本书配套资料里面的例程在开发板上运行和验证。对于没有这款开发板而又想要的朋友,可以在淘宝上购买。当然,如果已经有了一款自己的开发板,而又不想再买,也是可以的,只要您的板子上有正点原子 MiniSTM32V3.0 开发板上相同的资源(实验需要用到的),代码一般都是可以通用的,只需要把底层的驱动函数(一般是 I/O 操作)稍做修改,使之适合您的开发板即可。

本书配套资料和互动方式

本书配套资料里面包含详细原理图以及所有实例的完整代码,这些代码都有详细的注释。另外,源码有生成好的 hex 文件,读者只需要通过仿真器下载到开发板即可看到实验现象,亲自体验实验过程。读者可以通过以下方式免费获取配套资料,也可以和编者互动:

原子哥在线教学平台:www.yuanzige.com

开源电子网/论坛:www.openedv.com/forum.php

正点原子官方网站:www.alientek.com

正点原子淘宝店铺:https://openedv.taobao.com

正点原子 B 站视频:https://space.bilibili.com/394620890

编　者

2023 年 7 月

目　　录

第1篇　基础篇

第 2 篇　入门篇

第 3 篇　提高篇

第1篇 基础篇

万事开头难,打好了基础,后面学习就事半功倍了！本篇将详细介绍 STM32F103 学习的基础知识,包括环境搭建、STM32 入门知识、新建工程、HAL 库介绍、启动过程分析、时钟系统、SYSTEM 文件夹介绍等部分。学好了这些基础知识,对后面的例程学习有非常大的帮助,能极大地提高学习效率。

如果您是初学者,建议好好学习并理解这些知识,手脑并用,不要漏过任何内容,一遍学不会就多学几遍。

如果您已经学过 STM32 了,本篇内容就可以挑选着学习。

本篇将分为如下章节:

① 本书学习方法

② STM32 简介

③ 开发环境搭建

④ STM32 初体验

⑤ STM32 基础知识入门

⑥ 认识 HAL 库

⑦ 新建 HAL 库版本 MDK 工程

⑧ STM32 启动过程分析

⑨ STM32 时钟配置

⑩ SYSTEM 文件夹

第 **1** 章

本书学习方法

为了使读者更好地学习和使用本书,本章将介绍本书的学习方法,包括本书的学习顺序、编写规范、代码规范、资料查找、学习建议等内容。

1. 本书学习顺序

为了使读者更好地学习和使用本书,我们做了以下几点考虑:

① 坚持循序渐进的思路编写,从基础到入门,从简单到复杂。

② 将知识进行分类介绍,简化学习过程,包括基础篇、入门篇、提高篇。

③ 将硬件介绍独立成一个文档"MiniSTM32 V4 硬件参考手册.pdf",本书着重介绍软件知识。

因此,读者在学习本书的时候,建议先通读一遍"MiniSTM32 V4 硬件参考手册.pdf",对开发板的硬件资源有个大概了解,然后从基础篇开始,再到入门篇,最后学习提高篇,循序渐进,逐一攻克。

对初学者来说,尤其要按照以上顺序学习,不要跳跃式学习,因为书本的知识都是一环扣一环的,前面的知识没学好那么后面的知识学起来就会很困难。

对于已经学过 STM32 的朋友来说,就可以跳跃式学习了,有不懂的地方再翻阅前面的知识点进行巩固。

2. 本书参考资料

本书的主要参考资料有 2 份文档,即《STM32F10xxx 参考手册_V10(中文版)》及《ARM Cortex-M3 权威指南》中文版(宋岩 译)。前者是 ST 官方针对 STM32 的一份通用参考资料,重点介绍 STM32 内部资源及使用、寄存器描述等,内容翔实,但是没有实例,也没有对 Cortex-M3 构架进行太多介绍,读者只能根据自己对书本的理解来编写相关代码。后者是专门介绍 Cortex-M3 构架的书,有简短的实例,但没有专门针对 STM32 的介绍。所以,在学习 STM32 的时候必须结合 2 份资料来看。

另外,由于 STM32F103 的中文版是 V10 版本的,而最新的 STM32F103 英文版参考资料已经是 V20 的了,所以遇到一些有问题/矛盾的地方,可以参考最新的英文版参考手册《STM32 英文参考手册 V20》。

这几份参考文档都在本书配套资料里面可以找到,路径为 A 盘→8,STM32 参考资料。

3.　本书编写规范

本书通过数十个例程详细介绍了 STM32 的所有功能和外设,按难易程度以及知识结构,分为 3 个篇:基础篇、入门篇和提高篇。

基础篇,共 10 章,主要介绍一些基础知识,包括开发环境搭建、新建工程、HAL 库介绍、时钟树介绍、SYSTEM 文件夹介绍等。这些章节在结构上没有共性,但是互相有关联,有一个集成的关系在里面,即必须先学了前面的知识,才好学习后面的知识点。

入门篇和提高篇,共 21 章,详细介绍了 STM32F103 每一个外设的使用方法及驱动代码,并且还介绍了一些非常实用的程序代码(纯软件例程),如内存管理、文件系统读/写、拼音输入法、手写识别、图片解码、IAP 等。这部分内容占了本书的绝大部分篇幅,而且结构上都比较有共性,一般分为 4 个部分,即外设功能介绍、硬件设计、程序设计及下载验证。

"外设功能介绍"简单介绍具体章节所要用到的外设功能、框图和寄存器等,使读者对所用外设的功能有一个基本了解,方便后面的程序设计。

"硬件设计"包括具体章节的实验功能说明、所用到的硬件资源及原理图连接方式,从而知道要做什么、需要用到哪些 I/O 口、是怎么接线的,方便程序设计的时候编写驱动代码。

"程序设计"一般包括驱动介绍、配置步骤、程序流程图、关键代码分析、main 函数讲解等部分,逐步介绍程序代码是怎么来的、注意事项等,从而学会整个代码。

"下载验证"属于实践环节,在完成程序设计后,教读者如何下载并验证我们的例程是否正确,完成一个闭环过程。

4.　本书代码规范

为了编写高质量代码,我们对本书的代码风格进行了统一,详细的代码规范说明文档见配套资料的 A 盘→1,入门资料→嵌入式单片机 C 代码规范与风格.pdf,初学者务必好好学习一下这个文档。

总结几个规范的关键点:

➤ 所有函数/变量名字非特殊情况,一般使用小写字母;

➤ 注释风格使用 doxgen 风格,除屏蔽外,一律使用 / * * / 方式进行注释;

➤ Tab 键统一使用 4 个空格对齐,不使用默认的方式进行对齐;

➤ 每 2 个函数之间一般有且只有一个空行;

➤ 相对独立的程序块之间使用一个空行隔开;

➤ 全局变量命名一般用 g_开头,全局指针命名一般用 p_开头;

➤ if、for、while、do、case、switch、default 等语句单独占一行,一般无论有多少行执行语句,都要用加括号{}。

5. 例程资源说明

Mini V4 STM32F103 开发板提供的标准例程多达 56 个,提供了寄存器和 HAL 库 2 个版本的代码(本书介绍 HAL 库版本例程,不再提供寄存器版本文档教程)。这里提供的例程基本都是原创,拥有非常详细的注释,代码风格统一、循序渐进,非常适合初学者入门。

Mini V4 开发板的例程列表如表 1.1 所列。

表 1.1　Mini V4 开发板例程表

编　号	实验名字	编　号	实验名字
1	跑马灯实验	17	内部温度传感器实验
2	按键输入实验	18-1	DAC 输出实验
3	外部中断实验	18-2	DAC 输出三角波实验
4	串口通信实验	18-3	DAC 输出正弦波实验
5	独立看门狗实验	19	I^2C 实验
6	窗口看门狗实验	20	SPI 实验
7-1	基本定时器中断实验	21	触摸屏实验
8-1	通用定时器中断实验	22	红外遥控实验
8-2	通用定时器 PWM 输出实验	23	DS18B20 数字温度传感器实验
8-3	通用定时器输入捕获实验	24	DHT11 数字温湿度传感器实验
8-4	通用定时器脉冲计数实验	25	无线通信实验
9-1	高级定时器输出指定个数 PWM 实验	26	FLASH 模拟 EEPROM 实验
9-2	高级定时器输出比较模式实验	27	内存管理实验
9-3	高级定时器互补输出带死区控制实验	28	SD 卡实验
9-4	高级定时器 PWM 输入模式实验	29	FATFS 实验
10	OLED 实验	30	汉字显示实验
11	TFTLCD(MCU 屏)实验	31	图片显示实验
12	USMART 调试实验	32-1	DSP BasicMath 测试实验
13	RTC 实验	32-2	DSP FFT 测试实验
14-1	PVD 电压监控实验	33	手写识别实验
14-2	睡眠模式实验	34	T9 拼音输入法实验
14-3	停止模式实验	35	串口 IAP 实验
14-4	待机模式实验	36	USB 读卡器(Slave)实验
15	DMA 实验	37	USB 虚拟串口(Slave)实验
16-1	单通道 ADC 采集实验	38	μC/OS-II 实验 1——任务调度
16-2	单通道 ADC 采集(DMA 读取)实验	39	μC/OS-II 实验 2——信号量和邮箱
16-3	多通道 ADC 采集(DMA 读取)实验	40	μC/OS-II 实验 3——消息队列、信号量集和软件定时器
16-4	单通道 ADC 过采样(16 位分辨率)	41	综合测试实验

从表 1.1 可以看出，正点原子 Mini V4 开发板的例程基本上涵盖了 STM32F103RCT6 芯片的所有内部资源，并且外扩展了很多有价值的例程，比如 FLASH 模拟 EEPROM 实验、USMART 调试实验、μC/OS-II 实验、内存管理实验、IAP 实验、拼音输入法实验、手写识别实验、综合实验等。

可以看出，例程安排是循序渐进的，先从最基础的跑马灯开始，然后一步步深入，从简单到复杂，有利于读者学习和掌握。

6. 学习资料查找

(1) ST 官方的学习资料

ST 官方资料有两个网址：www.stmcu.org.cn 和 www.st.com。

www.stmcu.org.cn 是 ST 中文社区，里面的资料全部由 ST 中国区的人负责更新和整理，包含了所有 ST 公司的 MCU 资料，比如 STM32F1 最新的芯片文档（参考手册、数据手册、勘误手册、编程手册等）、软件资源（固件库、配置工具、PC 软件等）、硬件资源（各种官方评估板）等，如图 1.1 所示。

图 1.1　STM32F1 相关资料（stmcu.org.cn）

www.st.com 是 ST 官网，ST 最新、最全的资料一般都放在该网站，而 ST 中文社区的资料都是从 ST 官网搬过来的，所以想找最新的 STM32 官方资料，就应该在 ST 官网找。对于初学者，一般从 ST 中文社区获取 ST 官方资料就可以了。ST 官网的 STM32F103 资料界面如图 1.2 所示（注意，默认是英文的，需要在网页右上角设置成中文）。

图 1.2　STM32F103 官网资料（st.com）

① STM32F103 的硬件相关资源在"产品→微控制器→STM32 ARM Cortex 32 位

微控制器→STM32 主流 MCU→STM32F1 系列→STM32F103→资源"下面可以找到。

　　② STM32F103 的软件相关资源在"工具与软件→嵌入式软件→微控制器软件→
STM32 微控制器软件"下面可以找到。

　　(2) 正点原子的学习资料

　　正点原子提供的学习资料都放在正点原子文档中心,读者可以到 www.openedv.
com/docs/index.html 免费下载,如图 1.3 所示。

图 1.3　正点原子文档中心

　　(3) 正点原子论坛

　　在学习过程中难免会遇到一些问题,读者可以随时去正点原子论坛,即开源电子网
(www.openedv.com/forum.php)搜索解决方案。注意,在论坛提问前先阅读一下"提
问的智慧"一文,地址为 www.openedv.com/thread-7245-1-1.html。

7. 给初学者的建议

　　要想学好 STM32,这里提以下 3 点建议:

　　① 准备一款合适的开发板(强烈建议配仿真器)。

　　任何实验都需要验证,最好的验证方式就是在开发板上面实际跑起来,然后通过仿
真器仿真调试,查看具体的执行过程。仿真调试可以加深印象,还可以方便地查找
bug,所以学习 STM32 必备一个开发板＋一个仿真器。开发板在精不在多,学好一款
基本上就够用了。

　　② 2 本参考资料,即《STM32F10xxx 参考手册_V10(中文版)》和《ARM Cortex-
M3 权威指南》。

　　这 2 个手册 1.2 节已经介绍过了,对于学习 STM32 和了解 Cortex-M3 内核非常
有帮助,是学习 STM32 的必备资料,因此初学者尤其要多看。建议读者多了解一些底
层的东西(可结合这 2 个手册查看寄存器版本的例程),不要只会使用库,否则,一旦遇

到问题或者换个芯片,就不知道怎么办了。

③ 戒骄戒躁,勤思敏行。

学习 STM32 千万不能浮躁,更加不能骄傲。初学者学习 STM32 时会遇到很多问题和难点,这个时候千万不能浮躁,不要带情绪,一定要静下心来,缕清思路,逐一攻克。

笔者曾经遇到一个问题半个月都没解决的情况,但是这半个月我尝试并掌握了很多解决问题的方法,最终解决问题的时候带来的收获远远大于问题本身。所以不要遇到问题就认怂,就想问别人、问老师,先尝试自己解决一下,比如花个十天半个月去解决一个问题,我相信你也会有很多收获。

学习本书内容的时候,要多思考,多想想为什么要这么写、有没有其他更好的办法,然后,自己去验证、去实践。这里非常重要的一点是要多实践,一定要自己动手写代码,然后再下载到开发板验证,不要只是看看视频、看看例程就算完了,要能做到举一反三,自己不实践、不动手写代码是很难真正学会的。

最后,C 语言是学习 STM32 的必备知识,所以 C 语言不过关的读者须先好好学习 C 语言基础,否则学起来会比较吃力。

第 **2** 章

STM32 简介

本章将介绍 STM32 有哪些资源、能够做什么、如何选型等基础知识,让读者对 STM32 有一个大概了解。

2.1　初识 STM32

2007 年 6 月,ST 在北京发布了全球第一款基于 ARM Cortex-M3 内核的 32 位通用微控制器芯片:STM32F103,其以优异的性能、丰富的资源、超高的性价比迅速占领市场,从此一鸣惊人,一发不可收拾,截至 2020 年 6 月,STM32 累计出货量超过 45 亿颗。

Mini 开发板使用的 STM32F103RCT6 芯片,如图 2.1 所示。图左侧是 STM32F103RCT6 芯片,右侧则是芯片开盖后的图片,即芯片内部视图。可以看到,其外观虽平平无奇,但是内部有很多东西,需要我们花很多时间和精力去学习掌握。

图 2.1　STM32F103RCT6 芯片(LQFP64 脚)

与 51 单片机相比,STM32 在性能方面是完胜的。STM32 内部 SRAM 比很多 51 单片机的 FLASH 还多,其他外设就不一一比较了。另外,STM32 最低个位数的价格,与 51 单片机的价格也相差无几,因此 STM32 可以称得上是性价比之王。

再来看一个 STM32 与 51 单片机的性能对比,如表 2.1 所列。

表 2.1　STM32 与 51 单片机的性能对比

	内　核	主频/MHz	DMIPS	硬件 FPU
STM32H7	Cortex-M7	480	1 027	双精度
STM32F7	Cortex-M7	216	462	双精度
STM32F4	Cortex-M4	168	210	单精度
STM32F1	Cortex-M3	72	90	无
STC15	8051	35	35	无

这里选择的 51 单片机是性能比较好的 STC15 系列,如果换成传统 51 单片机,速度会比 STC15 慢 12 倍左右。最强 H7 的 DMIPS 性能约为 STC15 的 30 倍,即便是 STM32F103 也大概有 STC15 性能的 3 倍,由此可见 STM32 的强大。而且最便宜的 STM32F103 价格为 5 块多人民币,和 STC15 系列的价格差不多。

简单来说,价格差不多的情况下,51 单片机能做的,STM32 都能做;51 单片机不能做的,STM32 也能做,因此,越来越多的企业选择使用 STM32 替代 51 单片机。所以,学会 STM32,找工作的时候也会有一定的优势。

2.2　STM32F103 资源简介

这里以 Mini 开发板使用的 STM32F103RCT6 为例进行说明,具体的内部资源如表 2.2 所列。

表 2.2　STM32F103RCT6 内部资源表

指　标	描　述	指　标	描　述	指　标	描　述
内核	Cortex-M3	基本定时器	2	USART	5
主频	72 MHz	通用定时器	4	CAN	1
FLASH	256 KB	高级定时器	2	SDIO	1
SRAM	48 KB	12 位 ADC	3	I^2C	2
封装	LQFP64	ADC 通道数	18	DMA	2
I/O 数量	51	12 位 DAC	2	RTC	1
工作电压	3.3 V	SPI	3	USB 从机	1

可见,STM32 内部资源还是非常丰富的,本书将针对这些资源进行详细介绍,并提供丰富的例程供读者参考学习,相信经过本书的学习,您会对 STM32F103 有一个全面的了解和掌握。

关于 STM32F103 内部资源的详细介绍,读者可参考配套资料的 A 盘→7,硬件资料→2,芯片资料→STM32F103RCT6.pdf,该文档即 STM32F103 的数据手册,其中包含 STM32F103 详细的资源说明和相关性能参数。

2.3 STM32F103 设计选型

STM32 从 2007 年推出至今,已经有 18 个系列,超过 1 000 个型号,为了方便读者选择合适的型号设计产品,本节介绍一下 STM32 的设计选型。

2.3.1 STM32 系列

STM32 目前总共有 5 大类,18 个系列,如表 2.3 所列。

表 2.3 STM32 系列分类及说明

大 类	系 列	内 核	特 性
主流级 MCU	G0	Cortex-M0+	全新入门级 MCU
	G4	Cortex-M4	模数混合型 MCU
	F0	Cortex-M0	入门级 MCU
	F1	**Cortex-M3**	**基础型 MCU**
	F3	Cortex-M4	混合信号 MCU
高性能 MCU	F2	Cortex-M4	高性能 MCU
	F4	**Cortex-M4**	**高性能 MCU**
	F7	**Cortex-M7**	**高性能 MCU**
	H7	**Cortex-M7**	**超高性能 MCU,部分型号有双核(M7+M4)**
超低功耗 MCU	L0	Cortex-M0+	超低功耗 MCU
	L1	Cortex-M3	超低功耗 MCU
	L4	**Cortex-M4**	**超低功耗 MCU**
	L4+	Cortex-M4	超低功耗高性能 MCU
	L5	Cortex-M33	超低功耗高性能安全 MCU
	U5	Cortex-M33	超低功耗高性能大容量安全 MCU
无线 MCU	WB	Cortex-M4 Cortex-M0+	双核无线 MCU
	WL	Cortex-M4	远程无线 MCU
微处理器 MPU	**MP1**	**Cortex-A7 Cortex-M4**	**双核超高性能 MPU**

可以看到,STM32 主要分两大块,MCU 和 MPU。MCU 就是我们常见的 STM32 微控制器,不能跑 Linux;而 MPU 则是 ST 在 2019 年才推出的微处理器,可以跑 Linux。本书重点介绍 MCU 产品,Mini 使用的 STM32F103RCT6 属于主流 MCU 分

类里面的基础型 F1 系列。

STM32 MCU 提供了包括基础入门、混合信号、高性能、超低功耗和无线 5 方面应用在内的产品型号，我们可以根据实际需要选择合适的 STM32 来设计。比如，产品对性能要求比较高，则可以选择 ST 的高性能 MCU，包括 F2、F4、F7、H7 这 4 个系列的产品；如想做超低功耗，则可以选择 ST 的超低功耗 MCU，L 系列的产品。

对于表 2.3 中加黑的系列，正点原子都有相应的开发板，包括主流级 F1、高性能 F4/F7/H7、超低功耗 L4 和微处理器 MP1，读者可以根据需要选择合适的正点原子开发板进行学习。

由于 STM32 系列有很好的兼容性，我们只要能够熟练掌握其中任意一款 MCU，就可以很方便地学会并使用其他系列的 MCU。比如学好了 STM32F103，再去学 F4/F7/H7 就比较容易学会。由于 STM32F103 系列最早推向市场，资料和教程都是最多的，在市场上的使用也最为广泛，所以对于没有接触过 STM32 的初学者来说，建议先学习 STM32F103，再去学习其他的 STM32 系列。

2.3.2　STM32 命名

STM32 的命名规则如图 2.2 所示。可见，STM32 的产品名字里面包含了家族、类别、特定功能、引脚数、闪存容量、封装、温度范围等重要信息，这些信息可以帮助我们识别和区分 STM32 的不同芯片。

图 2.2　STM32 MCU 命名规则（摘自 STM32 产品选型手册）

对于 Mini 开发板使用的 STM32F103RCT6，从命名就可以知道如表 2.4 所列的信息。任何 STM32 型号都可以按图 2.2 所示命名规则进行解读。

表 2.4　STM32F103RCT6 型号说明

描　述	型　号	说　明
家族	STM32	ST 公司 32 位 MCU
产品类别	F	基础型
特定功能	103	STM32 基础型
引脚数	R	64 脚
闪存容量	C	256 KB FLASH
封装	T	QFP 封装
温度范围	6	−40～+85 ℃ 工作温度范围(工业级)

2.3.3　STM32 选型

了解了 STM32 的系列和命名以后,我们再进行 STM32 选型就会比较容易了。这里只要遵循由高到低、由大到小的原则,就可以很方便地完成设计选型了。

由高到低原则:在不能评估项目所需性能的时候,可以考虑先选择高性能的 STM32 型号进行开发,比如选择 F4/F7/H7 等。在高性能 STM32 上面完成关键性能(即最需要性能的代码)开发验证,如果满足使用要求,则可以降档,如从 H7→F7→F4→F1;如不满足要求,则可以升档,如从 F4→F7→H7。通过此方法找到最佳性价比的 STM32 系列。

由大到小原则:在不能评估项目所需 FLASH 大小、SRAM 大小、GPIO 数量、定时器等资源需求的时候,可以考虑先选择容量较大的型号进行开发。比如选择 512 KB 甚至 1 MB FLASH 的型号进行开发,等到开发完成大部分功能之后,就对项目所需资源有了定论,从而可以根据实际情况进行降档选择(当然极少数情况可能还需要升档)。通过此方法,找到最合适的 STM32 型号。

通过以上步骤就可以完成芯片选型,且选型工作可以在正点原子的开发板上验证。

2.3.4　STM32 设计

这里简单介绍一下 STM32 的原理图设计。上一小节介绍了通过选型原则来确定项目所需的 STM32 具体型号,但是在选择型号以后需要先设计原理图,然后再画 PCB、打样、焊接、调试等步骤。这里重点介绍如何设计 STM32F103 的原理图。

任何 MCU 部分的原理图设计,其实都遵循"最小系统＋I/O 分配"的设计原则。在开始设计原理图之前,我们要通读一遍对 STM32F103 原理图设计非常有用的手册:《STM32F103 的数据手册》。可以说不看这个数据手册,我们就无法设计 STM32F103 原理图。

1. 数据手册

设计 STM32F103 原理图的时候需要用到一个非常重要的文档:《STM32F103 数据手册》,里面对 STM32F103 的 I/O 定义和说明有非常详细的描述,是设计原理图的基础。Mini 开发板所使用的 STM32F103RCT6 芯片数据手册,存放在配套资料的 A 盘→ 7,硬件资料→2,芯片资料→ STM32F103RCT6. pdf / STM32F103RCT6（中文版）. pdf,接下来简单介绍一下如何使用该文档。

"STM32F103RCT6. pdf"针对大容量系列（FLASH 容量在 256～512 KB 之间）,主要包括 8 个章节,如表 2.5 所列。

表 2.5　STM32F103 数据手册各章节内容概要

章　节	概要说明
介绍	简单说明数据手册作用,介绍大容量增强型 F103xC/D/E 产品的订购信息和机械特性
规格说明	简单介绍 STM32F103 内部所有资源及外设特点
引脚定义	介绍不同封装的引脚分布、引脚定义等,含引脚特性、复用功能、脚位等
存储器映像	介绍 STM32F103 整个 4 GB 存储空间和外设的地址映射关系
电气特性	介绍 STM32F103 的详细电气特性,包括工作电压、电流、温度、各外设资源的电气性能等
封装特性	介绍了 STM32F103 不同封装的封装机械数据（脚距、长短等）、热特性等
订货代码	介绍 STM32 具体型号所代表的意义,方便选型订货
版本历史	介绍数据手册不同版本之间的差异和修订内容

整个 STM32F103 数据手册对我们开发学习 STM32 来说都比较重要,因此建议读者可以先简单通读一遍这个文档,以加深印象。对于原理图设计,最重要的莫过于引脚定义这一章节了,只有知道了 STM32 的引脚定义,才能开始设计原理图。

STM32F103RCT6 引脚分布如图 2.3 所示。

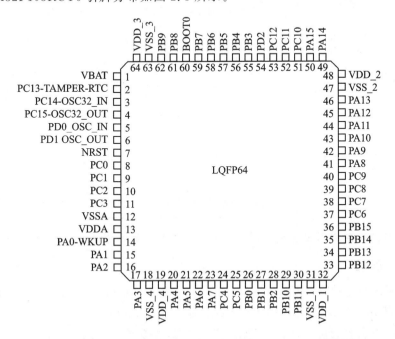

图 2.3　STM32F103RCT6 芯片引脚分布（摘自 STM32F103 数据手册）

STM32F103RCT6 引脚定义如表 2.6 所列。

表 2.6　STM32F103RCT6 芯片引脚定义(部分)(摘自 STM32F103 数据手册)

脚位①						引脚名称②	类型③	I/O电平④	主功能⑤ (复位后)	可选的复用功能⑥	
BGA144	BGA100	WLCP64	LQFP64	LQFP100	LQFP144					默认复用功能	重定义功能
E10	D8	D8	5	81	114	PD0	I/O	FT	OSC_IN	FSMC_D2	CAN_RX
D10	E8	D7	6	82	115	PD1	I/O	FT	OSC_OUT	FSMC_D3	CAN_TX
E9	B7	A3	54	83	116	PD2	I/O	FT	PD2	TIM3_ETR USART5_RX/SDIO_CMD	
D9	D9	–	–	84	117	PD3	I/O	FT	PD3	FSMC_CLK	USART2_CTS
C9	C7	–	–	85	118	PD4	I/O	FT	PD4	FSMC_NOE	USART2_RTS
B9	B6	–	–	86	119	PD5	I/O	FT	PD5	FSMC_NWE	USART2_TX
E7	–	–	–	–	120	VSS_10	S		VSS_10		
F7	–	–	–	–	121	VDD_10	S		VDD_10		

引脚定义表的具体说明如表 2.7 所列。

表 2.7　引脚定义说明

序　号	名　　称	说　　明
①	脚位	对应芯片的引脚,LQFP 使用纯数字表示,BGA 使用字母＋数字表示。这里列出了 6 种封装的脚位描述,根据实际型号选择合适的封装查阅
②	引脚名称	即对应引脚的名字,PD0～5 表示 GPIO 引脚,VSS_10、VDD_10 表示第10组电源引脚,其他类似
③	类型	I/O 表示输入/输出引脚,I 表示输入引脚,S 表示电源引脚
④	I/O 电平	FT 表示 5 V 兼容的引脚(可以接 5 V/3.3 V),空表示 5 V 不兼容引脚(仅可以接 3.3 V)
⑤	主功能(复位后)	复位后,该引脚的默认功能
⑥	可选的复用功能	默认复用功能是指开启复用功能后,该引脚默认的复用功能 重定义功能是指可以通过重映射的复用功能,须设置重映射寄存器

了解引脚分布和引脚定义以后,我们就可以开始设计 STM32F103 的原理图了。

2. 最小系统

最小系统就是保证 MCU 正常运行的最低要求,一般指 MCU 的供电、复位、晶振、BOOT 等部分。STM32F103 的最小系统需求如表 2.8 所列。

完成以上引脚的设计以后,STM32F103 的最小系统就完成了,关于这些引脚的实际原理图可以参考 Mini 开发板的原理图。接下来就可以开始进行 I/O 分配了。

表 2.8　STM32F103 最小系统需求

类　型	引脚名称	说　明
电源	VDD/VSS	电源正(VDD)/负(VSS)引脚,给 STM32 供电
	VDDA/VSSA	模拟部分电源正/负引脚,给 STM32 内部模拟部分供电
	VREF＋/VREF－	参考电压正/负引脚,给 STM32 内部 ADC/DAC 提供参考电压;100 脚及以上的 STM32F103 型号才有这 2 个脚
	VBAT	RTC&后备区域供电引脚,给 RTC 和后备区域供电一般 VBAT 接电池,用于断电维持 RTC 工作;如不需要,直接将 VBAT 接 VDD 即可
复位	NRST	复位引脚,用于复位 STM32,低电平复位
启动	BOOT0/BOOT1	启动选择引脚,一般这 2 个脚各接一个下拉电阻即可,其他启动配置说明详见后续分析
晶振	OSC_IN/OSC_OUT	外部 HSE 晶振引脚,用于给 STM32 提供高精度系统时钟;如果使用内部 HSI 能满足使用需求,这 2 个脚可以不接晶振
	OSC32_IN/OSC32_OUT	外部 LSE 晶振引脚,用于给 STM32 内部 RTC 提供时钟;如果使用内部 LSI 能满足使用需求,这 2 个脚可以不接晶振
调试	SWCLK/SWDIO	SWD 调试引脚,用于调试 STM32 程序,同时 STM32 还支持 JTAG 调试,不过不推荐使用,因为 SWD 省 I/O

3. I/O 分配

I/O 分配就是在完成最小系统设计以后,根据项目需要对 MCU 的 I/O 口进行分配,连接不同的器件,从而实现整体功能,比如 GPIO、I^2C、SPI、USB、中断等。遵循先分配特定外设 I/O,再分配通用 I/O,最后微调的原则,如表 2.9 所列。

表 2.9　I/O 分配

分　配	外　设	说　明
特定外设	I^2C	I^2C 一般用到 2 根线: IIC_SCL 和 IIC_SDA(ST 叫 I^2C)。 数据手册有 I2C_SCL、I2C_SDA 复用功能的 GPIO 都可选用
	SPI	SPI 用到 4 根线: SPI_CS/MOSI/MISO/SCK 一般 SPI_CS 使用通用 GPIO 即可,方便挂多个 SPI 器件; 数据手册有 SPI_MOSI/MISO/SCK 复用功能的 GPIO 都可选用
	TIM	根据需要可选 TIM_CH1/2/3/4/ETR/1N/2N/3N/BKIN 等; 数据手册有 TIM_CH1/2/3/4/ETR/1N/2N/3N/BKIN 复用功能的 GPIO 都可选用
	USART UART	USART 有 USART_TX/RX/CTS/RTS/CK 信号,UART 仅有 UART_TX/RX 2 个信号,一般用到 2 根线: U(S)ART_TX 和 U(S)ART_RX。 数据手册有 U(S)ART_TX/RX 复用功能的 GPIO 都可选用

分　配	外　设	说　明
特定外设	USB	USB 用到 2 根线：USB_DP 和 USB_DM； 数据手册中提到有 USB_DP、USB_DM 复用功能的 GPIO 都可选用
	ADC	ADC 根据需要可选 ADC_IN0～ADC_IN15； 数据手册有 ADC_IN0～ADC_IN15 复用功能的 GPIO 都可选用
	DAC	DAC 根据需要可选 DAC_OUT1 / DAC_OUT2； DAC 固定为 DAC_OUT1 使用 PA4、DAC_OUT2 使用 PA5
通用	GPIO	在完成特定外设的 I/O 分配以后，就可以进行 GPIO 分配了，比如将按键、LED、蜂鸣器等仅需要高低电平读取/输出的外设连接到空闲的普通 GPIO 即可
微调	I/O	微调主要包括 2 部分： ① 当 I/O 不够用的时候，通用 GPIO 和特定外设可能要共用 I/O 口； ② 为了方便布线，可能要调整某些 I/O 口的位置。 这 2 点得根据实际情况进行调整设置，做到尽可能多地可以同时使用所有功能，尽可能方便布线

经过以上几个步骤就可以完成 STM32F103 的原理图设计了。

第 **3** 章

开发环境搭建

本章将介绍 STM32 的开发环境搭建,通过本章的学习,我们将了解到有哪些常用的 STM32 开发工具,包括 IDE、调试器、串口工具等。

3.1 常用开发工具简介

开发 STM32 时需要用到一些开发工具,如 IDE、仿真器、串口调试助手等。常见的工具如表 3.1 所列。

表 3.1 常用开发工具

工 具	名 称	说 明
集成开发环境	**MDK**	全名 RealView MDK,是 Keil 公司(已被 ARM 收购)的一款集成开发环境,界面美观,简单易用,是 STM32 最常用的集成开发环境
	EWARM	IAR 公司的一款集成开发环境,支持 STM32 开发。对比 MDK,IAR 的使用人数少一些,用惯 IAR 的朋友可以选择这款软件开发 STM32
仿真器	**DAP**	ARM 公司的开源仿真器,可支持 STM32 仿真调试,且带虚拟串口功能。有高速和低速 2 个版本,具有免驱、速度快、价格便宜等特点
	STLINK	ST 公司自家的仿真器,支持 STM32 和 STM8 仿真调试,目前最常用的是 ST LINK V2,支持全面、稳定、廉价
	JLINK	Segger 公司的仿真器,可支持 STM32 仿真调试,具有稳定、高速的特点,就是价格有点高
串口调试助手	**XCOM**	正点原子开发的串口调试助手,具有稳定、功能多、使用简单等特点
	SSCOM	丁丁的串口调试助手,具有稳定、小巧、使用简单等特点

读者可以根据自己的需要和喜好,选择合适的开发工具。表中加粗黑体部分是笔者推荐使用的 STM32 开发工具,即 IDE 推荐使用 MDK、仿真器推荐使用 DAP、串口调试助手推荐使用 XCOM,接下来介绍这几个软件的安装。

3.2　MDK 安装

MDK 是一款付费集成开发环境,如果需要商用,须联系 Keil 公司购买,这里仅用于教学使用。

MDK5 的安装分为 2 步:① 安装 MDK5;② 安装器件支持包。

MDK 软件下载地址为 https://www.keil.com/download/product,目前最新版本是 MDK5.36。器件支持包下载地址为 https://www.keil.com/dd2/pack,STM32F1支持包最新版本是 2.3.0。

MDK5.36 和 2.3.0 的 STM32F1 器件支持包已经放在配套资料的 A 盘了,具体路径为 A 盘→ 6,软件资料→1,软件→MDK5,如图 3.1 所示。

MDK5 的安装比较简单,具体安装步骤可参考图 3.1 的"安装过程.txt"。注意,在选择安装路径的时候,建议将 Pack 的路径和 Core 的路径放在一个位置,比如

图 3.1　MDK5 软件及 STM32F1 器件支持包

这里安装在 D 盘(都安装在 D:\MDK5.36 路径下),如图 3.2 所示。

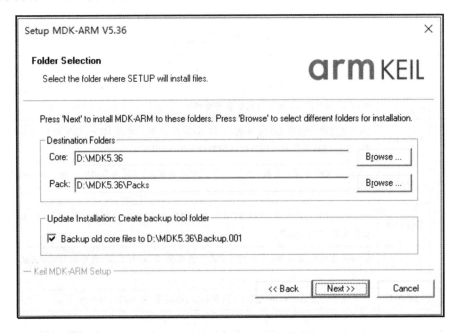

图 3.2　设置 Core 和 Pack 安装路径

安装完成后,电脑桌面会显示 MDK5 图标,如图 3.3 所示。

图 3.3　桌面显示 MDK5 图标

3.3　仿真器驱动安装

STM32 可以通过 DAP、ST LINK、JLINK 等仿真调试器进行程序下载和仿真,推荐使用 DAP 仿真器(CMSIS-DAP Debugger)。DAP 仿真器在 MDK 下是免驱动的(无需安装驱动),即插即用,非常方便。

正点原子提供了 2 种规格的 DAP 仿真器:普速版本 DAP(ATK-DAP)和高速版本(ATK-HSDAP),这 2 个版本 DAP 使用完全一样,只是高速版本速度更快,读者根据需要选择即可。

如果使用的是 STLINK 仿真器,则可以参考配套资料的 A 盘→6,软件资料→1,软件→ST LINK 驱动及教程→ST LINK 调试补充教程.pdf 进行驱动安装。

3.4　CH340 USB 虚拟串口驱动安装

安装 CH340 USB 虚拟串口驱动,以便使用电脑通过 USB 和 STM32 进行串口通信。开发板使用的 USB 虚拟串口芯片是 CH340C,其驱动已经放在配套资料的 A 盘→6,软件资料→1,软件→ CH340 驱动(USB 串口驱动)_XP_WIN7 共用文件夹里面,如图 3.4 所示。

资料盘(A盘) ﹥ 6,软件资料 ﹥ 1,软件 ﹥ CH340驱动(USB串口驱动)_XP_WIN7共用			
安装失败解决办法	2019/11/20 21:08	文件夹	
readme.txt	2015/4/1 18:13	文本文档	1 KB
SETUP.EXE	2015/4/1 18:07	应用程序	235 KB

图 3.4　CH340 驱动

双击 SETUP.EXE 进行安装,安装完成后如图 3.5 所示。

驱动安装成功之后,将开发板的 USB_UART 接口通过 USB 连接到电脑,此时电脑就会自动给其安装驱动了。安装完成之后,可以在电脑的设备管理器里面找到 USB 串口(如果找不到,则重启电脑),如图 3.6 所示。

可以看到,我们的 USB 虚拟串口被识别为 COM3。注意,不同电脑可能不一样,读者的可能是 COM4、COM5 等,但是 USB-SERIAL CH340 这个一定是一样的。如果没

图 3.5 CH340 驱动安装成功

图 3.6 设备管理器显示 CH340 USB 虚拟串口

找到 USB 串口,则可能是安装有误或者系统不兼容。

安装完 CH340 USB 虚拟串口以后,就可以使用串口调试助手,比如 XCOM,和开发板通过串口进行通信了,这个在后续内容再介绍。至此,STM32 的开发环境就搭建完成了。

第 **4** 章

STM32 初体验

本章不介绍如何编写代码,而是介绍如何编译、串口下载、仿真器下载、仿真调试开发板例程,体验一下 STM32 的开发流程,并介绍 MDK5 的一些使用技巧。通过本章的学习,读者将对 STM32 的开发流程和 MDK5 使用有个大概了解,为后续深入学习打好基础。

4.1 使用 MDK5 编译例程

编写完代码以后,需要对代码进行编译。编译成功以后,才能下载到开发板进行验证、调试等操作。Mini 开发板标准例程源码参见配套资料的 A 盘→4,程序源码,如图 4.1 所示。

图 4.1 Mini 开发板例程源码

这 5 个压缩包说明如表 4.1 所列。

表 4.1   源码压缩包说明

压缩包	说　明
标准例程-寄存器版本	寄存器版本标准例程,无独立教程,仅供进阶参考
标准例程-HAL 库版本	HAL 库版本标准例程,搭配"STM32F1 开发指南.pdf"学习
扩展例程	包含 μC/OS、FreeRTOS、emWIN、LittlevGL、lwIP 例程,搭配对应的开发指南学习
STM32 启动文件	STM32F103 启动文件,用于新建工程
ATKNCR(数字字母手写识别库)	正点原子提供的数字字母手写识别库

本书主要针对"标准例程-HAL 库版本"源码进行讲解,所以,这里先解压该压缩包,得到 HAL 库版本的标准例程源码如图 4.2 所示。

图 4.2   标准例程-HAL 库版本

Mini V4 总共 41 个实验的标准例程,部分实验有多个例程,比如通用定时器实验、高级定时器实验、ADC 实验等,所以总例程数达到了 56 个。这里没有把实验 0 统计进来,因为实验 0 主要是新建工程等 MDK 使用基础教学例程。

秉着简单易懂的原则,这里选择"实验 1,跑马灯实验"作为 STM32 入门体验,例程目录如图 4.3 所示。

工程目录下有 5 个文件夹,后面再详细介绍其作用(其实看文件夹名字基本就知道是做啥用的了),这里不多说。例程 MDK 工程文件的路径为:Projects→MDK-ARM→atk_f103.uvprojx,如图 4.4 所示。

注意,一定要先安装 MDK5(详见第 3 章),否则无法打开该工程文件!

双击 atk_f103.uvprojx 打开该工程文件,进入 MDK IDE 界面,如图 4.5 所示。其中,①是编译按钮,表示编译当前工程项目文件;如果之前已经编译过了,则只编译有改动的文件。所以一般第一次会比较耗时间,后续因为只编译改动文件,从而大大缩短了

图 4.3　跑马灯例程工程目录结构　　　　图 4.4　跑马灯实验例程 MDK 工程

编译时间。该按钮可以通过 F7 快捷键进行操作。②是重新编译当前工程所有文件按钮,工程代码较多时全部重新编译会耗费比较多的时间,建议少用。

图 4.5　MDK 打开跑马灯实验例程

按①处的按钮,编译当前项目,在编译完成后可以看到如图 4.6 所示的编译提示信息。

图 4.6　编译提示信息

图中,Code 表示代码大小,占用 5 442 字节。

RO-Data 表示只读数据所占的空间大小,一般指 const 修饰的数据大小。

RW-Data 表示有初值(且非 0)的可读/写数据所占的空间大小,它同时占用

FLASH(存放其初始值)和 RAM 空间。

ZI-Data 表示初始化为 0 的可读/写数据所占空间大小,它只占用 RAM 空间。

因此,图 4.6 的提示信息表示代码总大小(Porgram Size)为 FLASH 占用 5 832 字节(Code+RO+RW),SRAM 占用 1 928 字节(RW+ZI);成功创建了 Hex 文件(可执行文件,放在 Output 目录下);编译 0 错误,0 警告;编译耗时 2 秒钟。

编译完成以后会生成 Hex 可执行文件,默认输出在 Output 文件夹下,如图 4.7 所示。

图 4.7　Hex 可执行文件

注意,必须编译成功才会生成 Hex 可执行文件,否则是不会有这个文件的。

Output 文件夹下除了.hex 文件还有很多其他文件(.axf、.htm、.dep、.lnp、.o、.d、.lst 等),这些文件是编译过程所产生的中间文件,在后续的 map 文件分析时再详细介绍。至此,例程编译完成。其他实验例程可以用同样的方法进行编译。

4.2　使用串口下载程序

STM32 常见的下载方式有 3 种,如表 4.2 所列。

表 4.2　STM32 常见下载方式对比

下载方式	使用接口	下载条件	优缺点
串口下载	串口 1 PA9/PA10	① BOOT0 接 3.3 V ② BOOT1 接 GND ③ 按复位	优点:仅需一个串口即可通过上位机软件下载程序,经济实惠; 缺点:速度慢

续表 4.2

下载方式	使用接口	下载条件	优缺点
SWD 下载	SWD 口 PA13/PA14	直接下载;特殊情况需BOOT0 接 3.3 V,按复位	优点:2 个 I/O 口就可以下载、仿真、调试代码,高速、高效、实用; 缺点:需要一个仿真器
JTAG 下载	JTAG 口 PB3/4/PA13/14/15	直接下载;特殊情况需BOOT0 接 3.3 V,按复位	优点:5 个 I/O 口实现下载、仿真、调试代码,实用方便; 缺点:需要一个仿真器,占用 I/O 多

因此,推荐使用 SWD 下载,强烈建议读者购买一个仿真器(如 ST LINK、CMSIS DAP 等),可以极大地方便学习和开发。不推荐使用串口下载(速度慢、无法仿真和调试)和 JTAG 下载(占用 I/O 多)。

表中 BOOT0 和 BOOT1 是 STM32 芯片上面的 2 个引脚,用于控制 STM32 的启动方式,具体如表 4.3 所列。

表 4.3　STM32 启动模式

BOOT0	BOOT1	启动模式	说　明
0	X	用户闪存存储器启动 地址:0x0800 0000	用户闪存存储器启动(FLASH 启动)正常
1	0	系统存储器启动 地址:0x1FFF F000	系统存储器启动,用于串口下载程序
1	1	SRAM 启动(不常用) 地址:0x2000 0000	SRAM 启动,一般没用

由于从系统存储器启动是不运行用户程序的,所以不管用户程序怎么写,此模式下都可以通过仿真器下载代码。所以,该模式常用于异常关闭 JTAG/SWD 而导致仿真器无法下载程序时的补救措施(在此模式下,下载一个不关闭 JTAG/SWD 接口的程序即可救活)。

接下来介绍如何利用串口给 STM32F103(以下简称 STM32)下载代码。

STM32 通过串口 1 实现程序下载,Mini 开发板通过自带的 USB 转串口来实现串口下载。看起来像是 USB 下载(只需一根 USB 线,并不需要串口线),实际上是通过 USB 转成串口然后再下载的。

下面就一步步介绍如何在实验平台上利用 USB 串口来下载代码。

首先确保开发板接线正确,并成功上电,如图 4.8 所示。

ⓐ 图中①处的 USB_UART 通过 USB 线连接电脑,从而实现 USB 转串口,同时支持给开发板供电。

ⓑ 确保电源灯②亮起(蓝色),不亮则检查供电和电源开关③是否按下。

图 4.8　开发板设置

　　ⓒ 确保 RXD 和 PA9(STM32 的 TXD)、TXD 和 PA10(STM32 的 RXD)通过跳线帽连接起来(标号④),这样就把 CH340C 和 STM32 的串口 1 连接上了。

　　ⓓ 图中⑤处的 BOOT 设置为 BOOT0(简称 B0)和 BOOT1(简称 B1)都接 GND(一键下载电路自动控制,后面再介绍)。

　　由表 4.2 可知,STM32 串口下载的标准方法是 4 个步骤:

　　① 把 B0 接 V3.3。

　　② 保持 B1 接 GND。

　　③ 按一下复位按键。

　　④ 使用上位机软件下载代码。

　　通过这几个步骤就可以实现通过串口下载代码了。下载完成之后,如果没有设置从 0x08000000 开始运行,则代码不会立即运行,此时还需要把 B0 接回 GND,然后再按一次复位才会开始运行刚刚下载的代码。所以整个过程须 2 次拔插跳线帽,还得按 2 次复位,比较繁琐。而一键下载电路则利用串口的 DTR 和 RTS 信号分别控制 STM32 的复位和 B0,配合正点原子团队研发的上位机软件 ATK-XISP,设置 DTR 的低电平复位、RTS 高电平进 BootLoader,这样,B0 和 STM32 的复位完全可以由下载软件自动控制,从而实现一键下载。一键下载的原理图介绍详见"MiniSTM32 V4 硬件参考手册.pdf。"

　　串口程序下载需要用到 ATK-XISP 上位机软件,其可以实现对 STM32F1 到

STM32H7 等系列芯片的串口编程。ATK-XISP 软件在配套资料的 A 盘→ 6, 软件资料→1, 软件→STM32 串口下载软件（ATK-XISP），如图 4.9 所示。

图 4.9　ATK-XISP 串口编程软件

　　双击打开 ATK-XISP，进行如图 4.10 所示的设置。

图 4.10　ATK-XISP 设置

　　① 搜索串口选择 CH340 虚拟的串口（笔者的是 COM23，不同电脑可能不同，需要根据实际情况选择对应的串口，详见 3.4 节），然后设置波特率为 460 800，保证最大速度下载。

　　② 选择 4.1 节编译生成的 hex 文件（在 Output 文件夹）。

　　③ 选中校验和编程后执行 2 项可以保证下载代码的正确性，并且下载完后自动运行，省去按复位的麻烦。注意，千万不要选中使用 RamIsp 和连续烧录模式，否则下载失败！

　　④ 选择 DTR 的低电平复位，RTS 高电平进 BootLoader（别选错），以匹配一键下载电路，实现一键下载代码，省去设置 BOOT0、按复位的麻烦。

　　设置好之后就可以通过按开始编程（P）按钮，一键下载代码到 STM32 上。下载成功后如图 4.11 所示。

图 4.11　下载完成

图 4.12　开发板运行

图 4.11 中圈出了 ATK-XISP 对一键下载电路的控制过程,先是获取芯片信息,然后对全片擦除,还显示了文件的首地址以及文件大小等。

另外,下载成功后会有"共写入 xxxxKB,进度 100%,耗时 xxxx ms"的提示,并且从 0x80000000 处开始运行了。此时表示代码下载完成,并已经成功运行了。查看开发板就可以看到 DS0(红灯)、DS1(绿灯)开始交替闪烁了,如图 4.12 所示。

至此,STM32 使用串口下载程序完成。其他实验例程可以用同样的方法进行下载。

4.3　使用 DAP 下载与调试程序

上一节我们使用串口给 STM32 下载程序,但是串口下载并不能仿真调试代码,只能下载后观看运行结果,所以在调试代码 bug 的时候最好还是用仿真器进行下载调试。本节将介绍如何使用仿真器给 STM32 下载代码,并调试代码。

这里以 DAP 仿真器为例进行讲解,如果读者使用的是其他仿真器,基本上也是一样的用法,只是选择仿真器的时候,选择对应的型号即可。

DAP 与开发板连接如图 4.13 所示:

ⓐ DAP 通过 USB 线连接电脑,且仿真器①处的蓝灯常亮。

ⓑ DAP 通过 20P 灰排线连接开发板,如图中③处所示。

ⓒ确保开发板已经正常供电,蓝色电源灯(②处)亮起,通过⑤处供电,⑥处控制开关。

ⓓ B0、B1 都接 GND,如图中④处所示。

图 4.13　DAP 与开发板连接

4.3.1　使用 DAP 下载程序

在 4.1 节的跑马灯例程 MDK IDE 界面下单击 按钮,打开 Options for Target 'LED' 对话框,在 Debug 选项卡选择仿真工具为 use：CMSIS-DAP Debugger,如图 4.14 所示。

图 4.14　Debug 选项卡设置

① 选择使用 CMSIS-DAP Debugger 仿真器仿真调试代码。如果读者使用的是其

他仿真器,比如 STLINK、JLINK 等,则这里选择对应的仿真器型号。

② 该选项选中后,只要单击仿真就会直接运行到 main 函数。如果没选择这个选项,则先执行 startup_stm32f103xe.s 文件的 Reset_Handler,再跳到 main 函数。

然后单击 Settings,设置 DAP 的一些参数,如图 4.15 所示。

图 4.15 DAP 仿真器参数设置

① 表示 MDK 找到了 ATK CMSIS-DAP 仿真器,如果这里显示为空,则表示没有仿真器被找到,则检查你的电脑是否接了仿真器,并安装了对应的驱动。

② 设置接口方式,这里选择 SW(比 JTAG 省 I/O),通信速度设置为 10 MHz(实际上大概只有 4 MHz,MDK 会自动匹配)。

③ 表示 MDK 通过仿真器的 SW 接口找到了目标芯片,ID 为 0x1BA01477。如果这里显示 No target connected,则表示没找到任何器件,则检查仿真器和开发板连接是否正常、开发板是否供电了。

其他部分使用默认设置,设置完成以后单击"确定"按钮完成此部分设置。接下来还需要在 Utilities 选项卡里面设置下载时的目标编程器,如图 4.16 所示。

图 4.16 FLASH 编程器选择

在图 4.16 中直接选中 Use Debug Driver,即和调试一样,选择 DAP 来给目标器件的 FLASH 编程,然后单击 Settings 进入 FLASH 算法设置,设置如图 4.17 所示。

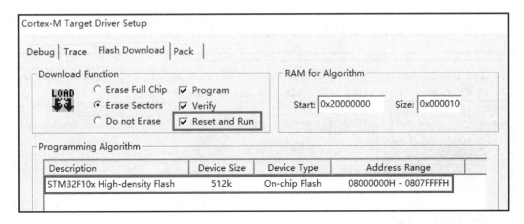

图 4.17　FLASH 算法设置

这里 MDK5 会根据新建工程时选择的目标器件,自动设置 Flash 算法。我们使用的是 STM32F103RCT6,FLASH 容量为 256 KB,所以 Programming Algorithm 里面默认会有 512k 型号的 STM32F10x High-density Flash 算法。注意,这里的 512k Flash 算法不仅仅针对 512 KB 容量的 STM32F103,更是针对高容量 STM32(256 KB≤FLASH容量≤512 KB)的一个通用算法,因此 STM32F103RCT6 也采用这个 Flash 算法。另外,如果这里没有 Flash 算法,则可以单击 Add 按钮自行添加即可。最后,选中 Reset and Run 选项,以实现在编程后自动运行,其他默认设置即可。

在设置完之后,单击"确定"按钮,然后再单击 OK 回到 IDE 界面,编译(可按 F7 快捷键)一下工程,编译完成以后(0 错误,0 警告)按 (快捷键 F8)按钮就可以将代码通过仿真器下载到开发板上,在 IDE 下方的 Build Output 窗口就会提示相关信息,如图 4.18 所示。

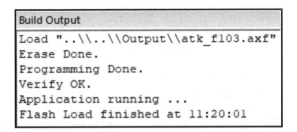

图 4.18　仿真器下载代码

下载完后就可以看到 DS0 和 DS1 交替闪烁了,说明代码下载成功。

4.3.2　使用 DAP 仿真调试程序

正常编译完例程以后(0 错误,0 警告),单击🔍(开始/停止仿真按钮)开始仿真(如果开发板的代码没被更新过,则会先更新代码(即下载代码)再仿真),如图 4.19 所示。

图 4.19　开始仿真

① Register:寄存器窗口,显示了 Cortex-M3 内核寄存器 R0~R15 的值、内部的线程模式(处理者模式、线程模式)及特权级别(用户级、特权级),并且显示了当前程序的运行时间(Sec),一般用于查看程序运行时间或者比较高级的 bug 查找(涉及分析 R0~R14 数据是否异常了)。

② Disassembly:反汇编窗口,将 C 语言代码和汇编对比显示(指令存放地址,指令代码,指令,具体操作),方便从汇编级别查看程序运行状态,同样也属于比较高级别的 bug 查找。

③ 代码窗口,在左侧有黄绿色三角形,黄色的三角形表示将要执行的代码,绿色的

三角形表示当前光标所在代码(C 代码或当前汇编行代码对应的 C 代码)。一般情况下,这 2 个三角形是同步的,只有在单击光标查看代码的时候才可能不同步。

④ Call Stack＋Locals:调用关系 & 局部变量窗口,通过该窗口可以查看函数调用关系以及函数的局部变量,在仿真调试的时候非常有用。

开始仿真的默认窗口就介绍这几个,实际上还有一些其他的窗口,比如 Watch、Memory、外设寄存器等也是很常用的,可以根据实际使用选择调用合适的窗口来查看对应的数据。

图 4.19 中还有一个很重要的工具条:Debug 工具条,其内容和作用如图 4.20 所示。

图 4.20　Debug 工具条

复位:其功能等同于硬件上按复位按钮,相当于实现了一次硬复位。按下该按钮之后代码会重新从头开始执行。

执行到断点处:该按钮用来快速执行到断点处。有时候并不需要观看每步是怎么执行的,而是想快速执行到程序的某个地方看结果,这个按钮就可以实现这样的功能,前提是你在查看的地方设置了断点。

停止运行:此按钮在程序一直执行的时候会变为有效,通过按该按钮就可以使程序停止下来,进入到单步调试状态。

执行进去:该按钮用来实现执行到某个函数里面去的功能,在没有函数的情况下是等同于执行过去按钮的。

执行过去:在碰到有函数的地方,通过该按钮就可以单步执行过这个函数,而不进入这个函数单步执行。

执行出去:该按钮是在进入了函数单步调试的时候,有时候可能不必再执行该函数的剩余部分了,通过该按钮就可以一步执行完该函数的剩余部分并跳出函数,回到函数被调用的位置。

执行到光标处:该按钮可以迅速使程序运行到光标处,其实类似执行到断点处按钮功能,但是两者是有区别的,断点可以有多个,但是光标所在处只有一个。

反汇编窗口:通过该按钮就可以查看汇编代码,这对分析程序很有用。

Call STACK 窗口:通过该按钮可以显示调用关系 & 局部变量窗口、显示当前函数的调用关系和局部变量,对分析程序非常有用。

观察窗口:MDK5 提供 2 个观察窗口(下拉选择),按下按钮则弹出一个显示变量的窗口,输入想要观察的变量/表达式即可查看其值,是很常用的一个调试窗口。

内存查看窗口：MDK5 提供 4 个内存查看窗口(下拉选择),按下按钮则弹出一个内存查看窗口,可以在里面输入你要查看的内存地址,然后观察这一片内存的变化情况,是很常用的一个调试窗口。

串口打印窗口：MDK5 提供 4 个串口打印窗口(下拉选择),按下该按钮则弹出一个类似串口调试助手界面的窗口,用来显示从串口打印出来的内容。

系统分析窗口：该图标下面有 6 个选项(下拉选择),一般用第一个,也就是逻辑分析窗口(Logic Analyzer),单击即可调出该窗口。通过 SETUP 按钮新建一些 I/O 口,就可以观察这些 I/O 口的电平变化情况,以多种形式显示出来,比较直观。

系统查看窗口：该按钮可以提供各种外设寄存器的查看窗口(通过下拉选择),选择对应外设即可调出该外设的相关寄存器表,并显示这些寄存器的值,方便查看设置是否正确。

Debug 工具条上的其他几个按钮用得比较少,这里就不介绍了。以上介绍的是比较常用的,当然也不是每次都用得着这么多,具体看读者程序调试的时候有没有必要观看这些东西,从而决定要不要看。

在图 4.19 的基础上关闭反汇编窗口(Disassembly)、添加观察窗口 1(Watch1)。然后调节一下窗口位置,将全局变量 g_fac_us(在 delay.c 里面定义)加入 Watch1 窗口(方法：双击 Enter expression 添加/直接拖动变量 t 到 Watch1 窗口即可),如图 4.21 所示。

图 4.21　开始仿真

此时可以看到 Watch1 窗口的 g_fac_us 值提示无法计算,于是把鼠标光标放在第 32 行左侧的灰色区域,然后按下鼠标左键即可放置一个断点(红色的实心点,也可以通过鼠标右键弹出菜单来加入)。这样就在 delay_init 函数处放置一个断点,然后单击 ![], 执行到该断点处,然后再单击 ![], 执行进入 delay_init 函数,如图 4.22 所示。

```
       main.c     delay.c     startup_stm32f103xe.s
    134  /**
    135   *  @brief·····初始化延迟函数
    136   *  @param·····sysclk: 系统时钟频率, 即CPU频率 (HCLK)
    137   *  @retval·····无
    138   */
    139  void delay_init(uint16_t sysclk)
    140  {
    141  #if SYS_SUPPORT_OS /* 如果需要支持OS..*/
    142      uint32_t reload;
    143  #endif
    144      SysTick->CTRL = 0;                                              /* 清Systick状态, 以便下一步重设, 如果过
    145      HAL_SYSTICK_CLKSourceConfig(SYSTICK_CLKSOURCE_HCLK_DIV8);     /* SYSTICK使用内核时钟源8分频, 因systic
    146
    147      g_fac_us = sysclk / 8;                                          /* 不论是否使用os,g_fac_us都需要使用,代
    148  #if SYS_SUPPORT_OS                                                  /* 如果需要支持OS */
    149      reload = sysclk / 8;                                            /* 每秒钟的计数次数 单位为M */
    150      reload *= 1000000 / delay_ostickspersec;                        /* 根据delay_ostickspersec设定溢出时间
    151                                                                      reload为24位寄存器,最大值:16777216
    152                                                                      */
    153      g_fac_ms = 1000 / delay_ostickspersec;                          /* 代表os可以延时的最少单位 */
    154      SysTick->CTRL |= 1 << 1;                                        /* 开启SYSTICK中断 */
    155      SysTick->LOAD = reload;                                         /* 每1/delay_ostickspersec秒中断一次 */
    156      SysTick->CTRL |= 1 << 0;                                        /* 开启SYSTICK */
    157  #endif
    158  }
```

Watch 1		
Name	Value	Type
g_fac_us	0x0000	ushort
<Enter expression>		

图 4.22　执行进入 delay_init 函数

此时可以看到 g_fac_us 的值已经显示出来了,默认是 0(全局变量如果没有赋初值,一般默认都是 0),然后继续单击 ![], 单步运行代码到"g_fac_us ＝sysclk/8;"这一行,再把鼠标光标放在 sysclk 上停留一会,就可以看到 MDK 自动提示 sysclk(delay_init 的输入参数)的值为 0x0048,即 72,如图 4.23 所示。

```
    146
    147      g_fac_us = sysclk / 8;
    148  #if SYS_SUPPORT  sysclk = 0x0048
    149      reload = sysclk / 8;
    150      reload *= 1000000 / delay_ostickspersec;
```

图 4.23　单步运行到 g_fac_us 赋值

然后再单步执行过去这一行,就可以在 Watch1 窗口中看到 g_fac_us 的值变成 9 了,如图 4.24 所示。

由此可知,对于某些全局变量,在程序还没运行到其所在文件的时候,MDK 仿真时可能不会显示其值(如提示 cannot evaluate);当运行到其所在文件并实际使用到的时候,此时就会显示出来其值了。

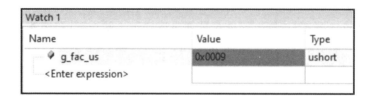

图 4.24　Watch1 窗口观看 g_fac_us 的值

然后,再回到 main.c,在第一个 LED0(0)处放置一个断点,运行到断点处,如图 4.25 所示。

```
28    int main(void)
29  □ {
30    ····HAL_Init();                              /*·初始化HAL库·*/
31    ····sys_stm32_clock_init(RCC_PLL_MUL9);     /*·设置时钟,72M·*/
32    ····delay_init(72);                          /*·初始化延时函数·*/
33    ····led_init();                              /*·初始化LED·*/
34
35    ····while(1)
36  □ ····{
37    ········LED0(0);                             /*·LED0·亮·*/
38    ········LED1(1);                             /*·LED1·灭·*/
39    ········delay_ms(500);
40    ········LED0(1);                             /*·LED0·灭·*/
41    ········LED1(0);                             /*·LED1·亮·*/
42    ········delay_ms(500);
43    ····}
44    }
45
```

图 4.25　运行到 LED0(0)代码处

此时单击 ⏻ 执行过这一行代码,则可以看到开发板上的 DS0(红灯)亮起来了,继续单击 ⏻,依次可以看到 DS0 灭→DS1 亮→DS0 亮→DS1 灭→DS0 灭→DS1 亮……,一直循环。这样如果全速运行,则可以看到 DS0、DS1 交替亮灭,不过全速运行的时候一般是看不出 DS0 和 DS1 全亮的情况的,而通过仿真就可以很容易知道有 DS0 和 DS1 同时亮的情况。

最后,在 delay.c 文件的 delay_us 函数第二行处设置一个断点,然后运行到断点处,如图 4.26 所示。

此时可以从 Call Stack+Locals 窗口看到函数的调用关系,其原则是从下往上看,即下一个函数调用了上一个函数,因此,其关系为 main 函数调用了 delay_ms 函数,然后 delay_ms 函数调用了 delay_us 函数。这样在一些复杂的代码里面(尤其是第三方代码)可以很容易捋出函数调用关系并查看其局部变量的值,有助于我们分析代码解决问题。

```
224  /**
225   * @brief      延时nus
226   * @param      nus: 要延时的us数.
227   * @note       注意: nus的值,不要大于1864135us(最大值即2^24 / g_fac_us @g_fac_us = 9)
228   * @retval     无
229   */
230  void delay_us(uint32_t nus)
231  {
232      uint32_t temp;
233      SysTick->LOAD = nus * g_fac_us;  /* 时间加载 */
234      SysTick->VAL = 0x00;             /* 清空计数器 */
235      SysTick->CTRL |= 1 << 0 ;        /* 开始倒数 */
236
237      do
238      {
239          temp = SysTick->CTRL;
240      } while ((temp & 0x01) && !(temp & (1 << 16)));  /* CTRL.ENABLE位为1, 等待时间到达
241
242      SysTick->CTRL &= ~(1 << 0) ;     /* 关闭SYSTICK */
243      SysTick->VAL = 0X00;             /* 清空计数器 */
244  }
```

Name	Location/Value	Type
⊟ ◆ delay_us	0x080014D6	void f(uint)
⇤ nus	0x0007A120	param - uint
◆ temp	0x0007A120	auto - uint
⊞ ◆ delay_ms	0x080014CC	void f(ushort)
◆ main	0x00000000	int f()

图 4.26　查看函数调用关系及局部变量

4.3.3　仿真调试注意事项

① 由于 MDK5.23 以后对中文支持不是很好,具体现象是:在仿真的时候,当有断点未清除时单击🔍结束仿真,则弹出如图 4.27 所示的报错。

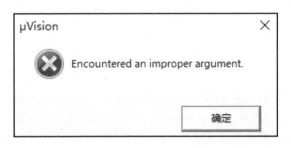

图 4.27　仿真结束时报错

此时单击"确定"是无法关闭 MDK 的,只能到电脑的任务管理器里面强制结束 MDK 才可以将其关闭,比较麻烦。

该错误就是由于 MDK5.23 以后的版本对中文支持不太好导致的,这里提供 2 个解决办法:ⓐ 仿真结束前将所有设置的断点都清除掉,可以使用 File 工具栏的 🔨 ▾按钮快速清除当前工程的所有断点,然后再结束仿真,就不会报错。ⓑ 将工程路径改浅,并改成全英文路径(比如,将源码复制到 E 盘→Source Code 文件夹下。注意,例程名

字一般可以不用改英文,因为只要整个路径不超过 10 个汉字,一般就不会报错了,如果还报错就再减少汉字数量)。通过这 2 个方法可以避免仿真结束报错的问题。推荐使用第 2 种方法,因为这样就不用每次都全部清除所有断点、下回仿真又得重设的麻烦。

② 关于 STM32 软件仿真,旧版书中介绍过如何使用 MDK 进行 STM32 软件仿真,由于其限制较多(只支持部分 F1 型号),而且仿真器越来越便宜,硬件仿真更符合实际调试需求,调试效果更好。所以后续只介绍硬件仿真,不再推荐使用软件仿真了。

③ 仿真调试找 bug 是一个软件工程师必备的基本技能。MDK 提供了很多工具和窗口来辅助我们找问题,只要多使用,多练习,肯定就可以把仿真调试学好。这对我们后续独立开发项目非常有帮助。因此,极力推荐读者多练习使用仿真器查找代码 bug,学会这个基本技能。

④ 调试代码不要浅尝辄止,要想尽办法找问题,具体的思路:先根据代码运行的实际现象分析问题,确定最可能出问题的地方,然后在相应的位置放置断点,查看变量,查看寄存器,分析运行状态和预期结果是否一致,从而找到问题原因,解决 bug。特别提醒:一定不要浅尝辄止,很多读者只跟踪到最上一级函数就说死机了,不会跟踪进去找问题,所以一定要一层层进入各种函数,越是底层(甚至汇编级别)越好找到问题原因。

4.4 MDK5 使用技巧

本节介绍 MDK5 软件的一些使用技巧,这些技巧在代码编辑和编写方面会非常有用,希望读者好好掌握,最好实际操作一下,加深印象。

4.4.1 文本美化

文本美化主要是设置一些关键字、注释、数字等的颜色和字体。如果刚装 MDK,没进行字体颜色配置,以跑马灯例程为例,界面效果如图 4.28 所示。

图 4.28 是 MDK 默认的设置,可以看到其中的关键字和注释等字体的颜色不是很漂亮,而 MDK 提供了我们自定义字体颜色的功能。可以在工具条上单击🔧(配置对话框)弹出如图 4.29 所示界面。

① 设置代码编辑器字体使用:Chinese GB2312(Simplified),以更好地支持中文。

② 设置编辑器的空格可见:View White Space,所有空格使用“.”替代,Tab 使用“→”替代,这样可以方便对代码进行对齐操作。同时,推荐所有的对齐都用空格来替代,这样在不同软件之间查看源代码时就不会引起由于 Tab 键大小不一样而导致代码不对齐的问题,方便使用不同软件查看和编辑代码。

③ 设置 C/C++ 文件,Tab 键的大小为 4 个字符,且字符使用空格替代(Insert spaces for tabs)。这样在使用 Tab 键进行代码对齐操作的时候都会用空格替代,保证不同软件使用代码都可以对齐。

```
main.c
21    #include "./SYSTEM/sys/sys.h"
22    #include "./SYSTEM/delay/delay.h"
23    #include "./SYSTEM/usart/usart.h"
24    #include "./BSP/LED/led.h"
25
26
27    int main(void)
28 ⊟ {
29        HAL_Init();                              /* 初始化HAL库 */
30        sys_stm32_clock_init(RCC_PLL_MUL9);      /* 设置时钟,72M */
31        delay_init(72);                          /* 初始化延时函数 */
32        led_init();                              /* 配置STM32操作LED相关的寄存器 */
33
34        while(1)
35 ⊟     {
36            LED0(0);                             /* LED0 亮 */
37            LED1(1);                             /* LED1 灭 */
38            delay_ms(500);
39            LED0(1);                             /* LED0 灭 */
40            LED1(0);                             /* LED1 亮 */
41            delay_ms(500);
42        }
43    }
```

图 4.28　MDK 默认配色效果

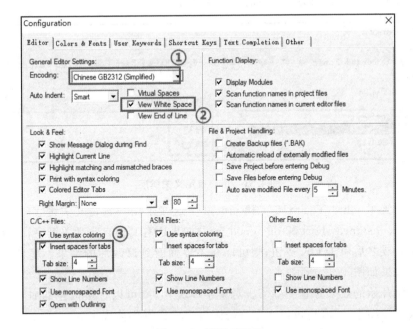

图 4.29　配置对话框

　　然后,选择 Colors & Fonts 选项卡,在该选项卡内就可以设置自己代码的字体和颜色了。由于我们使用的是 C 语言,故在 Window 列表框选择 C/C++ Editor Files,则右边就可以看到相应的元素了,如图 4.30 所示。

　　然后单击各个元素(Element)修改为喜欢的颜色(注意双击,且有时候可能需要设

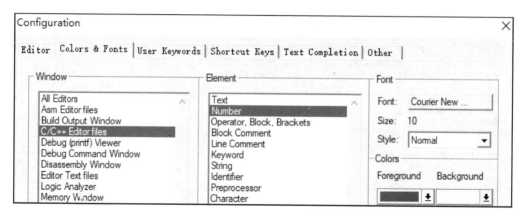

图 4.30 Colors & Fonts 选项卡

置多次才生效,MDK 的 bug),当然也可以在 Font 栏设置字体的类型以及字体的大小等。

然后选择 User Keywords 选项卡,设置用户定义关键字,以便用户自定义关键字也显示对应的颜色(对应图 4.31 中的 User Keyword/Lable 颜色)。在 User Keywords 选项卡下面输入自定义的关键字,如图 4.31 所示。

图 4.31 用户自定义关键字

这里设置了 uint8_t、uint16_t 和 uint32_t 这 3 个用户自定义关键字,相当于 unsigned char、unsigned short 和 unsigned int。如果还有其他自定义关键字,在这里添加即可。设置成之后单击 OK 按钮,则可以在主界面看到修改后的结果。笔者修改后的代码显示效果如图 4.32 所示。

这就比开始的效果好看一些了。对于字体大小,则可以直接按住 Ctrl+鼠标滚轮进行放大或者缩小,或者也可以在刚刚的配置界面设置字体大小。

图 4.32 中可以看到空白处有很淡的一些"……"显示,这就是选中了 View White Space 选项后体现出来的效果,可以方便我们对代码进行规范对齐整理。一开始看的时候有点不习惯,看多了就习惯了,慢慢适应就好了。

在这个编辑配置对话框里还可以对其他很多功能进行设置,比如动态语法检测等,详细将在 4.4.2 小节介绍。

```
21  #include "./SYSTEM/sys/sys.h"
22  #include "./SYSTEM/delay/delay.h"
23  #include "./SYSTEM/usart/usart.h"
24  #include "./BSP/LED/led.h"
25
26
27  int main(void)
28  {
29      HAL_Init();                          /* 初始化HAL库 */
30      sys_stm32_clock_init(RCC_PLL_MUL9);  /* 设置时钟,72M */
31      delay_init(72);                      /* 初始化延时函数 */
32      led_init();                          /* 配置STM32操作LED相关的寄存器 */
33
34      while(1)
35      {
36          LED0(0);                         /* LED0 亮 */
37          LED1(1);                         /* LED1 灭 */
38          delay_ms(500);
39          LED0(1);                         /* LED0 灭 */
40          LED1(0);                         /* LED1 亮 */
41          delay_ms(500);
42      }
43  }
```

图 4.32　设置完后显示效果

4.4.2　语法检测 & 代码提示

MDK4.70 以上的版本新增了代码提示与动态语法检测功能,使得 MDK 的编辑器越来越好用了,这里简单说一下如何设置。同样,单击🔧打开配置对话框,选择 Text Completion 选项卡,如图 4.33 所示。

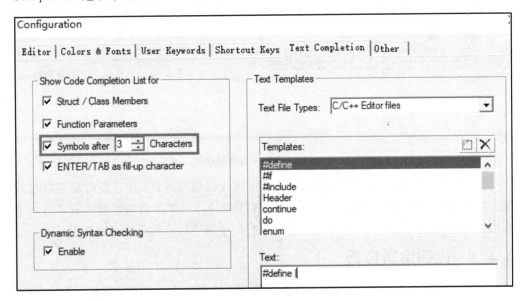

图 4.33　Text Completion 选项卡设置

Struct/Class Members 用于开启结构体/类成员提示功能。

Function Parameters 用于开启函数参数提示功能。

Symbols after xx characters 用于开启代码提示功能,即在输入多少个字符以后提示匹配的内容(比如函数名字、结构体名字、变量名字等),这里默认设置 3 个字符以后就开始提示,如图 4.34 所示。

图 4.34　代码提示

ENTER/TABas fill-up character 用于使用回车和 Tab 键填充字符。

Dynamic Syntax Checking 用于开启动态语法检测。比如编写的代码存在语法错误的时候,则会在对应行前面出现 ✖ 图标,如出现警告,则会出现 ⚠ 图标,将鼠标光标放于图标上面,则会提示产生的错误/警告的原因,如图 4.35 所示。

图 4.35　语法动态检测功能

这几个功能对编写代码很有帮助,可以加快代码编写速度,并且及时发现各种问题。注意,语法动态检测功能有的时候会误报(比如 sys.c 里面就有误报),读者可以不用理会,只要能编译通过(0 错误,0 警告),这样的语法误报一般直接忽略即可。

4.4.3　代码编辑技巧

这里介绍几个笔者常用的技巧,这些小技巧能给我们的代码编辑带来很大的方便。

1. Tab 键的妙用

Tab 键在很多编译器里面都是用来空位的,按一下移空几个位。但是 MDK 的

Tab 键和一般编译器的 Tab 键有不同的地方（和 C++的 Tab 键差不多），MDK 的 Tab 键支持块操作。也就是可以让一片代码整体右移固定的几个位，也可以通过 Shift＋Tab 键整体左移固定的几个位。

　　假设前面的串口 1 中断回调函数如图 4.36 所示。图中的代码很不规范，这还只是短短的 30 来行代码，如果代码有几千行，全部是这个样子，那就非常头疼。这时就可以使用 Tab 键的妙用来快速修改为比较规范的代码格式。

```
149    void HAL_UART_RxCpltCallback(UART_HandleTypeDef *huart)
150    {
151    if (huart->Instance == USART_UX)                    /*如果是串口1*/
152    {
153    if ((g_usart_rx_sta & 0x8000) == 0)                 /*接收未完成*/
154    {
155    if (g_usart_rx_sta & 0x4000)                        /*接收到了0x0d*/
156    {
157    if (aRxBuffer[0] != 0x0a)
158    {
159    g_usart_rx_sta = 0;                                 /*接收错误,重新开始*/
160    }
161    else
162    {
163    g_usart_rx_sta |= 0x8000;                           /*接收完成了*/
164    }
165    }
166    else                                                /*还没收到0X0D*/
167    {
168    if (aRxBuffer[0] == 0x0d)
169    g_usart_rx_sta |= 0x4000;
170    else
171    {
172    g_usart_rx_buf[g_usart_rx_sta & 0X3FFF] = aRxBuffer[0];
173    g_usart_rx_sta++;
174
175    if (g_usart_rx_sta > (USART_REC_LEN - 1))
176    {
177    g_usart_rx_sta = 0;                                 /*接收数据错误,重新开始接收......*/
178    }
179    }
180    }
181    }
182    }
183    }
```

图 4.36　"头大"的代码

　　选中一块然后按 Tab 键，则可以看到整块代码都跟着右移了一定距离，如图 4.37 所示。然后多按几次 Tab 键就可以达到迅速使代码规范化的目的，最终效果如图 4.38 所示。

　　图 4.38 中的代码相对于图 4.36 中的要好看多了，经过这样的整理之后，整个代码一下就变得有条理多了，看起来很舒服。

```
149    void HAL_UART_RxCpltCallback(UART_HandleTypeDef *huart)
150  □ {
151        if (huart->Instance == USART_UX)               /*如果是串口1*/
152  □    {
153        if ((g_usart_rx_sta & 0x8000) == 0)            /*接收未完成*/
154  □    {
155        if (g_usart_rx_sta & 0x4000)                   /*接收到了0x0d*/
156  □    {
157        if (aRxBuffer[0] != 0x0a)
158  □    {
159        g_usart_rx_sta = 0;                            /*接收错误,重新开始*/
160        }
161        else
162  □    {
163        g_usart_rx_sta |= 0x8000;                      /*接收完成了*/
164        }
165        }
166        else                                           /*还没收到0X0D*/
167  □    {
168        if (aRxBuffer[0] == 0x0d)
169        g_usart_rx_sta |= 0x4000;
170        else
171  □    {
172        g_usart_rx_buf[g_usart_rx_sta & 0X3FFF] = aRxBuffer[0];
173        g_usart_rx_sta++;
174
175        if (g_usart_rx_sta > (USART_REC_LEN - 1))
176  □    {
177        g_usart_rx_sta = 0;               /*接收数据错误,重新开始接收     */
178        }
179        }
180        }
181        }
182        }
183  }
```

图 4.37　代码整体偏移

2. 快速定位函数/变量被定义的地方

在调试代码或编写代码的时候,有时想看看某个函数是在哪个地方定义的、具体里面的内容是怎么样的、某个变量或数组是在哪个地方定义的等。尤其在调试代码或者看别人代码的时候,如果编译器没有快速定位的功能,则只能慢慢找,代码量比较少还好,如果代码量一大,就要花很久的时间来找这个函数到底在哪里。MDK 提供了这样的快速定位的功能。只要把光标放到这个函数/变量(xxx)上面(xxx 为想要查看的函数或变量的名字),然后右击,则弹出如图 4.39 所示的菜单栏。

在图 4.39 中,单击 Go to Definition Of'sys_stm32_clock_init'项就可以快速跳到 sys_stm32_clock_init 函数的定义处(注意,要先在 Options for Target 的 Output 选项卡里面选中 Browse Information 选项再编译,再定位,否则无法定位),如图 4.40 所示。

对于变量,也可以按这样的操作快速来定位这个变量被定义的地方,大大缩短了查找代码的时间。

很多时候,我们利用 Go to Definition 看完函数/变量的定义后,又想返回之前的代码继续看,此时可以通过 IDE 上的 ← 按钮(Back to previous position)快速返回之前的位置。这个按钮非常好用。

```
149   void HAL_UART_RxCpltCallback(UART_HandleTypeDef *huart)
150 □ {
151   │ ··· if (huart->Instance == USART_UX) ·················· /*如果是串口1*/
152 □ │ ··· {
153   │ │ ····· if ((g_usart_rx_sta & 0x8000) == 0) ··········· /*接收未完成*/
154 □ │ │ ····· {
155   │ │ │ ······· if (g_usart_rx_sta & 0x4000) ············· /*接收到了0x0d*/
156 □ │ │ │ ······· {
157   │ │ │ │ ········· if (aRxBuffer[0] != 0x0a)
158 □ │ │ │ │ ········· {
159   │ │ │ │ │ ··········· g_usart_rx_sta = 0; ············· /*接收错误,重新开始*/
160   │ │ │ │ │ ········· }
161   │ │ │ │ ········· else
162 □ │ │ │ │ ········· {
163   │ │ │ │ │ ··········· g_usart_rx_sta |= 0x8000; ······· /*接收完成了*/
164   │ │ │ │ │ ········· }
165   │ │ │ │ ······· }
166   │ │ │ ······· else ······························· /*还没收到0X0D*/
167 □ │ │ │ ······· {
168   │ │ │ │ ········· if (aRxBuffer[0] == 0x0d)
169   │ │ │ │ ··········· g_usart_rx_sta |= 0x4000;
170   │ │ │ │ ········· else
171 □ │ │ │ │ ········· {
172   │ │ │ │ │ ··········· g_usart_rx_buf[g_usart_rx_sta & 0X3FFF] = aRxBuffer[0];
173   │ │ │ │ │ ··········· g_usart_rx_sta++;
174   │ │ │ │ │
175   │ │ │ │ │ ··········· if (g_usart_rx_sta > (USART_REC_LEN - 1))
176 □ │ │ │ │ │ ··········· {
177   │ │ │ │ │ │ ············· g_usart_rx_sta = 0; ········· /*接收数据错误,重新开始接收·····*/
178   │ │ │ │ │ │ ··········· }
179   │ │ │ │ │ ········· }
180   │ │ │ │ ······· }
181   │ │ │ ······· }
182   │ │ ····· }
183   │ }
```

图 4.38　修改后的代码

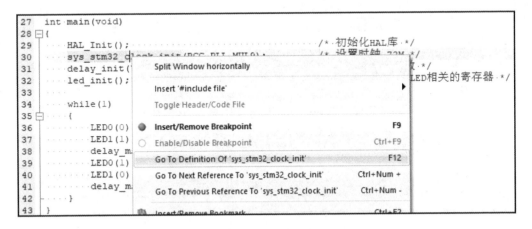

图 4.39　快速定位

3. 快速注释与快速消注释

在调试代码的时候,有时想注释某一片的代码来看看执行的情况,MDK 提供了这样的快速注释/消注释块代码的功能,也是通过右键实现的。这个操作比较简单,就是先选中要注释的代码区,然后右击,在弹出的级联菜单中选择 Advanced→Comment

```
103  /**
104   * @brief        系统时钟初始化函数
105   * @param        plln: PLL倍频系数(PLL倍频)，取值范围：2~16
106                   中断向量表位置在启动时已经在SystemInit()中初始化
107   * @retval       无
108   */
109  void sys_stm32_clock_init(uint32_t plln)
110  {
111      HAL_StatusTypeDef ret = HAL_ERROR;
112      RCC_OscInitTypeDef rcc_oscinitstructure;
113      RCC_ClkInitTypeDef rcc_clkinitstructure;
114
115      rcc_oscinitstructure.OscillatorType = RCC_OSCILLATORTYPE_HSE;   /* 外部高速时钟使能HSEON */
116      rcc_oscinitstructure.HSEState = RCC_HSE_ON;                     /* 打开HSE */
117      rcc_oscinitstructure.HSEPredivValue = RCC_HSE_PREDIV_DIV1;      /* HSE预分频 */
118      rcc_oscinitstructure.PLL.PLLState = RCC_PLL_ON;                 /* 打开PLL */
119      rcc_oscinitstructure.PLL.PLLSource = RCC_PLLSOURCE_HSE;         /* PLL时钟源选择HSE */
120      rcc_oscinitstructure.PLL.PLLMUL = plln;                         /* 主PLL倍频因子 */
121      ret = HAL_RCC_OscConfig(&rcc_oscinitstructure);                 /* 初始化 */
```

图 4.40   定位结果

Selection 就可以了。

以 led_init 函数为例,比如要注释掉图 4.41 中所选中区域的代码,那么只要在选中之后右击,再选择 Advanced→Comment Selection 就可以把这段代码注释掉了。执行这个操作以后的结果如图 4.42 所示。

```
28  /**
29   * @brief        初始化LED相关IO口，并使能时钟
30   * @param        无
31   * @retval       无
32   */
33  void led_init(void)
34  {
35      GPIO_InitTypeDef gpio_init_struct;
36      LED0_GPIO_CLK_ENABLE();                                      /* LED0时钟使能 */
37      LED1_GPIO_CLK_ENABLE();                                      /* LED1时钟使能 */
38
39      gpio_init_struct.Pin = LED0_GPIO_PIN;                        /* LED0引脚 */
40      gpio_init_struct.Mode = GPIO_MODE_OUTPUT_PP;                 /* 推挽输出 */
41      gpio_init_struct.Pull = GPIO_PULLUP;                         /* 上拉 */
42
43      gpio_init_struct.Speed = GPIO_SPEED_FREQ_HIGH;               /* 高速 */
44      HAL_GPIO_Init(LED0_GPIO_PORT, &gpio_init_struct);            /* 初始化LED0引脚 */
45
46      gpio_init_struct.Pin = LED1_GPIO_PIN;                        /* LED1引脚 */
47      HAL_GPIO_Init(LED1_GPIO_PORT, &gpio_init_struct);            /* 初始化LED1引脚 */
48
49
50      LED0(1);                                                     /* 关闭 LED0 */
51      LED1(1);                                                     /* 关闭 LED1 */
52  }
```

图 4.41   选中要注释的区域

这样就快速注释掉了一片代码。而在某些时候又希望这段注释的代码能快速地取消注释,MDK 也提供了这个功能。与注释类似,先选中被注释掉的地方,然后通过右击再选择 Uncomment Selection 即可。

```
28  /**
29    * @brief     初始化LED相关IO口，并使能时钟
30    * @param     无
31    * @retval    无
32    */
33  void led_init(void)
34  {
35  //    GPIO_InitTypeDef gpio_init_struct;
36  //    LED0_GPIO_CLK_ENABLE();                              /* LED0时钟使能 */
37  //    LED1_GPIO_CLK_ENABLE();                              /* LED1时钟使能 */
38  //
39  //    gpio_init_struct.Pin = LED0_GPIO_PIN;                /* LED0引脚 */
40  //    gpio_init_struct.Mode = GPIO_MODE_OUTPUT_PP;         /* 推挽输出 */
41  //    gpio_init_struct.Pull = GPIO_PULLUP;                 /* 上拉 */
42  //
43  //    gpio_init_struct.Speed = GPIO_SPEED_FREQ_HIGH;       /* 高速 */
44  //    HAL_GPIO_Init(LED0_GPIO_PORT, &gpio_init_struct);    /* 初始化LED0引脚 */
45
46  //    gpio_init_struct.Pin = LED1_GPIO_PIN;                /* LED1引脚 */
47  //    HAL_GPIO_Init(LED1_GPIO_PORT, &gpio_init_struct);    /* 初始化LED1引脚 */
48  //
49
50  //    LED0(1);                                             /* 关闭LED0 */
51  //    LED1(1);                                             /* 关闭LED1 */
52  }
```

图 4.42　注释完毕

4.4.4　其他小技巧

第一个是快速打开头文件。将光标放到要打开的引用头文件上，然后右击，在弹出的级联菜单中选择 Open Document "XXX"，就可以快速打开这个文件了（XXX 是你要打开的头文件名字），如图 4.43 所示。

图 4.43　快速打开头文件

第二个小技巧是查找替换功能。这个和 WORD 等很多文档操作的替换功能差不多，在 MDK 里面查找替换的快捷键是"CTRL＋H"，只要按下该按钮就会调出如图 4.44 所示界面。

这个替换的功能在有的时候很有用，它的用法与其他编辑工具或编译器的差不多，这里就不啰嗦了。

第三个小技巧是跨文件查找功能，先双击要找的函数/变量名（这里以系统时钟初始化函数 sys_stm32_clock_init 为例），然后再单击 IDE 上面的，则弹出如图 4.45 所示对话框。

图 4.44　替换文本

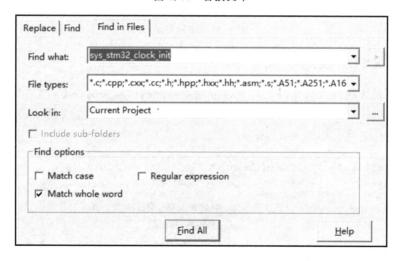

图 4.45　跨文件查找

单击 Find All,MDK 就会找出所有含有 Stm32_Clock_Init 字段的文件并列出其所在位置,如图 4.46 所示。

```
Find In Files
Searching for 'sys_stm32_clock_init'...
J:\Sourse Code\F103ZE\实验1 跑马灯实验\User\main.c(31) :     sys_stm32_clock_init(RCC_PLL_MUL9); /* 设置时钟,72M */
J:\Sourse Code\F103ZE\实验1 跑马灯实验\Drivers\SYSTEM\sys\sys.h(45) : void sys_stm32_clock_init(uint32_t plln);
J:\Sourse Code\F103ZE\实验1 跑马灯实验\Drivers\SYSTEM\sys\sys.c(109) : void sys_stm32_clock_init(uint32_t plln)
Lines matched: 3      Files matched: 3      Total files searched: 79
```

图 4.46　查找结果

该方法可以很方便地查找各种函数/变量,而且可以限定搜索范围(比如只查找.c文件和.h文件等),是非常实用的一个技巧。

第 **5** 章

STM32 基础知识入门

本章将介绍 STM32 的一些基础知识,使读者对 STM32 开发有一个初步的了解,为后面 STM32 的学习做铺垫。对于初学者,本章内容第一次看的时候可以只了解一个大概,后面需要用到这方面知识的时候再回过头来仔细看看。

5.1 寄存器基础知识

寄存器(Register)是单片机内部一种特殊的内存,它可以实现对单片机各个功能的控制,简单来说,可以把寄存器当成一些控制开关,控制包括内核及外设的各种状态。所以无论是 51 单片机还是 STM32,都需要用寄存器来实现各种控制,以完成不同的功能。

由于寄存器资源非常宝贵,一般都是一个位或者几个位控制一个功能。对于 STM32 来说,其寄存器是 32 位的,一个 32 位的寄存器可能有 32 个控制功能,相当于 32 个开关。由于 STM32 的复杂性,它内部有几百个寄存器,所以整体来说 STM32 的寄存器还是比较复杂的。但是,只要把它分好类,学起来就不难了。

从大方向来区分,STM32 寄存器分为 2 类,如表 5.1 所列。

表 5.1 STM32 寄存器分类

大 类	小 类	说 明
内核寄存器	内核相关寄存器	包含 R0~R15、xPSR、特殊功能寄存器等
	中断控制寄存器	包含 NVIC 和 SCB 相关寄存器,NVIC 有 ISER、ICER、ISPR、IP 等;SCB 有 VTOR、AIRCR、SCR 等
	SysTick 寄存器	包含 CTRL、LOAD、VAL 和 CALIB 共 4 个寄存器
	内存保护寄存器	可选功能,STM32F103 没有
	调试系统寄存器	ETM、ITM、DWT、IPIU 等相关寄存器
外设寄存器		包含 GPIO、UART、I²C、SPI、TIM、DMA、ADC、DAC、RTC、I/WWDG、PWR、CAN、USB 等各种外设寄存器

其中,内核寄存器中一般只需要关注中断控制寄存器和 SysTick 寄存器即可,其他 3 大类一般很少直接接触。而外设寄存器则是学到哪个外设,再了解其相关寄存器即可,所以整体来说,我们需要关注的寄存器并不多,而且很多都是有共性的,比如 STM32F103RCT6 有 8 个定时器,我们只需要学习了其中一个相关寄存器,其他 7 个基本都是一样。

举个简单的例子。我们知道,寄存器的本质是一个特殊的内存,对于 STM32 来说,以 GPIOB 的 ODR 寄存器为例,其寄存器地址为 0X40010C0C,所以对其赋值可以写成:

```
( * (unsigned int * ))(0X40010C0C) = 0XFFFF;
```

这样就完成了对 GPIOB→ODR 寄存器的赋值,全部 0XFFFF 表示 GPIOB 所有 I/O 口(16 个 I/O 口)都输出高电平。对于我们来说,0X40010C0C 就是一个寄存器的特殊地址,至于它是怎么来的,后续再介绍。

虽然上面的代码实现了我们需要的功能,但是从实用的角度来说,这么写肯定是不好的,可读性极差,可维护性也很差,所以一般使用结构体来访问,比如改写成这样:

```
GPIOB->ODR = 0XFFFF;
```

这样可读性就比之前的代码好多了,可维护性也相对好一点。至于 GPIOB 结构体怎么来的,后续再介绍。

5.2　STM32F103 系统架构

STM32F103 是 ST 公司基于 ARM 授权 Cortex-M3 内核而设计的一款芯片,而 Cortex-M 内核使用的是 ARM v7-M 架构,是为了替代老旧的单片机而量身定做的一个内核,具有低成本、低功耗、实时性好、中断响应快、处理效率高等特点。

5.2.1　Cortex-M3 内核 & 芯片

ARM 公司提供内核(如 Cortex-M3,简称 CM3,下同)授权,完整的 MCU 还需要很多其他组件。芯片公司(ST、NXP、TI、GD、华大等)在得到 CM3 内核授权后,就可以把 CM3 内核用在自己的硅片设计中,添加存储器、外设、I/O 以及其他功能块。不同厂家设计出的单片机会有不同的配置,包括存储器容量、类型、外设等都各具特色,因此才会有市面上各种不同应用的 ARM 芯片。Cortex-M3 内核和芯片的关系如图 5.1 所示。

可以看到,ARM 公司提供 CM3 内核和调试系统,其他的东西(外设(I^2C、SPI、UART、TIM 等)、存储器(SRAM、FLASH 等)、I/O 等)由芯片制造商设计开发。这里 ST 公司就是 STM32F103 芯片的制造商。

5.2.2　STM32 系统架构

STM32F1 内部系统结构如图 5.2 所示。

图 5.1　Cortex-M3 内核 & 芯片关系

图 5.2　STM32F103 系统结构

STM32F103 的系统主要由 4 个驱动单元(可以主动发起通信,图中①区域)和 4 个被动单元(只能被驱动工作,图中②区域)组成,如表 5.2 所列。

表 5.2　STM32F103 单元结构

驱动单元	被动单元
Cortex-M3 内核 DCode 总线(D-Bus)	内部 FLASH
Cortex-M3 内核 系统总线(S-Bus)	内部 SRAM
通用 DMA1	FSMC
通用 DMA2	AHB 到 APB 的桥,所连接的所有 APB 设备

这里的驱动/被动单元都是指连接了总线矩阵的部分,未连接总线矩阵的部分则不算作驱动/被驱动单元。接下来介绍一下这些单元。

1）I Code 总线(I-Bus)

这是 Cortex-M3 内核的指令总线,连接闪存指令接口(如 FLASH),用于获取指令。由于该总线功能单一,并没有直接连接到总线矩阵,因此被排除在驱动单元之外。

2）D Code 总线(D-Bus)

这是 Cortex-M3 内核的数据总线,连接闪存存储器数据接口(如 SRAM、FLASH 等),用于各种数据访问,如常量、变量等。

3）系统总线(S-Bus)

这是 Cortex-M3 内核的系统总线,连接所有外设(如 GPIO、SPI、I^{2}C、TIM 等),用于控制各种外设工作,如配置各种外设相关寄存器等。

4）DMA 总线

DMA 是直接存储访问控制器,可以实现数据的自动搬运,整个过程不需要 CPU 处理。如可以实现 DMA 传输内存数据到 DAC,输出任意波形,传输过程不需要 CPU 参与,可以大大节省 CPU 支出,从而更高效地处理事务。STM32F103RCT6 内部有 2 个 DMA 控制器,可以实现内存到外设、外设到内存、内存到内存的数据传输。

5）内部 FLASH

内部 FLASH 即单片机的硬盘,用于代码/数据存储。CPU 通过 I Code 总线经 FLASH 接口访问内部 FLASH,FLASH 最高访问速度是 24 MHz,因此以 72 MHz 速度访问时,需要插入 2 个时钟周期延迟。

6）内部 SRAM

内部 SRAM 即单片机的内存,用于数据存储,直接挂载在总线矩阵上面。CPU 通过 D Code 总线实现 0 等待延时访问 SRAM,最快总线频率可达 72 MHz,从而保证高效、高速地访问内存。

7）FSMC

FSMC 即灵活的静态存储控制器,实际上就是一个外部总线接口,可以用来访问外部 SRAM、NAND/NOR FLASH、LCD 等。它也直接挂在总线矩阵上面,以方便 CPU 快速访问外挂器件。STM32F103RCT6 是没有 FSMC 的,但是 STM32F103ZET6 具有这个总线接口。

8）AHB/APB 桥

AHB 总线连接总线矩阵,同时通过 2 个 APB 桥连接 APB1 和 APB2。AHB 总线速度最大为 72 MHz,APB2 总线速度最大也是 72 MHz,但是 APB1 总线速度最大只能是 36 MHz。这 3 个总线上面挂载了 STM32 内部绝大部分外设。

9）总线矩阵

总线矩阵协调内核系统总线和 DMA 主控总线之间的访问仲裁,仲裁利用轮换算法,保证各个总线之间的有序访问,从而确保工作正常。

5.2.3　存储器映射

STM32 是一个 32 位单片机,它可以很方便地访问 4 GB 以内的存储空间($2^{32} =$ 4 GB),因此 Cortex-M3 内核将图 5.2 中的所有结构,包括 FLASH、SRAM、外设及相关寄存器等全部组织在同一个 4 GB 的线性地址空间内,我们可以通过 C 语言来访问这些地址空间,从而操作相关外设(读/写)。数据字节以小端格式(小端模式)存放在存储器中,数据的高字节保存在内存的高地址中,而数据的低字节保存在内存的低地址中。

存储器本身是没有地址信息的,对存储器分配地址的过程就叫存储器映射。这个分配一般由芯片厂商做好了,ST 将所有的存储器及外设资源都映射在一个 4 GB 的地址空间上(8 个块),从而可以通过访问对应的地址来访问具体的外设。其映射关系如图 5.3 所示。

ST 将 4 GB 空间分成 8 个块,每个块 512 MB,从图 5.3 中可以看出有很多保留区域,这是因为一般的芯片制造厂家是不可能把 4 GB 空间用完的;同时,为了方便后续型号升级,会将一些空间预留。8 个存储块的功能如表 5.3 所列。

表 5.3　STM32 存储块功能及地址范围

存储块	功　能	地址范围
block 0	Code	0x0000 0000～0x1FFF FFFF(512 MB)
block 1	SRAM	0x2000 0000～0x3FFF FFFF(512 MB)
block 2	外设	0x4000 0000～0x5FFF FFFF(512 MB)
block 3	FSMC Bank1&2	0x6000 0000～0x7FFF FFFF(512 MB)
block 4	FSMC Bank3&4	0x8000 0000～0x9FFF FFFF(512 MB)
block 5	FSMC 寄存器	0xA000 0000～0xBFFF FFFF(512 MB)
block 6	没用到	0xC000 0000～0xDFFF FFFF(512 MB)
block 7	Cortex-M3 内部外设	0xE000 0000～0xFFFF FFFF(512 MB)

这里挑前面 3 个存储块来介绍。第一个块是 block 0,用于存储代码,即 FLASH 空间,其功能划分如表 5.4 所列。

图 5.3 STM32F103 存储器映射

表 5.4　STM32 存储块 0 的功能划分

存储块	功　能	地址范围
block 0	FLASH 或系统存储器别名区,取决于 BOOT 脚的设置	0x0000 0000～0x000 7FFF(512 KB)
	保留	0x0008 0000～0x07FF FFFF
	用户 FLASH,用于存储用户代码	0x0800 0000～0x080 7FFF(512 KB)
	保留	0x0808 0000～0x1FFF EFFF
	系统存储器,用于存储 STM32 出厂固化的 Boot-loader 程序,比如用于串口下载代码	0x1FFF F000～0x1FFF F7FF(2 KB)
	选项字节,用于配置读保护、设置看门狗等	0x1FFF F800～0x1FFF F80F(16 字节)
	保留	0x1FFF F810～0x1FFF FFFF

用户 FLASH 大小是 512 KB,但是对于 STM32F103RCT6 来说,FLASH 容量为 256 KB。当然,ST 也是可以随时推出更大容量的 STM32F103,因为这里保留了一大块地址空间。还有,STM32 的出厂固化 BootLoader 非常精简,整个 BootLoder 只占了 2 KB FLASH 空间。

第二个块是 block 1,用于存储数据,即 SRAM 空间,其功能划分如表 5.5 所列。

表 5.5　STM32 存储块 1 的功能划分

存储块	功　能	地址范围
block 1	SRAM	0x2000 0000～0x2000 FFFF(64 KB)
	保留	0x2001 0000～0x3FFF FFFF

这个块中,STM32F103RCT6 仅使用了 48 KB(仅大容量 STM32F103 型号才有 64 KB,比如 STM32F103ZET6 等),用于 SRAM 访问,同时也有大量保留地址用于扩展。

第三个块是 block 2,用于外设访问。STM32 内部大部分的外设都放在这个块里面,该存储块里面包括了 AHB、APB1 和 APB2 共 3 个总线相关的外设。其中,AHB 和 APB2 是高速总线(72 MHz max),APB1 是低速总线(36 MHz max)。其功能划分如表 5.6 所列。

表 5.6　STM32 存储块 2 的功能划分

存储块	功　能	地址范围
block2	APB1 总线外设	0x4000 0000～0x4000 77FF
	保留	0x4000 7800～0x4000 FFFF
	APB2 总线外设	0x4001 0000～0x4000 3FFF
	保留	0x4001 4000～0x4001 7FFF
	AHB 总线外设	0x4001 8000～0x4002 33FF
	保留	0x4002 3400～0x5FFF FFFF

同样可以看到,各个总线之间都有预留地址空间,方便后续扩展。关于 STM32 各个外设具体挂在哪个总线上面,读者可以参考前面的 STM32F103 系统结构图和 STM32F103 存储器映射图进行查找对应。

5.2.4 寄存器映射

给存储器分配地址的过程叫存储器映射。寄存器是一类特殊的存储器,它的每个位都有特定的功能,可以实现对外设/功能的控制。给寄存器的地址命名的过程就叫寄存器映射。

举个简单的例子,家里的纸张就好比通用存储器,用来记录数据是没问题的,但是不会有具体的动作,只能记录,而家里的电灯开关就好比寄存器,假设家里有 8 个灯,就有 8 个开关(相当于一个 8 位寄存器),这些开关也可以记录状态,同时还能让电灯点亮/关闭,是会产生具体动作的。为了方便区分和使用,我们会给每个开关命名,比如厨房开关、大厅开关、卧室开关等,给开关命名的过程就是寄存器映射。

当然,STM32 内部的寄存器非常多,远远不止 8 个开关这么简单,但是原理差不多,每个寄存器的每一个位一般都有特定的作用,涉及寄存器描述可以参考 "STM32F10xxx 参考手册_V10(中文版).pdf" 相关章节的寄存器描述部分。

1. 寄存器描述解读

以 GPIO 的 ODR 寄存器为例,其参考手册的描述如图 5.4 所示。

图 5.4 端口输出数据寄存器描述

① 寄存器名字

每个寄存器都有一个对应的名字,以简单表达其作用,并方便记忆。这里 GPIOx_ODR 表示寄存器英文名,x 可以是 A~E,说明有 5 个这样的寄存器(每个端口有一个,事实上最新的 STM32F103 型号可能还有 F、G 等端口,I/O 数量更多)。

② 寄存器偏移量及复位值

地址偏移量表示相对该外设基地址的偏移,比如 GPIOB,由图 5.3 可知其外设基地址是 0x4001 0C00,那么 GPIOB_ODR 寄存器的地址就是 0x4001 0C0C。知道了外设基地址和地址偏移量,就可以知道任何一个寄存器的实际地址。

复位值表示该寄存器在系统复位后的默认值,可以用于分析外设的默认状态。这里全部是 0。

③ 寄存器位表

描述寄存器每一个位的作用(共 32 bit),这里表示 ODR 寄存器的第 15 位(bit),位名字为 ODR15,rw 表示该寄存器可读/写(r,可读取;w,可写入)。

④ 位功能描述

描述寄存器每个位的功能,这里表示位 0～15,对应 ODR0～ODR15,每个位控制一个 I/O 口的输出状态。

其他寄存器描述可参照以上方法解读接口。

2. 寄存器映射举例

从前面的学习可知,GPIOB_ODR 寄存器的地址为 0x4001 0C0C,假设要控制 GPIOB 的 16 个 I/O 口都输出 1,则可以写成:

```
* (unsigned int * )(0x40010C0C) = 0XFFFF;
```

这里先要将 0x4001 0C0C 强制转换成 unsigned int 类型指针,然后用 * 对这个指针的值进行设置,从而完成对 GPIOB_ODR 寄存器的写入。

这样写代码功能是没问题,但是可读性和可维护性都很差,使用起来极其不便,因此将代码改为:

```
# define GPIOB_ODR * (unsigned int * )(0x40010C0C)
GPIOB_ODR = 0XFFFF;
```

这样定义了一个 GPIOB_ODR 的宏来替代数值操作,很明显,GPIOB_ODR 的可读性和可维护性比直接使用数值操作直观和方便。这个宏定义过程就可以称为寄存器的映射。

这里只举了一个简单实例,实际上对于大量寄存器的映射,使用结构体是最方便的方式。stm32f103xe.h 里面使用结构体方式对 STM32F103 的寄存器做了详细映射,后面会介绍。

3. 寄存器地址计算

STM32F103 大部分外设寄存器地址都是在存储块 2 上面的,如图 5.3 所示。具体某个寄存器地址由 3 个参数决定,即总线基地址(BUS_BASE_ADDR)、外设基于总线基地址的偏移量(PERIPH_OFFSET)及寄存器相对外设地址的偏移量(REG_OFFSET)。可以表示为

寄存器地址＝BUS_BASE_ADDR＋PERIPH_OFFSET＋REG_OFFSET

STM32F103 内部有 3 个总线(APB1、APB2 和 AHB),对应的总线基地址(BUS_

BASE_ADDR)如表 5.7 所列。表中 APB1 的基地址也叫外设基地址,偏移量就是相对于外设基地址的偏移量。

表 5.7　总线基地址

总　线	基地址	偏移量
APB1	0x4000 0000	0
APB2	0x4001 0000	0x1 0000
AHB	0x4001 8000	0x1 8000

注意,AHB 的总线基地址是 0x4001 8000,从该基地址到 0x4002 0000 只挂了 SDIO 一个外设,后续的 AHB 外设地址都大于等于 0x4002 0000。为了方便计算,可以将 AHB 的总线基地址改成 0x4002 0000,而 SDIO 则单独定义一个基地址即可。

对于外设基于总线基地址的偏移量(PERIPH_OFFSET),不同外设偏移量不一样,我们可以在 STM32F103 存储器映射图(图 5.3)里面找到具体的偏移量,以 GPIO 为例,其偏移量如表 5.8 所列。表中的偏移量就是外设基于 APB2 总线基地址的偏移量(PERIPH_OFFSET)。

表 5.8　GPIO 外设基地址及相对总线偏移量

所属总线	外　设	基地址	偏移量
APB2 0x4001 0000	GPIOA	0x4001 0800	0x800
	GPIOB	0x4001 0C00	0xC00
	GPIOC	0x4001 1000	0x1000
	GPIOD	0x4001 1400	0x1400
	GPIOE	0x4001 1800	0x1800
	GPIOF	0x4001 1C00	0x1C00
	GPIOG	0x4001 2000	0x2000

知道了外设基地址,再在参考手册里面找到具体某个寄存器相对外设基地址的偏移量就可以知道该寄存器的实际地址了,以 GPIOB 的相关寄存器为例,如表 5.9 所列。表中的偏移量就是寄存器基于外设基地址的偏移量(REG_OFFSET)。

表 5.9　GPIOB 寄存器相对外设基地址的偏移量

所属总线	所属外设	寄存器	地　址	偏移量
APB2 0x4001 0000	GPIOB 0x4001 0C00	GPIOB_CRL	0x4001 0C00	0x00
		GPIOB_CRH	0x4001 0C04	0x04
		GPIOB_IDR	0x4001 0C08	0x08
		GPIOB_ODR	0x4001 0C0C	0x0C

续表 5.9

所属总线	所属外设	寄存器	地　　址	偏移量
APB2 0x4001 0000	GPIOB 0x4001 0C00	GPIOB_BSRR	0x4001 0C10	0x10
		GPIOB_BRR	0x4001 0C14	0x14
		GPIOB_LCKR	0x4001 0C18	0x18

因此,根据前面的公式很容易可以计算出 GPIOB_ODR 的地址:

GPIOB_ODR 地址 = APB2 总线基地址 + GPIOB 外设偏移量 + 寄存器偏移量

所以得到 GPIOB_ODR 地址＝0x4001 0000＋0xC00＋0x0C＝0x4001 0C0C。

4. stm32f103xe.h 寄存器映射说明

STM32F103 所有寄存器映射都在 stm32f103xe.h 里面完成,包括各种基地址定义、结构体定义、外设寄存器映射、寄存器位定义(占了绝大部分)等,整个文件有 1 万多行,非常庞大。我们没必要对该文件进行全面分析,因为很多内容都是相似的,只需要知道寄存器是如何被映射的就可以了,至于寄存器位定义这些内容知道是怎么回事就可以了。

这里还是以 GPIO 为例进行说明,看看 stm32f103xe.h 是如何对 GPIO 的寄存器进行映射的,通过对 GPIO 寄存器映射了解 stm32f103xe.h 的映射规则。

stm32f103xe.h 文件主要包含 5 个部分内容,如表 5.10 所列。

表 5.10　stm32f103xe.h 文件主要组成部分

文　件	主要组成部分	说　明
stm32f103xe.h	中断编号定义	定义 IRQn_Type 枚举类型,包含 STM32F103 内部所有中断编号(中断号),方便后续编写代码
	外设寄存器结构体类型定义	以外设为基本单位,使用结构体类型定义对每个外设的所有寄存器进行封装,方便后面的寄存器映射
	寄存器映射	① 定义总线地址和外设基地址 ② 使用外设结构体类型定义将外设基地址强制转换成结构体指针,完成寄存器映射
	寄存器位定义	定义外设寄存器每个功能位的位置及掩码
	外设判定	判断某个外设是否合法(即是否存在该外设)

寄存器映射主要涉及表 5.10 中加粗黑体的 2 个组成部分:外设寄存器结构体类型定义和寄存器映射。总结起来,包括 3 个步骤:

① 外设寄存器结构体类型定义;

② 外设基地址定义;

③ 寄存器映射(通过将外设基地址强制转换为外设结构体类型指针即可)。

以 GPIO 为例,其寄存器结构体类型定义如下:

```
typedef struct
{
    __IOuint32_t CRL;          /* GPIO_CRL 寄存器,相对外设基地址偏移量: 0X00 */
    __IOuint32_t CRH;          /* GPIO_CRH 寄存器,相对外设基地址偏移量: 0X04 */
    __IOuint32_t IDR;          /* GPIO_IDR 寄存器,相对外设基地址偏移量: 0X08 */
    __IOuint32_t ODR;          /* GPIO_ODR 寄存器,相对外设基地址偏移量: 0X0C */
    __IOuint32_t BSRR;         /* GPIO_BSRR 寄存器,相对外设基地址偏移量: 0X10 */
    __IOuint32_t BRR;          /* GPIO_BRR 寄存器,相对外设基地址偏移量: 0X14 */
    __IOuint32_t LCKR;         /* GPIO_LCKR 寄存器,相对外设基地址偏移量: 0X18 */
} GPIO_TypeDef;
```

GPIO 外设基地址定义如下：

```
# define PERIPH_BASE        0x40000000UL                      /* 外设基地址 */
# define APB1PERIPH_BASE    PERIPH_BASE                       /* APB1 总线基地址 */
# define APB2PERIPH_BASE    (PERIPH_BASE + 0x00010000UL)      /* APB2 总线基地址 */
# define AHBPERIPH_BASE     (PERIPH_BASE + 0x00020000UL)      /* AHB 总线基地址 */
# define GPIOA_BASE         (APB2PERIPH_BASE + 0x00000800UL)  /* GPIOA 基地址 */
# define GPIOB_BASE         (APB2PERIPH_BASE + 0x00000C00UL)  /* GPIOB 基地址 */
# define GPIOC_BASE         (APB2PERIPH_BASE + 0x00001000UL)  /* GPIOC 基地址 */
# define GPIOD_BASE         (APB2PERIPH_BASE + 0x00001400UL)  /* GPIOD 基地址 */
# define GPIOE_BASE         (APB2PERIPH_BASE + 0x00001800UL)  /* GPIOE 基地址 */
# define GPIOF_BASE         (APB2PERIPH_BASE + 0x00001C00UL)  /* GPIOF 基地址 */
# define GPIOG_BASE         (APB2PERIPH_BASE + 0x00002000UL)  /* GPIOG 基地址 */
```

GPIO 外设寄存器映射定义如下：

```
# define GPIOA        ((GPIO_TypeDef * )GPIOA_BASE)    /* GPIOA 寄存器地址映射 */
# define GPIOB        ((GPIO_TypeDef * )GPIOB_BASE)    /* GPIOB 寄存器地址映射 */
# define GPIOC        ((GPIO_TypeDef * )GPIOC_BASE)    /* GPIOC 寄存器地址映射 */
# define GPIOD        ((GPIO_TypeDef * )GPIOD_BASE)    /* GPIOD 寄存器地址映射 */
# define GPIOE        ((GPIO_TypeDef * )GPIOE_BASE)    /* GPIOE 寄存器地址映射 */
# define GPIOF        ((GPIO_TypeDef * )GPIOF_BASE)    /* GPIOF 寄存器地址映射 */
# define GPIOG        ((GPIO_TypeDef * )GPIOG_BASE)    /* GPIOG 寄存器地址映射 */
```

以上 3 部分代码完成了 STM32F103 内部 GPIOA～GPIOG 的寄存器映射,其原理其实是比较简单的,包括 2 个核心知识点：① 结构体地址自增;② 地址强制转换。

① 结构体地址自增。首先定义了 GPIO_TypeDef 结构体类型,其成员包括 CRL、CRH、IDR、ODR、BSRR、BRR 和 LCKR,每个成员是 uint32_t 类型,也就是 4 个字节。这样假设 CRL 地址是 0,CRH 就是 0x04,IDR 就是 0x08,ODR 就是 0x0C,依此类推。

② 地址强制转换。以 GPIOB 为例,GPIOB 外设的基地址为 GPIOB_BASE (0x4001 0C00),使用 GPIO_TypeDef 将该地址强制转换为 GPIO 结构体类型指针 GPIOB,这样 GPIOB→CRL 的地址就是 GPIOB_BASE(0x4001 0C00),GPIOB→CRH 的地址就是 GPIOB_BASE+0x04(0x4001 0C04),GPIOB→IDR 的地址就是 GPIOB_BASE+0x08(0x4001 0C08),依此类推。

这样就使用结构体方式完成了对 GPIO 寄存器的映射,其他外设的寄存器映射也都是这个方法,这里就不一一介绍了。

第 **6** 章

认识 HAL 库

HAL,全称 Hardware Abstraction Layer,即硬件抽象层。HAL 库是 ST 公司提供的外设驱动代码的驱动库,用户只需要调用库的 API 函数便可间接配置寄存器。要写程序控制 STM32 芯片,其实最终就是控制它的寄存器,使之工作在我们需要的模式下。HAL 库将大部分寄存器的操作封装成函数,我们只需要学习和掌握 HAL 库函数的结构和用法,就能方便地驱动 STM32 工作,以节省开发时间。

6.1 初识 STM32 HAL 库

STM32 开发中常说的 HAL 库开发,指的是利用 HAL 库固件包里面封装好的 C 语言编写的驱动文件,从而实现对 STM32 内部和外部电器元件的控制过程。但只有 HAL 库还不能直接驱动一个 STM32 的芯片,其他的组件已经由 ARM 与众多芯片硬件、软件厂商指定的通用的软件开发标准 CMSIS 实现了,本章只简单介绍这个标准,等读者熟悉开发后再研究这个框架。

简单地了解 HAL 库的发展和作用,可以方便读者确定 HAL 库是否适合作为自己长期开发 STM32 的工具,以降低开发、学习的成本。

6.1.1 CMSIS 标准

根据一些调查研究表明,软件开发已经被嵌入式行业公认为最主要的开发成本,为了降低这个成本,ARM 与 Atmel、IAR、KEIL、SEGGER 和 ST 等诸多芯片和软件工具厂商合作,制定了一个符合所有 Cortex 芯片厂商的商品的软件接口标准 CMSIS(Cortex Microcontroller Software Interface Standard)。ARM 官方提供的 CMSIS 规范架构图如图 6.1 所示。

可以看出,这个标准分级明显,从用户程序到内核底层实现做了分层处理。按照这个分级,HAL 库属于 CMSIS-Pack 中的 Peripheral HAL 层。CMSIS 规定的最主要的 3 个部分为核内外设访问层(由 ARM 负责实现),片上外设访问层和外设访问函数(后

图 6.1　Cortex 芯片的 CMSIS 分级实现

面 2 个由芯片厂商负责实现)。ARM 整合并提供了大量的模板,各厂商根据自己的芯片差异修改模板,其中包括汇编文件 startup_device.s、system_.h 和 system_.c 这些与初始化和系统相关的函数。

　　结合 STM32F1 的芯片来说,其 CMSIS 应用程序的简单结构框图(不包括实时操作系统和中间设备等组件)如图 6.2 所示。这个框架是根据我们现在已经学习到的知识回过头来做的一个总结,这里只是简单介绍,告诉读者它们之间存在一定联系,关于组成这些部分的文件、文件的作用及各文件如何组合、各分层的作用和意义,今后再慢慢学习。

6.1.2　HAL 库简介

　　库函数的引入大大降低了 ST 主控芯片开发的难度。ST 公司为了方便用户开发 STM32 芯片提供了 3 种库函数,按产生时间顺序是标准库、HAL 库和 LL 库。目前 ST 已经逐渐暂停对部分标准库的支持,ST 的库函数维护重点已经转移到 HAL 库和 LL 库上,下面分别简单介绍这 3 种库。

1. 标准外设库(Standard Peripheral Libraries)

　　标准外设库是对 STM32 芯片的一个完整封装,包括所有标准器件外设的器件驱动器,是 ST 最早推出的针对 STM 系列主控的库函数。标准库的设计初衷是减少用户的程序编写时间,进而降低开发成本。几乎全部使用 C 语言实现并严格按照 Strict ANSI-C、MISRA-C 2004 等多个 C 语言标准编写。但标准外设库仍然接近于寄存器操作,主要就是将一些基本的寄存器操作封装成了 C 函数。开发者仍需要关注所使用的外设是在哪个总线之上、具体寄存器的配置等底层信息。ST 的标准库函数家族如图 6.3 所示。

　　ST 为各系列提供的标准外设库稍有区别。例如,STM32F1x 的库和 STM32F3x

图 6.2 CMSIS 分级下的 STM32F1 的文件分布

的库在文件结构上就有些不同,此外,在内部的实现上也稍有区别,这个在具体使用(移植)时需要注意一下。但是,不同系列之间的差别并不是很大,而且在设计上是相同的。

STM32 的标准外设库涵盖以下 3 个抽象级别:

➢ 包含位、位域和寄存器在内的完整的寄存器地址映射;

➢ 涵盖所有外围功能(具有公共 API 的驱动器)的例程和数据结构的集合;

➢ 一组包含所有可用外设的示例,其中包含最常用的开发工具的模板项目。

更详细的信息可以参考 ST 的官方文档《STM32 固件库使用手册中文翻译版》,其

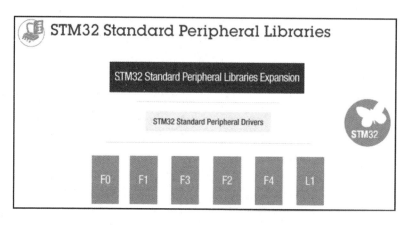

图 6.3　ST 的标准库函数家族

中对于标准外设库函数命名、文件结构等都有详细说明,这里就不多介绍了。

值得一提的是,由于 STM32 的产品性能及标准库代码的规范、易读性以及例程的全覆盖性,STM32 的开发难度大大下降。但 ST 从 L1 以后的芯片 L0、L4 和 F7 等系列就没有再推出相应的标准库支持包了。

2. HAL 库

HAL 是 ST 为可以更好地确保跨 STM32 产品的最大可移植性而推出的 MCU 操作库。这种程序设计由于抽离应用程序和硬件底层的操作,更加符合跨平台和多人协作开发的需要。

HAL 库是基于一个非限制性的 BSD 许可协议(Berkeley Software Distribution)而发布的开源代码。ST 制作的中间件堆栈(USB 主机和设备库,STemWin)带有允许轻松重用的许可模式,只要是在 ST 的 MCU 芯片上使用,库的中间件(USB 主机/设备库,STemWin)协议栈即被允许修改,并可以反复使用。至于基于其他著名的开源解决方案商的中间件(FreeRTOS、FatFs、LwIP 和 PolarSSL)也都具有友好的用户许可条款。

HAL 库是 ST 从自身芯片的整个生产生态出发,为了方便维护而作的一次整合,以改变标准外设库带来各系列芯片操作函数结构差异大、分化大、不利于跨系列移植的情况。相比标准外设库,STM32Cube HAL 库表现出更高的抽象整合水平,HAL 库的 API 集中关注各外设的公共函数功能,这样便于定义一套通用的、用户友好的 API 函数接口,从而可以轻松实现从一个 STM32 产品移植到另一个不同的 STM32 系列产品。但由于封闭函数为了适应最大的兼容性,HAL 库的一些代码实际上的执行效率要远低于寄存器操作。但即便如此,HAL 库仍是 ST 未来主推的库。

3. LL 库

LL 库(Low Layer)目前与 HAL 库捆绑发布,它设计为比 HAL 库更接近于硬件底层操作、代码更轻量级、代码执行效率更高的库函数组件,可以完全独立于 HAL

库来使用,但 LL 库不匹配复杂的外设,如 USB 等。所以 LL 库并不是每个外设都有对应的完整驱动配置程序。使用 LL 库需要对芯片的功能有一定的认知和了解,它可以:

> 独立使用,该库完全独立实现,可以完全抛开 HAL 库,只用 LL 库编程完成。
> 混合使用,和 HAL 库结合使用。

HAL 库和 LL 库的关系如图 6.4 所示,可以看出,它们设计为彼此独立的分支,但又同属于 HAL 库体系。

图 6.4　CubeF1 的软件框架

至此,我们对目前主流的 STM32 开发库有了一个初步的印象。标准库和 HAL 库、LL 库完全相互独立,HAL 库更倾向于外设通用化,扩展组件中解决芯片差异操作部分;LL 库倾向于最简单的寄存器操作,ST 未来还将重点维护和建设 HAL 库,标准库已经部分停止更新。HAL 库和 LL 库的应用将是未来的一个趋势。

6.1.3　HAL 库能做什么

用过标准库的读者应该知道,使用标准库可以忽略很多芯片寄存器的细节,根据提供的接口函数快速配置和使用一个 STM32 芯片,使用 HAL 库也是如此。不论何种库,本质都是配置指定寄存器使芯片工作在我们需要的工作模式下。HAL 库在设计的时候会更注重软硬件分离。HAL 库的 API 集中关注各个外设的公共函数功能,便于定义通用性更好、更友好的 API 函数接口,从而具有更好的可移植性。HAL 库写的代码在不同的 STM32 产品上移植非常方便。

我们需要学会调用 HAL 库的 API 函数,配置对应外设按照我们的要求工作,这就是 HAL 库能做的事。但是无论库封装得多高级,最终还是要通过配置寄存器来实现。所以学习 HAL 库的同时,建议学习外设的工作原理和寄存器的配置。只有掌握了原理,才能更好地使用 HAL 库,一旦发生问题也能更快速定位和解决问题。

HAL 库还可以和 STM32CubeMX(图形化软件配置工具)配套一起使用,开发者可以使用该工具进行可视化配置,并且自动生成配置好的初始化代码,大大节省开发时间。

6.2 HAL 库驱动包

HAL 库是一系列封装好的驱动函数,本节将从下载渠道、固件包的内容分析及在实际开发中用到的几个文件入手进行详细介绍。

6.2.1 如何获得 HAL 库固件包

HAL 库是 ST 推出的 STM32Cube 软件生态下的一个分支。STM32Cube 是 ST 提供的一套免费开发工具,旨在通过减少开发工作、时间和成本来简化开发人员的工作,并且覆盖整个 STM32 产品。它包含 2 个关键部分:

① 允许用户通过图形化向导来生成 C 语言工程的图形配置工具 STM32CubeMX。可以通过 CubeMX 方便地下载各种软件或开发固件包。

② 包括由 STM32Cube 硬件抽象层(HAL)、一组一致的中间件组件(RTOS、USB、FAT 文件系统、图形、TCP/IP 和以太网)以及一系列完整的例程组成的 STM32Cube 固件包。

ST 提供了多种获取固件包的方法。本节只介绍从 ST 官方网站上直接获取固件库的方法。打开 ST 官网 www.st.com,依次选择 Tools & Software→Ecosystem→STM32Cube→新页面→Prodcut selector,如图 6.5 所示。

在展开的界面中选择需要的固件,展开 STM32CubeF1 即可看到我们需要的 F1 的安装包,按图 6.6 操作,在新的窗口中拉到底部,选择适合自己的下载方式,注册账号即可获取相应的驱动包。

STM32Cube 固件包已经下载好并且放到配套资料的 A 盘→8,STM32 参考资料→1,STM32F1xx 固件包,当前固件包版本是 STM32Cube_FW_F1_V1.8.3(注意,这个压缩包是 1.8.3,但压缩包里的文件夹命名是 1.8.0,后面讲到文件夹路径时我们按 ST 给的 1.8.0 来说明)。因为现在是 STM32F103 的学习,所以我们准备好的固件包是 F1 的。读者要根据自己学习的芯片去下载对应的固件包。如果需要最新的 HAL 库固件,则可按照上述方法到上官网重新获取。

6.2.2 STM32Cube 固件包分析

STM32Cube 固件包完全兼容 STM32CubeMX。图形配置工具 STM32CubeMX

图 6.5　找到 STM32Cube 固件的下载位置

的使用需要 STM32F1 基础,所以安排在第 10 章讲解。本小节主要讲解 STM32Cube
固件包的结构。

解压后的 STM32CubeF1 固件包的目录结构如图 6.7 所示。其中,Documentation
文件夹里面是一个 STM32CubeF1 英文说明文档,文档内容是 ST 官方指导如何使用
HAL 库。接下来通过几个表格依次介绍 STM32CubeF1 中几个关键的文件夹。

(1) Drivers 文件夹

Drivers 文件夹包含 BSP、CMSIS 和 STM32F1xx_HAL_Driver 这 3 个子文件夹,
具体说明如表 6.1 所列。

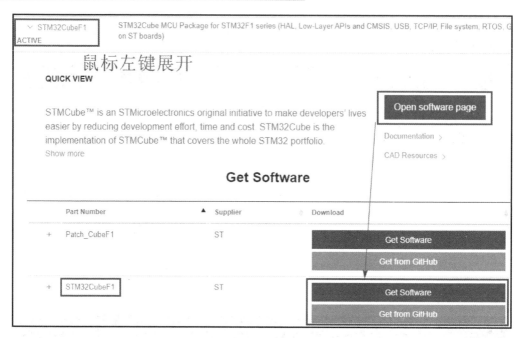

图 6.6　下载 STM32CubeF1 固件包

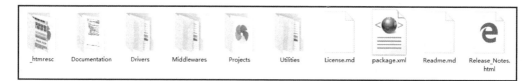

图 6.7　STM32CubeF1 固件包的目录结构

表 6.1　Drivers 文件夹介绍

文件夹	说　明
BSP 文件夹	称为板级支持包,用于适配 ST 官方对应开发板的硬件驱动程序,每一种开发板对应一个文件夹。如触摸屏、LCD、SRAM 以及 EEPROM 等板载硬件资源等驱动,这些文件只用于匹配的特定开发板,不同开发板可能不能直接使用
CMSIS 文件夹	就是符合 CMSIS 标准的软件抽象层组件相关文件。文件夹内部文件比较多,主要包括 DSP 库(DSP_LIB 文件夹)、Cortex-M 内核及其设备文件(Include 文件夹)、微控制器专用头文件/启动代码/专用系统文件等(Device 文件夹)。新建工程的时候会用到这个文件夹内部很多文件
STM32F1xx_HAL_Driver 文件夹	这个文件夹非常重要,包含了所有的 STM32F1xx 系列 HAL 库头文件和源文件,也就是所有底层硬件抽象层 API 声明和定义。它的作用是屏蔽了复杂的硬件寄存器操作,统一了外设的接口函数。该文件夹包含 Src 和 Inc 共 2 个子文件夹,其中,Src 子文件夹存放的是.c 源文件,Inc 子文件夹存放的是.h 头文件。每个.c 源文件对应一个.h 头文件。源文件名称基本遵循 STM32F1xx_hal_ppp.c 定义格式,头文件名称基本遵循 STM32F1xx_hal_ppp.h 定义格式。例如,和 GPIO 配置相关的 API 声明和定义分别在文件 STM32F1xx_hal_gpio.h 和 STM32F1xx_hal_gpio.c 中。该文件夹的文件在新建工程章节都会使用到,后面会详细介绍

(2) Middlewares 文件夹

该文件夹下面有 ST 和 Third_Party 共 2 个子文件夹。ST 文件夹下面存放的是 STM32 相关的一些文件,包括 STemWin 和 USB 库等。Third_Party 文件夹是第三方中间件,这些中间件都是非常成熟的开源解决方案。具体说明如表 6.2 所列。

表 6.2　Middlewares 文件夹介绍

文件夹	子文件夹	说　明
ST 子文件夹	STemWin 文件夹	STemWin 工具包,由 Segger 提供
	STM32_USB_Device_Library 文件夹	USB 从机设备支持包
	STM32_USB_Host_Library 文件夹	USB 主机设备支持包
Third_Party 子文件夹	FatFs 文件夹	FAT 文件系统支持包,采用的 FATFS 文件系统
	FreeRTOS 文件夹	FreeRTOS 实时系统支持包
	LwIP 文件夹	LwIP 网络通信协议支持包

(3) Projects 文件夹

该文件夹存放的是一些可以直接编译的实例工程。每个文件夹对应一个 ST 官方的 Demo 板,根据型号的不同提供了 MDK 和 IAR 等类型的例程,读者可以根据自己的需要来作为参考。

(4) Utilities 文件夹

该文件夹是一些公用组件,也是主要为 ST 官方 DEMO 板提供的,在我们的例程中使用得不多。有兴趣的读者可以学习一下,这里不过多介绍。

(5) 其他几个文件

文件夹中还有几个单独的文件,用于声明软件版本或者版权信息。我们使用 ST 的芯片已经默认得到这个软件的版权使用授权,可以简单了解一下各文件的内容,实际项目中一般不添加。

➢ License. md:用于声明软件版权信息的文件。

➢ package. xml:用于描述固件包版本信息的文件。

➢ Release_Notes. html:超文本文件,用浏览器打开可知它是对固件包的补充描述和固件版本更新的记录说明。

6.2.3　CMSIS 文件夹关键文件

由命名可知,CMSIS 文件夹和 6.1.1 小节中提到的 CMSIS 标准是一致的,CMSIS 为软件包的内容制定了标准,包括文件目录的命名和内容构成。5.7.0 版本 CMSIS 的规定软件包目录如表 6.3 所列。

表 6.3　CMSIS 规定的基本组件

文件/目录		描　述
LICENSE. txt		Apache 2.0 授权的许可文件
Device		基于 ARM Cortex-M 处理器设备的 CMSIS 参考实现
ARM. CMSIS. pdsc		描述该 CMSIS 包的文件
CMSIS 组件	Documentation	这个数据包的描述文档
	Core	CMSIS-Core(Cortex-M)相关文件的用户代码模板,在 ARM. CMSIS. pdsc 中引用
	Core_A	CMSIS-Core(Cortex-A)相关文件的用户代码模板,在 ARM. CMSIS. pdsc 中引用
	DAP	CMSIS-DAP 调试访问端口源代码和参考实现
	Driver	CMSIS 驱动程序外设接口 API 的头文件
	DSP_Lib	CMSIS-DSP 软件库源代码
	NN	CMSIS-NN 软件库源代码
	Include	CMSIS-Core(Cortex-M)和 CMSIS-DSP 需要包括的头文件等
	Lib	包括 CMSIS 核心(Cortex-M)和 CMSIS-DSP 的文件
	Pack	CMSIS-Pack 示例,包含设备支持、板支持和软件组件的软件包示例
	RTOS	CMSIS-RTOS 版本 1 以及 RTX4 参考实现
	RTOS2	CMSIS-RTOS 版本 2 以及 RTX5 参考实现
	SVD	CMSIS-SVD 样例,规定开发者、制造商、工具制造商的分工和职能
	Utilities	PACK. xsd(CMSIS-Pack 架构文件)、PackChk. exe(检查软件包的工具)、CMSIS-SVD. xsd(MSIS-SVD 架构文件)、SVDConv. exe(SVD 文件的转换工具)

接下来看 ST 提供的 CMSIS 文件夹,它的位置是 STM32Cube_FW_F1_V1.8.0\Drivers\CMSIS。打开文件夹界面如图 6.8 所示,可以发现,它的目录结构完全按照 CMSIS 标准执行,仅是作了部分删减。

CMSIS 文件夹中 Device 和 Include 这 2 个文件夹中的文件是我们工程中最常用到的,下面简单介绍。

1. Device 文件夹

Device 文件夹关键文件说明如表 6.4 所列。其中列出的文件都是正式工程中必需的文件。固件包的 CMSIS 文件包括了所有

图 6.8　STM32CubeF1 固件包的
CMSIS 文件夹

STM32F1 芯片型号的文件,而我们只用到 STM32F103 系列,所以只是介绍用到的
文件。

表 6.4　Device 文件夹关键文件介绍

文　件	描　述
stm32f1xx.h CMSIS ├─Device │　└─ST │　　　└─STM32F1xx │　　　　　├─Include │　　　　　　　　stm32f1xx.h	包含了很多条件定义和常用的枚举变量类型,与宏定义配合,选择性包含某一特定的 STM32F1 系列芯片的头文件。这个文件使我们在使用 STM32F1 系列的不同型号芯片时,不需要每次都修改工程头文件,只需要修改宏定义并增加特定型号芯片的头文件即可快速选择使用不同类型的 F1 芯片
stm32f103xe.h CMSIS ├─Device │　└─ST │　　　└─STM32F1xx │　　　　　├─Include │　　　　　　　　stm32f103xe.h	STM32F1 大容量系列芯片通用的片上外设访问层头文件。Include 目录下有多个这样具体到型号的名字类似的头文件,具体使用哪个文件时需要根据实际使用的型号来确定。这个文件的主要作用是定义声明寄存器以及封装内存操作,以结构体和宏定义标识符的形式呈现
startup_stm32f103xe.s CMSIS ├─Device │　└─ST │　　　└─STM32F1xx │　　　　　└─Source │　　　　　　　└─Templates │　　　　　　　　　└─arm │　　　　　　　　　　　startup_stm32f103xe.s	STM32F103 系列芯片的启动文件,每个系列都有与之对应的启动文件。启动文件的作用主要是进行堆栈的初始化、中断向量表以及中断函数定义等。启动文件有一个很重要的作用就是系统复位后引导进入 main 函数,后面会细讲
system_stm32f1xx.c system_stm32f1xx.h CMSIS ├─Device │　└─ST │　　　└─STM32F1xx │　　　　　├─Include │　　　　　　　　system_stm32f1xx.h │　　　　　└─Source │　　　　　　　└─Templates │　　　　　　　　　system_stm32f1xx.c	主要是声明和定义了系统初始化函数 SystemInit 以及系统时钟更新函数 SystemCoreClockUpdate。SystemInit 函数的作用是进行时钟系统的一些初始化操作以及中断向量表偏移地址设置,但它并没有设置具体的时钟值,这是与标准库的最大区别。在使用标准库的时候,SystemInit 函数会帮我们配置好系统时钟相关的各个寄存器。在启动文件 startup_stm32f103xe.s 中,设置系统复位后直接调用 SystemInit 函数进行系统初始化。SystemCoreClockUpdate 函数是在系统时钟配置进行修改后被调用,从而更新全局变量 SystemCoreClock 的值。变量 SystemCoreClock 是一个全局变量,开放这个变量可以方便在用户代码中直接使用这个变量来进行一些时钟运算

2. Include 文件夹

Include 文件夹存放了符合 CMSIS 标准的 Cortex-M 内核头文件。想要深入学习
内核的读者可以配合相关的手册去学习。对于 STM32F1 的工程,只要把需要的添加

到工程即可,包括 cmsis_armcc.h、cmsis_armclang.h、cmsis_compiler.h、cmsis_version.h、core_cm3.h 和 mpu_armv7.h。这几个头文件中接触较多的是 core_cm3.h。

core_cm3.h 是内核底层的文件,由 ARM 公司提供,包含一些 AMR 内核指令,如软件复位、开关中断等功能。并且它包含了一个重要的头文件 stdint.h。

6.2.4 stdint.h 简介

stdint.h 是从 C99 中引进的一个标准 C 库的文件。在 2000 年 3 月,ANSI 采纳了 C99 标准。ANSI C 被几乎所有广泛使用的编译器(如 MDK、IAR)支持,多数 C 代码是在 ANSI C 基础上写的。任何仅仅使用标准 C 并且没有和任何硬件有依赖的代码,实际上能保证在任何平台上用遵循 C 标准的编译器编译成功。就是说这套标准不依赖硬件,独立于任何硬件,可以跨平台。

stdint.h 可以在 MDK 安装目录下找到,如 MDK5 安装在 D 盘时,可以在路径 D:\MDK5.36\ARM\ARMCC\include 找到。stdint.h 的作用就是提供了类型定义,其部分类型定义代码如下:

```
/* exact-width signed integer types */
typedef   signed         char int8_t;
typedef   signed short   int int16_t;
typedef   signed         int int32_t;
typedef   signed         __INT64 int64_t;
/* exact-width unsigned integer types */
typedef unsigned         char uint8_t;
typedef unsigned short   int uint16_t;
typedef unsigned         int uint32_t;
typedef unsigned         __INT64 uint64_t;
```

后面的程序都会使用这些类型,比如 uint32_t(无符号整型)、int16_t 等。

6.3 HAL 库框架结构

这一节简要分析一下 HAL 驱动文件夹下的驱动文件,帮助读者快速认识 HAL 库驱动的构成、HAL 库函数的一些常用形式,并且帮助读者遇到 HAL 库时能根据名字大致推断该函数的用法。

6.3.1 HAL 库文件夹结构

HAL 库头文件和源文件在 STM32Cube 固件包的 STM32F1xx_HAL_Driver 文件夹中,打开该文件夹,如图 6.9 所示。

STM32F1xx_HAL_Driver 文件夹下的 Src(Source 的简写)文件夹存放是所有外设的驱动程序源码,Inc(Include 的简写)文件夹存

图 6.9 STM32F1xx_HAL_Driver 文件夹目录结构

放的是对应源码的头文件。Release_Notes. html 是 HAL 库的版本更新信息。最后 3
个是库的用户手册,这个需要可以读者熟悉一下,查阅起来很方便。

打开 Src 和 Inc 文件夹会发现,基本都是 stm32f1xx_hal_和 stm32f1xx_ll_开头的.
c 和.h 文件。刚学 HAL 库的读者可能会说,stm32f1xx_hal_开头的是 HAL 库,那
stm32f1xx_ll_开头的文件又是什么? 答案揭晓,stm32f1xx_ll_开头的文件是 LL 库。

6.3.2 HAL 库文件

HAL 库关键文件介绍如表 6.5 所列,表中 ppp 代表任意外设。

表 6.5 HAL 库关键文件介绍

文 件	描 述
stm32f1xx_hal. c stm32f1xx_hal. h	初始化 HAL 库(比如 HAL_Init、HAL_DeInit、HAL_Delay 等),主要实现 HAL 库的初始化、系统滴答、HAL 库延时函数。HAL 的头文件应被用户代码所包含
stm32f1xx_hal_conf. h:HAL 库中本身没有这个文件,可以自行定义,也可以直接使用 Inc 文件夹下 stm32f1xx_hal_conf_template. h 的内容作为参考	HAL 的用户配置文件,stm32f1xx_hal. h 引用了这个文件来对 HAL 库进行裁减。HAL 库的很多配置都是通过预编译的条件宏来决定是否使用这一 HAL 库的功能,这也是当前的主流库(如 LWIP/FreeeRTOS 等)的做法,无须修改库函数的源码。通过使能/不使能一些宏来实现库函数的裁减
stm32f1xx_hal_def. h	通用 HAL 库资源定义,包含 HAL 的通用数据类型定义、声明、枚举、结构体和宏定义。如 HAL 函数操作结果返回值类型 HAL_Status-TypeDef 就是在这个文件中定义的
stm32f1xx_hal_cortex. h stm32f1xx_hal_cortex. c	它是一些 Cortex 内核通用函数声明和定义,如中断优先级 NVIC 配置、MPU、系统软复位以及 Systick 配置等,与前面 core_cm3. h 的功能类似
stm32f1xx_hal_ppp. c stm32f1xx_hal_ppp. h	外设驱动函数。对于所有 STM32 驱动名称都相同,ppp 代表一类外设,包含该外设的操作 API 函数。当 ppp 为 adc 时,这个函数就是 stm32f1xx_hal_adc. c/h,可以分别在 Src/Inc 目录下找到
stm32f1xx_hal_ppp_ex. c stm32f1xx_hal_ppp_ex. h	外设特殊功能的 API 文件,作为标准外设驱动的功能补充和扩展。针对部分型号才有的特殊外设做功能扩展,或外设的实现功能与标准方式完全不同的情况下作为重新初始化的备用接口。ppp 的含义同标准外设驱动
stm32f1xx_ll_ppp. c stm32f1xx_ll_ppp.. h	LL 库文件,在一些复杂外设中实现底层功能,在 stm32f1xx_hal_ppp. c 中被调用

此外,Src/Inc 下面还有 Legacy 文件夹,用于特殊外设的补充说明。本书用到得比
较少,这里不展开描述。

不只文件命名有一定规则,stm32f1xx_hal_ppp(c/h)中的函数和变量命名也严格按照命名规则。如表 6.6 所列的命名规则在大部分情况下都是正确的。

表 6.6　HAL 库函数、变量命名规则

文件名	stm32f1xx_hal_ppp(c/h)	stm32f1xx_hal_ppp_ex(c/h)
函数名	HAL_PPP_Function HAL_PPP_FeatureFunction_MODE	HAL_PPPEx_Function HAL_PPPEx_FeatureFunction_MODE
外设句柄	PPP_HandleTypedef	无
初始化参数结构体	PPP_InitTypeDef	PPP_InitTypeDef
枚举类型	HAL_PPP_StructnameTypeDef	无

对于 HAL 的 API 函数,常见的有以下几种:

➤ 初始化/反初始化函数:HAL_PPP_Init()、HAL_PPP_DeInit();
➤ 外设读/写函数:HAL_PPP_Read()、HAL_PPP_Write()、HAL_PPP_Transmit()、HAL_PPP_Receive();
➤ 控制函数:HAL_PPP_Set()、HAL_PPP_Get();
➤ 状态和错误:HAL_PPP_GetState()、HAL_PPP_GetError()。

HAL 库封装的很多函数都是通过定义好的结构体将参数一次性传给所需函数,参数也有一定的规律,主要有以下 3 种:

① 配置和初始化用的结构体。一般为 PPP_InitTypeDef 或 PPP_ConfTypeDef 的结构体类型,根据外设的寄存器设计成易于理解和记忆的结构体成员。

② 特殊处理的结构体。专为不同外设而设置的,带有 Process 的字样,实现一些特异化的中间处理操作等。

③ 外设句柄结构体。HAL 驱动的重要参数,可以同时定义多个句柄结构以支持多外设多模式。HAL 驱动的操作结果也可以通过这个句柄获得。有些 HAL 驱动的头文件中还定义了一些与这个句柄相关的一些外设操作。如用外设结构体句柄与 HAL 定义的一些宏操作配合,即可实现一些常用的寄存器位操作,如表 6.7 所列。

表 6.7　HAL 库驱动部分与外设句柄相关的宏

宏定义结构	用　途
__HAL_PPP_ENABLE_IT(__HANDLE__, __INTERRUPT__)	使能外设中断
__HAL_PPP_DISABLE_IT(__HANDLE__, __INTERRUPT__)	禁用外设中断
__HAL_PPP_GET_IT(__HANDLE__, __INTERRUPT__)	获取外设某一中断源
__HAL_PPP_CLEAR_IT(__HANDLE__, __INTERRUPT__)	清除外设中断
__HAL_PPP_GET_FLAG(__HANDLE__, __FLAG__)	获取外设的状态标记
__HAL_PPP_CLEAR_FLAG(__HANDLE__, __FLAG__)	清除外设的状态标记

续表 6.7

宏定义结构	用　途
__HAL_PPP_ENABLE(__HANDLE__)	使能某一外设
__HAL_PPP_DISABLE(__HANDLE__)	禁用某一外设
__HAL_PPP_XXXX (__HANDLE__, __PARAM__)	针对外设的特殊操作
__HAL_PPP_GET_ IT_SOURCE (__HANDLE__, __INTERRUPT __)	检查外设的中断源

但是对于 SYSTICK、NVIC、RCC、FLASH、GPIO 这些内核外设或共享资源来说，不需要使用到 PPP_HandleTypedef 这类外设句柄进行控制，如 HAL_GPIO_Init() 只需要初始化的 GPIO 编号和具体的初始化参数。

```
HAL_StatusTypeDef HAL_GPIO_Init (GPIO_TypeDef * GPIOx, GPIO_InitTypeDef * Init)
{
    /* GPIO 初始化程序…… */
}
```

最后要分享的是 HAL 库的回调函数，如表 6.8 所列。这部分允许用户重定义，并在其中实现用户自定义的功能，也是我们使用 HAL 库的最常用的接口之一。

表 6.8　HAL 库驱动中常用的回调函数接口

回调函数	举　例
HAL_PPP_MspInit() / _DeInit()	举例：HAL_USART_MspInit() 由 HAL_PPP_Init() 这个 API 调用，主要在这个函数中实现外设对应的 GPIO、时钟、DMA、中断开启的配置和操作
HAL_PPP_ProcessCpltCallback	举例：HAL_USART_TxCpltCallback 由外设中断或 DMA 中断调用，调用时 API 内部已经实现中断标记的清除的操作，用户只需要专注于自己的软件功能实现即可
HAL_PPP_ErrorCallback	举例：HAL_USART_ErrorCallback 外设或 DMA 中断中发生的错误，用于作错误处理

至此，我们大概对 HAL 库驱动文件的一些通用格式和命名规则有了初步印象，记住这些规则可以帮助我们快速对 HAL 库的驱动进行归类和判定这些驱动函数的用法。

ST 官方提供了快速查找 API 函数的帮助文档。在路径 STM32Cube_FW_F1_V1.8.3\Drivers\STM32F1xx_HAL_Driver 下有几个 chm 格式的文档，根据本书使用的开发板主控芯片 STMF103RC 没有找到直接可用的，但可以查看型号接近的 STM32F103xG_User_Manual.chm（因为 G 系列比 C 系列引脚功能更多，只是查看 API 函数不响应使用的）。双击打开后，可以看到左边目录下有 4 个主题，这里查看 Modules。以外设 GPIO 为例，介绍怎么使用这个文档。单击 GPIO 外设的主题下的 IO operation functions/functions，查看里面的 API 函数接口描述，如图 6.10 所示。

这个文档提供的信息很全，不看源码都可以直接使用它来编写代码，另外还指示了

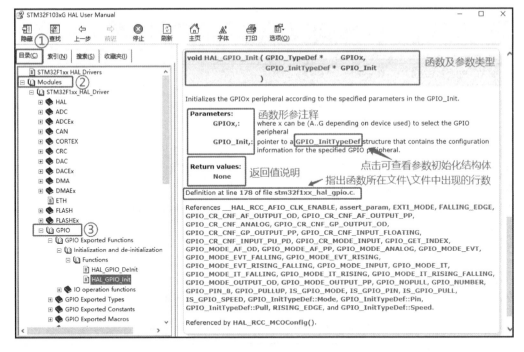

图 6.10　帮助文档的 API 函数描述

源码位置,非常方便。多翻一下其他主题、了解一下文档的信息结构,很容易使用。

举个例子,比如要让 PB4 输出高电平。先看函数功能,HAL_GPIO_WritePin 函数就是我们的 GPIO 口输出设置函数,如图 6.11 所示。

函数有 3 个形参。

第一个形参是 GPIO_TypeDef * GPIOx。形参描述:x 可以是 A~G 之间任何一个,这里是 PB4 引脚,所以第一个形参确认是 GPIOB。

第二个形参是 uint16_t GPIO_Pin。形参描述:该参数可以是 GPIO_PIN_x,x 可以 1~15,那么第二个形参就是 GPIO_PIN_4。

第三个形参是 GPIO_PinState PinState。形参描述:该参数可以是枚举里的 2 个数,一个是 GPIO_PIN_RESET,表示该位清零;另一个是 GPIO_PIN_SET,表示设置该位,即置 1,这里要输出 1,所以要置 1 该位,那么第三个形参就是 GPIO_PIN_SET。

最后看函数返回值:None,没有返回值。

所以最后得出要调用的函数是:

```
HAL_GPIO_WritePin(GPIOB, GPIO_PIN_4, GPIO_PIN_SET);
```

本节只简单介绍了 HAL 库,更多知识可参考 ST 提供的关于 HAL 库及 LL 库的更详细的说明文档,我们已经把它放到本书配套资料 A 盘→8,STM32 参考资料中了,读者可以自行查阅"Description of STM32F1 HAL and low-layer drivers.pdf"获取所需知识。

图 6.11　GPIO 口输出设置函数

6.4　如何使用 HAL 库

要先知道 STM32 芯片的某个外设的性能和工作模式,才能借助 HAL 库来帮助我们编程,甚至修改 HAL 库来适配开发项目。HAL 库的 API 虽多,但是查找和使用是有章可循的,只要学会其中一个,其他的外设就是类似的,只是添加自己特性的 API 而已。

6.4.1　学会用 HAL 库组织开发工具链

需要按照芯片使用手册建议的步骤去配置芯片。HAL 库驱动提供了芯片的驱动接口,但需要强调的一个概念是使用 HAL 库的开发是对芯片功能的开发,而不是开发这个库,也不是有这个库就能直接开发。如果对芯片的功能不了解,仍然不知道按照怎样的步骤和寻找哪些可用的接口去实现想要实现的功能,可参考 ST 提供的芯片使用手册"STM32F10xxx 参考手册_V10(中文版).pdf",它告诉我们使用某一外设功能时如何具体操作每一个用到的寄存器的细节,后面的例程讲解过程也会结合这个手册来分析配置过程。

嵌入式的软件开发流程遵循以下步骤:组织工具链、编写代码、生成可执行文件、烧录到芯片、芯片根据内部指令执行编程生成的可执行代码。

在 HAL 库学习前期,建议以模仿和操作体验为基础,通过例程来学习如何配置和驱动外设。下面是根据后续要学习的工程梳理出来的基于 CMSIS 的一个 HAL 库应用程序文件结构,可以帮助读者学习和体会这些文件的组成意义,如表 6.9 所列。

表 6.9　基于 CMSIS 应用程序文件描述

类　别	文件名	描　述	是否必须
用户 程序 文件	main. c	存放 main 函数,不一定要在这个文件	否
	main. h	包含头文件、声明等,已删除	否
	stm32f1xx_it. c	用户中断服务函数存放文件,不一定放到这个	否
	stm32f1xx_it. h	文件,可删除	否
	stm32f1xx_hal_conf. h	用户配置文件	是
	stm32f1xx_hal_msp. c	回调函数存放文件,已删除	否
设备 驱动层	stm32f1xx_hal. c	HAL 库的初始化、系统滴答、延时函数等	是
	stm32f1xx_hal. h		是
	stm32f1xx_hal_def. h	通用 HAL 库资源定义	是
	stm32f1xx_hal_ppp. c	外设的操作 API 函数文件	是
	stm32f1xx_hal_ppp. h		是
	stm32f1xx_hal_ppp_ex. c	拓展外设特性的 API 函数文件	是
	stm32f1xx_hal_ppp_ex. h		是
	stm32f1xx_ll_ppp. c	LL 库文件,在一些复杂外设中实现底层功能	是
	stm32f1xx_ll_ppp. h		是
CMSIS 核心层	stm32f1xx. h	STM32F1 系列的顶层头文件	是
	stm32f103xx. h	STM32F103E 系列片上外设头文件	是
	system_stm32f1xx. c	主要存放系统初始化函数 SystemInit	是
	system_stm32f1xx. h		是
	startup_stm32f1xx. s	启动文件,运行到 main 函数前的准备	是
	core_cm3. h	内核寄存器定义,如 Systick、SCB 等	是
	cmsis_armcc. h	内核头文件,一般都不需要去了解	是
	cmsis_armclang. h		
	cmsis_compiler. h		
	cmsis_version. h		
	mpu_armv7. h		

　　把这些文件组织起来的方法会在后续章节新建工程中介绍,这只提前告诉读者组成需要的编译工具链大概需要哪些文件。

6.4.2　HAL 库的用户配置文件

　　HAL 库的用户配置文件 stm32f1xx_hal_conf. h 用于裁减 HAL 库和定义一些变量,官方没有直接提供这个文件,但 STM32Cube_FW_F1_V1. 8. 0\Drivers\

STM32F1xx_HAL_Driver\Inc 路径下提供了一个模板文件 stm32f1xx_hal_conf_tem-
plate.h,我们可以直接复制这个文件重命名为 stm32f1xx_hal_conf.h,做一些简单的
修改;也可以在官方的例程中直接复制过来。本书开发板使用的芯片是 STM32F103
的 C 系列,所以也可以从下面的路径获取这个配置文件:STM32Cube_FW_F1_V1.8.0\
Projects\STM3210C_EVAL\Templates\Inc。

该文件的作用及需要说明的地方:

① 配置外部高速晶振的频率。HSE_VALUE 参数表示外部高速晶振的频率,须
根据板子外部焊接的晶振频率来修改,源码在 78 行开始,官方默认是 25 MHz。正点
原子 STM32F103 开发板外部高速晶振的频率是 8 MHz。我们没有在代码的其他地方
定义过 HSE_VALUE 值,所以编译器最终会引用这里的值 8 MHz 作为外部调整晶振
的频率值。

注意,使用官方的开发板时需要定义 USE_STM3210C_EVAL 宏,我们没有在代
码的其他位置或者编译器的预编译选项中定义过这个宏。

```
# if ! defined (HSE_VALUE)
# if defined(USE_STM3210C_EVAL)
# define HSE_VALUE     25000000U    /*外部高速振荡器的值,单位 Hz */
# else
# define HSE_VALUE     8000000U      /*外部高速振荡器的值,单位 Hz */
# endif
# endif/* HSE_VALUE */
```

还可以把上面的代码直接精简为一行,效果是一样的:

```
# define HSE_VALUE     8000000U/*! <Value of the External oscillator in Hz */
```

② 还有一个参数就是外部低速晶振频率,用于 RTC 时钟,官方默认是 32.768 kHz,
本书开发板的低速晶振也是这个频率,所以不用修改,源码在 109 行。

```
# if ! defined (LSE_VALUE)
# define LSE_VALUE     ((uint32_t)32768)     /*外部低速振荡器的值,单位 Hz */
# endif/* LSE_VALUE */
```

③ 用户配置文件可以用来选择使能何种外设,源码配置在 31~71 行,代码如下:

```
# define HAL_MODULE_ENABLED
# define HAL_ADC_MODULE_ENABLED
# define HAL_CAN_MODULE_ENABLED
...中间省略...
# define HAL_USART_MODULE_ENABLED
# define HAL_WWDG_MODULE_ENABLED
# define HAL_MMC_MODULE_ENABLED
```

比如不使用 GPIO 的功能,把源码在 49 行注释掉这个宏即可,具体如下:

```
/* # define HAL_GPIO_MODULE_ENABLED */
```

结合 stm32f1xx_hal.h 中的第 246 行的代码:

```
# ifdef HAL_GPIO_MODULE_ENABLED
# include "stm32f1xx_hal_gpio.h"
# endif/* HAL_GPIO_MODULE_ENABLED */
```

这是一个条件编译符,与♯endif 配合使用。这里的要表达的意思是,只要工程中定义了 HAL_GPIO_MODULE_ENABLED 宏,则就会包含 stm32f1xx_hal_gpio.h 头文件到我们的工程,同时 stm32f1xx_hal_gpio.c 中♯ifdef 到♯endif 之间的程序(119~550行)就会参与编译,否则不编译。所以只要屏蔽了 stm32f1xx_hal_conf.h 文件 49 行的宏,GPIO 的驱动代码就不被编译,也就起到选择使能何种外设的功能,其他外设同理。使用时定义,否则不定义,这样就可以在不修改源码的前提下方便地裁减 HAL 库代码的体积了。

注意,前面第一个宏定义:

```
#define HAL_MODULE_ENABLED
```

决定了 stm32f1xx_hal.c 中的第 47~587 行的代码是否能使用,也是根据条件编译来实现的。其中包含 HAL_Init()、HAL_Delay()、HAL_GetTick()这些其他驱动函数可能需要引用的函数,所以这个宏也是必须要定义的。

官方的示范例程就通过屏蔽外设的宏的方法来选择使能何种外设,表现上就是编译时间会变短,这是因为屏蔽了不使用的 HAL 库驱动,编译时间自然就短了。正点原子的例程选择另外一种方法,就是工程中只保留需要的 stm32f1xx_hal_ppp.c,不需要的不添加到工程里,由于找不到源文件且没有引用这些文件,同样编译器不会去编译这些代码。

配置文件暂时只讲这些,具体其他需要修改的地方在例程讲解时再说明。

④ stm32f1xx_hal_conf.h 文件的 125 行:

```
#define   TICK_INT_PRIORITY        ((uint32_t)0x0F)/*! <tick interrupt priority*/
```

宏定义 TICK_INT_PRIORITY 是滴答定时器的优先级。这个优先级很重要,因为如果其他的外设驱动程序的延时是通过滴答定时器提供的时间基准来实现延时,又由于实现方式是滴答定时器对寄存器进行计数,所以当在其他中断服务程序里调用基于此时间基准的延迟函数 HAL_Delay 时,那么假如该中断的优先级高于滴答定时器的优先级,则会导致滴答定时器中断服务函数一直得不到运行,程序便会卡死在这里。所以滴答定时器的中断优先级一定要比这些中断高。

注意,这个时间基准可以是滴答定时器提供,也可以是其他的定时器,默认用滴答定时器。

⑤ 断言功能用来判断 HAL 函数的形参是否有效,并在参数错误时启用这个断言功能,告诉开发者代码错误的位置;断言功能由用户自己决定。这个功能的使能开关代码是一个宏,在源码的 158 行,默认是关闭的,代码如下:

```
/* #define USE_FULL_ASSERT    1 */
```

通过宏 USE_FULL_ASSERT 来选择功能,在源码 375~389 行,代码如下:

```
/* Exported macro -------------------------------------------------- */
#ifdef  USE_FULL_ASSERT
#define assert_param(expr) ((expr)? (void)0U:assert_failed((uint8_t *)__FILE__, __
LINE__))
```

```
/* Exported functions -------------------------------------------------------- */
void assert_failed(uint8_t * file, uint32_t line);
#else
#define assert_param(expr) ((void)0U)
#endif/* USE_FULL_ASSERT */
```

这里也通过条件编译符来选择对应的功能。当用户需要使用断言功能时,怎么做呢? 首先需要定义宏 USE_FULL_ASSERT 来使能断言功能,即把源码第 158 行的注释去掉即可。然后看源码 385 行的 assert_failed()函数。根据这个宏定义,我们还需要去定义这个函数的功能,可以按以下格式自定义这个函数,出错后使代码停留在这里:

```
#ifdef   USE_FULL_ASSERT

void assert_failed(uint8_t * file, uint32_t line)
{
    while(1)
    {
    }
}
#endif
```

可以看到,这个函数里面没有实现什么功能,就是一个什么不做的死循环,具体功能可根据自己的需求去实现。file 是指向源文件的指针,line 是指向源文件的行数。__FILE__ 表示源文件名,__LINE__ 表示在源文件中的行数。比如可以实现打印出这个错误的 2 个信息等,前提是已经学会了如何使芯片输出打印信息这些功能。

总的来说,断言功能就在 HAL 库中,如果定义了 USE_FULL_ASSERT 宏,那么所有的 HAL 库函数将会检查函数的形参是否正确。如果错误,则调用 assert_failed()函数,程序就会停留在这里,用户可以定位到出错的函数。这个功能实际上是在芯片上运行的时候增加错误提示信息的功能,属于调试功能的一部分,实际我们的编译器就可以帮助定位到参数错误的问题并提示信息。在 F103 的工程中我们不使用这个功能。

6.4.3　stm32f1xx_hal.c 文件

这个文件内容比较多,包括 HAL 库的初始化、系统滴答、基准电压配置、I/O 补偿、低功耗、EXTI 配置等。

1. HAL_Init()函数

源码在 142~167 行,简化函数如下(下面的代码只针对 F1 的 HAL 固件 1.8.3 版本,其他版本可能有差异):

```
HAL_StatusTypeDef HAL_Init(void)
{
    /* 配置 Flash 的预取控制器 */
#if (PREFETCH_ENABLE != 0)
#if defined(STM32F101x6) || defined(STM32F101xB) || defined(STM32F101xE) || defined
(STM32F101xG) || \ defined(STM32F102x6) || defined(STM32F102xB) || \
```

```
      defined(STM32F103x6) || defined(STM32F103xB) || defined(STM32F103xE) || defined
(STM32F103xG) || \ defined(STM32F105xC) || defined(STM32F107xC)
      /* Prefetch buffer is not available on value line devices */
      __HAL_FLASH_PREFETCH_BUFFER_ENABLE();
  # endif
  # endif/* 使能 Flash 的预取控制器 */
      /* 配置中断优先级顺序 */
      HAL_NVIC_SetPriorityGrouping(NVIC_PRIORITYGROUP_4);
      /* 使用滴答定时器作为时钟基准,配置 1 ms 滴答(重置后默认的时钟源为 HSI) */
      HAL_InitTick(TICK_INT_PRIORITY);
      /* 初始化其他底层硬件(如果必要) */
      HAL_MspInit();
      /* 返回函数状态 */
      return HAL_OK;
  }
```

该函数是 HAL 库的初始化函数,原则上在程序中必须优先调用,其主要实现如下功能:

① 使能 FLASH 的预取缓冲器(根据闪存编程手册,打开预取指令可以提高对 I-Code 总线的访问效率,且 AHB 时钟的预分频系数不为 1 时,必须打开预取缓冲器)。

② 设置 NVIC 优先级分组为 4。

③ 配置滴答定时器每 1 ms 产生一个中断。

在这个阶段,系统时钟还没有配置好,因此系统还默认使用内部高速时钟源 HSI 在跑程序。对于 F1 来说,HSI 的主频是 8 MHz。所以如果用户不配置系统时钟,那么系统将使用 HSI 作为系统时钟源。

④ 调用 HAL_MspInit 函数初始化底层硬件,HAL_MspInit 函数在 stm32f1xx_hal.c 文件里面做了弱定义。关于弱定义这个概念,后面会有讲解。正点原子的 HAL 库例程是没有使用到这个函数去初始化底层硬件,而是单独调用需要用到的硬件初始化函数。用户可以根据自己的需求选择是否重新定义该函数来初始化自己的硬件。

注意事项:为了方便和兼容性,正点原子的 HAL 库例程中的中断优先级分组设置为分组 2,即把源码的 HAL_NVIC_SetPriorityGrouping(NVIC_PRIORITYGROUP_4)改为如下代码:

```
  HAL_NVIC_SetPriorityGrouping(NVIC_PRIORITYGROUP_2);
```

中断优先级分组为 2,也就是 2 位抢占优先级,2 位响应优先级,抢占优先级和响应优先级的值的范围均为 0~3。

2. HAL_DeInit( )函数

源码在 175~194 行,简化后函数如下:

```
  HAL_StatusTypeDef HAL_DeInit(void)
  {
      /* 重置所有外设 */
      __HAL_RCC_APB1_FORCE_RESET();
      __HAL_RCC_APB1_RELEASE_RESET();
```

```
    __HAL_RCC_APB2_FORCE_RESET();
    __HAL_RCC_APB2_RELEASE_RESET();
    /* 对底层硬件初始化 */
    HAL_MspDeInit();
    /* 返回函数状态 */
    return HAL_OK;
}
```

该函数取消初始化 HAL 库的公共部分,并且停止 systick,是一个可选的函数。该函数做了以下的事:

① 复位 APB1、APB2 的时钟。

② 调用 HAL_MspDeInit 函数,对底层硬件初始化进行复位。HAL_MspDeInit 在 stm32f1xx_hal.c 里面做了弱定义,并且与 HAL_MspInit 函数是一对存在。HAL_MspInit 函数负责对底层硬件初始化,HAL_MspDeInit 函数则对底层硬件初始化进行复位。这 2 个函数都需要用户根据自己的需求去实现功能,也可以不使用。

3. HAL_InitTick( )函数

源码在 234~255 行,简化函数如下:

```
__weak HAL_StatusTypeDef HAL_InitTick(uint32_t TickPriority)
{
    /* uwTickFreq 是个枚举类型,如果检测到 uwTickFreq 为零,则返回 */
    if((uint32_t)uwTickFreq == 0UL)
    {
        return HAL_ERROR;
    }

    /* 配置滴答定时器 1 ms 产生一次中断 */
    if (HAL_SYSTICK_Config(SystemCoreClock /(1000UL / (uint32_t)uwTickFreq))> 0U)
    {
        return HAL_ERROR;
    }
    /* 配置滴答定时器中断优先级 */
    if (TickPriority <(1UL << __NVIC_PRIO_BITS))
    {
        HAL_NVIC_SetPriority(SysTick_IRQn, TickPriority, 0U);
        uwTickPrio = TickPriority;
    }
    else
    {
        return HAL_ERROR;
    }
    /* 返回函数状态 */
    return HAL_OK;
}
```

该函数用于初始化滴答定时器的时钟基准,主要功能如下:

① 配置滴答定时器 1 ms 产生一次中断。

② 配置滴答定时器的中断优先级。

③ 该函数是 __weak 修饰的函数,如果在关联工程中的其他地方没有定义,那么__

weak 后面的函数,这里是 HAL_InitTick(),使用此处的定义,否则使用其他地方定义好的函数功能。可以通过重定义这个函数来选择其他的时钟源(如定时器)作为 HAL 库函数的时基或者通过重定义不开启 Systick 的功能和中断等。

该函数可以通过 HAL_Init()或者 HAL_RCC_ClockConfig()重置时钟。在默认情况下,滴答定时器是时间基准的来源。如果其他中断服务函数调用了 HAL_Delay(),则必须小心,滴答定时器中断必须具有比调用了 HAL_Delay()函数的其他中断服务函数高的优先级(数值较低),否则会导致滴答定时器中断服务函数一直得不到执行,从而卡死在这里。

4. 滴答定时器相关的函数

源码相关函数如下:

```
/*该函数在滴答定时器时钟中断服务函数中被调用,一般滴答定时器 1 ms 中断一次,所以函数
    每 1 ms 让全局变量 uwTick 计数值加 1 */
__weakvoid HAL_IncTick(void)
{
/*这些函数不难,这就不详细列出了 */
}
```

注意,如果函数被前缀__weak 定义,则用户可以重新定义该函数,更多的内容可以参考 8.1.5 小节。

5. HAL 库版本相关的函数

源码在 422~484 行,相关函数声明在 stm32f1xx_hal.h 中,如下:

```
uint32_t HAL_GetHalVersion(void);      /*获取 HAL 库驱动程序版本 */
uint32_t HAL_GetREVID(void);           /*获取设备修订标识符 */
uint32_t HAL_GetDEVID(void);           /*获取设备标识符 */
uint32_t HAL_GetUIDw0(void);           /*获取唯一设备标识符的第一个字 */
uint32_t HAL_GetUIDw1(void);           /*获取唯一设备标识符的第二个字 */
uint32_t HAL_GetUIDw2(void);           /*获取唯一设备标识符的第三个字 */
```

这些函数了解就可以,用得不多。

6. 调试功能相关函数

源码在 490~587 行,函数声明如下:

```
void HAL_DBGMCU_EnableDBGSleepMode(void);
void HAL_DBGMCU_DisableDBGSleepMode(void);
void HAL_DBGMCU_EnableDBGStopMode(void);
void HAL_DBGMCU_DisableDBGStopMode(void);
void HAL_DBGMCU_EnableDBGStandbyMode(void);
void HAL_DBGMCU_DisableDBGStandbyMode(void);
```

这 6 个函数用于调试功能,默认调试器在睡眠模式下无法调试代码,开发过程中配合这些函数可以在不同模式下(睡眠模式、停止模式和待机模式)使能或者失能调试器,用到再详细讲解。

6.4.4　HAL 库中断处理

中断是 STM32 开发的一个很重要的概念,这里可以简单理解为:STM32 暂停了当前手中的事而优先去处理更重要的事务。这些更重要的事务是由开发人员在软件中定义的。

由于 HAL 库中断处理的逻辑比较统一,这里将这个处理过程抽象为如图 6.12 所示的业务逻辑。

图 6.12　HAL 驱动中断处理流程

结合以前的 HAL 库文件介绍,以上的流程大概就是:设置外设的控制句柄结构体 PPP_HandleType 和初始化 PPP_InitType 结构体的参数,然后调用 HAL 库对应这个驱动的初始化 HAL_PPP_Init(),由于这个 API 中有针对外设初始化细节的接口 Hal_PPP_Mspinit(),所以需要重新实现这个函数并完成外设时钟、I/O 等细节差异的设置;完成各细节处理后,使用 HAL_NVIC_SetPriority()、HAL_NVIC_EnableIRQ()来使能外设中断。

定义中断处理函数 PPP_IRQHandler,并在中断函数中调用 HAL_ppp_function_IRQHandler()来判断和处理中断标记;HAL 库中断处理完成后,根据对应中断调用需要自定义的中断回调接口函数 HAL_PPP_ProcessCpltCallback(),如串口接收函数 HAL_UART_RxCpltCallback(),在这个函数中实现对串口接收数据的处理。

中断响应处理完成后,STM32 芯片继续顺序执行我们定义的主程序功能,按照以上处理的标准流程完成一次中断响应。

6.4.5　正点原子对 HAL 库用法的个性化修改

前面介绍了 ST 官方建议的 HAL 库的使用方法,这部分结合实际例程的编写,列

出一些例程中对 HAL 库使用上与官方推荐用法的差异,读者可结合自己的使用习惯辩证地去看待这种修改方式:

① 每个例程的 BSP 下都有一个 HAL 库,并且代码中对文件的引用尽量使用相对路径,保证复制了完整的例程,在其他路径下也能编译通过,这种做法增加了 HAL 库全部例程的体积;

② 将中断处理函数独立到每个外设中,便于独立驱动;同类型的外设驱动处理函数不使用 HAL 回调函数接口处理操作而直接在中断函数中处理判断对应中断;

③ 把原来的中断分组进行了修改,由抢占式无子优先级改为中断分组 2,便于管理同类外设的优先级响应;

④ 编写初始化函数或者芯片操作时序上的延时时使用到了 delay_ms()、delay_us() 等函数进行初始化,这里使用 Systick 作精准延时,而 HAL 库默认也使用 Systick 作延时处理。为解决这种冲突和兼容我们大部分的驱动代码,例程中使用 delay.c 中的延时函数取代 Hal_Delay(),从而取消原来 HAL 库的 Systick 延时设置。

6.5　HAL 库使用注意事项

① 即使已经使用库函数作为开发工具,我们可以忽略很多芯片硬件外设使用上的细节,但发生问题时,仍需要回归到芯片使用手册查看当前操作是否违规或缺漏。

② 使用 HAL 库和其他第三方的库开发类似,把需要编写的软件和第三方的库分成相互独立的文件,开发过程中尽量不去修改第三方的软件源码,需要修改的部分尽量在自己的代码中实现。这样一旦需要更新第三方库,那么原来编写的功能也能很快匹配新的库去执行功能。

③ 即使 HAL 库目前较以前已经相对完善了,但仍无法覆盖我们想要实现的所有细节功能,甚至可能存在错误,所以要有怀疑精神,辩证地去使用好这个工具。如在 PWM 一节编码时发现 HAL 库中有个宏定义 TIM_RESET_CAPTUREPOLARITY 括号不匹配导致编译报错,这时不得不修改 HAL 库的源码。

④ 注意 HAL 库的执行效率。HAL 库的驱动对相同外设大多是可重入的,执行 HAL 驱动的 API 函数的效率没有直接寄存器操作高,所以在针对时序要求比较严苛的代码时,建议使用简洁的寄存器操作代替。

⑤ 例程中使用 delay.c 中的延时函数取代 Hal_Delay(),取消原来 HAL 库的 Systick 延时设置,但这会有一个问题:原来 HAL 库的超时处理机制不再适用,所以对于设置了超时的函数,可能会导致停留在这个函数的处理中,无法按正常的超时退出。

⑥ 建议如无致命 BUG 出现,尽量使用开发学习时已经测试稳定的 HAL 库来继续进行开发,不必频繁更新 HAL 库。因为更新 HAL 库后可能导致原来能正常运行的代码出现无法运行的情况,或者有些函数操作的结构方式变化等情况,读者根据自己的实际情况权衡。

第7章

新建 HAL 库版本 MDK 工程

前面介绍了 STM32F1xx 官方固件包的一些知识,本章将重点讲解新建 HAL 库版本的 MDK 工程的详细步骤。本章新建好的工程放在配套资料的 4,程序源码→2,标准例程-HAL 库版本→实验 0 基础入门实验→实验 0-3,新建工程实验-HAL 库版本,读者可以随时打开这个工程,对比学习。

7.1 新建 HAL 库版本 MDK 工程简介

在新建工程之前,首先要做如下准备:

① STM32Cube 官方固件包:我们使用的固件包版本是 STM32Cube_FW_F1_V1.8.3,固件包路径是配套资料 A 盘→8,STM32 参考资料→1,STM32CubeF1 固件包。

② 开发环境搭建:参考本书第 3 章相关内容。

7.1.1 新建工程文件夹

新建工程文件夹分为 2 个步骤:① 新建工程文件夹;② 复制工程相关文件。

1. 新建工程文件夹

首先要在电脑某个路径下新建一个文件作为工程的根目录文件,后续的工程文件都将在这个文件夹里建立。把这个文件夹重命名为"实验 0-3,新建工程实验-HAL 库版本",如图 7.1 所示。

图 7.1 新建工程根目录文件夹

为了让工程的文件目录结构更加清晰,于是在工程的根目录文件夹下建立如表 7.1 所列的几个文件夹。

表 7.1　工程根文件目录下新建的文件夹

名　称	作　用
Drivers	存放与硬件相关的驱动层文件
Middlewares	存放正点原子提供的中间层组件文件和第三方中间层文件
Output	存放工程编译输出文件
Projects	存放 MDK 工程文件
User	存放 HAL 库用户配置文件、main.c、stm32f1xx_it.c 以及自己编写的其他应用程序

图 7.2　工程根目录文件夹

新建完成以后,最后得到的工程根目录文件夹如图 7.2 所示。

另外,工程根文件目录下还有一个名为 keilkill.bat 的可执行文件,双击便可执行;其作用是删除编译器编译后的无关文件,减少工程占用的内存,方便打包。还有一个名为 readme 的记事本文件,作用是介绍本实验的各种信息。

工程根目录的文件夹新建好后,需要复制一些工程相关文件过来(主要是在 Drivers 文件夹里面),以便后面的新建工程需要。

2. 复制工程相关文件

接下来按图 7.2 所示的根目录文件夹顺序介绍每个文件夹及其需要复制的文件。

(1) Drivers 文件夹

该文件夹用于存放与硬件相关的驱动层文件,一般包括如表 7.2 所列的文件夹。

表 7.2　Drivers 包含文件夹

文件夹名称	作　用
BSP	存放开发板板级支持包驱动代码,如各种外设驱动
CMSIS	存放 CMSIS 底层代码,如启动文件(.s 文件)、stm32f1xx.h 等
STM32F1xx_HAL_Driver	存放 ST 提供的 F1xx HAL 库驱动代码
SYSTEM	存放正点原子系统级核心驱动代码,如 sys.c、delay.c 和 usart.c 等

BSP 文件夹,用于存放正点原子提供的板级支持包驱动代码(原 HARDWARE 文件夹下),如 LED、蜂鸣器、按键等。本章暂时用不到该文件夹,不过可以先建好备用。

SYSTEM 文件夹,用于存放正点原子提供的系统级核心驱动代码,如 sys.c/h、usart. c/h、delay. c/h，方便快速搭建自己的工程。该文件同样可以从配套资料的 A 盘→4，程序源码→2，标准例程-HAL 库版本里任何一个实验的 Drivers 文件夹里面复制过来。

CMSIS 文件夹，用于存放 CMSIS 底层代码（ARM 和 ST 提供），如启动文件（. s 文件）、stm32f1xx. h 等各种头文件。该文件夹可以直接从 STM32CubeF1 固件包（配套资料的 A 盘→8，STM32 参考资料→1，STM32CubeF1 固件包）里面复制，CMSIS 的文件夹路径在配套资料的 STM32CubeF1 固件包→Drivers。由于这个文件夹原来设计用于匹配全部 F1 系列的芯片，非常大，部分文件对我们的例程来说不会用到，而且浪费磁盘的存储空间，所以会对这个文件夹进行精简。打开配套资料的 CMSIS→Device→ST→STM32F1xx，其中，Include 文件夹中只留下如图 7.3 所示的这 3 个头文件，其他删除。

Source 文件夹下的 Templates 文件夹保留如图 7.4 所示的内容。

图 7.3 Include 文件夹留下的文件

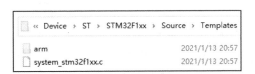

图 7.4 Templates 文件夹留下的文件

arm 文件夹存放的是启动文件，这里只需要 startup_stm32f103xe. s，其他全部删除，如图 7.5 所示。

图 7.5 arm 文件夹留下的文件

最后就是 CMSIS 文件夹下的 Include 文件夹，里面都是内核的头文件，我们只需要如图 7.6 所示的内容。

至此，CMSIS 文件夹就处理完成了。精简后的 CMSIS 文件夹可以从配套资料的 A 盘→4，程序源码→2，标准例程-HAL 版本文件夹里面的任何一个实验的 Drivers 文件夹里面复制过来。

STM32F1xx_HAL_Driver 文件夹用于存放 ST 提供的 F1xx HAL 库驱动代码，可以直接从 STM32CubeF1 固件包里面复制。直接复制配套资料的 STM32CubeF1 固件包→Drivers 路径下的 STM32F1xx_HAL_Driver 文件夹到我们工程的 Drivers 下。该文件夹目录最终如图 7.7 所示的内容。

到这里，我们就完成了把官方固件包中必要的驱动文件添加到工程文件中。最终新建的 Drivers 文件夹目录下的文件构成如图 7.8 所示。

关于工程根目录下的 Drivers 文件操作到这里就完成了，在此过程遇到问题时可参考配套资料的"实验 0-3，新建工程实验-HAL 库版本工程"，一步步操作。

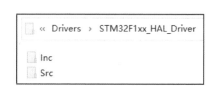

图 7.6　CMSIS/Include 文件夹
留下的文件

图 7.7　STM32F1xx_HAL_Driver
文件夹留下的文件

(2) Middlewares 文件夹

Middlewares 文件夹用于存放正点原子提供的中间层组件文件和第三方中间层文件,比如 USMART、MALLOC、TEXT、FATFS、USB、LWIP、各种 OS、各种 GUI 等。新建工程实验暂时用不到,留空就行,后面的实验将陆续添加各种文件。

(3) Output 文件夹

Output 文件夹用于存放编译器编译工程输出的中间文件,比如.hex、.bin、.o 文件等。这里不需要操作,后面只需要在 MDK 里面设置该文件夹为编译输出文件的存放文件夹就行。

(4) Projects 文件夹

Projects 文件夹用于存放 MDK 工程,因为我们的工程基于 ARM,所以在 Projects 文件夹里面新建一个命名为 MDK-ARM 的文件夹,用于存放 MDK 的工程文件,如图 7.9 所示。

图 7.8　工程根目录下的 Drivers 文件夹

图 7.9　在 Projects 文件夹下
新建 MDK-ARM 文件夹

(5) User 文件夹

User 文件夹用于存放 HAL 库用户配置文件、main.c、中断处理文件以及配置文件 stm32f1xx_hal_conf.h。

首先从官方固件包里面直接复制官方的模板工程下的 HAL 库用户配置文件和中断处理文件到我们的 User 文件夹里。官方的模板工程路径:STM32Cube_FW_F1_V1.8.0→Projects→STM3210E_EVAL→Templates。打开 Template_Project 文件夹,如图 7.10 所示。

需要的文件就在 Inc 和 Src 文件夹里面,在这 2 个文件夹里面找到 stm32f1xx_it.c、stm32f1xx_it.h、stm32f1xx_hal_conf.h 这 3 个文件,并且复制到 User 文件夹下。

main.c 文件也放在 User 文件夹下,后面在 MDK 里面会介绍新建.c 文件并保存。User 文件夹最终构成图如图 7.11 所示。

图 7.10　官方模板工程根目录　　　　　图 7.11　User 文件夹最终构成图

7.1.2　新建一个工程框架

打开 Keil μVision5,选择 Project→New Uvision Project 菜单项,如图 7.12 所示。然后弹出工程命名和保存的操作窗口,工程文件保存路径为:实验 0-2,新建工程实验-HAL 库版本\Projects\MDK-ARM,工程名字命名为 atk_f103,最后单击"保存"按钮即可。具体操作窗口如图 7.13 所示。

图 7.12　新建工程

图 7.13　工程命名和保存

接下来弹出一个选择 Device 的界面,就是选择芯片设备型号,读者根据自己使用的芯片型号依次选择即可。STM32F103 mini 开发板的芯片型号是 STM32F103RCT6,所以这里选择 STMicroelectronics → STM32F1 Series → STM32F103→STM32F103RC(使用其他芯片时直接选择相应的型号就可以),如图 7.14 所示。

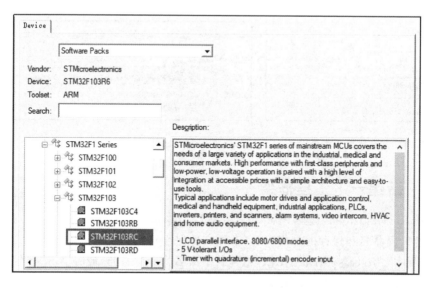

图 7.14　选择芯片型号

特别注意:一定要安装对应的器件支持包(即 pack 包)才会显示这些内容,如果没得选择,则先关闭 MDK,然后安装配套资料的 6,软件资料→1,软件→MDK5→Keil. STM32F1xx_DFP.2.3.0 后重试。

单击 OK 后弹出 Manage Run-Time Environment 对话框,如图 7.15 所示。

Software Component	Sel.	Variant	Version	Description
⊞ ◆ Board Support		MCBSTM32C ∨	2.0.0	Keil Development Board MCBSTM32C
⊞ ◆ CMSIS				Cortex Microcontroller Software Interface Components
⊞ ◆ CMSIS Driver				Unified Device Drivers compliant to CMSIS-Driver Specifications
⊞ ◆ Compiler		ARM Compiler	1.6.0	Compiler Extensions for ARM Compiler 5 and ARM Compiler 6
⊞ ◆ Device				Startup, System Setup
⊞ ◆ File System		MDK-Plus ∨	6.13.8	File Access on various storage devices
⊞ ◆ Graphics		MDK-Plus ∨	6.10.8	User Interface on graphical LCD displays
⊞ ◆ Network		MDK-Plus ∨	7.14.0	IPv4 Networking using Ethernet or Serial protocols
⊞ ◆ USB		MDK-Plus ∨	6.14.1	USB Communication with various device classes

Validation Output　　Description

Resolve　Select P...　Details　　OK　　Cancel　　Help

图 7.15　Manage Run-Time Environment 界面

在这个界面可以添加自己需要的组件,从而方便构建开发环境,不过这里不需要。直接单击 Cancel 即可。这样就得到了初步工程,如图 7.16 所示。

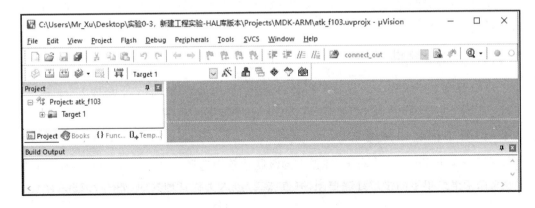

图 7.16　初步工程

这只是一个工程的框架,还需要把需要用到的文件添加到工程里面。虽然前面已在工程文件夹里放了很多文件,但是它们并没有关联到工程里面。

初步工程建立好后,MDK-ARM 文件夹的内容如图 7.17 所示。这 3 个文件夹的作用如表 7.3 所列。

图 7.17　工程文件夹 MDK-ARM 目录

表 7.3　3 个文件夹及其作用

文件夹	作　用
DebugConfig	用于存放调试设置信息文件(.dbgconf),不可删除
Listings	用于存放编译过程产生的链接列表等文件
Objects	用于存放编译过程产生的调试信息、.hex、预览、.lib 文件等

注意,atk_f103.uvprojx 是工程文件,非常关键,不能轻易删除,MDK5.31 生成的工程文件以.uvprojx 为后缀。编译过程产生的链接列表、调试信息、预览、lib 等文件,统称为中间文件。DebugConfig、Listings 和 Objects 这 3 个文件夹是 MDK 自动生成的文件夹。其中,DebugConfig 文件夹用于存储一些调试配置文件,Listings 和 Objects 文件夹用来存储 MDK 编译过程的一些中间文件。这里把 Listings 和 Objects 文件夹

删除,后面会把编译中间文件存放到 Output 文件夹。当然,不删除这 2 个文件夹也没有关系,只是不用它而已。

至此,我们还只是建了一个框架,还有好几个步骤要做,比如添加文件、魔术棒设置、编写 main.c 等。

7.1.3 添加文件

本节将分 5 个步骤:① 设置工程名和分组;② 添加启动文件;③ 添加 User 源码;④ 添加 SYSTEM 源码;⑤ 添加 STM32F1xx_HAL_Driver 源码。

1. 设置工程名和分组名

在 Project→Target 上右击,在弹出的级联菜单中选择 Manage Project Items(方法一)或在菜单栏单击品字形红绿白图标(方法二)进入工程管理界面,如图 7.18 所示。

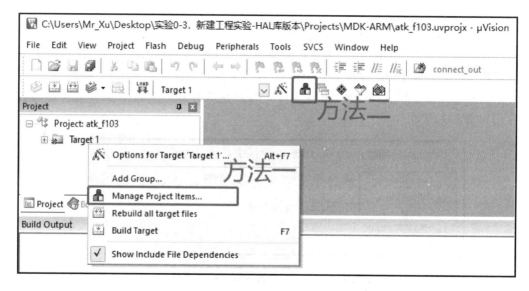

图 7.18 单击 Management Project Itmes

在工程管理界面,可以设置工程名字(Project Targets)、分组名字(Groups)以及添加每个分组的文件(Files)等。设置工程名字为 Template,并设置 5 个分组:Startup(存放启动文件)、User(存放 main.c 等用户代码)、Drivers/SYSTEM(存放系统级驱动代码)、Drivers/STM32F1xx_HAL_Driver(存放 ST 提供的 HAL 库驱动代码)、Readme(存放工程说明文件),如图 7.19 所示。

设置好之后,单击 OK 回到 MDK 主界面,可以看到我们设置的工程名和分组名如图 7.20 所示。

这里只是新建了一个简单的工程,并没有添加 BSP、Middlewares 等分组,后面随着工程复杂程度的增加再逐步添加对应的分组。

注意,为了让工程结构清晰,我们会尽量让 MDK 的工程分组和前面新建的工程文

图 7.19　设置工程名和分组名

件夹对应起来；由于 MDK 分组不支持多级
目录，因此将路径也带入分组命名里面，以
便区分。如 User 分组对应 User 文件夹里
面的源码，Drivers/SYSTEM 分组对应
Drivers/SYSTEM 文件夹里面的源码，
Drivers/STM32F1xx_HAL_Driver 分组对
应 Drivers/STM32F1xx_HAL_Driver 文
件夹里面的源码等。

图 7.20　设置成功

2. 添加启动文件

启动文件(.s 文件)包含 STM32 的启
动代码，其主要作用包括：① 堆栈(SP)的初始化；② 初始化程序计数器(PC)；③ 设置
向量表异常事件的入口地址；④ 调用 main 函数等，是每个工程必不可少的一个文件，
第 9 章会详细介绍。

该文件由 ST 官方提供，对于 STM32F103 来说有 4 个启动文件可选，如表 7.4
所列。

表 7.4　STM32F103 系列启动文件

启动文件	对应 FLASH 容量	说　明
startup_stm32f103x6.s	FLASH≤32 KB	用于小容量 F103 系列芯片的启动文件
startup_stm32f103xb.s	64 KB≤FLASH≤128 KB	用于中容量 F103 系列芯片的启动文件
startup_stm32f103xe.s	256 KB≤FLASH≤512 KB	用于大容量 F103 系列芯片的启动文件
startup_stm32f103xg.s	768 KB≤FLASH≤1 024 KB	用于超大容量 F103 系列芯片的启动文件

启动文件存放的位置前面也有所说明,因为本书的开发板使用的是 STM32F103RCT6,对应的启动文件为 startup_stm32f103xe.s。

接下来看如何添加启动文件到工程里面。有 2 种方法给 MDK 的分组添加文件:① 双击 Project 下的分组名添加。② 进入工程管理界面添加。

这里使用方法①添加(路径:实验 0-3,新建工程实验-HAL 库版本→Drivers→ CMSIS→Device→ST→STM32F1xx→Source→Templates→arm),如图 7.21 所示。

图 7.21 双击分组添加启动文件(startup_stm32f103xe.s)

也可以单击 Add 按钮添加文件。添加完后,单击 Close,完成启动文件添加,得到工程分组如图 7.22 所示。

3. 添加 User 源码

在工程管理界面(方法②)添加 User 源码:单击🔨按钮进入工程管理界面,选中 User 分组,然后单击 Add Files 进入文件添加对话框,依次添加 stm32f1xx_it.c 和 system_stm32f1xx.c 到该分组下,如图 7.23 所示。

图 7.22 启动文件添加成功

注意,这些源码都是从第 7.1.1 小节复制过来的,如果之前没复制,则找不到这些源码。添加完成后如图 7.24 所示。

4. 添加 SYSTEM 源码

在工程管理界面添加 SYSTEM 源码:单击🔨按钮进入工程管理界面,选中 Drivers/SYSTEM 分组,然后单击 Add Files,进入文件添加对话框,依次添加 delay.c、sys.c 和 usart.c 到该分组下,如图 7.25 所示。

添加完成后如图 7.26 所示。

图 7.23　添加 User 源码

图 7.24　User 源码添加完成

5. 添加 STM32F1xx_HAL_Driver 源码

接下来往 Drivers/STM32F1xx_HAL_Driver 分组里添加文件,这里的操作与前面添加 SYSTEM 源码一样。单击 按钮进入工程管理界面,选中 Drivers/STM32F1xx_HAL_Driver 分组,然后单击 Add Files 进入文件添加对话框,依次添加 stm32f1xx_hal. c、stm32f1xx_hal_cortex. c、stm32f1xx_hal_dma. c、stm32f1xx_hal_gpio. c、stm32f1xx_hal_gpio_ex. c、stm32f1xx_hal_rcc. c、stm32f1xx_hal_rcc_ex. c、stm32f1xx

图 7.25 添加 SYSTEM 源码

图 7.26 SYSTEM 源码添加完成

_hal_uart.c 和 stm32f1xx_hal_usart.c 到该分组下,如图 7.27 所示。

添加完成后如图 7.28 所示。

可以看到,分组中有些.c 文件有个小钥匙的符号,这是因为官方固件包的文件设置了只读权限,这里取消只读权限就可以,方法如图 7.29 所示。

图 7.27　添加 STM32F1xx_HAL_Driver 源码

图 7.28　STM32F1xx_HAL_Driver 源码添加完成

图 7.29　取消工程文件夹的只读权限

7.1.4　魔术棒设置

为避免编写代码和编译报错,需要通过魔术棒对 MDK 工程进行相关设置。在 MDK 主界面,单击 (魔术棒图标,即 Options for Target 按钮)进入 Options for Target 'Template' 对话框,下面将设置如下几个选项卡。

1. 设置 Target 选项卡

在 Target 选项卡里面进行如图 7.30 所示设置。

图 7.30　Target 选项卡设置

图中设置芯片所使用的外部晶振频率为 8 MHz,选择 ARM Compiler 版本为 Use default compiler version 5(即 AC5 编译器)。

AC5 和 AC6 编译的差异如表 7.5 所列。

表 7.5　AC5 和 AC6 简单对比

对比项	AC5	AC6	说　明
中文支持	较好	较差	AC6 对中文支持极差,会有 goto definition 无法使用、误报等现象出现

续表 7.5

对比项	AC5	AC6	说　明
代码兼容性	较好	较差	AC6 对某些代码优化可能导致运行异常,须慢慢调试
编译速度	较慢	较快	AC6 编译速度比 AC5 快
语法检查	一般	严格	AC6 语法检查非常严格,代码严谨性较好

由于 AC5 对中文支持比较好,且兼容性相对好一点,为了避免不必要的麻烦,推荐使用 AC5 编译器。同时,正点原子的源码也支持 AC6 编译器,不过在选项卡设置上稍有差异,具体差异如表 7.6 所列。

表 7.6　AC5 和 AC6 设置差异

选项卡	AC5	AC6	说　明
Target	选择 AC5 编译器	选择 AC6 编译器	选择对应的编译器
C/C++	Misc Controls 无需设置	Misc Controls 设置: -Wno-invalid-source-encoding	AC6 须设置编译选项以关闭对汉字的错误警告,AC5 则不要

2. 设置 Output 选项卡

在 Output 选项卡里面进行如图 7.31 所示设置。

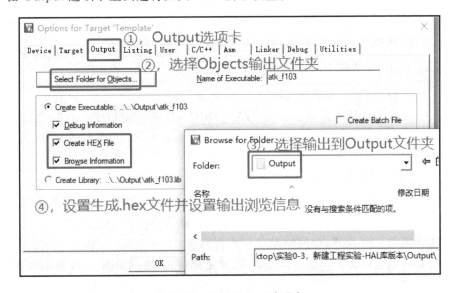

图 7.31　设置 Output 选项卡

注意,选中 Browse Information,用于输出浏览信息,这样就可以使用 go to definition 查看函数/变量的定义,对后续调试代码比较有帮助;如果不需要调试代码,则可以去掉这个选项,以提高编译速度。

3. 设置 Listing 选项卡

在 Listing 选项卡里面进行如图 7.32 所示设置。

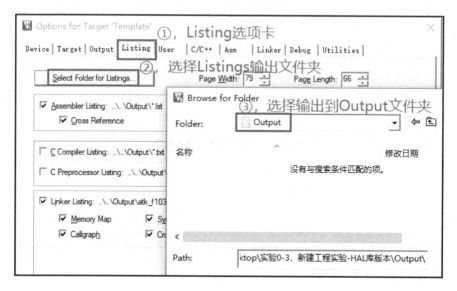

图 7.32　设置 Listing 选项卡

经过 Output 和 Listing 这 2 步设置,原来存储在 Objects 和 Listings 文件夹的内容(中间文件)就都改为输出到 Output 文件夹了。

4. 设置 C/C++选项卡

在 C/C++选项卡里面进行如图 7.33 所示设置。

在②处设置了全局宏定义：USE_HAL_DRIVER 和 STM32F103xE,它们之间是用英文逗号隔开的。添加全局宏定义标识符,在工程中任何地方都可见,在 stm32f1xx.h 里面会用到该宏定义。

在③处设置了优化等级为-O0,可以得到最好的调试效果;当然为了提高优化效果、提升性能并降低代码量,可以设置-O1～-O3,数字越大效果越明显,不过也越容易出问题。注意,使用 AC6 编译器的时候,这里推荐默认使用-O1 优化。

在④处选中 C99 模式,即使用 C99 C 语言标准。

在⑤处可以进行头文件包含路径设置,单击此按钮,进行如图 7.34 所示设置。

图中设置了 5 个头文件包含路径,其中 4 个在 Drivers 文件夹下,一个在 User 文件夹下。为避免频繁设置头文件包含路径,正点原子最新源码的 include 全部使用相对路径,也就是说只需要在头文件包含路径里面指定一个文件夹,那么该文件夹下其他文件夹里的源码,如果全部是使用相对路径,则无须再设置头文件包含路径了,直接在 include 里面就指明了头文件所在。

关于相对路径,这里要记住 3 点：

① 默认路径就是指 MDK 工程所在的路径,即.uvprojx 文件所在路径(文件夹);

图 7.33 设置 C/C++选项卡

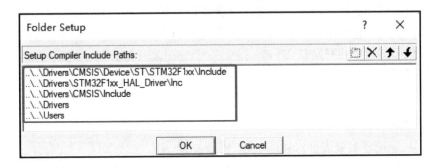

图 7.34 设置头文件包含路径

② ". /"表示当前目录(相对当前路径,也可以写作". \");

③ ".. /"表示当前目录的上一层目录(也可以写作".. \")。

举例来说,图 7.34 中.. \.. \Drivers\CMSIS\Device\ST\STM32F1xx\Include 前面的 2 个".. \"表示 Drivers 文件夹在当前 MDK 工程所在文件夹(MDK-ARM)的上 2 级目录下,具体解释如图 7.35 所示。图中表示根据头文件包含路径为.. \.. \Drivers\CMSIS\Device\ST\STM32F1xx\Include,编译器可以找到⑥处所包含的这些头文件,即代码里面可以直接 include 这些头文件使用。

再举个例子,在完成如图 7.34 所示的头文件包含路径设置以后,在代码里面编写:

图 7.35　..\..\Drivers\CMSIS\Device\ST\STM32F1xx\Include 的解释

```
# include "./SYSTEM/sys/sys.h"
```

即表示当前头文件包含路径所指示的 4 个文件夹里面肯定有某个文件夹包含了 SYS-TEM/sys/sys.h 的路径，实际上就是在 Drivers 文件夹下面，两者结合起来就相当于：

```
# include "../../Drivers/SYSTEM/sys/sys.h"
```

这就是相对路径。它既可以减少头文件包含路径设置（即减少 MDK 配置步骤，免去频繁设置头文件包含路径的麻烦），又可以很方便地知道头文件具体在哪个文件夹，因此推荐编写代码时使用相对路径。

如果使用 AC6 编译器，则在图 7.33 的 Misc Controls 处设置-Wno-invalid-source-encoding，避免中文编码报错；如果使用 AC5 编译器，则不需要该设置。

5. 设置 Debug 选项卡

在 Debug 选项卡里面进行如图 7.36 所示设置。

图中选择使用 CMSIS-DAP 仿真器，使用 SW 模式，并设置最大时钟频率为 10 MHz，以得到最高下载速度。将仿真器和开发板连接好，并给开发板供电以后，仿真器就会找到开发板芯片，并在 SW Device 窗口显示芯片的 IDCODE、Device Name 等信息（图中⑤处），无法找到时须检查供电和仿真器连接状况。

6. 设置 Utilities 选项卡

在 Utilities 选项卡里面，进行如图 7.37 所示设置。图中⑥处下载算法是 MDK 默认添加的，针对 STM32F10x 大容量系列产品（FLASH 容量在 256～512 KB 之间），一般用这个即可。如果⑥处没有下载算法，则单击⑦处按钮，执行添加下载算法即可（名字和⑥处的算法名字一样）。

图 7.36　Debug 选项卡设置

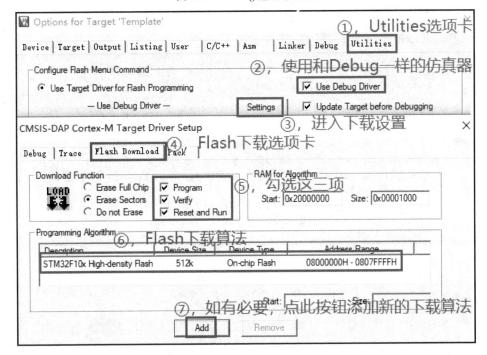

图 7.37　Utilities 选项卡设置

7.1.5　添加 main.c 并编写代码

在 MDK 主界面单击□新建一个 main.c 文件,并保存在 User 文件夹下。然后双击 User 分组,弹出添加文件的对话框,将 User 文件夹下的 main.c 文件添加到 User

分组下,得到如图 7.38 所示的界面。

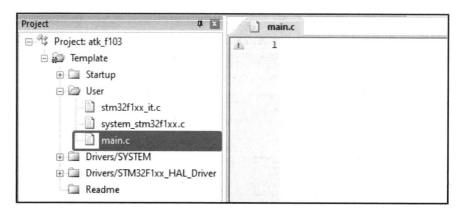

图 7.38   在 User 分组下加入 main. c 文件

至此,就可以开始编写自己的代码了。在 main. c 文件里面输入如下代码:

```
# include "./SYSTEM/sys/sys.h"
# include "./SYSTEM/usart/usart.h"
# include "./SYSTEM/delay/delay.h"
void led_init(void);                              /* LED 初始化函数声明 */
int main(void)
{
    HAL_Init();                                   /* 初始化 HAL 库 */
    sys_stm32_clock_init(RCC_PLL_MUL9);           /* 设置时钟, 72 MHz */
    delay_init(72);                               /* 延时初始化 */
    led_init();                                   /* LED 初始化 */
    while(1)
    {
        HAL_GPIO_WritePin(GPIOA,GPIO_PIN_8,GPIO_PIN_SET);      /* PA8 置 1 */
        HAL_GPIO_WritePin(GPIOD,GPIO_PIN_2,GPIO_PIN_RESET);    /* PD2 置 0 */
        delay_ms(500);
        HAL_GPIO_WritePin(GPIOA,GPIO_PIN_8,GPIO_PIN_RESET);    /* PA8 置 0 */
        HAL_GPIO_WritePin(GPIOD,GPIO_PIN_2,GPIO_PIN_SET);      /* PD2 置 1 */
        delay_ms(500);
    }
}
/* *
 * @brief          初始化 LED 相关 I/O 口,并使能时钟
 * @param          无
 * @retval         无
 */
void led_init(void)
{
    GPIO_InitTypeDef gpio_initstruct;
    __HAL_RCC_GPIOA_CLK_ENABLE();
    __HAL_RCC_GPIOD_CLK_ENABLE();
    gpio_initstruct.Pin = GPIO_PIN_8;                          /* LED0 引脚 */
    gpio_initstruct.Mode = GPIO_MODE_OUTPUT_PP;                /* 推挽输出 */
```

```
    gpio_initstruct.Pull = GPIO_PULLUP;                    /* 上拉 */
    gpio_initstruct.Speed = GPIO_SPEED_FREQ_HIGH;          /* 高速 */
    HAL_GPIO_Init(GPIOA, &gpio_initstruct);                /* 初始化 LED0 引脚 */
    gpio_initstruct.Pin = GPIO_PIN_2;                      /* LED1 引脚 */
    HAL_GPIO_Init(GPIOD, &gpio_initstruct);               /* 初始化 LED1 引脚 */
}
```

　　此部分代码在配套资料的 A 盘→4,程序源码→1,标准例程-HAL 库版本→ 实验 0 基础入门实验→实验 0-3,新建工程实验-HAL 库版本→User→main. c,读者可以自己输入,也可以直接复制过来参考。建议自己输入,以加深对程序的理解和印象。

　　注意,这里的 include 就是使用的相对路径。

　　编写完 main. c 以后,单击 🔲 (Rebuild)按钮,编译整个工程,编译结果如图 7. 39 所示。

```
Build Output
compiling stm32f1xx_hal_gpio.c...
compiling stm32f1xx_hal_rcc.c...
compiling stm32f1xx_hal_rcc_ex.c...
compiling stm32f1xx_hal_uart.c...
compiling stm32f1xx_hal_usart.c...
"..\..\Output\atk_f103.axf" - 1 Error(s), 0 Warning(s).
Target not created.
Build Time Elapsed:   00:00:04
```

图 7. 39　编译结果

　　在 Build Output 下找到第一个错误,双击这个错误信息可以定位到错误发生的代码位置。图 7. 39 这个错误说找不到 main. h,双击这个错误会弹出下面的 STM32F1xx_it. c 文件对应包含 main. h 的语句。这里用不到 main. h,所以只需要把它删除,然后重新编译即可。

　　再次编译,发现还有一处警告,这里是 HAL_IncTick 函数没有声明,如图 7. 40 所示。

```
Build Output
Rebuild target 'Template'
assembling startup_stm32f103xe.s...
compiling stm32f1xx_it.c...
..\..\Users\stm32f1xx_it.c(141): warning:  #223-D: function "HAL_IncTick" declared implicitly
    HAL_IncTick();
..\..\Users\stm32f1xx_it.c: 1 warning, 0 errors
```

图 7. 40　编译警告

　　这个函数在 STM32F1xx_hal. c 定义了,并且在 STM32F1xx_hal. h 声明了,所以把 STM32F1xx_hal. h 包含进来即可。这里还有一个原因,就是整个工程没有包含 STM32F1xx_hal. h 的语句,这里需要用到它,所以把它包含进来。官方的 main. h 包含了这个头文件。只要在 STM32F1xx_it. c 文件刚才删除包含 main. h 语句的位置,编写包含 STM32F1xx_hal. h 语句即可,如图 7. 41 所示。

图 7.41 包含 STM32F1xx_hal.h 头文件到工程

再进行编译就会发现 0 错误 0 警告,结果如图 7.42 所示。

```
Build Output

compiling stm32flxx_hal_usart.c...
linking...
Program Size: Code=5390 RO-data=362 RW-data=28 ZI-data=1900
FromELF: creating hex file...
"..\..\Output\atk_f103.axf" - 0 Error(s), 0 Warning(s).
Build Time Elapsed:  00:00:05
```

图 7.42 编译结果

编译结果提示:代码总大小(Porgram Size)为 FLASH 占用 5 780 字节(Code+RO+RW),SRAM 占用 1 928 字节(RW+ZI),并成功创建了 Hex 文件(可执行文件,放在 Output 目录下)。

另外,Readme 分组下还没有添加任何文件,由于只是添加一个说明性质的文件(.txt),并不是工程必备文件,因此这里就不添加了,配套资料中是有添加的,读者可以参考。

至此,新建 HAL 库版本 MDK 工程完成。

7.2 下载验证

有 2 种方法可以给 STM32F103 芯片下载代码:① 使用串口下载;② 使用仿真器下载。这 2 种下载方法前面都做过详细介绍。这里以仿真器下载为例,在 MDK 主界面单击 按钮(也可以按键盘快捷键 F8),就可以将代码下载到开发板,如图 7.43 所示。

```
Build Output

Load "..\\..\\Output\\atk_f103.axf"
Erase Done.
Programming Done.
Verify OK.
Application running ...
Flash Load finished at 19:11:46
```

图 7.43 下载成功

图 7.43 提示 Application running…,表示代码下载成功,且开始运行。可以看到 LED0 和 LED1 交叉闪烁。

第 **8** 章

STM32 启动过程分析

　　本章将分析 STM32F1 的启动过程,这里的启动过程是指从 STM32 芯片上电复位执行的第一条指令开始,到执行用户编写的 main 函数之间的过程。编写程序基本都是用 C 语言,并且以 main 函数作为程序的入口。但是事实上,main 函数并非最先执行的,在此之前需要做一些准备工作,准备工作通过启动文件的程序来完成。理解STM32 启动过程对今后的学习和分析 STM32 程序有很大帮助。

　　注意,学习本章内容之前,读者最好先阅读由正点原子团队编写的《STM32 启动文件浅析》和《MAP 文件浅析》文档(路径为配套资料的 A 盘→1,入门资料)。

8.1　启动模式

　　复位方式有 3 种:上电复位、硬件复位和软件复位。当产生复位并且离开复位状态后,CM3 内核做的第一件事就是读取下列 2 个 32 位整数的值:

　　① 从地址 0x0000 0000 处取出堆栈指针 MSP 的初始值,该值就是栈顶地址。

　　② 从地址 0x0000 0004 处取出程序计数器指针 PC 的初始值,该值指向复位后执行的第一条指令。示意如图 8.1 所示。

图 8.1　复位序列

　　上述过程中,内核是从 0x0000 0000 和 0x0000 0004 这 2 个地址获取堆栈指针 SP和程序计数器指针 PC。事实上,0x0000 0000 和 0x0000 0004 这 2 个地址可以被重映射到其他的地址空间。例如,将 0x0800 0000 映射到 0x0000 0000,即从内部 FLASH启动,那么内核会从地址 0x0800 0000 处取出堆栈指针 MSP 的初始值,从地址 0x0800

0004 处取出程序计数器指针 PC 的初始值。CPU 会从 PC 寄存器指向的地址空间取出的第一条指令开始执行程序,就是开始执行复位中断服务程序 Reset_Handler。将 0x0000 0000 和 0x0000 0004 这 2 个地址重映射到其他的地址空间,就是启动模式选择。

对于 STM32F1 的启动模式(也称自举模式),查看表 8.1 进行分析。可以看到,STM32F1 根据 BOOT 引脚去选择启动模式,这 2 个 BOOT 引脚根据外部施加的电平来决定芯片的启动地址。(0 和 1 的准确电平范围可以查看 F103 系列数据手册 I/O 特性表,但最好设置成 GND 和 VDD 的电平值。)

表 8.1 启动模式选择表

启动模式选择引脚电平		启动模式	0x00000000 映射地址	0x00000004 映射地址
BOOT0	BOOT1			
0	x	内部 FLASH	0x08000000	0x08000004
1	1	内部 SRAM	0x20000000	0x20000004
1	0	系统存储器	0x1FFFF000	0x1FFFF004

注:启动引脚的电平为 0 表示低电平;为 1 表示高电平;为 x 表示任意电平,即高低电平均可。

(1) 内部 FLASH 启动方式

当芯片上电后采样到 BOOT0 引脚为低电平时,0x0000 0000 和 0x0000 0004 地址就被映射到内部 FLASH 的首地址 0x0800 0000 和 0x0800 0004。因此,内核离开复位状态后,读取内部 FLASH 的 0x0800 0000 地址空间存储的内容,赋值给栈指针 MSP,作为栈顶地址;再读取内部 FLASH 的 0x0800 0004 地址空间存储的内容,赋值给程序指针 PC,作为将要执行的第一条指令所在的地址。完成这个操作后,内核就可以开始从 PC 指向的地址中读取指令执行了。

(2) 内部 SRAM 启动方式

类似于内部 FLASH,当芯片上电后采样到 BOOT0 和 BOOT1 引脚均为高电平时,地址 0x0000 0000 和 0x0000 0004 被映射到内部 SRAM 的首地址 0x2000 0000 和 0x2000 0004,内核从 SRAM 空间获取内容进行自举。在实际应用中,启动文件 startup_stm32f103xe.s 决定了 0x0000 0000 和 0x0000 0004 地址存储什么内容;链接时,由分散加载文件(sct)决定这些内容的绝对地址,即分配到内部 FLASH 还是内部 SRAM。

(3) 系统存储器启动方式

当芯片上电后采样到 BOOT0＝1 且 BOOT1＝0 时,内核将从系统存储器的 0x1FFFF000 及 0x1FFFF004 获取 MSP 及 PC 值进行自举。系统存储器是一段特殊的空间,用户不能访问,ST 公司在芯片出厂前就在系统存储器中固化了一段代码。因而使用系统储存器启动方式时,内核会执行该代码,该代码运行时,会为 ISP(In System Program)提供支持。STM32F1 最常见的是检测 USART1 传输过来的信息,并根据这些信息更新自己内部 FLASH 的内容,从而达到升级产品应用程序的目的,因此这种启动方式也称为 ISP 启动方式。

8.2　启动文件分析

　　STM32 启动文件由 ST 官方提供,在官方的 STM32Cube 固件包里。对于 STM32F103 系列芯片的启动文件,这里选用 startup_STM32F103xe.s 文件。启动文件用汇编编写,是系统上电复位后第一个执行的程序。

　　启动文件主要做了以下工作:

　　① 初始化堆栈指针 SP=_initial_sp;

　　② 初始化程序计数器指针 PC=Reset_Handler;

　　③ 设置堆和栈的大小;

　　④ 初始化中断向量表;

　　⑤ 配置外部 SRAM 作为数据存储器(可选);

　　⑥ 配置系统时钟,通过调用 SystemInit 函数(可选);

　　⑦ 调用 C 库中的_main 函数初始化用户堆栈,最终调用 main 函数。

8.2.1　启动文件中的一些指令

　　启动文件的汇编指令如表 8.2 所列。

表 8.2　启动文件的汇编指令

指令名称	作　用
EQU	给数字常量取一个符号名,相当于 C 语言中的 define
AREA	汇编一个新的代码段或者数据段
ALIGN	编译器对指令或者数据的存放地址进行对齐,一般需要跟一个立即数,默认表示 4 字节对齐。注意,这个不是 ARM 的指令,是编译器的,放到一起是为了方便
SPACE	分配内存空间
PRESERVE8	当前文件堆栈需要按照 8 字节对齐
THUMB	表示后面指令兼容 THUMB 指令。在 ARM 以前的指令集中有 16 位的 THUMBM 指令,现在 Cortex-M 系列使用的都是 THUMB-2 指令集,THUMB-2 是 32 位的,兼容 16 位和 32 位的指令,是 THUMB 的超级版
EXPORT	声明一个标号具有全局属性,可被外部的文件使用
DCD	以字节为单位分配内存,要求 4 字节对齐,并要求初始化这些内存
PROC	定义子程序,与 ENDP 成对使用,表示子程序结束
WEAK	弱定义,如果外部文件声明了一个标号,则优先使用外部文件定义的标号,外部文件没有定义也不会出错。注意,这不是 ARM 的指令,是编译器的,放到一起是为了方便
IMPORT	声明标号来自外部文件,跟 C 语言中的 extern 关键字类似
LDR	从存储器加载字到一个存储器中

续表 8.2

指令名称	作　用
BLX	跳转到由寄存器给出的地址,并根据寄存器的 LSE 确定处理器的状态,还要把跳转前的下条指令地址保存到 LR
BX	跳转到由寄存器/标号给出的地址,不用返回
B	跳转到一个标号
IF,ELSE,ENDIF	汇编条件分支语句,跟 C 语言的类似
END	到达文件的末尾,文件结束

表 8.2 列举了 STM32 启动文件的一些汇编和编译器指令,其他更多的 ARM 汇编指令可以通过 MDK 的索引搜索工具查找。打开索引搜索工具的方法：MDK→Help→μVision Help,如图 8.2 所示。

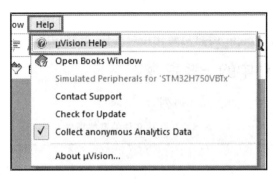

图 8.2　打开索引搜索工具的方法

以 EQU 为例,演示一下怎么使用,如图 8.3 所示。

搜索到的结果有很多,我们只需要看位置为 Assembler User Guide 这部分即可。

8.2.2　启动文件代码讲解

注意,本小节涉及的图是经过优化截取的,所以后面提到的行号可对照源文件进行查看。

1. 栈空间的开辟

栈空间的开辟源码如图 8.4 所示。

源码含义：开辟一段大小为 0x0000 0400(1 KB)的栈空间,段名为 STACK,NOINIT 表示不初始化;READWRITE 表示可读可写;ALIGN＝3,表示按照 2^3 对齐,即 8 字节对齐。

AREA 汇编一个新的代码段或者数据段。

SPACE 分配内存指令,分配大小为 Stack_Size 字节连续的存储单元给栈空间。

__initial_sp 紧挨着 SPACE 放置,表示栈的结束地址,栈是从高往低生长,所以结束地址就是栈顶地址。

图 8.3　搜索 EQU 汇编指令

```
33  Stack_Size      EQU      0x00000400
34
35                  AREA     STACK, NOINIT, READWRITE, ALIGN=3
36  Stack_Mem       SPACE    Stack_Size
37  __initial_sp
```

图 8.4　栈空间的开辟

栈主要用于存放局部变量、函数形参等,属于编译器自动分配和释放的内存,栈的大小不能超过内部 SRAM 的大小。如果工程的程序量比较大,定义的局部变量比较多,那么就需要在启动代码中修改栈的大小,即修改 Stack_Size 的值。如果程序出现了莫名其妙的错误,并进入了 HardFault,那就要考虑是不是栈空间不够大、溢出了的问题。

2. 堆空间的开辟

堆空间的开辟源码如图 8.5 所示。

源码含义:开辟一段大小为 0x0000 0200(512 字节)的堆空间,段名为 HEAP,不

```
43   Heap_Size         EQU      0x00000200
44
45                     AREA     HEAP, NOINIT, READWRITE, ALIGN=3
46   __heap_base
47   Heap_Mem          SPACE    Heap_Size
48   __heap_limit
```

图 8.5 堆空间的开辟

初始化,可读可写,8字节对齐。

__heap_base 表示堆的起始地址,__heap_limit 表示堆的结束地址。堆和栈的生长方向相反的,堆是由低向高生长,而栈是从高往低生长。

堆主要用于动态内存的分配,像 malloc()、calloc()和 realloc()等函数申请的内存就在堆上面。堆中的内存一般由程序员分配和释放,若程序员不释放,程序结束时可能由操作系统回收。

接下来是 PRESERVE8 和 THUMB 指令的代码,如图 8.6 所示。

```
50                     PRESERVE8
51                     THUMB
```

图 8.6 PRESERVE8 和 THUMB 指令

PRESERVE8:指示编译器按照8字节对齐。

THUMB:指示编译器之后的指令为 THUMB 指令。

注意,由于正点原子提供了独立的内存管理实现方式(mymalloc、myfree 等),并不需要使用 C 库的 malloc 和 free 等函数,也就用不到堆空间,因此可以设置 Heap_Size 的大小为 0,以节省内存空间。

3. 中断向量表定义(简称向量表)

为中断向量表定义一个数据段,如图 8.7 所示。

```
55                     AREA     RESET, DATA, READONLY
56                     EXPORT   __Vectors
57                     EXPORT   __Vectors_End
58                     EXPORT   __Vectors_Size
```

图 8.7 为中断向量表定义一个数据段

源码含义:定义一个数据段,名字为 RESET,READONLY 表示只读。EXPORT 表示声明一个标号具有全局属性,可被外部的文件使用。这里声明了__Vectors、__Vectors_End 和__Vectors_Size 共 3 个标号具有全局性,可被外部的文件使用。

STM32F103 的中断向量表定义代码如图 8.8 所示。

__Vectors 为向量表起始地址,__Vectors_End 为向量表结束地址,__Vectors_Size 为向量表大小,__Vectors_Size=__Vectors_End-__Vectors。

DCD:分配一个或者多个以字为单位的内存,以 4 字节对齐,并要求初始化这些

```
60  __Vectors        DCD      __initial_sp           ; Top of Stack
61                   DCD      Reset_Handler          ; Reset Handler
62                   DCD      NMI_Handler            ; NMI Handler
63                   DCD      HardFault_Handler      ; Hard Fault Handler
64                   DCD      MemManage_Handler      ; MPU Fault Handler
65                   DCD      BusFault_Handler       ; Bus Fault Handler
66                   DCD      UsageFault_Handler     ; Usage Fault Handler
67                   DCD      0                      ; Reserved
68                   DCD      0                      ; Reserved
69                   DCD      0                      ; Reserved
70                   DCD      0                      ; Reserved
71                   DCD      SVC_Handler            ; SVCall Handler
72                   DCD      DebugMon_Handler       ; Debug Monitor Handler
73                   DCD      0                      ; Reserved
74                   DCD      PendSV_Handler         ; PendSV Handler
75                   DCD      SysTick_Handler        ; SysTick Handler
76
77                   ; External Interrupts
78                   DCD      WWDG_IRQHandler        ; Window Watchdog
79                   DCD      PVD_IRQHandler         ; PVD through EXTI Line detect
80                   DCD      TAMPER_IRQHandler      ; Tamper
81                   DCD      RTC_IRQHandler         ; RTC
82                   DCD      FLASH_IRQHandler       ; Flash
83                   DCD      RCC_IRQHandler         ; RCC
84                   ;...限于篇幅这里省略部分中断向量表...
85                   DCD      DMA2_Channel3_IRQHandler   ; DMA2 Channel3
86                   DCD      DMA2_Channel4_5_IRQHandler ; DMA2 Channel4 & Channel5
87  __Vectors_End
88
89  __Vectors_Size   EQU      __Vectors_End - __Vectors
90
91                   AREA     |.text|, CODE, READONLY
```

图 8.8　中断向量表定义代码

内存。

中断向量表被放置在代码段的最前面。例如,当程序在 FLASH 运行时,那么向量表的起始地址是 0x0800 0000。结合图 8.8 可以知道,地址 0x0800 0000 存放的是栈顶地址。DCD:以 4 字节对齐分配内存,也就是下个地址是 0x0800 0004,存放的是 Reset_Handler 中断函数入口地址。

从代码上看,向量表中存放的都是中断服务函数的函数名,所以 C 语言中的函数名对芯片来说实际上就是一个地址。

STM32F103 的中断向量表可以在《STM32F10xxx 参考手册_V10(中文版)》的 9.1.2 小节找到,与中断向量定义代码是对应的。

4. 复位程序

接下来是定义只读代码段,如图 8.9 所示。

```
91                            AREA     |.text|, CODE, READONLY
```

图 8.9　定义只读代码段

定义一个段名为.text 的只读代码段,在 CODE 区。

复位子程序代码如图 8.10 所示。

```
93   ; Reset handler
94   Reset_Handler    PROC
95                    EXPORT   Reset_Handler              [WEAK]
96                    IMPORT   __main
97                    IMPORT   SystemInit
98                    LDR      R0, =SystemInit
99                    BLX      R0
100                   LDR      R0, =__main
101                   BX       R0
102                   ENDP
```

图 8.10 复位子程序代码

利用 PROC、ENDP 这一对伪指令把程序段分为若干个过程,使程序的结构加清晰。

复位子程序是复位后第一个被执行的程序,主要是调用 SystemInit 函数配置系统时钟及初始化 FSMC 总线上外挂的 SRAM(可选)。然后再调用 C 库函数__main,最终调用 main 函数去到 C 的世界。

EXPORT 声明复位中断向量 Reset_Handler 为全局属性,这样外部文件就可以调用此复位中断服务。

WEAK:表示弱定义,如果外部文件优先定义了该标号,则首先引用外部定义的标号;如果外部文件没有声明,则也不会出错。这里表示复位子程序可以由用户在其他文件重新实现,这里并不是唯一的。

IMPORT 表示该标号来自外部文件。这里表示 SystemInit 和__main 这 2 个函数均来自外部的文件。

LDR、BLX、BX 是内核指令,可在《ARM Cortex-M3 权威指南》第 4 章指令集里面查询到。

LDR 表示从存储器中加载字到一个存储器中。

BLX 表示跳转到由寄存器给出的地址,并根据寄存器的 LSE 确定处理器的状态,还要把跳转前的下条指令地址保存到 LR。

BX 表示跳转到由寄存器/标号给出的地址,不用返回。这里表示切换到__main 地址,最终调用 main 函数,不返回,进入 C 的世界。

5. 中断服务程序

接下来就是中断服务程序了,如图 8.11 所示。可以看到,这些中断服务函数都被[WEAK]声明为弱定义函数。如果外部文件声明了一个标号,则优先使用外部文件定义的标号;如果外部文件没有定义,则也不会出错。

这些中断函数分为系统异常中断和外部中断,外部中断根据不同芯片有所变化。B 指令是跳转到一个标号,这里跳转到一个'.',表示无限循环。

启动文件代码中已经把所有中断的中断服务函数写好了,但都声明为弱定义,所以真正的中断服务函数需要我们在外部实现。

如果开启了某个中断,但是忘记写对应的中断服务程序函数或者把中断服务函数

```
104  ; Dummy Exception Handlers (infinite loops which can be modified)
105
106  NMI_Handler      PROC
107                   EXPORT   NMI_Handler            [WEAK]
108                   B        .
109                   ENDP
110  ;...省略部分内核中断...
111  SysTick_Handler PROC
112                   EXPORT   SysTick_Handler        [WEAK]
113                   B        .
114                   ENDP
115
116  Default_Handler PROC
117
118                   EXPORT   WWDG_IRQHandler        [WEAK]
119                   EXPORT   PVD_IRQHandler         [WEAK]
120  ;省略部分外部声明，这是声明为weak函数
121                   EXPORT   DMA2_Channel4_5_IRQHandler [WEAK]
122
123  WWDG_IRQHandler
124  PVD_IRQHandler
125  ;省略部分中断向量声明
126  DMA2_Channel4_5_IRQHandler
127                   B        .
128
129                   ENDP
```

图 8.11　中断服务程序

名写错,那么中断发生时,程序就会跳转到启动文件预先写好的弱定义的中断服务程序中,并且在 B 指令作用下跳转到一个'.'中,无限循环。

这里的系统异常中断部分是内核的,外部中断部分是外设的。

6. 用户堆栈初始化

ALIGN 指令如图 8.12 所示。

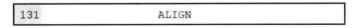

```
131                          ALIGN
```

图 8.12　ALIGN 指令

ALIGN 表示对指令或者数据的存放地址进行对齐,一般需要跟一个立即数,默认表示 4 字节对齐。注意,这个不是 ARM 的指令,是编译器的。

接下就是启动文件最后一部分代码,用户堆栈初始化代码,如图 8.13 所示。

IF、ELSE、ENDIF 是汇编的条件分支语句。

588 行判断是否定义了__MICROLIB。__MICROLIB 宏定义是在 KEIL 里面配置的,具体方法如图 8.14 所示。选中 Use MicroLIB 就代表定义了__MICROLIB 宏。

如果定义__MICROLIB,则声明__initial_sp、__heap_base 和__heap_limit 这 3 个标号具有全局属性,可被外部的文件使用。__initial_sp 表示栈顶地址,__heap_base 表示堆起始地址,__heap_limit 表示堆结束地址。

如果没有定义__MICROLIB,实际的情况就是没有定义__MICROLIB,所以使用

```
133  ;*******************************************************************
134  ; User Stack and Heap initialization
135  ;*******************************************************************
136                  IF      :DEF:__MICROLIB
137
138                  EXPORT  __initial_sp
139                  EXPORT  __heap_base
140                  EXPORT  __heap_limit
141
142                  ELSE
143
144                  IMPORT  __use_two_region_memory
145                  EXPORT  __user_initial_stackheap
146
147  __user_initial_stackheap
148
149                  LDR     R0, =  Heap_Mem
150                  LDR     R1, =(Stack_Mem + Stack_Size)
151                  LDR     R2, = (Heap_Mem +  Heap_Size)
152                  LDR     R3, = Stack_Mem
153                  BX      LR
154
155                  ALIGN
156
157                  ENDIF
158
159                  END
```

图 8.13　用户堆栈初始化代码

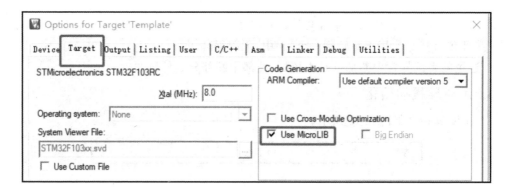

图 8.14　__MICROLIB 定义方法

默认的 C 库运行,那么堆栈的初始化由 C 库函数__main 来完成。

IMPORT 声明__use_two_region_memory 标号来自外部文件。

EXPORT 声明__user_initial_stackheap 具有全局属性,可被外部的文件使用。

342 行标号__user_initial_stackheap,表示用户堆栈初始化程序入口。

接下来进行堆栈空间初始化,堆是从低到高生长,栈是从高到低生长,是 2 个互相独立的数据段,并且不能交叉使用。

344 行保存堆起始地址。345 行保存栈大小。346 行保存堆大小。347 行保存栈顶指针。348 行跳转到 LR 标号给出的地址,不用返回。354 行 END 表示到达文件的末尾,文件结束。

MicroLIB 是 MDK 自带的微库,默认是 C 库的备选库。MicroLIB 进行了高度优化,使得其代码变得很小,功能比默认 C 库少。MicroLIB 是没有源码的,只有库。更多知识可以查看官方介绍 http://www.keil.com/arm/microlib.asp。

8.2.3　系统启动流程

启动模式不同,启动的起始地址是不一样的,下面以代码下载到内部 FLASH 的情况举例,即代码从地址 0x0800 0000 开始被执行。

当产生复位并且离开复位状态后,CM3 内核做的第一件事就是读取下列 2 个32 位整数的值:

① 从地址 0x0800 0000 处取出堆栈指针 MSP 的初始值,该值就是栈顶地址。

② 从地址 0x0800 0004 处取出程序计数器指针 PC 的初始值,该值指向中断服务程序 Reset_Handler。示意如图 8.15 所示。

图 8.15　复位序列

我们看看 STM32F103 开发板 HAL 库例程的实验 1 跑马灯实验中,取出的 MSP和 PC 的值是多少,方法如图 8.16 所示。由此可以知道地址 0x0800 0000 的值是0x2000 0788,地址 0x0800 0004 的值是 0x0800 01CD,即堆栈指针 SP ＝0x2000 0788,程序计数器指针 PC ＝0x0800 01CD(即复位中断服务程序 Reset_Handler 的入口地址)。因为 CM3 内核是小端模式,所以倒着读。

图 8.16　取出的 MPS 和 PC 的值

注意,这与传统的 ARM 架构不同——其实也和绝大多数的其他单片机不同。传统的 ARM 架构总是从 0 地址开始执行第一条指令,它们的 0 地址处总是一条跳转指令。而在 CM3 内核中,0 地址处提供 MSP 的初始值,然后就是向量表(向量表以后还可以被移至其他位置)。向量表中的数值是 32 位的地址,而不是跳转指令。向量表的第一个条目指向复位后应执行的第一条指令,就是 Reset_Handler 函数。下面继续以 Mini 开发板 HAL 库例程实验 1 跑马灯实验为例,代码从地址 0x0800 0000 开始被执行,讲解一下系统启动、初始化堆栈、MSP 和 PC 后的内存情况。

因为 CM3 使用向下生长的满栈,所以 MSP 的初始值必须是堆栈内存的末地址加 1。举例来说,如果栈区域在 0x2000 0388～0x2000 0787(1 KB 大小)之间,那么 MSP 的初始值就必须是 0x2000 0788。

向量表跟随在 MSP 的初始值之后——也就是第 2 个表目。

R15 是程序计数器,在汇编代码中可以使用名字"PC"来访问它。ARM 规定:PC 最低 2 位并不表示真实地址,最低位 LSB 用于表示是 ARM 指令(0)还是 Thumb 指令(1),因为 CM3 主要执行 Thumb 指令,所以这些指令的最低位都是 1(都是奇数)。因为 CM3 内部使用了指令流水线,读 PC 时返回的值是当前指令的地址+4。比如说:

```
0x1000: MOV R0,  PC; R0 = 0x1004
```

如果向 PC 写数据,则会引起一次程序的分支(但是不更新 LR 寄存器)。CM3 中的指令至少是半字对齐的,所以 PC 的 LSB 总是读回 0。然而,在分支时,无论是直接写 PC 的值还是使用分支指令,都必须保证加载到 PC 的数值是奇数(即 LSB=1),表明是在 Thumb 状态下执行。倘若写了 0,则视为转入 ARM 模式,CM3 将产生一个 fault 异常。

因此,图 8.17 中使用 0x0800 01CD 来表达地址 0x0800 01CC。当 0x0800 01CD 处的指令得到执行后,就正式开始了程序的执行(即去到 C 的世界)。所以在此之前初始化 MSP 是必需的,因为可能第一条指令还没执行就会被 NMI 或是其他 fault 打断。MSP 初始化好后就已经为它们的服务例程准备好了堆栈。

STM32 启动文件分析就介绍到这里,更多内容可参考《STM32 启动文件浅析》。

8.3　map 文件分析

8.3.1　MDK 编译生成文件

MDK 编译工程时会生成一些中间文件(如.o、.axf、.map 等),最终生成 hex 文件,以便下载到 MCU 上面执行。以 Mini 开发板 HAL 库例程的实验 1 跑马灯实验为例(其他开发板类似),编译过程产生的所有文件都存放在 OBJ 文件夹下,如图 8.18 所示。

这里总共生成了 43 个文件,共 11 个类型,分别是.axf、.crf、.d、.dep、.hex、.lnp、.lst、.o、.htm、bulild_log.htm 和.map。43 个文件(选中 Browse informatio-n 时为 59 个)看着不是很多,但是随着工程的增大,这些文件会越来越多,大项目编译一次,可以

图 8.17　初始化堆栈、MSP 和 PC 后的内存情况

生成几百甚至上千个这种文件,不过文件类型基本就是上面这些。

对于 MDK 工程来说,基本上任何工程在编译过程中都会有这 11 类文件。常见的 MDK 编译过程生产文件类型如表 8.3 所列。

表 8.3　常见的中间文件类型说明

文件类型	说 明
.o	可重定向[1]对象文件,每个源文件(.c/.s 等)编译都会生成一个.o 文件
.axf	由 ARMCC 编译生产的可执行对象文件,不可重定向[2](绝对地址),多个.o 文件链接生成.axf 文件,仿真的时候需要用到该文件
.hex	Intel Hex 格式文件,可用于下载到 MCU。.hex 文件由.axf 文件转换而来
.crf	交叉引用文件,包含浏览信息(定义、标识符、引用)
.d	由 ARMCC/GCC 编译生产的依赖文件(.o 文件所对应的依赖文件),每个.o 文件都有一个对应的.d 文件
.dep	整个工程的依赖文件

续表 8.3

文件类型	说　明
. lnp	MDK 生成的链接输入文件,用于命令输入
. lst	C 语言或汇编编译器生成的列表文件
. htm	链接生成的列表文件
. build_log. htm	最近一次编译工程时的日志记录文件
. map	链接器生成的列表文件、MAP 文件,该文件非常有用

注：1. 可重定向是指该文件包含数据/代码,但是并没有指定地址,它的地址可由后续链接的时候进行指定。

　　2. 不可重定向是指该文件所包含的数据/代码都已经指定地址了,不能再改变。

图 8.18　MDK 编译过程生成的文件

8.3.2　map 文件分析简介

　　map 文件是编译器链接时生成的一个文件,它主要包含了交叉链接信息。通过 map 文件可以知道整个工程的函数调用关系、FLASH 和 RAM 占用情况及其详细汇总信息,能具体到单个源文件(. c/. s)的占用情况,根据这些信息可以对代码进行优化。map 文件可以分为以下 5 个组成部分：

　　① 程序段交叉引用关系(Section Cross References)；

　　② 删除映像未使用的程序段(Removing Unused input sections from the image)；

　　③ 映像符号表(Image Symbol Table)；

　　④ 映像内存分布图(Memory Map of the image)；

⑤ 映像组件大小(Image component sizes)。

1. map 文件的 MDK 设置

要生成 map 文件,我们需要单击 MDK 的魔术棒,在弹出的对话框中选择 Listing 选项卡进行相关设置,如图 8.19 所示。

图 8.19　map 文件生成设置

图 8.19 中方框框出的部分就是需要设置的,默认情况下,MDK 这部分设置就是全选中的;如果想取消掉一些信息的输出,则直接取消相关选项即可(一般不建议)。

按图 8.19 设置好 MDK 以后,全编译当前工程,编译完成后(无错误)就会生成 map 文件。在 MDK 里面打开 map 文件的方法如图 8.20 所示。

图 8.20　打开 map 文件

① 先确保工程编译成功(无错误)。

② 双击 LED,打开 map 文件。

③ map 文件打开成功。

2. map 文件的基础概念

为了更好地分析 map 文件,先对需要用到的一些基础概念进行简单介绍:

➤ Section:描述映像文件的代码或数据块,简称程序段;

➤ RO:Read Only 的缩写,包括只读数据(RO data)和代码(RO code)两部分内容,占用 FLASH 空间;

➤ RW:Read Write 的缩写,包含可读/写数据(RW data,有初值,且不为 0),占用 FLASH(存储初值)和 RAM(读/写操作);

➤ ZI:Zero initialized 的缩写,包含初始化为 0 的数据(ZI data),占用 RAM 空间;

➤ .text:相当于 RO code;

➤ .constdata:相当于 RO data;

➤ .bss:相当于 ZI data;

➤ .data:相当于 RW data。

3. map 文件的组成部分说明

前面说 map 文件由 5 个部分组成,下面以 Mini 开发板 HAL 库例程的实验 1 跑马灯实验为例简要介绍。

(1) 程序段交叉引用关系(Section Cross References)

这部分内容描述了各个文件(.c/.s 等)之间函数(程序段)的调用关系,举个例子如图 8.21 所示。

```
27    main.o(i.main) refers to stm32f1xx_hal.o(i.HAL_Init) for HAL_Init
28    main.o(i.main) refers to sys.o(i.sys_stm32_clock_init) for sys_stm32_clock_init
29    main.o(i.main) refers to delay.o(i.delay_init) for delay_init
30    main.o(i.main) refers to led.o(i.led_init) for led_init
31    main.o(i.main) refers to stm32f1xx_hal_gpio.o(i.HAL_GPIO_WritePin) for HAL_GPIO_WritePin
32    main.o(i.main) refers to delay.o(i.delay_ms) for delay_ms
```

图 8.21　程序段交叉引用关系图

图中框出的部分中,main.c 文件中的 main 函数调用了 sys.c 中的 sys_stm32_clock_init 函数,i.main 表示 main 函数的入口地址,i.sys_stm32_clock_init 表示 sys_stm32_clock_init 函数的入口地址。

(2) 删除映像未使用的程序段(Removing Unused input sections from the image)

这部分内容描述了工程中由于未被调用而被删除的冗余程序段(函数/数据),如图 8.22 所示。图中列出了所有被移除的程序段,比如 usart.c 里面的 usart_init 函数就被移除了,因为该例程没用到 usart_init 函数。

最后还有一个统计信息:216 unused section(s) (total 15556bytes) removed from the image,表示总共移除了 216 个程序段(函数/数据),大小为 15 556 字节,即给 MCU

```
364        Removing usart.o(.rev16_text), (4 bytes).
365        Removing usart.o(.revsh_text), (4 bytes).
366        Removing usart.o(.rrx_text), (6 bytes).
367        Removing usart.o(i.HAL_UART_MspInit), (180 bytes).
368        Removing usart.o(i._ttywrch), (4 bytes).
369        Removing usart.o(i.fputc), (28 bytes).
370        Removing usart.o(i.usart_init), (56 bytes).

557     216 unused section(s) (total 15556 bytes) removed from the image.
558
559     ==============================================================
```

图 8.22　删除未用到的程序段

节省了 15 556 字节的程序空间。

为了更好地节省空间,一般在 MDK→魔术棒→C/C++选项卡里面选中 One ELF Section per Function,如图 8.23 所示。

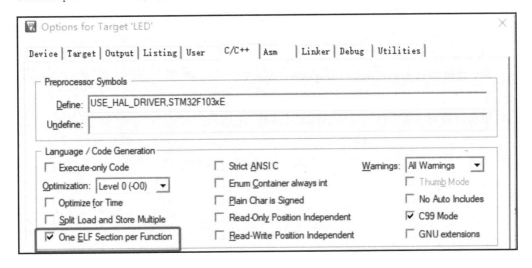

图 8.23　在 MDK 中选中 One ELF Section per Function

(3) 映像符号表(Image Symbol Table)

映像符号表描述了被引用的各个符号(程序段/数据)在存储器中的存储地址、类型、大小等信息。映像符号表分为 2 类:本地符号(Local Symbols)和全局符号(Global Symbols)。

本地符号记录了用 static 声明的全局变量地址和大小、C 文件中函数的地址和用 static 声明的函数代码大小、汇编文件中的标号地址(作用域:限本文件)。

全局符号记录了全局变量的地址和大小、C 文件中函数的地址及其代码大小、汇编文件中的标号地址(作用域:全工程)。

(4) 映像内存分布图(Memory Map of the image)

映像文件分为加载域(Load Region)和运行域(Execution Region),一个加载域必须有至少一个运行域(可以有多个运行域),而一个程序又可以有多个加载域。加载域为映像程序的实际存储区域,而运行域则是 MCU 上电后的运行状态。加载域和运行域的简化关系(这里仅表示一个加载域的情况)如图 8.24 所示。

图 8.24　加载域运行域关系

由图可知,RW 区也是存放在 ROM(FLASH)里面的,在执行 main 函数之前 RW(有初值且不为 0 的变量)数据会被复制到 RAM 区,同时还会在 RAM 里面创建 ZI 区(初始化为 0 的变量)。

(5) 映像组件大小(Image component sizes)

映像组件大小给出了整个映像所有代码(.o)占用空间的汇总信息。

更多内容可查阅《STM32 MAP 文件浅析》文档。

第 **9** 章

STM32 时钟配置

MCU 都是基于时序控制的一个系统。本章将结合《STM32F10xxx 参考手册_V10(中文版)》和《ARM Cortex-M3 权威指南》的知识,对 STM32F1 的整体架构做一个简单介绍,帮助读者更全面、系统地认识 STM32F1 系统的主控结构,了解时钟系统在整个 STM32 系统的贯穿和驱动作用,学会设置 STM32 的系统时钟。

9.1 认识时钟树

我们知道,任意复杂的电路控制系统都可以经由门电路组成的组合电路实现。STM32 内部也是由多种多样的电路模块组合在一起实现的。一个电路越复杂,在达到正确的输出结果前,它可能因为延时有一些短暂的中间状态,这时的状态会导致输出结果有一个暂时的错误,这叫电路中的"毛刺现象";如果电路需要运行得足够快,那么这些错误状态会被其他电路作为输入采样,最终形成一系列系统错误。为了解决这个问题,在单片机系统中,设计时以时序电路控制替代纯粹的组合电路,在每一级输出结果前对各个信号进行采样,从而使得电路中某些信号即使出现延时也可以保证各个信号的同步,从而避免电路中发生的"毛刺现象",达到精确控制输出的效果。

由于时序电路的重要性,因此在 MCU 设计时就设计了专门用于控制时序的电路,在芯片设计中称为时钟树设计。由此设计出来的时钟可以精确控制单片机系统,这也是本节要展开分析的时钟分析。为什么是时钟树而不是时钟呢? 一个 MCU 越复杂,时钟系统也会相应地变得复杂,如 STM32F1 的时钟系统比较复杂,不像简单的 51 单片机一个系统时钟就可以解决一切。对于 STM32F1 的芯片,正常工作的主频可以达到 72 MHz,但并不是所有外设都需要系统时钟那么高的频率,比如看门狗以及 RTC 只需要几十 kHz 的时钟即可。同一个电路,时钟越快功耗越大,同时抗电磁干扰能力也会越弱,所以较为复杂的 MCU 一般都采用多时钟源的方法来解决这些问题。

STM32 本身非常复杂,外设非常多,为了保持低功耗工作,STM32 的主控默认不开启这些外设功能。用户可以根据需要决定 STM32 芯片要使用的功能,这个功能开关在 STM32 主控中也就是各个外设的时钟。

图 9.1 为一个简化的 STM32F1 时钟系统图,其中已把主要关注几处标注出来。A 部分表示其他电路需要的输入源时钟信号;B 为一个特殊的振荡电路"PLL",由几个部分构成;C 为需要重点关注的 MCU 内的注释中"SYSCLK";AHB 预分频器将 SYSCLK 分频或不分频后分发给其他外设进行处理,包括到 F 部分的 Cortex-M 内核系统的时钟。D 和 E 部分分别为定时器等外设的时钟源 APB1/APB2;G 是 STM32 的时钟输出功能,其他部分学习到再详细探讨。接下来详细了解这些部分的功能。

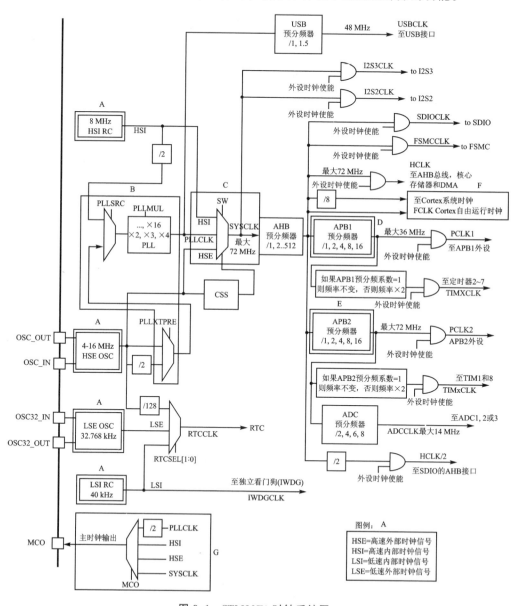

图 9.1 STM32F1 时钟系统图

9.1.1　时钟源

对于 STM32F1,输入时钟源(Input Clock)主要包括 HSI、HSE、LSI、LSE。其中,从时钟频率来看可以分为高速时钟源和低速时钟源,HSI、HSE 高速时钟,LSI 和 LSE 是低速时钟。从来源可分为外部时钟源和内部时钟源,外部时钟源就是从外部通过接晶振的方式获取时钟源,其中,HSE 和 LSE 是外部时钟源;其他是内部时钟源,芯片上电即可产生,不需要借助外部电路。下面看看 STM32 的时钟源。

(1) 2 个外部时钟源

1) 高速外部振荡器 HSE

外接石英/陶瓷谐振器,频率为 4~16 MHz。本书开发板使用的是 8 MHz。

2) 低速外部振荡器 LSE

外接 32.768 kHz 石英晶体,主要用于 RTC 的时钟源。

(2) 2 个内部时钟源

1) 高速内部振荡器 HSI

由内部 RC 振荡器产生,频率为 8 MHz。

2) 低速内部振荡器 LSI

由内部 RC 振荡器产生,频率为 40 kHz,可作为独立看门狗的时钟源。

芯片上电时默认由内部的 HSI 时钟启动,只有用户进行了硬件和软件的配置,芯片才会根据用户配置尝试切换到对应的外部时钟源,所以同时了解这几个时钟源信号还是很有必要的。

9.1.2　锁相环 PLL

锁相环是自动控制系统中常用的一个反馈电路,在 STM32 主控中,锁相环的作用主要有 2 个部分:输入时钟净化和倍频。前者利用锁相环电路的反馈机制实现,后者用于使芯片在更高且频率稳定的时钟下工作。

在 STM32 中,锁相环的输出也可以作为芯片系统的时钟源。根据图 9.1 可知,使用锁相环时只需要进行 3 个部分的配置。为了方便查看,截取了使用 PLL 作为系统时钟源的配置部分,如图 9.2 所示。

图 9.2 借用了在 CubeMX 下用锁相环配置 72 MHz 时钟的一个示例。

(1) PLLXTPRE:HSE 分频器作为 PLL 输入

即图 9.2 中标注为①的地方,它专门用于 HSE。ST 设计它有 2 种方式,并把它的控制功能放在 RCC_CFGR 寄存器中,对于该寄存器的介绍如图 9.3 所示。

从 F103 参考手册可知它的值有 2 个:一是 2 分频,另一种是 1 分频(不分频)。经过 HSE 分频器处理后的输出振荡时钟信号比直接输入的时钟信号更稳定。

(2) PLLSRC:PLL 输入时钟源

图 9.2 中②表示的是 PLL 时钟源的选择器,如图 9.4 所示。

图 9.2　PLL 时钟配置图

位17	PLLXTPRE：HSE分频器作为PLL输入 由软件置1或清0来分频HSE后作为PLL输入时钟。只能在关闭PLL时才能写入此位。 0：HSE不分频　　　　　　　1：HSE 2分频

图 9.3　RCC-CFGR 寄存器描述(部分)

位16	PLLSRC：PLL输入时钟源 由软件置1或清0来选择PLL输入时钟源。只能在关闭PLL时才能写入此位。 0：HSI振荡器时钟经2分频后作为PLL输入时钟 1：HSE时钟作为PLL输入时钟

图 9.4　PLLSRC 锁相环时钟源选择

　　它有 2 种可选择的输入源：一种是设计为 HSI 的 2 分频时钟，另一种是 A 处的 PLLXTPRE 处理后的 HSE 信号。

(3) PLLMUL：PLL 倍频系数

　　图 9.2 中③所表示的配置锁相环倍频系数，同样可以查到，在 STM32F1 系列中，ST 设置它的有效倍频范围为 2～16 倍。

　　要实现 72 MHz 的主频率，这里通过选择 HSE 不分频作为 PLL 输入的时钟信号，即输入 8 MHz，通过图 9.2 中③选择倍频因子，可选择 2～16 倍频，这里选择 9 倍频，这样可以得到时钟信号为 8 MHz×9＝72 MHz。

9.1.3　系统时钟 SYSCLK

　　STM32 的系统时钟 SYSCLK 为整个芯片提供了时序信号。STM32 主控是时序电路连接起来的。对于相同的稳定运行的电路，时钟频率越高，指令的执行速度越快，单位时间能处理的功能越多。STM32 的系统时钟是可配置的，在 STM32F1 系列中，它可以为 HSI、PLLCLK、HSE 中的一个,通过 CFGR 的位 SW[1:0]设置。

PLL 作为系统时钟时,根据开发板的资源,可以把主频通过 PLL 设置为 72 MHz。若要使用 HSI/2,那么可以得到最高主频 8 MHz/2×16=64 MHz。

AHB、APB1、APB2、内核时钟等时钟通过系统时钟分频得到,根据得到的这个系统时钟,结合外设来看一看各个外设时钟源。

图 9.5 是 STM32F103 系统时钟生成图。其中,标号 C 为系统时钟输入选择,可选时钟信号有外部高速时钟 HSE(8 MHz)、内部高速时钟 HSI(8 MHz)和经过倍频的 PLL CLK(72 MHz),选择 PLL CLK 作为系统时钟,此时系统时钟的频率为 72 MHz。系统时钟来到标号 D 的 AHB 预分频器,其中可选择的分频系数为 1、2、4、8、16、32、64、128、256,选择不分频,所以 AHB 总线时钟达到最大的 72 MHz。

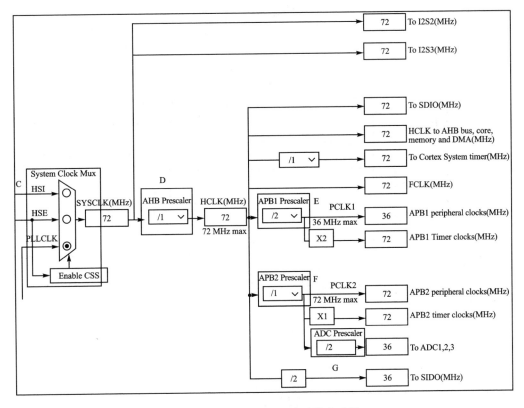

图 9.5　STM32F103 系统时钟生成图

下面介绍一下由 AHB 总线时钟得到的时钟。

① APB1 总线时钟:由 HCLK 经过标号 E 的低速 APB1 预分频器得到,分频因子可以选择 1、2、4、8、16,这里选择 2 分频,所以 APB1 总线时钟为 36 MHz。由于 APB1 是低速总线时钟,所以 APB1 总线最高频率为 36 MHz,片上低速的外设就挂载在该总线上,如看门狗定时器、定时器 2/3/4/5/6/7、RTC 时钟、USART2/3/4/5、SPI2(I2S2)与 SPI3(I2S3)、I2C1 与 I2C2、CAN、USB 设备和 2 个 DAC。

② APB2 总线时钟：由 HCLK 经过标号 F 的高速 APB2 预分频器得到,分频因子可以选择 1、2、4、8、16,这里选择 1 即不分频,所以 APB2 总线时钟频率为 72 MHz。与 APB2 高速总线连接的外设有外部中断与唤醒控制、7 个通用目的输入/输出口(PA、PB、PC、PD、PE、PF 和 PG)、定时器 1、定时器 8、SPI1、USART1、3 个 ADC 和内部温度传感器。其中,标号 G 是 ADC 的预分频器,后面 ADC 实验中详细说明。

此外,AHB 总线时钟直接作为 SDIO、FSMC、AHB 总线、Cortex 内核、存储器和 DMA 的 HCLK 时钟,并作为 Cortex 内核自由运行时钟 FCLK,如图 9.6 所示。

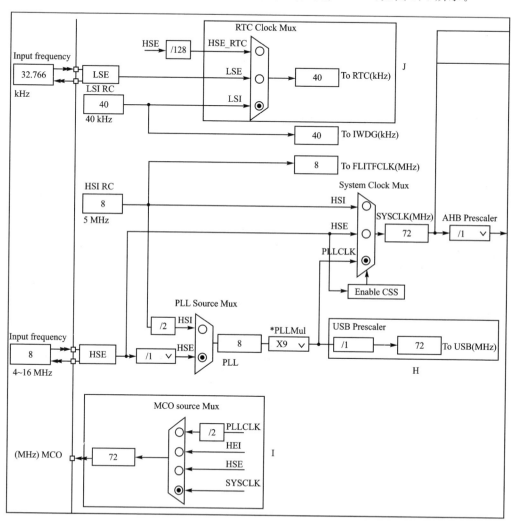

图 9.6　USB、RTC、MCO 相关时钟

标号 H 是 USB CLK,是一个通用串行接口时钟,时钟来源于 PLLCLK。STM32 中有一个全速功能的 USB 模块,其串行接口引擎需要一个频率为 48 MHz 的时钟源。该时钟源只能从 PLL 输出端获取,可以选择为 1.5 分频或者 1 分频,也就是,当需要使用 USB 模块时,PLL 必须使能,并且时钟频率配置为 48 MHz 或 72 MHz。

标号 I 是 MCO 输出内部时钟,STM32 的一个时钟输出 I/O(PA8),它可以选择一个时钟信号输出,可以选择为 PLL 输出的 2 分频、HSI、HSE 或者系统时钟。这个时钟可以用来给外部其他系统提供时钟源。

标号 J 是 RTC 定时器,其时钟源为 HSE/128、LSE 或 LSI。

9.1.4　时钟信号输出 MCO

STM32 允许通过设置,通过 MCO 引脚输出一个稳定的时钟信号,在图 9.1 中标注为 G 的部分。可被选作 MCO 时钟的时钟信号有 SYSCLK、HSI、HSE 及除 2 的 PLL 时钟。时钟的选择由时钟配置寄存器(RCC_CFGR)中的 MCO[2：0]位控制。

可以通过 MCO 引脚来输出时钟信号、测试输出时钟的频率或作为其他需要时钟信号的外部电路的时钟。

9.2　如何修改主频

STM32F103 默认的情况下(比如串口 IAP 时或者未初始化时钟时),使用的是内部 8 MHz 的 HSI 作为时钟源,所以不需要外部晶振也可以下载和运行代码。

下面来讲解如何让 STM32F103 芯片在 72 MHz 的频率下工作,72 MHz 是官方推荐使用的最高稳定时钟频率。而 STM32F103 Mini 开发板的外部高速晶振的频率是 8 MHz,这里就是在这个晶振频率的基础上,通过各种倍频和分频得到 72 MHz 的系统工作频率的。

9.2.1　STM32F1 时钟系统配置

下面我们分几步讲解 STM32F1 时钟系统配置过程,这部分内容很重要,须认真阅读。

第 1 步：配置 HSE_VALUE

讲解 stm32f1xx_hal_conf.h 文件的时候知道,需要宏定义 HSE_VALUE 匹配实际硬件的高速晶振频率(这里是 8 MHz),代码中通过使用宏定义的方式来选择 HSE_VALUE 的值是 25 MHz 或者 8 MHz,这里不去定义 USE_STM3210C_EVAL 宏或者全局变量即可,选择定义 HSE_VALUE 的值为 8 MHz。代码如下：

```
# if ! defined (HSE_VALUE)
# if defined(USE_STM3210C_EVAL)
    #define HSE_VALUE 25000000U      /* ! <Value of the External oscillator in Hz * /
# else
    # define HSE_VALUE 8000000U      /* ! <Value of the External oscillator in Hz * /
# endif
# endif/ * HSE_VALUE * /
```

第 2 步：调用 SystemInit 函数

系统启动之后,程序会先执行 SystemInit 函数,进行系统一些初始化配置。启动

代码调用 SystemInit 函数如下:

```
Reset_Handler    PROC
                 EXPORT      Reset_Handler              [WEAK]
                 IMPORT      SystemInit
                 IMPORT      __main
                 LDR         R0, = SystemInit
                 BLX         R0
                 LDR         R0, = __main
                 BX          R0
                 ENDP
```

下面来看看 system_stm32f1xx.c 文件下定义的 SystemInit 程序,源码在 176~188 行,简化函数如下:

```
void SystemInit (void)
{
# if defined(STM32F100xE) || defined(STM32F101xE) || defined(STM32F101xG) || defined
            (STM32F103xE) || defined(STM32F103xG)
    # ifdef DATA_IN_ExtSRAM
        SystemInit_ExtMemCtl();
    # endif/ * 配置扩展 SRAM * /
# endif
    / * 配置中断向量表 * /
# if defined(USER_VECT_TAB_ADDRESS)
    SCB->VTOR = VECT_TAB_BASE_ADDRESS | VECT_TAB_OFFSET;/ * Vector Table Relocation in
                                            Internal SRAM. * /
# endif/ * USER_VECT_TAB_ADDRESS * /
}
```

可以看出,SystemInit 主要做了如下 2 个方面工作:

① 外部存储器配置;

② 中断向量表地址配置。

然而我们的代码中实际并没有定义 DATA_IN_ExtSRAM 和 USER_VECT_TAB_ADDRESS 宏,实际上 SystemInit 对于正点原子的例程并没有起作用,但保留了这个接口,从而避免了去修改启动文件。另外,可以把一些重要的初始化放到 SystemInit,在 main 函数运行前就把一些重要的初始化配置好(如 ST 是在运行 main 函数前先把外部的 SRAM 初始化)。这个一般用不到,直接到 main 函数中处理即可,但也有厂商(如 RT-Thread)就采取了这样的做法,使得 main 函数更加简单,初学者暂时不建议这种用法。

HAL 库的 SystemInit 函数并没有任何时钟相关配置,所以后续的初始化步骤还必须编写自己的时钟配置函数。

第 3 步:在 main 函数里调用用户编写的时钟设置函数

打开 HAL 库例程实验 1 跑马灯实验,查看在工程目录 Drivers\SYSTEM 分组下面定义的 sys.c 文件中的时钟设置函数 sys_stm32_clock_init 的内容:

```
void sys_stm32_clock_init(uint32_t plln)
{
    HAL_StatusTypeDef ret = HAL_ERROR;
    RCC_OscInitTypeDef rcc_osc_init = {0};
    RCC_ClkInitTypeDef rcc_clk_init = {0};
    rcc_osc_init.OscillatorType = RCC_OSCILLATORTYPE_HSE;     /* 选择要配置 HSE */
    rcc_osc_init.HSEState = RCC_HSE_ON;                       /* 打开 HSE */
    rcc_osc_init.HSEPredivValue = RCC_HSE_PREDIV_DIV1;        /* HSE 预分频系数 */
    rcc_osc_init.PLL.PLLState = RCC_PLL_ON;                   /* 打开 PLL */
    rcc_osc_init.PLL.PLLSource = RCC_PLLSOURCE_HSE;           /* PLL 时钟源选择 HSE */
    rcc_osc_init.PLL.PLLMUL = plln;                           /* PLL 倍频系数 */
    ret = HAL_RCC_OscConfig(&rcc_osc_init);                   /* 初始化 */
    if (ret != HAL_OK)
    {
        while (1);   /* 时钟初始化失败后，程序将可能无法正常执行，可以在这里加入自己
                        的处理 */
    }
    /* 选中 PLL 作为系统时钟源并且配置 HCLK,PCLK1 和 PCLK2 */
    rcc_clk_init.ClockType = (RCC_CLOCKTYPE_SYSCLK | RCC_CLOCKTYPE_HCLK
        | RCC_CLOCKTYPE_PCLK1 | RCC_CLOCKTYPE_PCLK2);
    rcc_clk_init.SYSCLKSource = RCC_SYSCLKSOURCE_PLLCLK;      /* 设置系统时钟来自 PLL */
    rcc_clk_init.AHBCLKDivider = RCC_SYSCLK_DIV1;             /* AHB 分频系数为 1 */
    rcc_clk_init.APB1CLKDivider = RCC_HCLK_DIV2;              /* APB1 分频系数为 2 */
    rcc_clk_init.APB2CLKDivider = RCC_HCLK_DIV1;              /* APB2 分频系数为 1 */
    /* 同时设置 FLASH 延时周期为 2WS,也就是 3 个 CPU 周期 */
    ret = HAL_RCC_ClockConfig(&rcc_clk_init, FLASH_LATENCY_2);
    if (ret != HAL_OK)
    {
        while (1);   /* 时钟初始化失败后，程序将可能无法正常执行，可以在这里加入自己
                        的处理 */
    }
}
```

函数 sys_stm32_clock_init 就是用户的时钟系统配置函数,除了配置 PLL 相关参数确定 SYSCLK 值之外,还配置了 AHB、APB1 和 APB2 的分频系数,也就是确定了 HCLK 及 PCLK1、PCLK2 的时钟值。

使用 HAL 库配置 STM32F1 时钟系统的一般步骤:

① 配置时钟源相关参数:调用函数 HAL_RCC_OscConfig()。

② 配置系统时钟源以及 SYSCLK、AHB、APB1 和 APB2 的分频系数:调用函数 HAL_RCC_ClockConfig()。

下面我们详细讲解这 2 个步骤。

① 配置时钟源相关参数,使能并选择 HSE 作为 PLL 时钟源,配置 PLL。调用的函数为 HAL_RCC_OscConfig(),该函数在 HAL 库头文件 stm32f1xx_hal_rcc.h 中声明,在文件 stm32f1xx_hal_rcc.c 中定义。该函数声明:

```
HAL_StatusTypeDef HAL_RCC_OscConfig(RCC_OscInitTypeDef * RCC_OscInitStruct);
```

该函数只有一个形参,就是结构体 RCC_OscInitTypeDef 类型指针。结构体 RCC_

OscInitTypeDef 的定义：

```
typedef struct
{
    uint32_t OscillatorType;            /* 需要选择配置的振荡器类型 */
    uint32_t HSEState;                  /* HSE 状态 */
    uint32_t HSEPredivValue;            /* HSE 预分频值 */
    uint32_t LSEState;                  /* LSE 状态 */
    uint32_t HSIState;                  /* HIS 状态 */
    uint32_t HSICalibrationValue;       /* HIS 校准值 */
    uint32_t LSIState;                  /* LSI 状态 */
    RCC_PLLInitTypeDef PLL;             /* PLL 配置 */
}RCC_OscInitTypeDef;
```

该结构体前面几个参数主要用来选择配置的振荡器类型。比如要开启 HSE,那么设置 OscillatorType 的值为 RCC_OSCILLATORTYPE_HSE,然后设置 HSEState 的值为 RCC_HSE_ON,从而开启 HSE。对于其他时钟源(如 HIS、LSI、LSE),配置方法类似。

RCC_OscInitTypeDef 结构体还有一个很重要的成员变量是 PLL,它是结构体 RCC_PLLInitTypeDef 类型,它的作用是配置 PLL 相关参数,定义如下：

```
typedef struct
{
    uint32_t PLLState;          /* PLL 状态 */
    uint32_t PLLSource;         /* PLL 时钟源 */
    uint32_t PLLMUL;            /* PLL 倍频系数 M */
}RCC_PLLInitTypeDef;
```

从 RCC_PLLInitTypeDef 结构体的定义很容易看出,该结构体主要用来设置 PLL 时钟源以及相关分频倍频参数。这个结构体定义的相关内容可结合图 9.1 一起理解。

时钟初始化函数 sys_stm32_clock_init 中的配置内容：

```
/* 使能 HSE,并选择 HSE 作为 PLL 时钟源,配置 PLLMUL */
RCC_OscInitTypeDefrcc_osc_init = {0};
rcc_osc_init.OscillatorType = RCC_OSCILLATORTYPE_HSE;        /* 使能 HSE */
rcc_osc_init.HSEState = RCC_HSE_ON;                          /* 打开 HSE */
rcc_osc_init.HSEPredivValue = RCC_HSE_PREDIV_DIV1;          /* HSE 预分频 */
rcc_osc_init.PLL.PLLState = RCC_PLL_ON;                      /* 打开 PLL */
rcc_osc_init.PLL.PLLSource = RCC_PLLSOURCE_HSE;             /* PLL 时钟源为 HSE */
rcc_osc_init.PLL.PLLMUL = plln;                             /* 主 PLL 倍频因子 */
ret = HAL_RCC_OscConfig(&rcc_osc_init);                     /* 初始化 */
```

该段程序开启了 HSE 时钟源,同时选择 PLL 时钟源为 HSE,然后把 sys_stm32_clock_init 的形参直接设置为 PLL 的参数 M 的值,这样就达到了设置 PLL 时钟源相关参数的目的。

设置好 PLL 时钟源参数之后,也就确定了 PLL 的时钟频率。

② 配置系统时钟源,以及 SYSCLK、AHB、APB1 和 APB2 相关参数,用函数 HAL_RCC_ClockConfig(),声明如下：

```
HAL_StatusTypeDef HAL_RCC_ClockConfig(RCC_ClkInitTypeDef * RCC_ClkInitStruct,
                              uint32_t FLatency);
```

该函数有 2 个形参,第一个形参 RCC_ClkInitStruct 是结构体 RCC_ClkInitTy-peDef 类型指针变量,用于设置 SYSCLK 时钟源以及 SYSCLK、AHB、APB1 和 APB2 的分频系数。第二个形参 FLatency 用于设置 FLASH 延迟。

RCC_ClkInitTypeDef 结构体类型定义比较简单,定义如下:

```
typedef struct
{
    uint32_t ClockType;              / * 要配置的时钟 * /
    uint32_t SYSCLKSource;          / * 系统时钟源 * /
    uint32_t AHBCLKDivider;         / * AHB 分频系数 * /
    uint32_t APB1CLKDivider;        / * APB1 分频系数 * /
    uint32_t APB2CLKDivider;        / * APB2 分频系数 * /
}RCC_ClkInitTypeDef;
```

在 sys_stm32_clock_init 函数中的实际应用配置内容如下:

```
/ * * * * * * * * * * * * * * * * * 具体配置 * * * * * * * * * * * * * * * * * * * * * * * /
/ * 选中 PLL 作为系统时钟源并且配置 HCLK,PCLK1 和 PCLK2 * /
/ * 设置系统时钟时钟源为 PLL * /
/ * AHB 分频系数为 1 * /
/ * APB1 分频系数为 2 * /
/ * APB2 分频系数为 1 * /
/ * 同时设置 FLASH 延时周期为 2WS,也就是 3 个 CPU 周期。 * /
rcc_clk_init.ClockType = (RCC_CLOCKTYPE_SYSCLK |
                          RCC_CLOCKTYPE_HCLK|
                          RCC_CLOCKTYPE_PCLK1|
                          RCC_CLOCKTYPE_PCLK2);
rcc_clk_init.SYSCLKSource = RCC_SYSCLKSOURCE_PLLCLK;
rcc_clk_init.AHBCLKDivider = RCC_SYSCLK_DIV1;
rcc_clk_init.APB1CLKDivider = RCC_HCLK_DIV2;
rcc_clk_init.APB2CLKDivider = RCC_HCLK_DIV1;
ret = HAL_RCC_ClockConfig(&rcc_clk_init, FLASH_LATENCY_2);
```

sys_stm32_clock_init 函数中的 RCC_ClkInitTypeDef 结构体配置内容:

第一个参数 ClockType 表示要配置的是 SYSCLK、HCLK、PCLK1 和 PCLK 这 4 个时钟。第二个参数 SYSCLKSource 用于选择系统时钟源为 PLL。第三个参数 AHBCLKDivider 配置 AHB 分频系数为 1。第四个参数 APB1CLKDivider 配置 APB1 分频系数为 2。第五个参数 APB2CLKDivider 配置 APB2 分频系数为 1。

根据在 main 函数中调用 sys_stm32_clock_init(RCC_PLL_MUL9)时设置的形参数值可以计算出,PLL 时钟为 PLLCLK=HSE・9=8 MHz×9=72 MHz。

同时选择系统时钟源为 PLL,所以系统时钟 SYSCLK=72 MHz。AHB 分频系数为 1,故频率为 HCLK=SYSCLK/1=72 MHz。APB1 分频系数为 2,故其频率为 PCLK1=HCLK/2=36 MHz。APB2 分频系数为 1,故其频率为 PCLK2=HCLK/1=72 MHz。总结一下调用函数 sys_stm32_clock_init(RCC_PLL_MUL9)之后的关键时钟频率值:

```
SYSCLK(系统时钟)                    = 72 MHz
PLL 主时钟                          = 72 MHz
AHB 总线时钟(HCLK = SYSCLK/2)       = 72 MHz
APB1 总线时钟(PCLK1 = HCLK/2)       = 36 MHz
APB2 总线时钟(PCLK2 = HCLK/2)       = 72 MHz
```

最后来看看函数 HAL_RCC_ClockConfig 第二个入口参数 FLatency 的含义。为了使 FLASH 读/写正确(因为 72 MHz 的时钟比 FLASH 的操作速度 24 MHz 要快得多,操作速度不匹配容易导致 FLASH 操作失败),所以需要设置延时时间。对于 STM32F1 系列,FLASH 延迟配置参数值是通过图 9.7 来确定的,具体可以参考《STM32F10xxx 闪存编程手册》中寄存器说明的相关内容。

```
LATENCY：时延
这些位表示SYSCLK(系统时钟)周期与闪存访问时间的比例
000：零等待状态，当0<SYSCLK≤24 MHz
001：一个等待状态，当24 MHz<SYSCLK≤48 MHz
010：2个等待状态，当48 MHz<SYSCLK≤72 MHz
```

图 9.7　FLASH 推荐的等待状态和编程延迟数

可以看出,设置值为 FLASH_LATENCY_2,即 2WS,也就是 3 个 CPU 周期。这是因为经过上面的配置之后,系统时钟频率达到了最高的 72 MHz,对应的就是 2 个等待状态,所以选择 FLASH_LATENCY_2。

9.2.2　STM32F1 时钟使能和配置

配置好时钟系统之后,如果要使用某些外设,如 GPIO、ADC 等,则还要使能这些外设时钟。注意,如果在使用外设之前没有使能外设时钟,则这个外设是不可能正常运行的。STM32 的外设时钟使能是在 RCC 相关寄存器中配置的。RCC 相关寄存器非常多,有兴趣的读者可以直接参考"STM32F10xxx 参考手册_V10(中文版).pdf"的 6.3 节。接下来讲解通过 STM32F1 的 HAL 库使能外设时钟的方法。

在 STM32F1 的 HAL 库中,外设时钟使能操作都是在 RCC 相关固件库文件的头文件 stm32f1xx_hal_rcc.h 中定义的。打开 stm32f1xx_hal_rcc.h 头文件可以看到,文件中除了少数几个函数声明之外大部分都是宏定义标识符。外设时钟使能在 HAL 库中都是通过宏定义标识符来实现的。GPIOA 的外设时钟使能宏定义标识符:

```
#define __HAL_RCC_GPIOA_CLK_ENABLE()  do { \
                        __IO uint32_t tmpreg; \
                        SET_BIT(RCC->APB2ENR, RCC_APB2ENR_IOPAEN);\
                        tmpreg = READ_BIT(RCC->APB2ENR,RCC_APB2ENR_IOPAEN);\
                        UNUSED(tmpreg); \
                        } while(0U)
```

这段代码主要定义了一个宏定义标识符__HAL_RCC_GPIOA_CLK_ENABLE(),它的核心操作是通过下面这行代码实现的:

```
SET_BIT(RCC->APB2ENR, RCC_APB2ENR_IOPAEN);
```

这行代码的作用是设置寄存器 RCC→APB2ENR 的相关位为 1，至于是哪个位则由宏定义标识符 RCC_APB2ENR_IOPAEN 的值决定，而它的值为：

```
#define RCC_APB2ENR_IOPAEN_Pos          (0U)
#define RCC_APB2ENR_IOPAEN_Msk          (0x1UL <<RCC_APB2ENR_IOPAEN_Pos)
#define RCC_APB2ENR_IOPAEN              RCC_APB2ENR_IOPAEN_Msk
```

这 3 行代码很容易计算出 RCC_APB2ENR_IOPAEN＝(0x00000001 <<2)，因此上面代码的作用是设置寄存器 RCC→APB2ENR 寄存器的位 2 为 1。APB2ENR 寄存器位 2 的作用是使用 GPIOA 时钟，描述如下：

```
位 0 IOPAEN: I/O 端 A 时钟使能
由软件置 1 或清 0
0: I/O 端口 A 时钟关闭        1: I/O 端口 A 时钟开启
```

那么只需要在用户程序中调用宏定义标识符就可以实现 GPIOA 时钟使能。使用方法为：

```
__HAL_RCC_GPIOA_CLK_ENABLE();/* 使能 GPIOA 时钟 */
```

对于其他外设，同样都是在 stm32f1xx_hal_rcc.h 头文件中定义，只需要找到相关宏定义标识符即可。这里列出几个常用使能外设时钟的宏定义标识符使用方法：

```
__HAL_RCC_DMA1_CLK_ENABLE();            /* 使能 DMA1 时钟 */
__HAL_RCC_USART2_CLK_ENABLE();          /* 使能串口 2 时钟 */
__HAL_RCC_TIM1_CLK_ENABLE();            /* 使能 TIM1 时钟 */
```

使用外设的时候需要使能外设时钟，如果不需要使用某个外设，则可以禁止某个外设时钟。禁止外设时钟使用方法和使能外设时钟非常类似，同样通过头文件中定义的宏定义标识符实现。以 GPIOA 为例，宏定义标识符为：

```
#define __HAL_RCC_GPIOA_CLK_DISABLE()  (RCC->APB2ENR) & = ~(RCC_APB2ENR_GPIOAEN)
```

同样，宏定义标识符__HAL_RCC_GPIOA_CLK_DISABLE()的作用是设置 RCC→APB2ENR 寄存器的位 2 为 0，也就是禁止 GPIOA 时钟。这里列出几个常用的禁止外设时钟的宏定义标识符使用方法：

```
__HAL_RCC_DMA1_CLK_DISABLE();           /* 禁止 DMA1 时钟 */
__HAL_RCC_USART2_CLK_DISABLE();         /* 禁止串口 2 时钟 */
__HAL_RCC_TIM1_CLK_DISABLE();           /* 禁止 TIM1 时钟 */
```

第 10 章

SYSTEM 文件夹

SYSTEM 文件夹里面的代码由正点原子提供，是 STM32F1xx 系列的底层核心驱动函数，可以用在 STM32F1xx 系列的各个型号上，方便读者快速构建自己的工程。本章将介绍这些代码的由来及其功能，也希望读者可以灵活使用 SYSTEM 文件夹提供的函数，从而快速构建工程，并实际应用到项目中去。

SYSTEM 文件夹下包含 delay、sys、usart 共 3 个文件夹，分别包含了 delay.c、sys.c、usart.c 及其头文件，它们提供了系统时钟设置、延时和串口 1 调试功能；任何一款 STM32F1 都具备这几个基本外设，所以可以快速将这些设置应用到任意一款 STM32F1 产品上，通过这些驱动文件实现快速移植和辅助开发的效果。

10.1 delay 文件夹代码

delay 文件夹内包含了 delay.c 和 delay.h 共 2 个文件，用来实现系统的延时功能，其中包含 7 个函数：

```
void delay_osschedlock(void);
void delay_osschedunlock(void);
void delay_ostimedly(uint32_t ticks);
void SysTick_Handler(void);
void delay_init(uint16_t sysclk);
void delay_us(uint32_t nus);
void delay_ms(uint16_t nms);
```

前面 4 个函数仅在支持操作系统的时候需要用到，后面 3 个函数则不论是否支持 OS 都需要用到。

介绍这些函数之前先了解一下 delay 延时的编程思想：CM3 内核处理器内部包含了一个 SysTick 定时器，SysTick 是一个 24 位向下递减的计数定时器，当计数值减到 0 时，从 RELOAD 寄存器中自动重装载定时初值，开始新一轮计数。只要不把它在 SysTick 控制及状态寄存器中的使能位清除，就永不停息。这里就是利用 STM32 的内部 SysTick 来实现延时的,这样既不占用中断,也不占用系统定时器。

　　这里介绍的是正点原子提供的最新版本的延时函数,其支持在任意操作系统下面使用,可以和操作系统共用 SysTick 定时器。

　　这里以 μC/OS-II 为例介绍如何实现操作系统和 delay 函数共用 SysTick 定时器。μC/OS 运行需要一个系统时钟节拍(类似心跳),而这个节拍是固定的(由 OS_TICKS_PER_SEC 宏定义设置),比如要求 5 ms 一次(即可设置 OS_TICKS_PER_SEC＝200)。STM32 一般由 SysTick 提供这个节拍,也就是 SysTick 要设置为 5 ms 中断一次,为 μC/OS 提供时钟节拍,而且这个时钟一般是不能被打断的(否则就不准了)。

　　因为在 μC/OS 下 systick 不能随意更改,如果还想利用 systick 来做 delay_us 或者 delay_ms 的延时,就必须想点办法了,这里利用的是时钟摘取法。以 delay_us 为例,比如 delay_us(50),在刚进入 delay_us 的时候先计算好这段延时需要等待的 systick 计数次数,这里为 50×72(假设系统时钟为 72 MHz,在经过 8 分频之后,systick 的频率等于 1/8 系统时钟频率,那么 systick 每增加 1,就是 1/9 μs),然后就一直统计 systick 的计数变化,直到这个值变化了 50×9;一旦检测到变化达到或者超过这个值,则说明延时 50 μs 时间到了。这样只是抓取 SysTick 计数器的变化,并不需要修改 SysTick 的任何状态,完全不影响 SysTick 作为 μC/OS 时钟节拍的功能,这就是实现 delay 和操作系统共用 SysTick 定时器的原理。

10.1.1　操作系统支持宏定义及相关函数

　　当需要 delay_ms 和 delay_us 支持操作系统时,需要用到 3 个宏定义和 4 个函数。宏定义及函数代码如下:

```
# ifdef  OS_CRITICAL_METHOD          /* OS_CRITICAL_METHOD 定义了,说明要支持 μC/OS-II */
# define delay_osrunning      OSRunning        /* OS 是否运行标记,0,不运行;1,在运行 */
# define delay_ostickspersec OS_TICKS_PER_SEC  /* OS 时钟节拍,即每秒调度次数 */
# define delay_osintnesting  OSIntNesting      /* 中断嵌套级别,即中断嵌套次数 */
# endif
/* 支持 μC/OS-III */
# ifdef  CPU_CFG_CRITICAL_METHOD/ * CPU_CFG_CRITICAL_METHOD 定义了,说明要支持 μC/OS-III */
# define delay_osrunning      OSRunning        /* OS 是否运行标记,0,不运行;1,在运行 */
# define delay_ostickspersec OSCfg_TickRate_Hz /* OS 时钟节拍,即每秒调度次数 */
# define delay_osintnesting  OSIntNestingCtr   /* 中断嵌套级别,即中断嵌套次数 */
# endif
/* *
 * @brief        μs 级延时时,关闭任务调度(防止打断 μs 级延迟)
 * @param        无
 * @retval       无
 */
static void delay_osschedlock(void)
{
# ifdef CPU_CFG_CRITICAL_METHOD      /* 使用 μC/OS-II */
    OS_ERR err;
    OSSchedLock(&err);               /* μC/OS-III 的方式,禁止调度,防止打断 μs 延时 */
# else                               /* 否则 μC/OS-II */
```

```
        OSSchedLock();                          /* μC/OS-II 的方式,禁止调度,防止打断 μs 延时 */
    #endif
}
/* *
 * @brief        μs 级延时时,恢复任务调度
 * @param        无
 * @retval       无
 */
static void delay_osschedunlock(void)
{
#ifdef CPU_CFG_CRITICAL_METHOD               /* 使用 μC/OS-III */
    OS_ERR err;
    OSSchedUnlock(&err);                     /* μC/OS-III 的方式,恢复调度 */
#else                                        /* 否则 μC/OS-II */
    OSSchedUnlock();                         /* μC/OS-II 的方式,恢复调度 */
#endif
}
/* *
 * @brief        μs 级延时时,恢复任务调度
 * @param        ticks:延时的节拍数
 * @retval       无
 */
static void delay_ostimedly(uint32_t ticks)
{
#ifdef CPU_CFG_CRITICAL_METHOD
    OS_ERR err;
    OSTimeDly(ticks, OS_OPT_TIME_PERIODIC, &err);   /* μC/OS-III 延时采用周期模式 */
#else
    OSTimeDly(ticks);                               /* μC/OS-II 延时 */
#endif
}
/* *
 * @brief        systick 中断服务函数,使用 OS 时用到
 * @param        ticks:延时的节拍数
 * @retval       无
 */
void SysTick_Handler(void)
{
    if (delay_osrunning == 1)                   /* OS 开始跑了,才执行正常的调度处理 */
    {
        OSIntEnter();                           /* 进入中断 */
        OSTimeTick();                           /* 调用 μC/OS 的时钟服务程序 */
        OSIntExit();                            /* 触发任务切换软中断 */
    }
    HAL_IncTick();
}
#endif
```

以上代码仅支持 μC/OS-II 和 μC/OS-III,不过,对于其他 OS 的支持也只需要对以上代码进行简单修改即可实现。

支持 OS 需要用到的 3 个宏定义(以 μC/OS-II 为例)即:

```
#define delay_osrunning   OSRunning/* OS 是否运行标记,0,不运行;1,在运行 */
#define delay_ostickspersec OS_TICKS_PER_SEC/* OS 时钟节拍,即每秒调度次数 */
#define delay_osintnesting  OSIntNesting/* 中断嵌套级别,即中断嵌套次数 */
```

宏定义 delay_osrunning,用于标记 OS 是否正在运行。当 OS 已经开始运行时,该宏定义值为 1;当 OS 还未运行时,该宏定义值为 0。

宏定义 delay_ostickspersec,用于表示 OS 的时钟节拍,即 OS 每秒钟任务调度次数。

宏定义 delay_osintnesting,用于表示 OS 中断嵌套级别,即中断嵌套次数,每进入一个中断,该值加 1;每退出一个中断,该值减 1。

支持 OS 需要用到的 4 个函数,即

函数 delay_osschedlock:用于 delay_us 延时,作用是禁止 OS 进行调度,以防打断 μs 级延时,导致延时时间不准。

函数 delay_osschedunlock:同样用于 delay_us 延时,作用是在延时结束后恢复 OS 的调度,继续正常的 OS 任务调度。

函数 delay_ostimedly:调用 OS 自带的延时函数,用于实现延时。该函数的参数为时钟节拍数。

函数 SysTick_Handler:是 systick 的中断服务函数,为 OS 提供时钟节拍,同时可以引起任务调度。

以上就是 delay_ms 和 delay_us 支持操作系统时需要实现的 3 个宏定义和 4 个函数。

10.1.2　delay_init 函数

该函数用来初始化 2 个重要参数:g_fac_us 以及 g_fac_ms;同时把 SysTick 的时钟源选择为外部时钟,如果需要支持操作系统,则只需要在 sys.h 里面设置 SYS_SUP-PORT_OS 宏的值为 1 即可,然后,该函数会根据 delay_ostickspersec 宏的设置来配置 SysTick 的中断时间,并开启 SysTick 中断。具体代码如下:

```
void delay_init(uint16_t sysclk)
{
#if SYS_SUPPORT_OS                    /* 如果需要支持 OS */
    uint32_t reload;
#endif
    SysTick->CTRL = 0; /* 清 Systick 状态,以便下一步重设,如果这里开了中断会关闭其中断 */
    /* SYSTICK 使用内核时钟源 8 分频,因 systick 的计数器最大值只有 2^24 */
    HAL_SYSTICK_CLKSourceConfig(SYSTICK_CLKSOURCE_HCLK_DIV8);
    g_fac_us = sysclk / 8;/* 不论是否使用 OS,g_fac_us 都需要使用,作为 1 μs 的基础时基 */
#if SYS_SUPPORT_OS                    /* 如果需要支持 OS */
    reload = sysclk / 8;              /* 每秒钟的计数次数 单位为 M */
    /* 根据 delay_ostickspersec 设定溢出时间 */
    reload *= 1000000/delay_ostickspersec;
    g_fac_ms = 1000/delay_ostickspersec;      /* 代表 OS 可以延时的最小单位 */
    SysTick->CTRL |= 1 <<1;           /* 开启 SYSTICK 中断 */
    SysTick->LOAD = reload;           /* 每 1/delay_ostickspersec 秒中断一次 */
    SysTick->CTRL |= 1 <<0;           /* 开启 SYSTICK */
```

```
# endif
}
```

可以看到,delay_init 函数使用了条件编译来选择不同的初始化过程,如果不使用 OS,则只设置一下 SysTick 的时钟源以及确定 g_fac_us 值。如果使用 OS,则进行一些不同的配置。这里的条件编译是根据 SYS_SUPPORT_OS 宏来确定的,该宏在 sys.h 里面定义。

SysTick 是 MDK 定义了的一个结构体(在 core_m3.h 里面),里面包含 CTRL、LOAD、VAL、CALIB 这 4 个寄存器,

SysTick→CTRL(地址:0xE000 E010)的各位定义如图 10.1 所示。

位段	名称	类型	复位值	描述
16	COUNTFLAG	R	0	如果在上次读取本寄存器后,SysTick已经数到了0,则该位为1。如果读取该位,该位将自动清零
2	CLKSOURCE	R/W	0	0=外部时钟源(STCLK)　1=内核时钟(FCLK)
1	TICKINT	R/W	0	1=SysTick倒数到0时产生SysTick异常请求 0=数到0时无动作
0	ENABLE	R/W	0	SysTick定时器的使能位

图 10.1　SysTick→CTRL 寄存器各位定义

SysTick→LOAD(地址:0xE000 E014)的定义如图 10.2 所示。

位段	名称	类型	复位值	描述
23:0	RELOAD	R/W	0	当倒数至0时,将被重装载的值

图 10.2　SysTick→LOAD 寄存器各位定义

SysTick→VAL(地址:0xE000 E018)的定义如图 10.3 所示。

位段	名称	类型	复位值	描述
23:0	CURRENT	R/WC	0	读取时返回当前倒计数的值,写它则使之清0,同时还会清除在SysTick控制及状态寄存器中的COUNTFLAG标志

图 10.3　SysTick→VAL 寄存器各位定义

SysTick→CALIB(地址:0xE000 E01C)不常用,这里不介绍了。

"HAL_SYSTICK_CLKSourceConfig(SYSTICK_CLKSOURCE_HCLK_DIV8);"这句代码把 SysTick 的时钟选择为内核时钟。注意,SysTick 的时钟源自 HCLK,假设外部晶振为 8 MHz,然后倍频到 72 MHz,经过分频器 8 分频后,那么 SysTick 的时钟即为 9 MHz,也就是 SysTick 的计数器 VAL 每减 1,就代表时间过了 1/9 μs。

不使用 OS 的时候,fac_us 为 μs 延时的基数,也就是延时 1 μs,Systick 定时器需要走过的时钟周期数。当使用 OS 的时候,fac_us 还是 μs 延时的基数,不过这个值不会

被写到 SysTick→LOAD 寄存器来实现延时,而是通过时钟摘取的办法实现的。而 g_fac_ms 则代表 μC/OS 自带的延时函数所能实现的最小延时时间(如 delay_ostickspersec＝200,那么 g_fac_ms 就是 5 ms)。

10.1.3　delay_us 函数

该函数用来延时指定的 μs,其参数 nus 为要延时的微秒数。该函数有使用 OS 和不使用 OS 这 2 个版本。不使用 OS 的实现函数如下:

```
void delay_us(uint32_t nus)
{
    uint32_t temp;
    SysTick->LOAD = nus * g_fac_us;            /* 时间加载 */
    SysTick->VAL = 0x00;                        /* 清空计数器 */
    SysTick->CTRL |= 1 <<0 ;                    /* 开始倒数 */
    do
    {
        temp = SysTick->CTRL;
    } while ((temp & 0x01) && ! (temp & (1 <<16)));
    /* CTRL.ENABLE 位必须为 1,并等待时间到达 */
    SysTick->CTRL & = ～(1 <<0) ;               /* 关闭 SYSTICK */
    SysTick->VAL = 0X00;                        /* 清空计数器 */
}
```

不使用 OS 的 delay_us 函数首先结合需要延时的时间 nus 与 μs 延时的基数,得到 SysTick 计数次数,赋值给 SysTick 重装载数值寄存器。对计数器进行清空操作 SysTick→VAL＝0x00。然后对 SysTick→CTRL 寄存器的位 0 赋 1,即使能 SysTick 定时器。当重装载寄存器的值递减到 0 的时候,清除 SysTick→CTRL 寄存器 COUNT-FLAG 标志作为判断的条件,等待计数值变为 0,即计时时间到了。

使用 OS 的时候,delay_us 的实现函数使用的是时钟摘取法,只不过使用 delay_osschedlock 和 delay_osschedunlock 这 2 个函数,用于调度上锁和解锁。这是为了防止 OS 在 delay_us 的时候打断延时,可能导致延时不准,所以利用这 2 个函数来实现免打断,从而保证延时精度。

使用 OS 的时候 delay_us 的实现函数如下:

```
void delay_us(uint32_t nus)
{
    uint32_t ticks;
    uint32_t told, tnow, tcnt = 0;
    uint32_t reload;
    reload = SysTick->LOAD;                     /* LOAD 的值 */
    ticks = nus * g_fac_us;                     /* 需要的节拍数 */
    delay_osschedlock();                        /* 阻止 OS 调度,防止打断 μs 延时 */
    told = SysTick->VAL;                        /* 刚进入时的计数器值 */
    while (1)
    {
        tnow = SysTick->VAL;
```

```
            if (tnow ! = told)
            {
                if (tnow < told)
                {
                    / * 这里注意一下 SYSTICK 是一个递减的计数器就可以了 * /
                    tcnt + = told-tnow;
                }
                else
                {
                    tcnt + = reload-tnow + told;
                }
                told = tnow;
                if (tcnt > = ticks) break;   / * 时间超过/等于要延迟的时间,则退出 * /
            }
        };
        delay_osschedunlock();              / * 恢复 OS 调度 * /
    }
```

这里就利用了前面提到的时钟摘取法,ticks 是延时 nus 需要等待的 SysTick 计数次数(也就是延时时间),told 用于记录最近一次 SysTick→VAL 值,tnow 是当前的 SysTick→VAL 值,通过对比累加实现 SysTick 计数次数的统计。统计值存放在 tcnt 里面,然后通过对比 tcnt 和 ticks 来判断延时是否到达,从而达到不修改 SysTick 实现 nus 延时的效果,可以和 OS 共用一个 SysTick。

上面的 delay_osschedlock 和 delay_osschedunlock 是 OS 提供的 2 个函数,用于调度上锁和解锁。这里为了防止 OS 在 delay_us 的时候打断延时,可能导致的延时不准,所以利用这 2 个函数来实现免打断,从而保证延时精度。

10.1.4 delay_ms 函数

该函数用来延时指定的 ms 数,其参数 nms 为要延时的毫秒数。该函数有使用 OS 和不使用 OS 共 2 个版本,这里分别介绍。不使用 OS 的时候,实现函数如下:

```
void delay_ms(uint16_t nms)
{
    uint32_t repeat = nms / 1000;
    uint32_t remain = nms % 1000;
    while (repeat)
    {
        delay_us(1000 * 1000);     / * 利用 delay_us 实现 1 000 ms 延时 * /
        repeat -- ;
    }
    if (remain)
    {
        delay_us(remain * 1000);   / * 利用 delay_us,把尾数延时(remain ms)给做了 * /
    }
}
```

该函数其实就是多次调用 delay_us 函数,从而实现毫秒级延时。做了一些处理使得调用 delay_us 函数的次数减少,这样时间会更加精准。使用 OS 的时候,delay_ms

的实现函数如下：

```
void delay_ms(uint16_t nms)
{
    /* 如果 OS 已经在跑了,并且不是在中断里面(中断里面不能任务调度) */
    if (delay_osrunning && delay_osintnesting == 0)
    {
        if (nms >= g_fac_ms)                  /* 延时的时间大于 OS 的最小时间周期 */
        {
            delay_ostimedly(nms / g_fac_ms);/* OS 延时 */
        }
        nms %= g_fac_ms;            /* OS 已经无法提供这么小的延时了,采用普通方式延时 */
    }
    delay_us((uint32_t)(nms * 1000));         /* 普通方式延时 */
}
```

该函数中,delay_osrunning 是 OS 正在运行的标志,delay_osintnesting 是 OS 中断嵌套次数,必须 delay_osrunning 为真且 delay_osintnesting 为 0 的时候,才可以调用 OS 自带的延时函数进行延时(可以进行任务调度)。delay_ostimedly 函数就是利用 OS 自带的延时函数实现任务级延时的,其参数代表延时的时钟节拍数(假设 delay_ostickspersec=200,那么 delay_ostimedly (1)就代表延时 5 ms)。

当 OS 还未运行的时候,delay_ms 就是直接由 delay_us 实现的,OS 下的 delay_us 可以实现很长的延时(达到 53 s)而不溢出。所以放心使用 delay_us 来实现 delay_ms,不过由于 delay_us 的时候,任务调度被上锁了,所以建议不要用 delay_us 来延时很长时间,否则影响整个系统的性能。

当 OS 运行的时候,delay_ms 函数先判断延时时长是否大于等于一个 OS 时钟节拍(g_fac_ms),当大于这个值的时候,通过调用 OS 的延时函数来实现(此时任务可以调度);不足一个时钟节拍的时候,直接调用 delay_us 函数实现(此时任务无法调度)。

10.1.5　HAL 库延时函数 HAL_Delay

前面介绍 stm32f1xx_hal.c 文件时已经讲解过 Systick 实现延时相关函数,实际上,HAL 库提供的延时函数只能实现简单的毫秒级别延时,没有实现 μs 级别延时。HAL 库的 HAL_Delay 函数定义：

```
__weakvoid HAL_Delay(uint32_t Delay) /* HAL 库的延时函数,默认延时单位 ms */
{
    uint32_t tickstart = HAL_GetTick();
    uint32_t wait = Delay;
    /* Add a freq to guarantee minimum wait */
    if (wait < HAL_MAX_DELAY)
    {
        wait += (uint32_t)(uwTickFreq);
    }
    while ((HAL_GetTick()-tickstart) < wait)
    {
    }
}
```

HAL 库实现延时功能非常简单,首先定义了一个 32 位全局变量 uwTick,在 Systick 中断服务函数 SysTick_Handler 中通过调用 HAL_IncTick 实现 uwTick 值不断增加,也就是每隔 1 ms 增加 uwTickFreq,而 uwTickFreq 默认是 1。而 HAL_Delay 函数在进入函数之后先记录当前 uwTick 的值,然后不断在循环中读取 uwTick 当前值进行减运算,得出的就是延时的毫秒数。整个逻辑非常简单也非常清晰。

但是,HAL 库的延时函数在中断服务函数中使用 HAL_Delay 会引起混乱(虽然一般禁止在中断中使用延时函数),因为它通过中断方式实现,而 Systick 的中断优先级是最低的,所以在中断中运行 HAL_Delay 会导致延时出现严重误差。所以推荐使用正点原子提供的延时函数库,但第 7 章介绍 HAL 库时也提到过,不使用操作系统的情况下禁用 Systick 中断会导致部分 HAL 库函数无法超时退出,读者需要特别留意。

HAL 库的 ms 级别的延时函数__weak void HAL_Delay(uint32_t Delay)是弱定义函数,所以用户可以重新定义该函数。例如,在 deley.c 文件可以这样重新定义该函数:

```
void HAL_Delay(uint32_t Delay)
{
    delay_ms(Delay);
}
```

10.2 sys 文件夹代码

sys 文件夹内包含了 sys.c 和 sys.h 这 2 个文件。sys.c 主要实现下面的几个函数以及一些汇编函数:

```
/* 函数声明 */
void sys_nvic_set_vector_table(uint32_t baseaddr, uint32_t offset);
void sys_standby(void);
void sys_soft_reset(void);
uint8_t sys_stm32_clock_init(uint32_t plln);
/* 汇编函数 */
void sys_wfi_set(void);
voidsys_intx_disable(void);
voidsys_intx_enable(void);
voidsys_msr_msp(uint32_t addr);
```

sys_nvic_set_vector_table 函数主要用于设置中断向量表偏移地址,sys_standby 函数用于进入待机模式,sys_soft_reset 函数用于系统软复位,sys_stm32_clock_init 函数是系统时钟初始化函数。sys.h 文件中只是对于 sys.c 的函数进行声明。

10.3 usart 文件夹代码

该文件夹下面有 usart.c 和 usarts.h 共 2 个文件。在我们的工程中,使用串口 1 和串口调试助手来实现调试功能,可以把单片机的信息通过串口助手显示到电脑屏幕。

串口相关知识将在第 17 章串口实验的时候详细讲解。本节只讲解比较独立的 printf 函数支持相关的知识。

学习 C 语言时,可以通过 printf 函数把需要的参数显示到屏幕上,可以做一些简单的调试信息。但对于单片机来说,如果想实现类似的功能而使用 printf 辅助调试,是否有办法呢? 有,这就是本节要讲的内容。

标准库下的 printf 为调试属性的函数,如果直接使用,会使单片机进入半主机模式(semihosting);这是一种调试模式,直接下载代码后会出现程序无法运行,但是在 Debug 模式下程序可能正常工作的情况。半主机是 ARM 目标的一种机制,用于将输入/输出请求从应用程序代码通信到运行调试器的主机。例如,此机制可用于允许 C 库中的函数(如 printf() 和 scanf())使用的是主机的屏幕和键盘,而不是在目标系统上设置的屏幕和键盘。这很有用,因为开发硬件通常不具有最终系统的所有输入和输出设备,如屏幕、键盘等。半主机是通过一组定义好的软件指令(如 SVC)SVC 指令(以前称为 SWI 指令)来实现的,这些指令通过程序控制生成异常。应用程序调用相应的半主机调用,然后调试代理处理该异常。调试代理(这里的调试代理是仿真器)提供与主机之间的必需通信。也就是说,使用半主机模式必须使用仿真器进行调试。

如果想要在独立环境下运行调试功能的函数,这里使用 printf。printf 对字符 ch 处理后写入文件 f,最后使用 fputc 将文件 f 输出到显示设备。对于 PC 端的设备,fputc 通过复杂的源码,最终把字符显示到屏幕上。那我们需要做的就是把 printf 调用的 fputc 函数重新实现,重定向 fputc 的输出,同时避免进入半主机模式。

要避免半主机模式,现在主要有 2 种方式:一是使用 MicroLib,即微库;另一种办法就是确保 ARM 应用程序中没有链接 MicroLib 的半主机相关函数,要取消 ARM 的半主机工作模式,这可以通过代码实现。

先说微库,ARM 的 C 微库 MircoLib 是为嵌入式设备开发的一套类似于标准 C 接口函数的精简代码库,用于替代默认 C 库,是专门针对专业嵌入式应用开发而设计的,特别适合那些对存储空间有特别要求的嵌入式应用程序,这些程序一般不在操作系统下运行。使用微库编写程序要注意其与默认 C 库之间存在的一些差异,如 main 函数不能声明带参数,也无须返回;不支持 stdio,除了无缓冲的 stdin、stdout 和 syderr,微库不支持操作系统函数;微库不支持可选的单或两区存储模式;微库只提供分离的堆和栈两区存储模式,裁减了很多函数,而且很多东西不支持。如果原来用标准库可以跑,选择 MircoLib 后却突然不行了,这是很常见的。与标准的 C 库不一样,微库重新实现了 printf 函数,使用微库的情况下就不会进入半主机模式了。Keil 下使用微库的方法很简单,在 Target 选项卡下选中 Use MicroLib 即可,如图 10.4 所示。

在 Keil5 中,不管是否使用半主机模式,使用 printf、scanf、fopen、fread 等都需要自己填充底层函数。以 printf 为例,需要补充定义 fputc,启用微库后,在初始化和使能串口 1 之后,只需要重新实现 fputc 的功能即可将每个传给 fputc 函数的字符 ch 重定向到串口 1;如果这时接上串口调试助手,则可以看到有串口的数据。实现的代码如下:

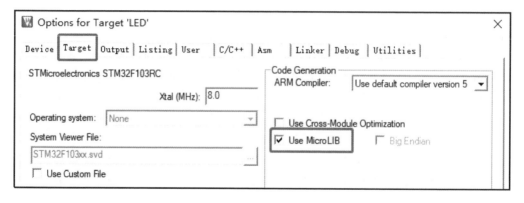

图 10.4　LED 工程下使用微库的方法

```
#define USART_UX USART1
/* 重定义 fputc 函数，printf 函数最终会通过调用 fputc 输出字符串到串口 */
int fputc(int ch, FILE * f)
{
    while ((USART_UX->SR & 0X40) == 0);        /* 等待上一个字符发送完成 */
    USART_UX->DR = (uint8_t)ch;                /* 将要发送的字符 ch 写入到 DR 寄存器 */
    return ch;
}
```

　　上面说到了微库的一些限制，使用时注意某些函数与标准库的区别就不会影响到代码的正常功能。如果不想使用微库，那就要用到第二种方法：取消 ARM 的半主机工作模式，只须在代码中添加不使用半主机的声明即可。对于 AC5 和 AC6 编译器版本，声明半主机的语法不同，为了同时兼容这 2 种语法，我们使用编译器自带的宏__ARMCC_VERSION 判定编译器版本，并根据版本选择不同的语法来声明不使用半主机模式，具体代码如下：

```
#if (__ARMCC_VERSION >= 6010050)            /* 使用 AC6 编译器时 */
__asm(".global __use_no_semihosting\n\t");  /* 声明不使用半主机模式 */
__asm(".global __ARM_use_no_argv \n\t");    /* AC6 下需要声明 main 函数为无参数格式，否
                                               则部分例程可能出现半主机模式 */
#else
/* 使用 AC5 编译器时，要在这里定义__FILE 和不使用半主机模式 */
#pragma import(__use_no_semihosting)
/* 解决 HAL 库使用时，某些情况可能报错的 bug */
struct __FILE
{
    int handle;
};
#endif
```

　　使用上面的代码时，Keil 的编译器不会把标准库的这部分函数链接到我们的代码里。

　　如果用到原来半主机模式下的调试函数，则需要重新实现它的一些依赖函数接口。

第2篇 入门篇

本篇将和读者一起来学习 STM32 的基础外设,以便将来更好、更快地完成实际项目开发。

本篇将采取一章一实例的方式介绍 STM32 常用外设的使用,带领读者进入 STM32 的精彩世界。

本篇将分为如下章节:

① 跑马灯实验

② 按键输入实验

③ 外部中断实验

④ 串口通信实验

⑤ 独立看门狗(IWDG)实验

⑥ 基本定时器实验

⑦ 通用定时器实验

⑧ TFTLCD(MCU 屏)实验

⑨ USMART 调试组件实验

⑩ RTC 实时时钟实验

⑪ 低功耗实验

⑫ DMA 实验

⑬ ADC 实验

⑭ DAC 实验

⑮ I²C 实验

⑯ SPI 实验

第 **11** 章

跑马灯实验

本章将通过一个经典的跑马灯程序,带读者开启 STM32F103 之旅。本章将介绍 STM32F103 的 I/O 口作为输出使用的方法,并通过代码控制开发板上的 LED 灯交替闪烁,从而实现类似跑马灯的效果。

11.1 STM32F1 GPIO 简介

GPIO 是控制或者采集外部器件的信息的外设,即负责输入输出。它按组分配,每组 16 个 I/O 口,组数视芯片而定。STM32F103RCT6 芯片是 64 脚的芯片,具有 GPIOA、GPIOB、GPIOC 和 GPIOD 共 4 组 GPIO 口,有 51 个 I/O 口。这里重点说一下 STM32F103 的 I/O 电平兼容性问题。STM32F103 的绝大部分 I/O 口都兼容 5 V,详见《STM32F103xC 的数据手册》(注意是数据手册,不是中文参考手册)Table 5 High-density STM32F103xC/D/E pin definition(continued),凡是有 FT 标志的都是兼容 5 V 电平的 I/O 口,可以直接接 5 V 的外设(如果引脚设置的是模拟输入模式,则不能接 5 V);凡是不是 FT 标志的,就不要接 5 V 了,可能烧坏 MCU。

11.1.1 GPIO 功能模式

GPIO 有 8 种工作模式,分别是输入浮空、输入上拉、输入下拉、模拟输入、开漏输出、推挽输出、开漏式复用功能及推挽式复用功能。

11.1.2 GPIO 基本结构

GPIO 的基本结构图如图 11.1 所示。可以看到右边只有 I/O 引脚,这个 I/O 引脚就是可以看到的芯片实物的引脚,其他部分都是 GPIO 的内部结构。

① 保护二极管:保护二极管共有 2 个,用于保护引脚外部过高或过低的电压输入。当引脚输入电压高于 V_{DD} 时,上面的二极管导通;当引脚输入电压低于 V_{SS} 时,下面的二极管导通,从而使输入芯片内部电压处于比较稳定的值。虽然有二极管的保护,但

图 11.1 GPIO 的基本结构图

这样的保护却很有限,大电压大电流的接入很容易烧坏芯片,所以在实际的设计中要考虑设计引脚的保护电路。

② 上拉、下拉电阻:阻值在 30～50 kΩ 之间,可以通过上、下 2 个对应的开关控制,这 2 个开关由寄存器控制。当引脚外部的器件没有干扰引脚的电压时,即没有外部的上、下拉电压,引脚的电平由引脚内部上、下拉决定;开启内部上拉电阻工作,引脚电平便设置为高;开启内部下拉电阻工作,则引脚电平便设置为低。同样,如果内部上、下拉电阻都不开启,这种情况就是我们所说的浮空模式。浮空模式下,引脚的电平是不可确定的。引脚的电平可以由外部的上、下拉电平决定。需要注意的是,STM32 的内部上拉是一种"弱上拉",这样的上拉电流很弱,如果要求大电流,则还是得外部上拉。

③ 施密特触发器:对于标准施密特触发器,当输入电压高于正向阈值电压时,输出为高;当输入电压低于负向阈值电压时,输出为低;当输入在正负向阈值电压之间时,输出不改变。也就是说,输出由高电准位翻转为低电准位,或是由低电准位翻转为高电准位对应的阈值电压是不同的。只有当输入电压发生足够的变化时,输出才会变化,因此将这种元件命名为触发器。这种双阈值动作被称为迟滞现象,表明施密特触发器有记忆性。从本质上来说,施密特触发器是一种双稳态多谐振荡器。

施密特触发器可作为波形整形电路,能将模拟信号波形整形为数字电路能够处理的方波波形;而且由于施密特触发器具有滞回特性,所以可用于抗干扰,以及在闭回路正回授/负回授配置中用于实现多谐振荡器。

下面比较比较器与施密特触发器的作用,从而清楚地知道施密特触发器对外部输入信号具有一定抗干扰能力,如图 11.2 所示。

④ P-MOS 管和 N-MOS 管:这个结构控制 GPIO 的开漏输出和推挽输出 2 种模式。开漏输出:输出端相当于三极管的集电极,要得到高电平状态需要上拉电阻才行。

推挽输出：这 2 只对称的 MOS 管每次只有一只导通，所以导通损耗小、效率高。输出既可以向负载灌电流，也可以从负载拉电流。推拉式输出既能提高电路的负载能力，又能提高开关速度。

下面分别介绍 GPIO 的 8 种工作模式对应结构图的工作情况。

图 11.2　比较器的(A)和施密特触发器(B)作用比较

1. 输入浮空

输入浮空模式如图 11.3 所示。上拉/下拉电阻为断开状态，施密特触发器打开，输出被禁止。输入浮空模式下，I/O 口的电平完全由外部电路决定。如果 I/O 引脚没有连接其他的设备，那么检测其输入电平不确定的。该模式可以用于按键检测等情景。

图 11.3　输入浮空模式

2. 输入上拉

输入上拉模式如图 11.4 所示。上拉电阻导通，施密特触发器打开，输出被禁止。在需要外部上拉电阻的时候，可以使用内部上拉电阻，这样可以节省一个外部电阻；但是内部上拉电阻的阻值较大，所以只是"弱上拉"，不适合做电流型驱动。

3. 输入下拉

输入下拉模式如图 11.5 所示。下拉电阻导通，施密特触发器打开，输出被禁止。在需要外部下拉电阻的时候，可以使用内部下拉电阻，这样可以节省一个外部电阻，但是内部下拉电阻的阻值较大，所以不适合做电流型驱动。

4. 模拟功能

模拟功能如图 11.6 所示。上下拉电阻断开，施密特触发器关闭，双 MOS 管也关闭。其他外设可以通过模拟通道输入输出。该模式下需要用到芯片内部的模拟电路单元，用于 ADC、DAC、MCO 这类操作模拟信号的外设。

图 11.4　输入上拉模式

图 11.5　输入下拉模式

图 11.6　模拟功能

5. 开漏输出

开漏输出模式如图 11.7 所示。STM32 的开漏输出模式是数字电路输出的一种,从结果上看它只能输出低电平 V_{SS} 或者高阻态,常用于 I^2C 通信(IIC_SDA)或其他需要进行电平转换的场景。根据"STM32F10xxx 参考手册_V10(中文版).pdf"第 108 页关于"GPIO 输出配置"的描述,可以知道开漏模式下 I/O 是这样工作的:

> P-MOS 被"输出控制"控制在截止状态,因此 I/O 的状态取决于 N-MOS 的导通状况;
> 只有 N-MOS 还受控制于输出寄存器,"输出控制"对输入信号进行了逻辑非的操作;
> 施密特触发器是工作的,即可以输入且上下拉电阻都断开了,可以看成浮空输入。

为了理解,我们在"输出控制"部分做了等效处理,如图 11.7 所示。图 11.7 中写入输出数据寄存器①的值怎么对应到 I/O 引脚的输出状态②是我们最关心的。

图 11.7 开漏输出模式

根据参考手册的描述:开漏输出模式下 P-MOS 一直在截止状态,即不导通,所以 P-MOS 管的栅极相当于一直接 V_{DD}。如果输出数据寄存器①的值为 0,那么 I/O 引脚的输出状态②为低电平,这是我们需要的控制逻辑,怎么做到的呢?输出数据寄存器的逻辑 0 经过"输出控制"的取反操作后,输出逻辑 1 到 N-MOS 管的栅极,这时 N-MOS 管就会导通,使得 I/O 引脚连接到 V_{SS},即输出低电平。如果输出数据寄存器的值为 1,经过"输出控制"的取反操作后输出逻辑 0 到 N-MOS 管的栅极,这时 N-MOS 管就会截止。又因为 P-MOS 管是一直截止的,使得 I/O 引脚呈现高阻态,既不输出低电平,也不输出高电平。因此,要 I/O 引脚输出高电平就必须接上拉电阻。又由于 F1 系列的开漏输出模式下,内部的上下拉电阻不可用,所以只能通过连接芯片外部上拉电阻的方式,实现开漏输出模式下输出高电平。如果芯片外部不接上拉电阻,那么开漏输出模式下,I/O 无法输出高电平。

　　在开漏输出模式下,施密特触发器是工作的,所以 I/O 口引脚的电平状态会被采集到输入数据寄存器中;如果对输入数据寄存器进行读访问,可以得到 I/O 口的状态。也就是说,开漏输出模式下,可以读取 I/O 引脚状态。

6. 推挽输出

　　推挽输出模式如图 11.8 所示。STM32 的推挽输出模式,从结果上看它会输出低电平 V_{SS} 或者高电平 V_{DD}。推挽输出与开漏输出不同的是,推挽输出模式 P-MOS 管和 N-MOS 管都用上。同样,根据参考手册推挽模式的输出描述可以得到等效原理图,如图 11.8 所示。根据手册描述可以把"输出控制"简单地等效为一个非门。

图 11.8　推挽输出模式

　　如果输出数据寄存器①的值为 0,经过"输出控制"取反操作后,输出逻辑 1 到 P-MOS 管的栅极;这时 P-MOS 管就会截止,同时也会输出逻辑 1 到 N-MOS 管的栅极,这时 N-MOS 管就会导通,使得 I/O 引脚接到 V_{SS},即输出低电平。

　　如果输出数据寄存器的值为 1,经过"输出控制"取反操作后,输出逻辑 0 到 N-MOS 管的栅极;这时 N-MOS 管就会截止,同时也会输出逻辑 0 到 P-MOS 管的栅极,这时 P-MOS 管就会导通,使得 I/O 引脚接到 V_{DD},即输出高电平。

　　可见,推挽输出模式下,P-MOS 管和 N-MOS 管同一时间只能有一个管是导通的。当 I/O 引脚在做高低电平切换时,2 个管子轮流导通,一个负责灌电流,一个负责拉电流,使其负载能力和开关速度都有较大提高。

　　在推挽输出模式下,施密特触发器也是打开的,可以读取 I/O 口的电平状态。由于推挽输出模式下输出高电平是直接连接 V_{DD} 的,所以驱动能力较强,可以做电流型驱动。驱动电流最大可达 25 mA,但是芯片的总电流有限,所以并不建议这样用,最好还是使用芯片外部的电源。

7. 开漏式复用功能

一个 I/O 口可以是通用的 I/O 口功能,还可以是其他外设的特殊功能引脚,这就是 I/O 口的复用功能,如图 11.9 所示。一个 I/O 口可以是多个外设的功能引脚,使用时需要选择其中一个外设的功能引脚。当选择复用功能时,引脚的状态由对应的外设控制,而不是输出数据寄存器。除了复用功能外,其他的结构分析可参考开漏输出模式。

图 11.9　开漏式复用功能

在开漏式复用功能模式下,施密特触发器也是打开的,可以通过输入数据寄存器读取 I/O 口的电平状态,同时外设也可以读取 I/O 口的信息。

8. 推挽式复用功能

推挽式复用功能(见图 11.10)可参考开漏式复用功能,结构分析可参考推挽输出模式,这里不再赘述。

11.1.3　GPIO 寄存器

STM32F1 每组(这里是 A~D)通用 GPIO 口有 7 个 32 位寄存器控制,包括 2 个 32 位端口配置寄存器(CRL 和 CRH)、2 个 32 位端口数据寄存器(IDR 和 ODR)、一个 32 位端口置位/复位寄存器(BSRR)、一个 16 位端口复位寄存器(BRR)、一个 32 位端口锁定寄存器(LCKR)。

这里主要教读者学会怎么理解这些寄存器,其他寄存器理解方法是一样的。因为寄存器太多不可能一个个列出来讲,以后基本就只介绍重要的寄存器。下面先看 GPIO 的 2 个 32 位配置寄存器。

图 11.10　推挽式复用功能

1. 端口配置寄存器(GPIOx_CRL 和 GPIOx_CRH)

这 2 个寄存器都是 GPIO 口配置寄存器,只不过是 CRL 控制端口的低 8 位,CRH 控制端口的高 8 位。寄存器的作用是控制 GPIO 口的工作模式和工作速度,寄存器描述如图 11.11 和图 11.12 所示。

31	30	29	28	27	26	25	24	23	22	21	20	19	18	17	16
CNF7[1:0]		MODE7[1:0]		CNF6[1:0]		MODE6[1:0]		CNF5[1:0]		MODE5[1:0]		CNF4[1:0]		MODE4[1:0]	
rw	rw	rw	rw	rw	rw	rw	rw	rw	rw	rw	rw	rw	rw	rw	rw

15	14	13	12	11	10	9	8	7	6	5	4	3	2	1	0
CNF3[1:0]		MODE3[1:0]		CNF2[1:0]		MODE2[1:0]		CNF1[1:0]		MODE1[1:0]		CNF0[1:0]		MODE0[1:0]	
rw	rw	rw	rw	rw	rw	rw	rw	rw	rw	rw	rw	rw	rw	rw	rw

位31:30 27:26 23:22 19:18 15:14 11:10 7:6 3:2	CNFy[1:0]: 端口x配置位(y=0:7) 软件通过这些位配置相应的I/O端口 在输入模式(MODE[1:0]=00):　　　在输出模式(MODE[1:0]>00): 00: 模拟输入模式　　　　　　　　　00: 通用推挽 输出模式 01: 浮空输入模式(复位后的状态)　　01: 通用开漏输出模式 10: 上拉/下拉输入模式　　　　　　　10: 复用功能推挽输出模式 11: 保留　　　　　　　　　　　　　11: 复用功能开漏输出模式
位29:28 25:24 21:20 17:16 13:12 9:10, 5:4 1:0	MODEy[1:0]: 端口x的模式位(y=0:7) 软件通过这些位配置相应的I/O端口 00: 输入模式(复位后的状态)　　　　01: 输出模式, 最大速度10 MHz 10: 输出模式, 最大速度2 MHz　　　　11: 输出模式, 最大速度50 MHz

图 11.11　GPIOx_CRL 寄存器描述

31	30	29	28	27	26	25	24	23	22	21	20	19	18	17	16
CNF15[1:0]		MODE15[1:0]		CNF14[1:0]		MODE14[1:0]		CNF13[1:0]		MODE13[1:0]		CNF12[1:0]		MODE12[1:0]	
rw	rw	rw	rw	rw	rw	rw	rw	rw	rw	rw	rw	rw	rw	rw	rw

15	14	13	12	11	10	9	8	7	6	5	4	3	2	1	0
CNF11[1:0]		MODE11[1:0]		CNF10[1:0]		MODE10[1:0]		CNF9[1:0]		MODE9[1:0]		CNF8[1:0]		MODE8[1:0]	
rw	rw	rw	rw	rw	rw	rw	rw	rw	rw	rw	rw	rw	rw	rw	rw

位31:30 27:26 23:22 19:18 15:14 11:10 7:6 3:2	CNFy[1:0]：端口x配置位(y=8:15) 软件通过这些位配置相应的I/O端口 在输入模式(MODE[1:0]=00)：　　　　　在输出模式(MODE[1:0]>00)： 00：模拟输入模式　　　　　　　　　00：通用推挽 输出模式 01：浮空输入模式(复位后的状态)　　01：通用开漏输出模式 10：上拉/下拉输入模式　　　　　　10：复用功能推挽输出模式 11：保留　　　　　　　　　　　　　11：复用功能开漏输出模式
位29:28 25:24 21:20 17:16 13:12 9:10, 5:4 1:0	MODEy[1:0]：端口x的模式位(y=8:15) 软件通过这些位配置相应的I/O端口 00：输入模式(复位后的状态)　　　　　01：输出模式，最大速度10 MHz 10：输出模式，最大速度2 MHz　　　　11：输出模式，最大速度50 MHz

图 11.12　GPIOx_CRH 寄存器描述

每组 GPIO 下有 16 个 I/O 口，一个寄存器共 32 位，每 4 个位控制一个 I/O，所以才需要 2 个寄存器完成。我们看看这个寄存器的复位值，然后用复位值举例说明这样的配置值代表的含义。比如 GPIOA_CRL 的复位值是 0x44444444，4 位为一个单位都是 0100。以寄存器低 4 位为例说明，首先位 1：0 为 00 即设置 PA0 为输入模式，位 3：2 为 01 即设置为浮空输入模式。所以假如 GPIOA_CRL 的值是 0x44444444，那么 PA0～PA7 都是设置为输入模式，而且是浮空输入模式。

上面这 2 个配置寄存器用来配置 GPIO 的相关工作模式和工作速度，它们通过不同的配置组合方法决定 8 种工作模式，如表 11.1 所列。

表 11.1　配置寄存器 4 个组合下的 8 种工作模式

配置模式		CNF1	CNF0	MODE1	MODE0	PxODR 寄存器
通用输出	推挽（Push-Pull）	0	0	01 最大输出速度 10 MHz 10 最大输出速度 2 MHz 11 最大输出速度 50 MHz		0 或 1
	开漏（Open-Drain）		1			0 或 1
复用功能 输出	推挽（Push-Pull）	1	0			不使用
	开漏（Open-Drain）		1			不使用
输入	模拟输入	0	0	00		不使用
	浮空输入		1			不使用
	下拉输入	1	0			0
	上拉输入					1

因为本章需要 GPIO 作为输出口使用,所以再来看看端口输出数据寄存器。

2. 端口输出数据寄存器(GPIOx_ODR)

该寄存器用于控制 GPIOx 的输出高电平或者低电平,寄存器描述如图 11.13 所示。

31	30	29	28	27	26	25	24	23	22	21	20	19	18	17	16
保留														

15	14	13	12	11	10	9	8	7	6	5	4	3	2	1	0
ODR15	ODR14	ODR13	ODR12	ODR11	ODR10	ODR9	ODR8	ODR7	ODR6	ODR5	ODR4	ODR3	ODR2	ODR1	ODR0
rw	rw	rw	rw	rw	rw	rw	rw	rw	rw	rw	rw	rw	rw	rw	rw

位15:0	ODRy[15:0]: 端口输出数据(y=0:15) 这些位可读可写并只能以字(16位)的形式操作。 注: 对GPIOx_BSRR(x=A:E),可以分别对各个ODR位进行独立的设置/清除

图 11.13　GPIOx _ODR 寄存器描述

该寄存器低 16 位有效,分别对应每一组 GPIO 的 16 个引脚。当 CPU 写访问该寄存器时,如果对应的某位写 0(ODRy=0),则表示设置的该 I/O 口输出的是低电平;如果写 1(ODRy=1),则表示设置该 I/O 口输出的是高电平,y=0~15。

此外,除了 ODR 寄存器,还有一个寄存器也用于控制 GPIO 输出的,它就是 BSRR 寄存器。

3. 端口置位/复位寄存器(GPIOx_BSRR)

该寄存器也用于控制 GPIOx 的输出高电平或者低电平,寄存器描述如图 11.14 所示。

31	30	29	28	27	26	25	24	23	22	21	20	19	18	17	16
BR15	BR14	BR13	BR12	BR11	BR10	BR9	BR8	BR7	BR6	BR5	BR4	BR3	BR2	BR1	BR0
w	w	w	w	w	w	w	w	w	w	w	w	w	w	w	w

15	14	13	12	11	10	9	8	7	6	5	4	3	2	1	0
BS15	BS14	BS13	BS12	BS11	BS10	BS9	BS8	BS7	BS6	BS5	BS4	BS3	BS2	BS1	BS0
w	w	w	w	w	w	w	w	w	w	w	w	w	w	w	w

位31:16	BRy: 清除端口x的位y(y=0:15) 这些位只能写入并只能以字(16位)的形式操作 0: 对对应的ODRy位不产生影响　　　　1: 清除对应的ODRy位为0 注: 如果同时设置了BSy和BRy的对应位, BSy位起作用
位15:0	BSy: 设置端口x的位y(y=0:15) 这些位只能写入并只能以字(16位)的形式操作。 0: 对对应的ODRy位不产生影响　　　　1: 设置对应的ODRy位为1

图 11.14　GPIOx_BSRR 寄存器描述

为什么有了 ODR 寄存器,还要这个 BSRR 寄存器呢? 先看看 BSRR 的寄存器描述,首先 BSRR 是只写权限,而 ODR 是可读可写权限。BSRR 寄存器 32 位有效,对于低 16 位(0~15),往相应的位写 1(BSy=1),那么对应的 I/O 口会输出高电平;往相应的位写 0(BSy=0),对 I/O 口没有任何影响。高 16 位(16~31)作用刚好相反,对相应的位写 1(BRy=1)会输出低电平,写 0(BRy=0)没有任何影响,y=0~15。

也就是说,对于 BSRR 寄存器,写 0 对 I/O 口电平是没有任何影响的。要设置某个 I/O 口电平,只需要相关位设置为 1 即可。而对于 ODR 寄存器,要设置某个 I/O 口电平,首先需要读出来 ODR 寄存器的值,然后对整个 ODR 寄存器重新赋值来达到设置某个或者某些 I/O 口的目的,而 BSRR 寄存器直接设置即可,这在多任务实时操作系统中作用很大。BSRR 寄存器还有一个好处,就是 BSRR 寄存器改变引脚状态的时候不会被中断打断,而 ODR 寄存器有被中断打断的风险。

11.2 硬件设计

(1) 例程功能

LED0 和 LED1 每过 500 ms 一次交替闪烁,实现类似跑马灯的效果。

(2) 硬件资源

LED 灯:LED0-PA8、LED1-PD2。

(3) 原理图

本章用到的硬件有 LED0 和 LED1。电路在开发板上已经连接好了,所以在硬件上不需要动任何东西,直接下载代码就可以测试使用。连接原理图如图 11.15 所示。

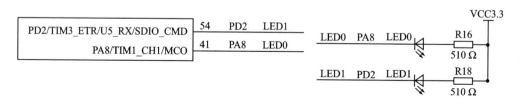

图 11.15　LED 与 STM32F103 连接原理图

11.3 程序设计

11.3.1 GPIO 的 HAL 库驱动分析

HAL 库中关于 GPIO 的驱动程序放在 stm32f1xx_hal_gpio.c 文件及其对应的头文件。

1. HAL_GPIO_Init 函数

要使用一个外设,则首先对它进行初始化,所以先看外设 GPIO 的初始化函数。其声明如下:

```
void  HAL_GPIO_Init(GPIO_TypeDef  * GPIOx, GPIO_InitTypeDef * GPIO_Init);
```

函数描述:用于配置 GPIO 功能模式,还可以设置 EXTI 功能。

函数形参:形参 1 是端口号,可以有以下的选择:

```
#define GPIOA                ((GPIO_TypeDef * ) GPIOA_BASE)
#define GPIOB                ((GPIO_TypeDef * ) GPIOB_BASE)
#define GPIOC                ((GPIO_TypeDef * ) GPIOC_BASE)
#define GPIOD                ((GPIO_TypeDef * ) GPIOD_BASE)
#define GPIOE                ((GPIO_TypeDef * ) GPIOE_BASE)
#define GPIOF                ((GPIO_TypeDef * ) GPIOF_BASE)
#define GPIOG                ((GPIO_TypeDef * ) GPIOG_BASE)
```

这是库里面的选择项,实际上我们的芯片只能选择 GPIOA～GPIOD,因为只有 4 组 I/O 口。

形参 2 GPIO_InitTypeDef 是类型的结构体变量,其定义如下:

```
typedef struct
{
    uint32_t Pin;                /* 引脚号 */
    uint32_t Mode;               /* 模式设置 */
    uint32_t Pull;               /* 上拉下拉设置 */
    uint32_t Speed;              /* 速度设置 */
} GPIO_InitTypeDef;
```

该结构体很重要,下面对每个成员进行介绍。

成员 Pin 表示引脚号,范围 GPIO_PIN_0～GPIO_PIN_15,另外还有 GPIO_PIN_All 和 GPIO_PIN_MASK 可选。

成员 Mode 是 GPIO 的模式选择,有以下选择项:

```
#define  GPIO_MODE_INPUT          (0x00000000U)      /* 输入模式 */
#define  GPIO_MODE_OUTPUT_PP      (0x00000001U)      /* 推挽输出 */
#define  GPIO_MODE_OUTPUT_OD      (0x00000011U)      /* 开漏输出 */
#define  GPIO_MODE_AF_PP          (0x00000002U)      /* 推挽式复用 */
#define  GPIO_MODE_AF_OD          (0x00000012U)      /* 开漏式复用 */
#define  GPIO_MODE_AF_INPUT       GPIO_MODE_INPUT
#define  GPIO_MODE_ANALOG         (0x00000003U)      /* 模拟模式 */
#define  GPIO_MODE_IT_RISING      (0x10110000u)      /* 外部中断,上升沿触发检测 */
#define  GPIO_MODE_IT_FALLING     (0x10210000u)      /* 外部中断,下降沿触发检测 */
/* 外部中断,上升和下降双沿触发检测 */
#define  GPIO_MODE_IT_RISING_FALLING(0x10310000u)
#define  GPIO_MODE_EVT_RISING     (0x10120000U)      /* 外部事件,上升沿触发检测 */
#define  GPIO_MODE_EVT_FALLING    (0x10220000U)      /* 外部事件,下降沿触发检测 */
/* 外部事件,上升和下降双沿触发检测 */
#define  GPIO_MODE_EVT_RISING_FALLING(0x10320000U)
```

成员 Pull 用于配置上下拉电阻,有以下选择项:

```
#define  GPIO_NOPULL       (0x00000000U)          /* 无上下拉 */
#define  GPIO_PULLUP       (0x00000001U)          /* 上拉 */
#define  GPIO_PULLDOWN     (0x00000002U)          /* 下拉 */
```

成员 Speed 用于配置 GPIO 的速度,有以下选择项:

```
#define  GPIO_SPEED_FREQ_LOW      (0x00000002U)       /* 低速 */
#define  GPIO_SPEED_FREQ_MEDIUM   (0x00000001U)       /* 中速 */
#define  GPIO_SPEED_FREQ_HIGH     (0x00000003U)       /* 高速 */
```

函数返回值:无。

注意事项:HAL 库的 EXTI 外部中断的设置功能整合到此函数里面,而不是单独的一个文件。

2. HAL_GPIO_WritePin 函数

HAL_GPIO_WritePin 函数是 GPIO 口的写引脚函数,其声明如下:

```
void HAL_GPIO_WritePin(GPIO_TypeDef * GPIOx,
                    uint16_t GPIO_Pin, GPIO_PinState PinState);
```

函数描述:用于设置引脚输出高电平或者低电平,通过 BSRR 寄存器复位或者置位操作。

函数形参:形参 1 是端口号,可以选择 GPIOA~GPIOG;形参 2 是引脚号,可以选择 GPIO_PIN_0~GPIO_PIN_15;形参 3 是要设置输出的状态,是枚举型,有 2 个选择:GPIO_PIN_SET 表示高电平,GPIO_PIN_RESET 表示低电平。

函数返回值:无。

3. HAL_GPIO_TogglePin 函数

HAL_GPIO_TogglePin 函数是 GPIO 口的电平翻转函数,其声明如下:

```
void HAL_GPIO_TogglePin(GPIO_TypeDef * GPIOx, uint16_t GPIO_Pin);
```

函数描述:用于设置引脚的电平翻转,也通过 BSRR 寄存器复位或者置位操作。

数形参:形参 1 是端口号,可以选择 GPIOA~GPIOG;形参 2 是引脚号,可以选择 GPIO_PIN_0 到 GPIO_PIN_15。

函数返回值:无。

本实验用到上面 3 个函数,其他的 API 函数后面用到再讲解。

GPIO 输出配置步骤如下:

① 使能对应 GPIO 时钟。STM32 在使用任何外设之前,都要先使能其时钟(下同)。本实验用到 PA8 和 PD2 这 2 个 I/O 口,因此需要先使能 GPIOB 和 GPIOE 的时钟,代码如下:

```
__HAL_RCC_GPIOA_CLK_ENABLE();
__HAL_RCC_GPIOD_CLK_ENABLE();
```

② 设置对应 GPIO 工作模式(推挽输出)。

本实验 GPIO 使用推挽输出模式控制 LED 亮灭,通过函数 HAL_GPIO_Init 设置实现。

③ 控制 GPIO 引脚输出高低电平。配置好 GPIO 工作模式后,就可以通过 HAL_GPIO_WritePin 函数控制 GPIO 引脚输出高低电平,从而控制 LED 的亮灭了。

11.3.2　程序流程图

程序流程图能帮助读者更好地理解一个工程的功能和实现过程,对学习和设计工程有很好的主导作用,如图 11.16 所示。

11.3.3　程序解析

1. led 驱动代码

这里只讲解核心代码,详细的源码可参考配套资料中本实验对应源码。LED 驱动源码包括 2 个文件:led.c 和 led.h(正点原子编写的外设驱动基本都是包含一个.c 文件和一个.h 文件,下同)。

下面先解析 led.h 的程序,分 2 部分功能进行讲解。

(1) LED 灯引脚宏定义

LED 灯在硬件上分别连接到 PA8 和 PD2,再结合 HAL 库,我们做了下面的引脚定义:

```
/* 引脚定义 */
#define LED0_GPIO_PORT           GPIOA
#define LED0_GPIO_PIN            GPIO_PIN_8
/* PA 口时钟使能 */
#define LED0_GPIO_CLK_ENABLE()   do{ __HAL_RCC_GPIOA_CLK_ENABLE(); }while(0)
#define LED1_GPIO_PORT           GPIOD
#define LED1_GPIO_PIN            GPIO_PIN_2
/* PD 口时钟使能 */
#define LED1_GPIO_CLK_ENABLE()   do{ __HAL_RCC_GPIOD_CLK_ENABLE(); }while(0)
```

这样的好处是进一步隔离底层函数操作,移植更加方便,函数命名更亲近实际的开发板。例如,看到 LED0_GPIO_PORT 宏定义就知道这是灯 LED0 的端口号,看到 LED0_GPIO_PIN 宏定义就知道这是灯 LED0 的引脚号,看到 LED0_GPIO_CLK_EN-ABLE 宏定义就知道这是灯 LED0 的时钟使能函数。学习时间长了就会慢慢熟悉这样的命名方式。

注意,这里的时钟使能函数宏定义使用了 do{ }while(0)结构,是为了避免在某些使用场景出错(下同),详见配套资料"嵌入式单片机 C 代码规范与风格"中第 6 章第 2 点。

__HAL_RCC_GPIOx_CLK_ENABLE 函数是 HAL 库的 I/O 口时钟使能函数,x=A～G。

(2) LED 灯操作函数宏定义

为了后续对 LED 灯进行便捷的操作,这里为 LED 灯操作函数做了下面的定义:

开始

系统级别的初始化:
HAL库、系统时钟和
延时函数初始化

用户初始化:
LED灯初始化

LED1熄灭
LED0点亮500 ms

LED0熄灭
LED1点亮500 ms

图 11.16　跑马灯实验程序流程图

```
/ * LED 端口定义 * /
#define LED0(x)   do{ x ? \
            HAL_GPIO_WritePin(LED0_GPIO_PORT,LED0_GPIO_PIN, GPIO_PIN_SET) : \
            HAL_GPIO_WritePin(LED0_GPIO_PORT, LED0_GPIO_PIN, GPIO_PIN_RESET);\
                }while(0)            / * LED0 翻转 * /
#define LED1(x)   do{ x ? \
            HAL_GPIO_WritePin(LED1_GPIO_PORT, LED1_GPIO_PIN, GPIO_PIN_SET) : \
            HAL_GPIO_WritePin(LED1_GPIO_PORT, LED1_GPIO_PIN, GPIO_PIN_RESET);\
                }while(0)            / * LED1 翻转 * /
/ * LED 取反定义 * /
#define LED0_TOGGLE()     do{ HAL_GPIO_TogglePin(LED0_GPIO_PORT, LED0_GPIO_PIN);
                    }while(0)/ * LED0 = ! LED0 * /
#define LED1_TOGGLE()     do{ HAL_GPIO_TogglePin(LED1_GPIO_PORT,LED1_GPIO_PIN);
                    }while(0)/ * LED1 = ! LED1 * /
```

LED0 和 LED1 这 2 个宏定义分别用来控制 LED0 和 LED1 的亮灭。例如,对于宏定义标识符 LED0(x),它的值通过条件运算符来确定:

当 x=0 时,宏定义的值为 HAL_GPIO_WritePin(LED0_GPIO_PORT, LED0_GPIO_PIN, GPIO_PIN_RESET),也就是设置 LED0_GPIO_PORT(PA8)输出低电平。

当!=0 时,宏定义的值为 HAL_GPIO_WritePin (LED0_GPIO_PORT, LED0_GPIO_PIN, GPIO_PIN_SET),也就是设置 LED0_GPIO_PORT(PA8)输出高电平。所以如果要设置 LED0 输出低电平,那么调用宏定义 LED0(0)即可;如果要设置 LED0 输出高电平,调用宏定义 LED0(1)即可。宏定义 LED1(x)和 LED0(x)同理。

LED0_TOGGLE 和 LED1_TOGGLE 这 2 个宏定义,分别是控制 LED0 和 LED1 的翻转。这里利用 HAL_GPIO_TogglePin 函数实现 I/O 口输出电平取反操作。

下面解析 led.c 的程序。这里只有一个函数 led_init,这是 LED 灯的初始化函数,其定义如下:

```
void led_init(void)
{
    GPIO_InitTypeDef gpio_init_struct;
    LED0_GPIO_CLK_ENABLE();                          / * LED0 时钟使能 * /
    LED1_GPIO_CLK_ENABLE();                          / * LED1 时钟使能 * /
    gpio_init_struct.Pin = LED0_GPIO_PIN;            / * LED0 引脚 * /
    gpio_init_struct.Mode = GPIO_MODE_OUTPUT_PP;     / * 推挽输出 * /
    gpio_init_struct.Pull = GPIO_PULLUP;             / * 上拉 * /
    gpio_init_struct.Speed = GPIO_SPEED_FREQ_HIGH;   / * 高速 * /
    HAL_GPIO_Init(LED0_GPIO_PORT, &gpio_init_struct);/ * 初始化 LED0 引脚 * /
    gpio_init_struct.Pin = LED1_GPIO_PIN;            / * LED1 引脚 * /
    HAL_GPIO_Init(LED1_GPIO_PORT, &gpio_init_struct);/ * 初始化 LED1 引脚 * /
    LED0(1);                                         / * 关闭 LED0 * /
    LED1(1);                                      ,  / * 关闭 LED1 * /
}
```

对 LED 灯的 2 个引脚都设置为高速上拉的推挽输出。最后关闭的 2 个 LED 灯,防止没有操作就亮了。

2. main. c 代码

在 main. c 里面编写如下代码：

```
# include "./SYSTEM/sys/sys. h"
# include "./SYSTEM/usart/usart. h"
# include "./SYSTEM/delay/delay. h"
# include "./BSP/LED/led. h"
int main(void)
{
    HAL_Init();                              /* 初始化 HAL 库 */
    sys_stm32_clock_init(RCC_PLL_MUL9);      /* 设置时钟, 72 MHz */
    delay_init(72);                          /* 延时初始化 */
    led_init();                              /* 初始化 LED */
    while (1)
    {
        LED0(0);                             /* LED0 灭 */
        LED1(1);                             /* LED1 亮 */
        delay_ms(500);
        LED1(1);                             /* LED0 灭 */
        LED0(0);                             /* LED1 亮 */
        delay_ms(500);
    }
}
```

首先是调用系统级别的初始化：初始化 HAL 库、系统时钟和延时函数。接下来，调用 led_init 来初始化 LED 灯。最后在无限循环里面实现 LED0 和 LED1 间隔 500 ms 交替闪烁一次。

11.4　下载验证

编译结果如图 11.17 所示。可以看到 0 错误,0 警告。从编译信息可以看出,代码占用 FLASH 大小为 5 832 字节(5 442＋362＋28),所用的 SRAM 大小为 1 928 字节 (28＋1 900)。编译结果里面的几个数据的意义：

➢ Code：表示程序所占用 FLASH 的大小(FLASH)。

➢ RO-data：即 Read Only-data,表示程序定义的常量(FLASH)。

```
Build Output                                                    ⇧ ⊠
compiling stm32f1xx_hal_rcc.c...                                 ⌃
compiling stm32f1xx_hal_uart.c...
compiling stm32f1xx_hal_usart.c...
compiling led.c...
linking...
Program Size: Code=5442 RO-data=362 RW-data=28 ZI-data=1900
FromELF: creating hex file...
"..\..\Output\atk_f103.axf" - 0 Error(s), 0 Warning(s).
Build Time Elapsed:  00:00:02
```

图 11.17　编译结果

➢ RW-data：即 Read Write-data，表示已被初始化的变量(FLASH＋SRAM)。

➢ ZI-data：即 Zero Init-data，表示未被初始化的变量(SRAM)。

有了这个就可以知道当前使用的 FLASH 和 SRAM 大小了，所以，一定要注意程序的大小不是. hex 文件的大小，而是编译后的 Code 和 RO-data 之和。

接下来就可以下载验证了。这里使用 DAP 仿真器(也可以通过其他仿真器)下载。

下载完之后，运行结果如图 11.18 所示，可以看到，LED0 和 LED1 交替亮。

图 11.18　程序运行结果

至此，跑马灯实验的学习就结束了。本章介绍了 STM32F103 的 I/O 口的使用及注意事项，是后面学习的基础，希望读者好好理解。

第**12**章

按键输入实验

本章将介绍如何使用 STM32F1 的 I/O 口作为输入,将利用板载的 3 个按键来控制板载的 2 个 LED 灯亮灭。

12.1　按键与输入数据寄存器简介

1. 独立按键简介

几乎每个开发板都会板载有独立按键,因为按键用处很多。常态下,独立按键是断开的,按下的时候才闭合。每个独立按键会单独占用一个 I/O 口,通过 I/O 口的高低电平判断按键的状态。但是按键在闭合和断开的时候都存在抖动现象,即按键在闭合时不会马上稳定地连接,断开时也不会马上断开。这是机械触点,无法避免。独立按键抖动波形图如图 12.1 所示。

图 12.1　独立按键抖动波形图

图中的按下抖动和释放抖动的时间一般为 5~10 ms,如果在抖动阶段采样,则其不稳定状态出现一次按键动作可能被认为是多次按下。为了避免抖动可能带来的误操作,需要做的措施就是给按键消抖(即采样稳定闭合阶段)。消抖方法分为硬件消抖和软件消抖,常采用软件消抖。

软件消抖：检测到按键按下后，一般进行 10 ms 延时，用于跳过抖动的时间段；如果消抖效果不好，则可以调整这个 10 ms 延时，因为不同类型的按键抖动时间可能有偏差。待延时过后再检测按键状态，如果没有按下，那就判断这是抖动或者干扰造成的；如果还是按下，那么就认为这是按键真的按下了。对按键释放的判断同理。

硬件消抖：利用 RC 电路的电容充放电特性来对抖动产生的电压毛刺进行平滑，从而实现消抖，但是成本会更高一点。

2. GPIO 端口输入数据寄存器(GPIOx_IDR)

本实验会用到 GPIO 端口输入数据寄存器，该寄存器用于存储 GPIOx 的输入状态。它连接到施密特触发器上，I/O 口外部的电平信号经过触发器后，模拟信号就被转化成 0 和 1 这样的数字信号，并存储到该寄存器中。寄存器描述如图 12.2 所示。

图 12.2　GPIOx_IDR 寄存器描述

该寄存器低 16 位有效，分别对应每一组 GPIO 的 16 个引脚。当 CPU 访问该寄存器时，如果对应的某位为 0(IDRy＝0)，则说明该 I/O 口输入的是低电平；如果是 1(IDRy＝1)，则表示输入的是高电平，y＝0～15。

12.2　硬件设计

(1) 例程功能

通过开发板上的 3 个独立按键控制 LED 灯：KEY0 控制 LED0 和 LED1 翻转，KEY1 控制 LED1 翻转，KEY_UP 控制 LED0 翻转。

(2) 硬件资源

➤ LED 灯：LED0-PA8、LED1-PD2；

➤ 独立按键：KEY0-PC5、KEY1-PA15、WK_UP-PA0。

(3) 原理图

独立按键硬件部分的原理图如图 12.3 所示。

注意，KEY0 和 KEY1 是低电平有效，而 KEY_UP 是高电平有效，并且外部都没有上下拉电阻，所以需要在 STM32F103 内部设置上下拉来实现空闲电平状态。

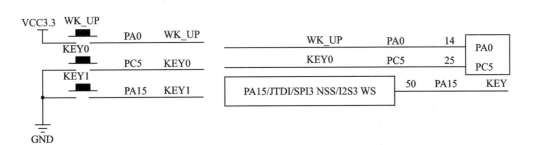

图 12.3　独立按键与 STM32F1 连接原理图

12.3　程序设计

12.3.1　HAL_GPIO_ReadPin 函数

HAL_GPIO_ReadPin 函数是 GPIO 口的读引脚函数,其声明如下:

```
GPIO_PinState HAL_GPIO_ReadPin(GPIO_TypeDef * GPIOx, uint16_t GPIO_Pin);
```

函数描述:用于读取 GPIO 引脚状态,通过 IDR 寄存器读取。

函数形参:形参 1 是端口号,可以选择 GPIOA～GPIOG;形参 2 是引脚号,可以选择 GPIO_PIN_0～GPIO_PIN_15。

函数返回值:引脚状态值 0 或者 1。

GPIO 输入配置步骤如下:

① 使能对应 GPIO 时钟。

本实验用到 PA0 和 PE2/3 这 4 个 I/O 口,因此需要先使能 GPIOA 和 GPIOE 的时钟,代码如下:

```
__HAL_RCC_GPIOA_CLK_ENABLE();
__HAL_RCC_GPIOE_CLK_ENABLE();
```

② 设置对应 GPIO 工作模式(上拉/下拉输入)。

本实验 GPIO 使用输入模式(带上拉/下拉),从而可以读取 I/O 口的状态,实现按键检测。GPIO 模式通过函数 HAL_GPIO_Init 设置实现。

③ 读取 GPIO 引脚电平。

在配置好 GPIO 工作模式后,就可以通过 HAL_GPIO_ReadPin 函数读取 GPIO 引脚的电平,从而实现按键检测了。

12.3.2　程序流程图

程序流程如图 12.4 所示。

图 12.4　按键输入实验程序流程图

12.3.3　程序解析

1. 按键驱动代码

这里只讲解核心代码,详细的源码可参考配套资料的本实验对应源码。按键 (KEY)驱动源码包括 2 个文件:key.c 和 key.h。下面先解析 key.h 的程序,分 2 部分功能进行讲解。

(1) 按键引脚定义

KEY0、KEY1 和 KEY_UP 分别连接到 PC5、PA15 和 PA0 上,引脚定义如下:

```
/*引脚定义*/
#define KEY0_GPIO_PORT              GPIOC
#define KEY0_GPIO_PIN               GPIO_PIN_5
/* PC口时钟使能 */
#define KEY0_GPIO_CLK_ENABLE()
do{ __HAL_RCC_GPIOC_CLK_ENABLE(); }while(0)
#define KEY1_GPIO_PORT              GPIOA
#define KEY1_GPIO_PIN               GPIO_PIN_15
/* PA口时钟使能 */
#define KEY1_GPIO_CLK_ENABLE()
do{ __HAL_RCC_GPIOA_CLK_ENABLE(); }while(0)
#define WKUP_GPIO_PORT              GPIOA
#define WKUP_GPIO_PIN               GPIO_PIN_0
/* PA口时钟使能 */
#define WKUP_GPIO_CLK_ENABLE()
```

```
do{ __HAL_RCC_GPIOA_CLK_ENABLE(); }while(0)
```

（2）按键操作函数定义

为了便捷操作，为按键操作函数做了下面的定义：

```
#define KEY0    HAL_GPIO_ReadPin(KEY0_GPIO_PORT, KEY0_GPIO_PIN)/* 读取 KEY0 引脚 */
#define KEY1    HAL_GPIO_ReadPin(KEY1_GPIO_PORT, KEY1_GPIO_PIN)/* 读取 KEY1 引脚 */
#define WK_UP   HAL_GPIO_ReadPin(WKUP_GPIO_PORT, WKUP_GPIO_PIN)/* 读取 WKUP 引脚 */
#define KEY0_PRES    1        /* KEY0 按下 */
#define KEY1_PRES    2        /* KEY1 按下 */
#define WKUP_PRES    3        /* KEY_UP 按下（即 WK_UP） */
```

KEY0、KEY1 和 WK_UP 分别是读取对应按键状态的宏定义。用 HAL_GPIO_ReadPin 函数实现，该函数的返回值就是 I/O 口的状态，返回值是枚举类型，取值 0 或者 1。

KEY0_PRES、KEY1_PRES 和 WKUP_PRES 是按键对应的 3 个键值宏定义标识符。

下面再解析 key.c 的程序，这里有 2 个函数，先看按键初始化函数，其定义如下：

```
void key_init(void)
{
    GPIO_InitTypeDef gpio_init_struct;
    KEY0_GPIO_CLK_ENABLE();                              /* KEY0 时钟使能 */
    KEY1_GPIO_CLK_ENABLE();                              /* KEY1 时钟使能 */
    WKUP_GPIO_CLK_ENABLE();                              /* KEY_UP 时钟使能 */
    gpio_init_struct.Pin = KEY0_GPIO_PIN;                /* KEY0 引脚 */
    gpio_init_struct.Mode = GPIO_MODE_INPUT;             /* 输入 */
    gpio_init_struct.Pull = GPIO_PULLUP;                 /* 上拉 */
    gpio_init_struct.Speed = GPIO_SPEED_FREQ_HIGH;       /* 高速 */
    HAL_GPIO_Init(KEY0_GPIO_PORT, &gpio_init_struct);    /* KEY0 引脚初始化 */
    gpio_init_struct.Pin = KEY1_GPIO_PIN;                /* KEY1 引脚 */
    gpio_init_struct.Pull = GPIO_PULLUP;                 /* 上拉 */
    HAL_GPIO_Init(KEY1_GPIO_PORT, &gpio_init_struct);    /* KEY1 引脚初始化 */
    gpio_init_struct.Pin = WKUP_GPIO_PIN;                /* KEY_UP 引脚 */
    gpio_init_struct.Pull = GPIO_PULLDOWN;               /* 下拉 */
    HAL_GPIO_Init(WKUP_GPIO_PORT, &gpio_init_struct);    /* KEY_UP 引脚初始化 */
}
```

注意，KEY0 和 KEY1 是低电平有效的（即一端接地），所以要设置为内部上拉；而 KEY_UP 是高电平有效的（即一端接电源），所以要设置为内部下拉。

另一个函数是按键扫描函数，其定义如下：

```
uint8_t key_scan(uint8_t mode)
{
    static uint8_t key_up = 1;       /* 按键按松开标志 */
    uint8_t keyval = 0;
    if (mode) key_up = 1;            /* 支持连按 */
    if (key_up && (KEY0 == 0 || KEY1 == 0 || WK_UP == 1))
    {  /* 按键松开标志为 1，且有任意一个按键按下了 */
        delay_ms(10);                /* 去抖动 */
```

```
        key_up = 0;
        if (KEY0 == 0)  keyval = KEY0_PRES;
        if (KEY1 == 0)  keyval = KEY1_PRES;
        if (WK_UP == 1) keyval = WKUP_PRES;
    }
    else if (KEY0 == 1 && KEY1 == 1 && WK_UP == 0)
    {                                        /* 没有任何按键按下,标记按键松开 */
        key_up = 1;
    }
    return keyval;                           /* 返回键值 */
}
```

key_scan 函数用于扫描这 3 个 I/O 口是否有按键按下,支持 2 种扫描方式,通过 mode 参数来设置。

当 mode 为 0 的时候,key_scan 函数不支持连续按,扫描某个按键,该按键按下之后必须要松开才能第二次触发,否则不会再响应这个按键。这样的好处就是可以防止按一次多次触发,而坏处就是需要长按的时候不合适。

当 mode 为 1 的时候,key_scan 函数将支持连续按。如果某个按键一直按下,则会一直返回这个按键的键值,这样可以方便地实现长按检测。

有了 mode 参数,就可以根据需要选择不同的方式。因为该函数里面有 static 变量,所以该函数不是一个可重入函数,在有 OS 的情况下要留意。可以看到,该函数的消抖延时是 10 ms。该函数的按键扫描是有优先级的,最优先的是 KEY_UP,第二优先的是 KEY1,最后是按键 KEY0。该函数有返回值,如果有按键按下,则返回非 0 值;如果没有或者按键不正确,则返回 0。

2. main.c 代码

在 main.c 里面编写如下代码:

```
int main(void)
{
    uint8_t key;
    HAL_Init();                             /* 初始化 HAL 库 */
    sys_stm32_clock_init(RCC_PLL_MUL9);     /* 设置时钟,72 MHz */
    delay_init(72);                         /* 延时初始化 */
    led_init();                             /* 初始化 LED */
    key_init();                             /* 初始化按键 */
    LED0(0);                                /* 先点亮 LED0 */
    while (1)
    {
        key = key_scan(0);                  /* 得到键值 */
        if (key)
        {
            switch (key)
            {
                case WKUP_PRES:             /* 控制 LED0(RED)翻转 */
                    LED0_TOGGLE();          /* LED0 状态取反 */
                    break;
```

```
                case KEY1_PRES:              /* 控制 LED1(GREEN)翻转 */
                    LED1_TOGGLE();           /* LED1 状态取反 */
                    break;
                case KEY0_PRES:              /* 同时控制 LED0 和 LED1 翻转 */
                    LED0_TOGGLE();           /* LED0 状态取反 */
                    LED1_TOGGLE();           /* LED1 状态取反 */
                    break;
            }
        }
        else
        {
            delay_ms(10);
        }
    }
}
```

　　首先调用系统级别的初始化：初始化 HAL 库、系统时钟和延时函数。接下来调用 led_init 来初始化 LED 灯,调用 key_init 函数初始化按键。最后在无限循环里面扫描获取键值,接着用键值判断哪个按键按下,有按键按下则翻转相应的灯,没有按键按下则延时 10 ms。

12. 4　下载验证

　　下载好程序后,可以按 KEY0、KEY1 和 KEY_UP 来查看 LED 灯的变化是否和预期的结果一致。

　　至此,本章的学习就结束了。本章学习了 STM32F103 的 I/O 作为输入的使用方法,在前面 GPIO 输出的基础上又学习了一种 GPIO 输出模式,读者可以回顾前面跑马灯实验介绍的 GPIO 的 8 种模式类型来巩固 GPIO 的知识。

第 13 章

外部中断实验

本章将介绍如何把 STM32F1 的 I/O 口作为外部中断输入来使用,将以中断的方式实现第 14 章所实现的功能。

13.1 NVIC 和 EXTI

13.1.1 NVIC 简介

NVIC 即嵌套向量中断控制器,全称 Nested vectored interrupt controller,它是内核的器件,所以更多描述可以参考《ARM Cortex-M3 权威指南》。Cortex-M3 内核支持 256 个中断,其中包含了 16 个系统中断和 240 个外部中断,并且具有 256 级的可编程中断设置。然而芯片厂商一般不会把内核的这些资源全部用完,如 STM32F103RCT6 的系统中断有 10 个、外部中断有 60 个。中断向量表-系统中断部分如表 13.1 所列。

表 13.1 中断向量表-系统中断部分

优先级	优先级类型	名　称	说　明	地　址
—	—	—	保留	0x00000000
−3	固定	Reset	复位	0x00000004
−2	固定	NMI	不可屏蔽中断 RCC 时钟安全系统(CSS)联接到 NMI 向量	0x00000008
−1	固定	硬件失效(HardFault)	所有类型的失效	0x0000000C
0	可设置	存储管理(MemManage)	存储器管理	0x00000010
1	可设置	总线错误(BusFault)	预取指失败,存储器访问失败	0x00000014
2	可设置	错误应用(UsageFault)	未定义的指令或非法状态	0x00000018

优先级	优先级类型	名　　称	说　　明	地　　址
—	—	—	保留	0x0000001C～ 0x0000002B
3	可设置	SVCall	通过 SWI 指令的系统服务调用	0x0000002C
4	可设置	调试监控（DebugMonitor）	调试监控器	0x00000030
—	—		保留	0x00000034
5	可设置	PendSV	可挂起的系统服务	0x00000038
6	可设置	SysTick	系统嘀嗒定时器	0x0000003C

60 个外部中断部分在"STM32F10xxx 参考手册_V10（中文版）.pdf"的 9.1.2 小节有详细列表，这里就不列出来了。STM32F103 的中断向量表在 stm32f103xe.h 文件中被定义。

1. NVIC 寄存器

NVIC 相关的寄存器已经定义了，可以在 core_cm3.h 文件中找到。直接通过程序的定义来分析 NVIC 相关的寄存器，其定义如下：

```
typedef struct
{
    __IOM uint32_t ISER[8U];              / * 中断使能寄存器 * /
         uint32_t RESERVED0[24U];
    __IOM uint32_t ICER[8U];              / * 中断清除使能寄存器 * /
         uint32_t RSERVED1[24U];
    __IOM uint32_t ISPR[8U];              / * 中断使能挂起寄存器 * /
         uint32_t RESERVED2[24U];
    __IOM uint32_t ICPR[8U];              / * 中断解挂寄存器 * /
         uint32_t RESERVED3[24U];
    __IOM uint32_t IABR[8U];              / * 中断有效位寄存器 * /
         uint32_t RESERVED4[56U];
    __IOM uint8_t  IP[240U];              / * 中断优先级寄存器(8 bit 位宽) * /
         uint32_t RESERVED5[644U];
    __OM uint32_t STIR;                   / * 软件触发中断寄存器 * /
} NVIC_Type;
```

STM32F103 的中断在这些寄存器的控制下有序执行。只有了解这些中断寄存器，才能方便地使用 STM32F103 的中断。

ISER[8]：ISER 全称是 Interrupt Set Enable Registers，这是一个中断使能寄存器组。上面说了 CM3 内核支持 256 个中断，这里用 8 个 32 位寄存器来控制，每个位控制一个中断。但是 STM32F103 的可屏蔽中断最多只有 60 个，所以对我们来说，有用的就是 2 个（ISER[0]和 ISER[1]），总共可以表示 64 个中断。而 STM32F103 只用了其中的 60 个。ISER[0]的 bit0～31 分别对应中断 0～31，ISER[1]的 bit0～27 对应中断 32～59，这样总共 60 个中断就可以分别对应上了。要使能某个中断，必须设置相应的 ISER 位为 1，使该中断被使能（这里仅仅是使能，还要配合中断分组、屏蔽、I/O 口映射等设置才算是一个完整的中断设置）。具体每一位对应哪个中断,可参考 stm32f103xe.h 里面的第 69 行。

ICER[8]:全称是 Interrupt Clear Enable Registers,是一个中断除能寄存器组。该寄存器组与 ISER 的作用恰好相反,用来清除某个中断的使能。其对应位的功能也和 ICER 一样。这里要专门设置一个 ICER 来清除中断位,而不是向 ISER 写 0 来清除,是因为 NVIC 的这些寄存器都是写 1 有效的,写 0 是无效的。原因可以查看《ARM Cortex-M3 权威指南》第 125 页 NVIC 章节。

ISPR[8]:全称是 Interrupt Set Pending Registers,是一个中断使能挂起控制寄存器组。每个位对应的中断和 ISER 是一样的。通过置 1 可以将正在进行的中断挂起,而执行同级或更高级别的中断。写 0 是无效的。

ICPR[8]:全称是 Interrupt Clear Pending Registers,是一个中断解挂控制寄存器组。其作用与 ISPR 相反,对应位也和 ISER 一样。通过设置 1 可以将挂起的中断解挂,写 0 无效。

IABR[8]:全称是 Interrupt Active Bit Registers,是一个中断激活标志位寄存器组。对应位代表的中断和 ISER 一样,如果为 1,则表示该位所对应的中断正在被执行。这是一个只读寄存器,通过它可以知道当前在执行的中断是哪一个。在中断执行完成则由硬件自动清零。

IP[240]:全称是 Interrupt Priority Registers,是一个中断优先级控制的寄存器组。这个寄存器组相当重要! STM32F103 的中断分组与这个寄存器组密切相关。IP 寄存器组由 240 个 8 bit 的寄存器组成,每个可屏蔽中断占用 8 bit,这样总共可以表示 240 个可屏蔽中断。而 STM32F103 只用到了其中的 60 个。IP[59]~IP[0]分别对应中断 59~0。而每个可屏蔽中断占用的 8 bit 并没有全部使用,而是只用了高 4 位。这 4 位又分为抢占优先级和子优先级。抢占优先级在前,子优先级在后。而这 2 个优先级各占几个位又要根据 SCB→AIRCR 中的中断分组设置来决定。

2. 中断优先级

STM32 中的中断优先级可以分为:抢占式优先级和响应优先级,响应优先级也称子优先级,每个中断源都需要被指定这 2 种优先级。抢占式优先级和响应优先级的区别:

➤ 抢占优先级:抢占优先级高的中断可以打断正在执行的抢占优先级低的中断。
➤ 响应优先级:抢占优先级相同,响应优先级高的中断不能打断响应优先级低的中断。

还有一种情况就是当 2 个或者多个中断的抢占式优先级和响应优先级相同时,那么就遵循自然优先级看中断向量表的中断排序,数值越小,优先级越高。

在 NVIC 中,由 NVIC_IPR0~NVIC_IPR59 共 60 个寄存器控制中断优先级,每个寄存器 8 位,所以就有了 240 个宽度为 8 bit 的中断优先级控制寄存器;原则上每个外部中断可配置的优先级为 0~255,数值越小,优先级越高。但是实际上 Cortex-M3 芯片为了精简设计,只使用了高 4 位[7:4],低 4 位取 0,这样以至于最多只有 16 级中断嵌套,即 $2^4 = 16$。

对于 NVCI 的中断优先级分组:STM32F103 将中断分为 5 个组,组 0~4。该分组的设置是由 SCB→AIRCR 寄存器的 bit10~8 来定义的。具体的分配关系如表 13.2 所列。

表 13.2　AIRCR 中断分组设置表

优先级分组	AIRCR[10:8]	bit[7:4]分配情况	分配结果
0	111	0:4	0 位抢占优先级,4 位响应优先级
1	110	1:3	1 位抢占优先级,3 位响应优先级
2	101	2:2	2 位抢占优先级,2 位响应优先级
3	100	3:1	3 位抢占优先级,1 位响应优先级
4	011	4:0	4 位抢占优先级,0 位响应优先级

通过这个表可以清楚地看到组 0~4 对应的配置关系,例如,优先级分组设置为 3,那么此时所有的 60 个中断的中断优先寄存器的高 4 位中的最高 3 位是抢占优先级,低 1 位是响应优先级。每个中断可以设置抢占优先级为 0~7,响应优先级为 1 或 0。抢占优先级的级别高于响应优先级,而数值越小所代表的优先级就越高。

结合实例说明一下:假定设置中断优先级分组为 2,然后设置中断 3(RTC_WKUP 中断)的抢占优先级为 2,响应优先级为 1。中断 6(外部中断 0)的抢占优先级为 3,响应优先级为 0。中断 7(外部中断 1)的抢占优先级为 2,响应优先级为 0。那么这 3 个中断的优先级顺序为中断 7>中断 3>中断 6。

上面例子中的中断 3 和中断 7 都可以打断中断 6 的中断,而中断 7 和中断 3 却不可以相互打断。

3. NVIC 相关函数

ST 公司把 core_cm3.h 文件的 NVIC 相关函数封装到 stm32f1xx_hal_cortex.c 文件中,下面列出较为常用的函数进行介绍。

(1) HAL_NVIC_SetPriorityGrouping 函数

HAL_NVIC_SetPriorityGrouping 是设置中断优先级分组函数,其声明如下:

```
void HAL_NVIC_SetPriorityGrouping(uint32_t PriorityGroup);
```

函数描述:用于设置中断优先级分组。

函数形参:形参是中断优先级分组号,可以选择范围为 NVIC_PRIORITY-GROUP_0~NVIC_PRIORITYGROUP_4(共 5 组)。

函数返回值:无。

注意事项:这个函数在一个工程里基本只调用一次,而且是在程序 HAL 库初始化函数里面已经被调用,后续就不会再调用了。因为当后续调用设置成不同的中断优先级分组时,有可能造成前面设置好的抢占优先级和响应优先级不匹配。

(2) HAL_NVIC_SetPriority 函数

HAL_NVIC_SetPriority 是设置中断优先级函数,其声明如下:

```
void HAL_NVIC_SetPriority(IRQn_Type IRQn, uint32_t PreemptPriority,
                          uint32_t SubPriority);
```

函数描述:用于设置中断的抢占优先级和响应优先级(子优先级)。

函数形参:形参 1 是中断号,可以选择范围为 IRQn_Type 定义的枚举类型,定义在 stm32f103xe.h。形参 2 是抢占优先级,可以选择范围为 0~15。形参 3 是响应优先级,可以选择范围为 0~15。

函数返回值:无。

(3) HAL_NVIC_EnableIRQ 函数

HAL_NVIC_EnableIRQ 是中断使能函数,其声明如下:

```
void HAL_NVIC_EnableIRQ(IRQn_Type IRQn);
```

函数描述:用于使能中断。

函数形参:形参 IRQn 是中断号,可以选择 IRQn_Type 定义的枚举类型,定义在 stm32f103xe.h。

函数返回值:无。

(4) HAL_NVIC_DisableIRQ 函数

HAL_NVIC_DisableIRQ 是中断除能函数,其声明如下:

```
void HAL_NVIC_disableIRQ(IRQn_Type IRQn);
```

函数描述:用于中断除能。

函数形参:形参 IRQn 是中断号,可以选择 IRQn_Type 定义的枚举类型,定义在 stm32f103xe.h。

函数返回值:无。

(5) HAL_NVIC_SystemReset 函数

HAL_NVIC_SystemReset 是系统复位函数,其声明如下:

```
void HAL_NVIC_SystemReset(void);
```

函数描述:用于软件复位系统。

函数形参:无形参。

函数返回值:无。

其他的 NVIC 函数用得较少,就不一一列出来了。

13.1.2 EXTI 简介

EXTI 即是外部中断和事件控制器,由 20 个产生事件/中断请求的边沿检测器组成。每一条输入线都可以独立地配置输入类型(脉冲或挂起)和对应的触发事件(上升沿或下降沿或者双边沿都触发)。每个输入线都可以独立被屏蔽。挂起寄存器保持着状态线的中断请求。

EXTI 的功能框图是把有关 EXTI 的知识点连接起来的图,掌握了该图就会对

EXTI 有一个整体了解，编程时就可以得心应手。EXTI 的功能框图如图 13.1 所示。

图 13.1　EXTI 功能框图

可以看到有 2 条主线，一条是由输入线到 NVIC 中断控制器，一条是由输入线到脉冲发生器。这恰恰是 EXTI 的 2 大部分功能，产生中断与产生事件，两者从硬件上就存在不同。

下面看一下 EXTI 功能框图的产生中断的线路，最终信号是流入 NVIC 控制器中。输入线是线路的信息输入端，它可以通过配置寄存器设置为任何一个 GPIO 口，或者是一些外设的事件。输入线一般都是存在电平变化的信号。

标号①是一个边沿检测电路，包括边沿检测电路、上升沿触发选择寄存器（EXTI_RTSR）和下降沿触发选择寄存器（EXTI_FTSR）。边沿检测电路以输入线作为信号输入端，如果检测到有边沿跳变，则输出有效信号 1 到标号②部分电路，否则输入无效信号 0。边沿跳变的标准在于开始的时候对于上升沿触发选择寄存器或下降沿触发选择寄存器对应位的设置。

标号②是一个或门电路，它的 2 个信号输入端分别是软件中断事件寄存器（EXTI_SWIER）和边沿检测电路的输入信号。或门电路只要输入端有信号 1，就会输出 1，所以就会输出 1 到标号③电路和标号④电路。通过对软件中断事件寄存器的读/写操作就可以启动中断/事件线,即相当于输出有效信号 1 到或门电路输入端。

标号③是一个与门电路,它的 2 个信号输入端分别是中断屏蔽寄存器(EXTI_IMR)和标号②电路输出信号。与门电路要求输入都为 1 才输出 1,这种情况下,如果中断屏蔽寄存器(EXTI_IMR)设置为 0,不管从标号②电路输出的信号特性如何,最终标号③电路输出的信号都是 0;假如中断屏蔽寄存器(EXTI_IMR)设置为 1,最终标号③电路输出的信号才由标号②电路输出信号决定,这样就可以简单控制 EXTI_IMR 来实现中断的目的。标号④电路输出 1 就会把请求挂起寄存器(EXTI_PR)对应位置 1。

最后,请求挂起寄存器(EXTI_PR)的内容就输出到 NVIC 内,实现系统中断事件的控制。

接下来看看 EXTI 功能框图的产生事件的线路。产生事件线路从标号②之后与中断线路有所不同,之前的线路都是共用的。标号④是一个与门,输入端来自标号②电路以及事件屏蔽寄存器(EXTI_EMR)。如果 EXTI_EMR 寄存器设置为 0,那不管标号②电路输出的信号是 0 还是 1,最终标号④输出的是 0;如果 EXTI_EMR 寄存器设置为 1,最终标号④电路输出信号就由标号③电路输出的信号决定,这样就可以简单地控制 EXTI_EMR 来实现是否产生事件。

标号④电路输出有效信号 1 就会使脉冲发生器电路产生一个脉冲,而无效信号就不会使其产生脉冲信号。脉冲信号产生可以给其他外设电路使用,如定时器、模拟数字转换器等,这样的脉冲信号一般用来触发 TIM 或者 ADC 开始转换。

产生中断线路目的是把输入信号输入到 NVIC,进一步运行中断服务函数,从而实现功能。而产生事件线路目的是传输一个脉冲信号给其他外设使用,属于硬件级功能。

EXTI 支持 19 个外部中断/事件请求,这些都是信息输入端,具体如下:EXTI 线 0~15 对应外部 I/O 口的输入中断,EXTI 线 16 连接到 PVD 输出,EXTI 线 17 连接到 RTC 闹钟事件,EXTI 线 18 连接到 USB 唤醒事件,EXTI 线 19 连接到以太网唤醒事件。

可以看出,STM32F1 供给 I/O 口使用的中断线只有 16 个,但是 STM32F1 的 I/O 口却远远不止 16 个,所以 STM32 把 GPIO 引脚 GPIOx.0~GPIOx.15(x=A,B,C,D,E,F,G)分别对应中断线 0~15。这样每个中断线对应了最多 9 个 I/O 口,以线 0 为例,它对应了 GPIOA.0、GPIOB.0、GPIOC.0、GPIOD.0、GPIOE.0、GPIOF.0 和 GPIOG.0。而中断线每次只能连接到一个 I/O 口上,这样就需要通过配置决定对应的中断线配置到哪个 GPIO 上了。

GPIO 和外部中断线映射关系是在寄存器 AFIO_EXTICR1~AFIO_EXTICR4 中配置的。

AFIO_EXTICR1 寄存器(见图 13.2)配置 EXTI0~EXTI3 线,对应的外部中断引脚有 PAx~PGx,x=0~3。AFIO_EXTICR2 寄存器配置 EXTI4~EXTI7 线,对应的外部中断引脚有 PAx~PGx,x=4~7。AFIO_EXTICR3 寄存器配置 EXTI8~EXTI11 线,对应的外部中断引脚有 PAx~PGx,x=8~11。AFIO_EXTICR4 寄存器配置

图 13.2　AFIO_EXTICR1 寄存器

EXTI12～EXTI15 线,对应的外部中断引脚有 PAx～PGx,x=12～15。

注意,配置 AFIO 相关寄存器前还需要打开 AFIO 时钟。

13.2　硬件设计

(1) 例程功能

通过外部中断的方式让开发板上的 3 个独立按键控制 LED 灯:KEY_UP 控制 LED0 翻转,KEY1 控制 LED1 翻转,KEY0 控制 LED0 和 LED1 翻转。

(2) 硬件资源

➢ LED 灯:LED0-PA8、LED1-PD2;

➢ 独立按键:KEY0-PC5、KEY1-PA15、WK_UP-PA0。

(3) 原理图

这一部分的原理图可参照第 12 章的原理图部分。注意,KEY0 和 KEY1 设计为采样到按键另一端的低电平有效,而 KEY_UP 则是采样到高电平才为按键有效,并且外部都没有上下拉电阻,所以,需要在 STM32F103 内部设置上下拉。

13.3　程序设计

这里只讲解核心代码,详细的源码可参考配套资料中本实验对应源码。外部中断(EXTI)驱动源码包括 2 个文件:exti.c 和 exti.h。下面先解析 exti.h 的程序。

13.3.1　EXTI 的 HAL 库驱动

前面讲解 HAL_GPIO_Init 函数的时候提到过:HAL 库的 EXTI 外部中断的设置功能整合到 HAL_GPIO_Init 函数里面,而不是单独的一个文件。所以外部中断的初始化函数也使用 HAL_GPIO_Init 函数。

既然要用到外部中断,所以 GPIO 的模式要从下面的 3 个模式中选一个:

```
#define  GPIO_MODE_IT_RISING          (0x10110000U)  /* 外部中断,上升沿触发检测 */
#define  GPIO_MODE_IT_FALLING         (0x10210000U)  /* 外部中断,下降沿触发检测 */
/* 外部中断,上升和下降双沿触发检测 */
#define  GPIO_MODE_IT_RISING_FALLING(0x10310000U)
```

KEY0 和 KEY1 是低电平有效的,所以要选择下降沿触发检测;KEY_UP 是高电平有效的,那么就应该选择上升沿触发检测。

EXTI 外部中断配置步骤如下:

① 使能对应 GPIO 口时钟。

本实验用到的 GPIO 和按键输入实验是一样的,因此 GPIO 时钟使能也是一样的,可参考上一章代码。

② 设置 GPIO 工作模式,触发条件,开启 AFIO 时钟,设置 I/O 口与中断线的映射关系。

这些步骤 HAL 库全部封装在 HAL_GPIO_Init 函数里面,只需要设置好对应的参数,再调用 HAL_GPIO_Init 函数即可完成配置。

③ 配置中断优先级(NVIC),并使能中断。

配置好 GPIO 模式以后,需要设置中断优先级和使能中断。中断优先级使用 HAL_NVIC_SetPriority 函数设置,中断使能使用 HAL_NVIC_EnableIRQ 函数设置。

④ 编写中断服务函数。

每开启一个中断就必须编写其对应的中断服务函数,否则将会导致死机(CPU 将找不到中断服务函数)。中断服务函数接口厂家已经在 startup_stm32f103xe.s 中做好了,STM32F1 的 I/O 口外部中断函数只有 7 个,分别是:

```
void EXTI0_IRQHandler();
void EXTI1_IRQHandler();
void EXTI2_IRQHandler();
void EXTI3_IRQHandler();
void EXTI4_IRQHandler();
void EXTI9_5_IRQHandler();
void EXTI15_10_IRQHandler();
```

中断线 0~4 的每个中断线对应一个中断函数,中断线 5~9 共用中断函数 EXTI9_5_IRQHandler,中断线 10~15 共用中断函数 EXTI15_10_IRQHandler。一般情况下,可以把中断控制逻辑直接编写在中断服务函数中,但是 HAL 库把中断处理过程进行了简单封装,请看步骤⑤讲解。

⑤ 编写中断处理回调函数 HAL_GPIO_EXTI_Callback。

HAL 库为了用户使用方便,提供了一个中断通用入口函数 HAL_GPIO_EXTI_IRQHandler,在该函数内部直接调用回调函数 HAL_GPIO_EXTI_Callback。

HAL_GPIO_EXTI_IRQHandler 函数定义:

```
void HAL_GPIO_EXTI_IRQHandler(uint16_t GPIO_Pin)
{
    if(__HAL_GPIO_EXTI_GET_IT(GPIO_Pin) != 0x00U)
    {
```

```
        __HAL_GPIO_EXTI_CLEAR_IT(GPIO_Pin);      /* 清中断标志位 */
        HAL_GPIO_EXTI_Callback(GPIO_Pin);        /* 外部中断回调函数 */
    }
}
```

该函数实现的作用非常简单,通过入口参数 GPIO_Pin 判断中断来自哪个 I/O 口,然后清除相应的中断标志位,最后调用回调函数 HAL_GPIO_EXTI_Callback() 实现控制逻辑。在所有的外部中断服务函数中直接调用外部中断共用处理函数 HAL_GPIO_EXTI_IRQHandler,然后在回调函数 HAL_GPIO_EXTI_Callback 中通过判断中断来自哪个 I/O 口来编写相应的中断服务控制逻辑。因此可以在 HAL_GPIO_EXTI_Callback 里面实现控制逻辑编写,详见配套资料中本实验源码。

13.3.2 程序流程图

程序流程如图 13.3 所示。

图 13.3 外部中断实验程序流程图

13.3.3 程序解析

1. 外部中断驱动代码

下面先解析 exti.h 的程序。

由硬件设计小节知道,KEY0、KEY1 和 KEY_UP 分别来连接到 PC5、PA15 和 PA0 上,引脚定义如下:

```
/* 引脚 和 中断编号 & 中断服务函数 定义 */
# define KEY0_INT_GPIO_PORT          GPIOC
# define KEY0_INT_GPIO_PIN           GPIO_PIN_5
/* PC 口时钟使能 */
# define KEY0_INT_GPIO_CLK_ENABLE()  do{ __HAL_RCC_GPIOC_CLK_ENABLE(); }while(0)
# define KEY0_INT_IRQn               EXTI9_5_IRQn
```

```
#define KEY0_INT_IRQHandler              EXTI9_5_IRQHandler
#define KEY1_INT_GPIO_PORT               GPIOA
#define KEY1_INT_GPIO_PIN                GPIO_PIN_15
/* PA 口时钟使能 */
#define KEY1_INT_GPIO_CLK_ENABLE()  do{ __HAL_RCC_GPIOA_CLK_ENABLE(); }while(0)
#define KEY1_INT_IRQn                    EXTI15_10_IRQn
#define KEY1_INT_IRQHandler              EXTI15_10_IRQHandler
#define WKUP_INT_GPIO_PORT               GPIOA
#define WKUP_INT_GPIO_PIN                GPIO_PIN_0
/* PA 口时钟使能 */
#define WKUP_INT_GPIO_CLK_ENABLE()  do{ __HAL_RCC_GPIOA_CLK_ENABLE(); }while(0)
#define WKUP_INT_IRQn                    EXTI0_IRQn
#define WKUP_INT_IRQHandler              EXTI0_IRQHandler
```

KEY0、KEY1 和 WK_UP 分别连接 PC5、PA15 和 PA0,即对应了 EXTI5、EXTI15 和 EXTI0 这 3 条外部中断线。注意,EXTI0～EXTI4 都有单独的中断向量,EXTI5～ EXTI9 是公用 EXTI9_5_IRQn,EXTI10～EXTI15 是公用 EXTI15_10_IRQn。

下面再解析 exti.c 的程序,先看外部中断初始化函数,定义如下:

```
void extix_init(void)
{
    GPIO_InitTypeDef gpio_init_struct;
    KEY0_INT_GPIO_CLK_ENABLE();                      /* KEY0 时钟使能 */
    KEY1_INT_GPIO_CLK_ENABLE();                      /* KEY1 时钟使能 */
    WKUP_INT_GPIO_CLK_ENABLE();                      /* WKUP 时钟使能 */
    gpio_init_struct.Pin = KEY0_INT_GPIO_PIN;        /* KEY0 引脚 */
    gpio_init_struct.Mode = GPIO_MODE_IT_FALLING;    /* 下升沿触发 */
    gpio_init_struct.Pull = GPIO_PULLUP;             /* 上拉 */
    HAL_GPIO_Init(KEY0_INT_GPIO_PORT, &gpio_init_struct);  /* KEY0 引脚初始化 */
    gpio_init_struct.Pin = KEY1_INT_GPIO_PIN;        /* KEY1 引脚 */
    gpio_init_struct.Mode = GPIO_MODE_IT_FALLING;    /* 下升沿触发 */
    gpio_init_struct.Pull = GPIO_PULLUP;             /* 上拉 */
    HAL_GPIO_Init(KEY1_INT_GPIO_PORT, &gpio_init_struct);  /* KEY1 引脚初始化 */
    gpio_init_struct.Pin = WKUP_INT_GPIO_PIN;        /* WKUP 引脚 */
    gpio_init_struct.Mode = GPIO_MODE_IT_RISING;     /* 上升沿触发 */
    gpio_init_struct.Pull = GPIO_PULLDOWN;           /* 下拉 */
    HAL_GPIO_Init(WKUP_INT_GPIO_PORT, &gpio_init_struct);  /* WKUP 引脚初始化 */
    HAL_NVIC_SetPriority(WKUP_INT_IRQn, 2, 0);       /* 抢占优先级为2,子优先级为 0 */
    HAL_NVIC_EnableIRQ(WKUP_INT_IRQn);               /* 使能中断线 0 */
    HAL_NVIC_SetPriority(KEY0_INT_IRQn, 2, 1);       /* 抢占优先级为2,子优先级为 1 */
    HAL_NVIC_EnableIRQ(KEY0_INT_IRQn);               /* 使能中断线 1 */
    HAL_NVIC_SetPriority(KEY1_INT_IRQn, 2, 2);       /* 抢占优先级为2,子优先级为 2 */
    HAL_NVIC_EnableIRQ(KEY1_INT_IRQn);               /* 使能中断线 15 */
}
```

外部中断初始化函数主要做了 2 件事情,先是调用 I/O 口初始化函数 HAL_GPIO _Init 来初始化 I/O 口,然后设置中断优先级并使能中断线。

3 个外部中断服务函数定义如下:

```
void WKUP_INT_IRQHandler(void)
{
    HAL_GPIO_EXTI_IRQHandler(WKUP_INT_GPIO_PIN);    /* 调用中断处理公用函数 */
```

```
}
void KEY0_INT_IRQHandler(void)
{
    HAL_GPIO_EXTI_IRQHandler(KEY0_INT_GPIO_PIN);        /* 调用中断处理公用函数 */
}
void KEY1_INT_IRQHandler(void)
{
    HAL_GPIO_EXTI_IRQHandler(KEY1_INT_GPIO_PIN);        /* 调用中断处理公用函数 */
}
```

　　所有的外部中断服务函数里都只调用了同样一个函数 HAL_GPIO_EXTI_IRQHandler,该函数是外部中断共用入口函数,函数内部会进行中断标志位清零,并且调用中断处理共用回调函数 HAL_GPIO_EXTI_Callback。但是它们的形参不同,回调函数也根据形参去判断是哪个 I/O 口的外部中断线被触发。

　　外部中断回调函数定义如下:

```
void HAL_GPIO_EXTI_Callback(uint16_t GPIO_Pin)
{
    /* 消抖,此处为了方便使用了延时函数,实际代码中禁止在中断服务函数中调用
       任何 delay 之类的延时函数!!! */
    delay_ms(20);
    switch (GPIO_Pin)
    {
        case KEY0_INT_GPIO_PIN:
            if (KEY0 == 0)            /* KEY0 中断 */
            {
                LED0_TOGGLE();        /* LED0 状态取反 */
                LED1_TOGGLE();        /* LED1 状态取反 */
            }
            break;
        case KEY1_INT_GPIO_PIN:
            if (KEY1 == 0)            /* KEY1 中断 */
            {
                LED1_TOGGLE();        /* LED1 状态取反 */
            }
            break;
        case WKUP_INT_GPIO_PIN:
            if (WK_UP == 1)           /* WK_UP 中断 */
            {
                LED0_TOGGLE();        /* LED0 状态取反 */
            }
            break;
    }
}
```

　　外部中断回调函数 HAL_GPIO_EXTI_Callback 用来编写真正的外部中断控制逻辑。该函数有一个形参就是 I/O 引脚号。所以在该函数内部,一般通过判断 I/O 引脚号来确定中断来自哪个 I/O 口,也就是哪个中断线,然后编写相应的控制逻辑。所以在该函数内部,通过 switch 语句判断 I/O 口来源,如来自 GPIO_PIN_0,那么一定是来

自 PA0,因为中断线一次只能连接一个 I/O 口,而 3 个 I/O 口中引脚号为 0 的 I/O 口只有 PA0,所以中断线 0 一定是连接 PA0,也就是外部中断由 PA0 触发。其他的引脚号的逻辑类似。

2. main. c 代码

在 main. c 里面编写如下代码:

```
int main(void)
{
    HAL_Init();                                 /* 初始化 HAL 库 */
    sys_stm32_clock_init(RCC_PLL_MUL9);         /* 设置时钟, 72 MHz */
    delay_init(72);                             /* 延时初始化 */
    usart_init(115200);                         /* 串口初始化为 115 200 */
    led_init();                                 /* 初始化 LED */
    extix_init();                               /* 初始化外部中断输入 */
    LED0(0);                                    /* 先点亮红灯 */
    while (1)
    {
        printf("OK\r\n");
        delay_ms(1000);
    }
}
```

首先是调用系统级别的初始化:初始化 HAL 库、系统时钟和延时函数。接下来,调用串口初始化函数,调用 led_init 来初始化 LED 灯,调用 extix_init 函数初始化外部中断,点亮红灯。最后在无限循环里面执行打印后延时 1 000 ms 的重复动作。逻辑控制代码都在中断回调函数中完成。

13. 4 下载验证

下载好程序后,可以按 KEY0、KEY1 和 KEY_UP 来查看 LED 灯的变化是否和预期的结果一致。

至此,本章的学习就结束了。本章学习了 STM32F103 外部中断的使用方法。

第**14**章

串口通信实验

本章将学习 STM32F1 的串口,教读者如何使用 STM32F1 的串口来发送和接收数据。本章将实现如下功能:通过串口和上位机的对话,STM32F1 在收到上位机发过来的字符串后,原原本本地返回给上位机。

14.1 串口简介

学习串口前先来了解一下数据通信的一些基础概念。

14.1.1 数据通信的基础概念

在单片机的应用中,数据通信是必不可少的一部分,比如单片机和上位机、单片机和外围器件之间,它们都有数据通信的需求。由于设备之间的电气特性、传输速率、可靠性要求各不相同,于是就有了各种通信类型、通信协议,最常的有 USART、I^2C、SPI、CAN、USB 等。

1. 数据通信方式

按数据通信方式分类,可分为串行通信和并行通信 2 种,如图 14.1 所示。

| (a) 串行通信 | (b) 并行通信 |

图 14.1 数据传输方式

串行通信的基本特征是数据逐位顺序依次传输,优点是传输线少、布线成本低、灵活度高等,一般用于近距离人机交互,特殊处理后也可以用于远距离;缺点就是传输速率低。而并行通信是数据各位可以通过多条线同时传输,优点是传输速率高;缺点是线多成本就高,抗干扰能力差,因而适用于短距离、高速率的通信。

2. 数据传输方向

根据数据传输方向,通信又可分为全双工、半双工和单工通信,如图 14.2 所示。

图 14.2　数据传输方式

单工是指数据传输仅能沿一个方向,不能实现反方向传输。半双工是指数据传输可以沿着 2 个方向,但是需要分时进行。全双工是指数据可以同时进行双向传输。

这里注意全双工和半双工通信的区别:半双工通信是共用一条线路实现双向通信;而全双工是利用 2 条线路,一条用于发送数据,另一条用于接收数据。

3. 数据同步方式

根据数据同步方式,通信又可分为同步通信和异步通信,如图 14.3 所示。

图 14.3　数据同步方式

同步通信要求通信双方共用同一时钟信号,在总线上保持统一的时序和周期完成信息传输。优点:可以实现高速率、大容量的数据传输,以及点对多点传输。缺点:要求发送时钟和接收时钟保持严格同步,收发双方时钟允许的误差较小,同时硬件复杂。

异步通信不需要时钟信号,而是在数据信号中加入开始位和停止位等一些同步信号,以使接收端能够正确地将每一个字符接收下来,某些通信中还需要双方约定传输速率。优点:没有时钟信号硬件简单,双方时钟可允许一定误差。缺点:通信速率较低,只适用点对点传输。

4. 通信速率

在数字通信系统中,通信速率(传输速率)指数据在信道中传输的速度,分为 2 种:传信率和传码率。

传信率:每秒钟传输的信息量,即每秒钟传输的二进制位数,单位为 bit/s(即比特每秒),因而又称为比特率。

传码率:每秒钟传输的码元个数,单位为 Baud(即波特每秒),因而又称为波特率。

比特率和波特率这 2 个概念又常常被人们混淆。比特率很好理解。而波特率被传输的是码元,码元是信号被调制后的概念,每个码元都可以表示一定 bit 的数据信息量。举个例子,在 TTL 电平标准的通信中,用 0 V 表示逻辑 0,5 V 表示逻辑 1,这时候这个码元就可以表示 2 种状态。如果电平信号 0 V、2 V、4 V 和 6 V 分别表示二进制数 00、01、10、11,这时候每一个码元就可以表示 4 种状态。

由上述可以看出,码元携带一定的比特信息,所以比特率和波特率也是有一定的关系的。

比特率和波特率的关系可以用以下式子表示:

$$比特率 = 波特率 \cdot \log_2 M$$

其中,M 表示码元承载的信息量。也可以理解 M 为码元的进制数。

举个例子:波特率为 100 Baud,即每秒传输 100 个码元,如果码元采用十六进制编码(即 $M=2$,代入上述式子),那么这时候的比特率就是 400 bit/s。如果码元采用二进制编码(即 $M=2$,代入上述式子),那么这时候的比特率就是 100 bit/s。

可以看出,采用二进制的时候波特率和比特率数值上相等。注意,它们的相等只是数值相等,意义上不同,看波特率和波特率单位就知道。由于数字系统都是二进制的,所以有部分人久而久之就直接把波特率和比特率混淆了。

14.1.2　串口通信协议简介

串口通信是一种设备间常用的串行通信方式,串口按位(bit)发送和接收字节。尽管比特字节(byte)的串行通信慢,但是串口可以在使用一根线发送数据的同时用另一根线接收数据。串口通信协议是指规定了数据包的内容,内容包含了起始位、主体数据、校验位及停止位,双方需要约定一致的数据包格式才能正常收发数据的有关规范。在串口通信中,常用的协议包括 RS-232、RS-422 和 RS-485 等。

随着科技的发展,RS-232 在工业上还有广泛的应用,但是在商业技术上,已经慢慢使用 USB 转串口取代了 RS-232 串口。只需要在电路中添加一个 USB 转串口芯片,就可以实现 USB 通信协议和标准 UART 串行通信协议的转换,而本书开发板上的 USB 转串口芯片是 CH340C 芯片。

下面来学习串口通信协议,这里主要学习串口通信的协议层。

串口通信的数据包由发送设备的 TXD 接口传输到接收设备的 RXD 接口。串口通信的协议层中规定了数据包的内容,它由起始位、主体数据、校验位以及停止位组成,通信双方的数据包格式要约定一致才能正常收发数据,其组成如图 14.4 所示。

图 14.4　串口通信协议数据帧格式

串口通信协议数据包组成可以分为波特率和数据帧格式两部分。

1. 波特率

本章主要讲解的是串口异步通信,异步通信是不需要时钟信号的,但是这里需要约定好 2 个设备的波特率。波特率表示每秒钟传送的码元符号的个数,所以它决定了数据帧里面每一个位的时间长度。2 个要通信的设备的波特率一定要设置相同,常见的波特率是 4 800、9 600、115 200 等。

2. 数据帧格式

数据帧格式需要提前约定好,串口通信的数据帧包括起始位、停止位、有效数据位以及校验位。

1) 起始位和停止位

串口通信的一个数据帧从起始位开始,直到停止位。数据帧中的起始位是由一个逻辑 0 的数据位表示,而数据帧的停止位可以是 0.5、1、1.5 或 2 个逻辑 1 的数据位表示,只要双方约定一致即可。

2) 有效数据位

数据帧的起始位之后接着是数据位,也称有效数据位,这就是真正需要的数据,有效数据位通常被约定为 5、6、7 或者 8 个位长。有效数据位是低位(LSB)在前,高位(MSB)在后。

3) 校验位

校验位可以认为是一个特殊的数据位。校验位一般用来判断接收的数据位有无错误,检验方法有奇检验、偶检验、0 检验、1 检验以及无检验。

奇校验是指有效数据位和校验位中 1 的个数为奇数。例如,一个 8 位长的有效数据为 10101001,总共有 4 个 1,为达到奇校验效果,校验位设置为 1,最后传输的数据是 8 位的有效数据加上 1 位的校验位总共 9 位。

偶校验与奇校验要求刚好相反,要求帧数据和校验位中 1 的个数为偶数。例如,数据帧为 11001010,此时数据帧 1 的个数为 4 个,所以偶校验位为 0。

0 校验是指不管有效数据中的内容是什么,校验位总为 0,1 校验时校验位总为 1。无校验是指数据帧中不包含校验位。本书一般是使用无检验的情况。

14.1.3　STM32F1 的串口简介

STM32F103 的串口资源相当丰富,功能也相当强劲。STM32F103RCT6 最多可提供 5 路串口,有分数波特率发生器、支持同步单线通信和半双工单线通信、支持 LIN、支持调制解调器操作、智能卡协议和 IrDA SIR ENDEC 规范、具有 DMA 等。

STM32F1 的串口分为 2 种:USART(即通用同步异步收发器)和 UART(即通用异步收发器)。UART 是在 USART 基础上裁减掉了同步通信功能,只剩下异步通信功能。简单区分同步和异步就是看通信时需不需要对外提供时钟输出,平时用串口通信基本都是异步通信。

STM32F1 有 3 个 USART 和 2 个 UART,其中,USART1 的时钟源来自于 APB2 时钟,其最大频率为 72 MHz;其他 4 个串口的时钟源可以来于 APB1 时钟,其最大频率为 36 MHz。

STM32 的串口输出的是 TTL 电平信号,如果需要 RS-232 标准的信号,则可使用 MAX3232 芯片进行转换,本实验通过 USB 转串口芯片 CH340C 来与电脑的上位机进行通信。

1. USART 框图

USART 框图如图 14.5 所示。

为了方便大家理解,这里把整个框图分成几个部分来介绍。

① USART 信号引脚

➢ TX:发送数据输出引脚;

➢ RX:接收数据输入引脚;

➢ SCLK:发送器时钟输出,适用于同步传输;

➢ SW_RX:数据接收引脚,属于内部引脚,用于智能卡模式;

➢ IrDA_RDI:IrDA 模式下的数据输入;

➢ IrDA_TDO:IrDA 模式下的数据输出;

➢ nRTS:发送请求,若是低电平,则表示 USART 准备好接收数据;

➢ nCTS:清除发送,若是高电平,则在当前数据传输结束时阻断下一次数据发送。

② 数据寄存器

USART_DR 包含了已发送或接收到的数据。由于它本身就由 2 个寄存器组成,一个专门用于发送(TDR),一个专门用于接收(RDR),该寄存器具备读和写的功能。TDR 寄存器提供了内部总线和输出移位寄存器之间的并行接口。RDR 寄存器提供了输入移位寄存器和内部总线之间的并行接口。当进行数据发送操作时,往 USART_DR 中写入数据会自动存储在 TDR 内;当进行读取操作时,向 USART_DR 读取数据会自动提取 RDR 数据。

USART 数据寄存器(USART_DR)低 9 位数据有效,其他数据位保留。USART_DR 的第 9 位数据是否有效与 USART_CR1 的 M 位设置有关,当 M 位为 0 时,表示

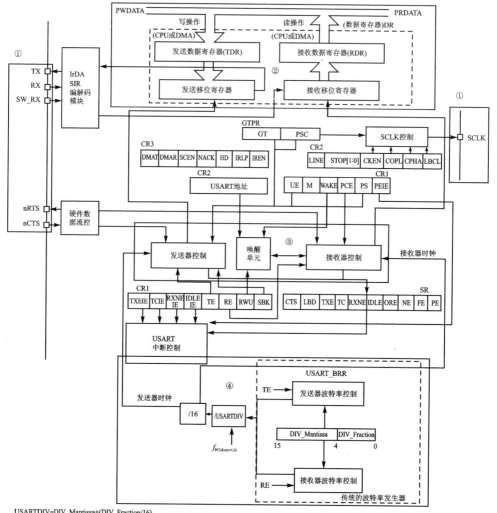

USARTDIV=DIV_Mantissa+(DIV_Fraction/16)

图 14.5 USART 框图

8 位数据字长；当 M 位为 1 时，表示 9 位数据字长，一般使用 8 位数据字长。

当使能校验位(USART_CR1 中 PCE 位被置位)进行发送时，写到 MSB 的值(根据数据的长度不同，MSB 是第 7 位或者第 8 位)会被后来的校验位取代。

③ 控制器

USART 有专门控制发送的发送器、控制接收的接收器、唤醒单元、中断控制等，具体在后面讲解 USART 寄存器的时候细讲。

④ 时钟与波特率

这部分的主要功能就是为 USART 提供时钟以及配置波特率。

波特率，即每秒传输的码元个数，在二进制系统中(串口的数据帧就是二进制的形式)，波特率与波特率的数值相等，所以今后把串口波特率理解为每秒钟传输的二进制位数。

波特率通过以下公式得出：

$$baud = \frac{f_{ck}}{16 \cdot USARTDIV}$$

f_{ck} 是给串口的时钟（USART2\3\3\4\5 的时钟源为 PCLK1，USART1 的时钟源为 PCLK2）；USARTDIV 是一个无符号的定点数，存放在波特率寄存器（USART_BRR）的低 15 位，其中 DIV_Mantissa[11：0]存放的是 USARTDIV 的整数部分，DIV_Fractionp[3：0]存放的是 USARTDIV 的小数部分。

下面举个例子。当串口 1 设置需要得到 115 200 的波特率时，f_{ck}＝72 MHz，那么可得：

$$115\ 200 = \frac{72\ 000\ 000}{16 \cdot USARTDIV}$$

得到 USARTDIV＝39.062 5，分离 USARTDIV 的整数部分与小数部分，整数部分为 39，即 0x27，那么 DIV_Mantissa＝0x27；小数部分为 0.0625，转化为十六进制即 0.0625×16＝1，所以 DIV_Fractionp＝0x1，USART_BRR 寄存器应该赋值为 0x271，成功设置波特率为 115 200。

注意，USARTDIV 是允许有余数的，用四舍五入进行取整，这样会导致波特率有所偏差，而这样的小误差是可以被允许的。

2. USART 寄存器

使用 STM32F103 的 USART 的配置步骤详见"STM32F10xxx 参考手册_V10（中文版）.pdf"，这里引出手册中的配置步骤：

① 通过在 USART_CR1 寄存器上置位 UE 位来激活 USART。

② 编程 USART_CR1 的 M 位来定义字长。

③ 在 USART_CR2 中编程停止位的位数。

④ 如果采用多缓冲器通信，则配置 USART_CR3 中的 DMA 使能位（DMAT）。按多缓冲器通信中的描述配置 DMA 寄存器。

⑤ 利用 USART_BRR 寄存器选择要求的波特率。

⑥ 设置 USART_CR1 中的 TE 位，发送一个空闲帧作为第一次数据发送。

⑦ 把要发送的数据写进 USART_DR 寄存器（此动作清除 TXE 位）。在只有一个缓冲器的情况下，对每个待发送的数据重复步骤⑦。

⑧ 在 USART_DR 寄存器中写入最后一个数据字后，要等待 TC＝1，它表示最后一个数据帧的传输结束。当需要关闭 USART 或需要进入停机模式之前，需要确认传输结束，避免破坏最后一次传输。

按照上面的步骤配置就可以使用 STM32F103 的串口了，简单来说，即开启串口时钟，并设置对应 I/O 口的模式，然后配置波特率、数据位长度、奇偶校验位等信息就可以使用了。总结来说，要学会配置 USART 对应的寄存器就可以使用串口功能了。下面就简单介绍这几个与串口基本配置直接相关的寄存器。

(1) 串口时钟使能

串口作为 STM32F103 的一个外设,其时钟由外设时钟使能寄存器控制,这里使用的串口 1 是 APB2ENR 寄存器的第 14 位。

注意,除了串口 1 的时钟使能在 APB2ENR 寄存器,其他串口的时钟使能位都在 APB1ENR 寄存器,而 APB2(72 MHz)的频率一般是 APB1(36 MHz)的一倍。

(2) 串口复位

当外设出现异常的时候,可以通过复位寄存器里面的对应位设置来实现该外设的复位,然后重新配置这个外设达到让其重新工作的目的。一般系统刚开始配置外设的时候,都会先执行复位该外设的操作。串口 1 的复位就是通过配置 APB2RSTR 寄存器的第 14 位来实现的。APB2RSTR 寄存器的描述如图 14.6 所示。

31	30	29	28	27	26	25	24	23	22	21	20	19	18	17	16
保留		DACRST	PWR RST	BKP RST	CAN2 RST	CAN1 RST	保留		I2C2 RST	I2C1 RST	UART5R ST	UART4R ST	USART3 RST	USART2 RST	保留
		rw	rw	rw	rw	rw			rw	rw	rw	rw	rw	rw	

15	14	13	12	11	10	9	8	7	6	5	4	3	2	1	0
SPI3 RST	SPI2 RST	保留		WWDG RST	保留					TIM7 RST	TIM6 RST	TIM5 RST	TIM4 RST	TIM3 RST	TIM2 RST
rw	rw			rw						rw	rw	rw	rw	rw	rw

图 14.6　RCC_APB2RSTR 寄存器

(3) 串口波特率设置

每个串口都有一个自己独立的波特率寄存器 USART_BRR,通过设置该寄存器就可以达到配置不同波特率的目的。为了更好了解波特率寄存器,截取 USART_BRR 寄存器图如图 14.7 所示。

31	30	29	28	27	26	25	24	23	22	21	20	19	18	17	16
保留															

15	14	13	12	11	10	9	8	7	6	5	4	3	2	1	0
DIV_Mantissa[11:0]												DIV_Fraction[3:0]			
rw	rw	rw	rw	rw	rw	rw	rw	rw	rw	rw	rw	rw	rw	rw	rw

位15:4	DIV_Mantissa[11:0]:USARTDIV的整数部分 这12位定义了USART分频器除法因子(USARTDIV)的整数部分
位3:0	DIV_Fraction[3:0]:USARTDIV的小数部分 这4位定义了USART分频器除法因子(USARTDIV)的小数部分

图 14.7　USART_BRR 寄存器

(4) 串口控制

STM32F103 每个串口都有 3 个控制寄存器 USART_CR1~3,串口的很多配置都是通过这 3 个寄存器来设置的。USART_CR1 寄存器的描述如图 14.8 所示。

该寄存器的高 18 位没有用到,低 14 位用于串口的功能设置。这里只介绍需要用到的一些位,其他位可以参考"STM32F10xxx 参考手册_V10(中文版).pdf"。UE 为

31	30	29	28	27	26	25	24	23	22	21	20	19	18	17	16
保留															

15	14	13	12	11	10	9	8	7	6	5	4	3	2	1	0
保留		UE	M	WAKE	PCE	PS	PEIE	TXEIE	TCIE	RXNE IE	IDLE IE	TE	RE	RWU	SBK
res		rw	rw	rw	rw	rw	rw	rw	rw	rw	rw	rw	rw	rw	rw

图 14.8 USART_CR1 寄存器

串口使能位,通过该位置 1 来使能串口。M 为字长,当该位为 0 的时候,设置串口为 8 个字长外加 n 个停止位;停止位的个数(n)是根据 USART_CR2 的[13∶12]位设置来决定的,默认为 0。PCE 为校验使能位,设置为 0,即禁止校验,否则使能校验。PS 为校验位选择,设置为 0 为偶校验,否则奇校验。TXIE 为发送缓冲区空中断使能位,设置该位为 1;当 USART_SR 中的 TXE 位为 1 时,将产生串口中断。TCIE 为发送完成中断使能位,设置该位为 1;当 USART_SR 中的 TC 位为 1 时,将产生串口中断。RXNEIE 为接收缓冲区非空中断使能,设置该位为 1;当 USART_SR 中的 ORE 或者 RXNE 位为 1 时,将产生串口中断。TE 为发送使能位,设置为 1,将开启串口的发送功能。RE 为接收使能位,用法同 TE。

(5) 数据发送与接收

STM32 的发送与接收是通过数据寄存器 USART_DR 来实现的,这是一个双寄存器,包含了 TDR 和 RDR。当向该寄存器写数据的时候,串口就会自动发送;当收到数据的时候,也存在该寄存器内。寄存器各位描述如图 14.9 所示。

图 14.9 USART_DR 寄存器

(6) 串口状态

串口状态通过状态寄存器 USART_SR 读取。USART_SR 的各位描述如图 14.10 所示。这里关注第 5、6 位 RXNE 和 TC。

RXNE(读数据寄存器非空):当该位被置 1 的时候,就是提示已经有数据被接收到,并且可以读出来了。这时候要做的就是尽快去读取 USART_DR,通过读 USART_

图 14.10　USART_SR 寄存器

DR 可以将该位清 0；也可以向该位写 0，直接清除。

TC（发送完成）：当该位被置位的时候，表示 USART_DR 内的数据已经被发送完成了。如果设置了这个位的中断，则会产生中断。该位也有 2 种清 0 方式：

① 读 USART_SR，写 USART_DR。

② 直接向该位写 0。

通过以上一些寄存器的操作再加上 I/O 口的配置，就可以达到串口最基本的配置了。串口更详细的介绍可参考《STM32F10xxx 参考手册_V10（中文版）》通用同步异步收发器这一章。

14.1.4　GPIO 引脚复用功能

芯片有许多外设，而引脚的资源是很有限的，解决这个问题的方法就是引脚复用。这样引脚除了作为普通的 I/O 口之外，还会与一些外设关联起来，作为第二功能使用；而且一个引脚不单单只有一种复用功能，还拥有多个第二功能，但是一次只允许一个外设的复用功能，以确保共用同一个 I/O 引脚的外设之间不会产生冲突。

AFIO 寄存器的作用是配置复用功能重映射、调试 I/O 以及外部中断。STM32F103RCT6 共有 6 个 AFIO 的寄存器，即事件控制寄存器 AFIO_EVCR、复用重映射和调试 I/O 配置寄存器 AFIO_MAPR、外部中断配置寄存器 AFIO_EXTICR1、外部中断配置寄存器 AFIO_EXTICR2、外部中断配置寄存器 AFIO_EXTICR3 和外部中断配置寄存器 AFIO_EXTICR4。

对这些寄存器进行读/写操作前，应先打开 AFIO 时钟，该时钟在 RCC_APB2ENR 寄存器的位 0 上配置，在位 0 上置 0 表示辅助功能 I/O 时钟关闭，在位 0 上置 1 表示辅助功能 I/O 时钟开启。

事件控制寄存器 AFIO_EVCR 用得比较少，这里不过多介绍。AFIO_EXTICRx 寄存器在中断章节讲过，本节不涉及这些寄存器的配置。

复用重映射和调试 I/O 配置寄存器 AFIO_MAPR 寄存器描述如图 14.11 所示。

在对 AFIO_MAPR 寄存器某些位进行写入实现引脚的重新映射时，复用功能不再映射到它们原始分配上。例如，AFIO_MAPR 寄存器位 2 是对 USART1 的重映射，置 0 表示没有重映像（TX/PA9，RX/PA10）；置 1 表示重映像（TX/PB6，RX/PB7）。默认情况下，PA9 和 PA10 作为串口 1 的引脚使用，假如 PA9 和 PA10 被用作其他地方，但还是需要用到串口 1，那么就可以在 AFIO_MAPR 的位 2 置 1，把串口 1 的引脚重映射

31	30	29	28	27	26	25	24	23	22	21	20	19	18	17	16
保留					SWJ_CFG[2:0]			保留			ADC2_E TRGREG _REMAP	ADC2_E TRGINJ _REMAP	ADC1_E TRGREG _REMAP	ADC1_E TRGINJ _REMAP	TIM5CH 4_IREM AP
					w	w	w								

15	14	13	12	11	10	9	8	7	6	5	4	3	2	1	0
PD01 REMAP	CAN_REMAP [1:0]		TIM4 REMAP	TIM3_REMAP [1:0]		TIM2_REMAP [1:0]		TIM1_REMAP [1:0]		USART3_REMAP [1:0]		USART2 _REMAP	USART1 _REMAP	I2C1 REMAP	SPI1_ REMAP
rw	rw	rw	rw	rw	rw	rw	rw	rw	rw	rw	rw	rw	rw	rw	rw

位2	USART1_REMAP：USART1的重映像 该位可由软件置1或置0，控制USART1的TX和RX复用功能在GPIO端口的映像。 0：没有重映像(TX/PA9，RX/PA10)；　　　1：重映像(TX/PB6，RX/PB7)

图 14.11　AFIO_MAPR 寄存器

到 PB6 和 PB7。这个串口初始化的过程就有点变化,需要初始化 AFIO 时钟和对 AFIO_MAPR 的第 2 位进行置 1 操作,其他与普通串口配置没有区别。

　　HAL 库已经把这些配置工作都定义好了,只需要去寻找这些复用的宏定义。这些关于端口复用相关的代码在 stm32f1xx_hal_gpio_ex.h 文件中可以找到。USART1 重映射操作代码如下:

```
/* *
 *  @brief Enable the remapping of USART1 alternate function TX and RX.
 *  @note  ENABLE: Remap    (TX/PB6，RX/PB7)
 *  @retval None
 */
#define __HAL_AFIO_REMAP_USART1_ENABLE()
                                    AFIO_REMAP_ENABLE(AFIO_MAPR_USART1_REMAP)
/* *
 *  @brief Disable the remapping of USART1 alternate function TX and RX.
 *  @note  DISABLE: No remap (TX/PA9，RX/PA10)
 *  @retval None
 */
#define __HAL_AFIO_REMAP_USART1_DISABLE() \
                                    AFIO_REMAP_DISABLE(AFIO_MAPR_USART1_REMAP)
```

14.2　硬件设计

(1) 例程功能

　　LED0 闪烁提示程序在运行。STM32 通过串口 1 和上位机对话,在收到上位机发过来的字符串(以回车换行结束)后返回给上位机。同时,每隔一定时间通过串口 1 输出一段信息到电脑。

(2) 硬件资源

➤ LED 灯：LED0-PA8；

➤ 串口 1（PA9、PA10 连接在板载 USB 转串口芯片 CH340C 上面），需要跳线帽连接。

(3) 原理图

USB 转串口硬件部分的原理图如图 14.12 所示。

图 14.12　USB 转串口原理图

注意,需要将图中的 Header 13×2 部分的 USART1 TX 与 RXD 以及 USART1 RX 与 TXD 分别用短路帽连接起来,否则串口的信号线跟 USB 接口是没有连接的。这里要把 P3 的 RXD 和 PA9 用跳线帽连接,同样 TXD 和 PA10 也用跳线帽连接,如图 14.13 所示。

图 14.13　短路帽连接

14.3　程序设计

14.3.1　USART 的 HAL 库驱动

HAL 库中关于串口的驱动程序比较多,先来学习本章需要用到的,其余的后续用到再讲解。因为现在只是用到异步收发器功能,所以只需要 stm32f1xx_hal_uart.c 文件(及其头文件)的驱动代码;stm32f1xx_hal_usart.c 是通用同步异步收发器,暂时没有用到,可以暂时不看。用到外设的第一个函数就应该是其初始化函数。

1. HAL_UART_Init 函数

要使用一个外设,首先要对它进行初始化,所以先看串口的初始化函数,其声明如下:

```
HAL_StatusTypeDef HAL_UART_Init(UART_HandleTypeDef * huart);
```

函数描述:用于初始化异步模式的收发器。

函数形参:形参是串口的句柄,结构体类型是 UART_HandleTypeDef,其定义如下：

```
typedef struct
{
    USART_TypeDef              * Instance;      /* UART 寄存器基地址 */
    UART_InitTypeDef           Init;           /* UART 通信参数 */
    uint8_t                    * pTxBuffPtr;    /* 指向 UART 发送缓冲区 */
    uint16_t                   TxXferSize;     /* UART 发送数据的大小 */
    __IO uint16_t              TxXferCount;    /* UART 发送数据的个数 */
    uint8_t                    * pRxBuffPtr;    /* 指向 UART 接收缓冲区 */
    uint16_t                   RxXferSize;     /* UART 接收数据大小 */
    __IO uint16_t              RxXferCount;    /* UART 接收数据的个数 */
    DMA_HandleTypeDef          * hdmatx;        /* UART 发送参数设置(DMA) */
    DMA_HandleTypeDef          * hdmarx;        /* UART 接收参数设置(DMA) */
    HAL_LockTypeDef            Lock;           /* 锁定对象 */
    __IO HAL_UART_StateTypeDef gState;         /* UART 发送状态结构体 */
    __IO HAL_UART_StateTypeDef RxState;        /* UART 接收状态结构体 */
    __IO uint32_t              ErrorCode;      /* UART 操作错误信息 */
}UART_HandleTypeDef;
```

Instance：指向 UART 寄存器基地址。实际上这个基地址 HAL 库已经定义好了，可以选择范围为 USART1～USART3、UART4、UART5。

Init：UART 初始化结构体，用于配置通信参数，如波特率、数据位数、停止位等。

pTxBuffPtr、TxXferSize、TxXferCount：分别是指向发送数据缓冲区的指针、发送数据的大小、发送数据的个数。

pRxBuffPtr、RxXferSize、RxXferCount：分别是指向接收数据缓冲区的指针、接收数据的大小、接收数据的个数。

hdmatx、hdmarx：配置串口发送接收数据的 DMA 具体参数。

Lock：对资源操作增加操作锁保护功能，可选 HAL_UNLOCKED 或者 HAL_LOCKED 这 2 个参数。如果 gState 的值等于 HAL_UART_STATE_RESET，则可认为串口未被初始化，此时，分配锁资源，并且调用 HAL_UART_MspInit 函数来对串口的 GPIO 和时钟进行初始化。

gState、RxState：分别是 UART 的发送状态、工作状态的结构体和 UART 接收状态的结构体。HAL_UART_StateTypeDef 是一个枚举类型，列出串口在工作过程中的状态值，有些值只适用于 gState，如 HAL_UART_STATE_BUSY。

ErrorCode：串口错误操作信息，主要用于存放串口操作的错误信息。

UART_InitTypeDef 结构体用于配置 UART 的各个通信参数，包括波特率、停止位等，具体说明如下：

```
typedef struct
{
    uint32_t BaudRate;                /* 波特率 */
    uint32_t WordLength;              /* 字长 */
    uint32_t StopBits;               /* 停止位 */
    uint32_t Parity;                 /* 校验位 */
    uint32_t Mode;                   /* UART 模式 */
```

```
    uint32_t HwFlowCtl;              /* 硬件流设置 */
    uint32_t OverSampling;          /* 过采样设置 */
}UART_InitTypeDef;
```

BaudRate：波特率设置，一般设置为 2 400、9 600、19 200、115 200。

WordLength：数据帧字长，可选 8 位或 9 位。这里设置为 8 位字长数据格式。

StopBits：停止位设置，可选 0.5 个、1 个、1.5 个和 2 个停止位，一般选择 1 个停止位。

Parity：奇偶校验控制选择，这里设定为无奇偶校验位。

Mode：UART 模式选择，可以设置为只收模式、只发模式或者收发模式。这里设置为全双工收发模式。

HwFlowCtl：硬件流控制选择，这里设置为无硬件流控制。

OverSampling：过采样选择，选择 8 倍过采样或者 16 过采样，一般选择 16 过采样。

函数返回值：HAL_StatusTypeDef 枚举类型的值，有 4 个，分别是 HAL_OK 表示成功、HAL_ERROR 表示错误、HAL_BUSY 表示忙碌、HAL_TIMEOUT 表示超时。后续遇到该结构体也是一样的。

2. HAL_UART_Receive_IT 函数

HAL_UART_Receive_IT 函数是开启串口接收中断函数，其声明如下：

```
HAL_StatusTypeDef HAL_UART_Receive_IT(UART_HandleTypeDef * huart,
                                      uint8_t * pData, uint16_t Size);
```

函数描述：用于开启以中断的方式接收指定字节。数据接收在中断处理函数里面实现。

函数形参：形参 1 UART_HandleTypeDef 是结构体指针类型的串口句柄。形参 2 是要接收的数据地址。形参 3 是要接收的数据大小，以字节为单位。

函数返回值：HAL_StatusTypeDef 枚举类型的值。

3. HAL_UART_IRQHandler 函数

HAL_UART_IRQHandler 函数是 HAL 库中断处理公共函数，其声明如下：

```
void HAL_UART_IRQHandler(UART_HandleTypeDef * huart);
```

函数描述：该函数是 HAL 库中断处理公共函数，在串口中断服务函数中被调用。

函数形参：形参 UART_HandleTypeDef 是结构体指针类型的串口句柄。

函数返回值：无。

注意事项：该函数在 HAL 库已经定义好，用户一般不能随意修改。如果要在中断中实现自己的逻辑代码，可以直接在函数 HAL_UART_IRQHandler 的前面或者后面添加新代码；也可以直接在 HAL_UART_IRQHandler 调用的各种回调函数里面执行，这些回调都是弱定义的，方便用户直接在其他文件里面重定义。串口回调函数主要有下面几个：

```
__weakvoid HAL_UART_TxCpltCallback(UART_HandleTypeDef * huart)
__weakvoid HAL_UART_TxHalfCpltCallback(UART_HandleTypeDef * huart)
__weakvoid HAL_UART_RxCpltCallback(UART_HandleTypeDef * huart)
__weakvoid HAL_UART_RxHalfCpltCallback(UART_HandleTypeDef * huart)
__weakvoid HAL_UART_ErrorCallback(UART_HandleTypeDef * huart)
__weakvoid HAL_UART_AbortCpltCallback(UART_HandleTypeDef * huart)
__weakvoid HAL_UART_AbortTransmitCpltCallback(UART_HandleTypeDef * huart)
__weakvoid HAL_UART_AbortReceiveCpltCallback(UART_HandleTypeDef * huart)
```

　　本实验用到的是接收回调函数 HAL_UART_RxCpltCallback，就是在接收回调函数里面编写接收逻辑代码。

　　串口配置步骤如下：

　　① 串口参数初始化（波特率、字长、奇偶校验等）。

　　HAL 库通过调用串口初始化函数 HAL_UART_Init 完成对串口参数初始化，详见配套资料中的例程源码。注意，该函数会调用 HAL_UART_MspInit 函数来完成对串口底层的初始化，包括串口及 GPIO 时钟使能、GPIO 模式设置、中断设置等。

　　② 使能串口和 GPIO 口时钟。本实验用到 USART1 串口，使用 PA9 和 PA10 作为串口的 TX 和 RX 脚，因此需要先使能 USART1 和 GPIOA 时钟。参考代码如下：

```
__HAL_RCC_USART1_CLK_ENABLE();          /* 使能 USART1 时钟 */
__HAL_RCC_GPIOA_CLK_ENABLE();           /* 使能 GPIOA 时钟 */
```

　　③ GPIO 模式设置（速度、上下拉、复用功能等）。

　　GPIO 模式设置通过调用 HAL_GPIO_Init 函数实现，详见配套资料中的本例程源码。

　　④ 开启串口相关中断，配置串口中断优先级。

　　本实验使用串口中断来接收数据。这里使用 HAL_UART_Receive_IT 函数开启串口中断接收，并设置接收 buffer 及其长度。通过 HAL_NVIC_EnableIRQ 函数使能串口中断，通过 HAL_NVIC_SetPriority 函数设置中断优先级。

　　⑤ 编写中断服务函数。

　　串口 1 中断服务函数为 USART1_IRQHandler，当发生中断的时候，程序就会执行中断服务函数。为了使用方便，HAL 库提供了一个串口中断通用处理函数 HAL_UART_IRQHandler，该函数在串口接收完数据后又会调用回调函数 HAL_UART_RxCpltCallback，用于给用户处理串口接收到的数据。

　　因此，需要在 HAL_UART_RxCpltCallback 函数实现数据接收处理。

　　⑥ 串口数据接收和发送。

　　最后可以通过读/写 USART_DR 寄存器完成串口数据的接收和发送，HAL 库也提供了 HAL_UART_Receive 和 HAL_UART_Transmit 这 2 个函数用于串口数据的接收和发送。读者可以根据实际情况选择使用哪种方式来收发串口数据。

14.3.2 程序流程图

程序流程如图 14.14 所示。

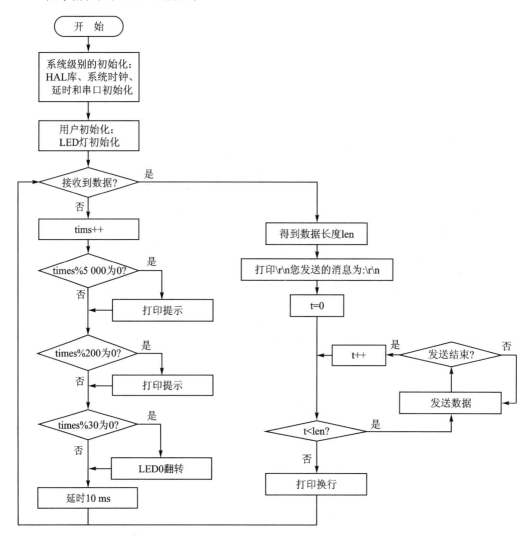

图 14.14 串口通信实验程序流程图

14.3.3 程序解析

1. 串口 1 驱动代码

这里只讲解核心代码,详细的源码参考配套资料中本实验对应源码。串口 1(US-ART1)驱动源码包括 2 个文件:usart.c 和 usart.h。

下面先解析 usart.h 的程序。PA9 和 PA10 分别被复用为串口 1 的发送和接收引脚,引脚定义如下:

```
/* 串口 1 的 GPIO */
#define USART_TX_GPIO_PORT            GPIOA
#define USART_TX_GPIO_PIN             GPIO_PIN_9
/* 发送引脚时钟使能 */
#define USART_TX_GPIO_CLK_ENABLE() do{ __HAL_RCC_GPIOA_CLK_ENABLE(); }while(0)
#define USART_RX_GPIO_PORT            GPIOA
#define USART_RX_GPIO_PIN             GPIO_PIN_10
/* 接收引脚时钟使能 */
#define USART_RX_GPIO_CLK_ENABLE() do{ __HAL_RCC_GPIOA_CLK_ENABLE(); }while(0)
#define USART_UX                      USART1
#define USART_UX_IRQn                 USART1_IRQn
#define USART_UX_IRQHandler           USART1_IRQHandler
/* USART1 时钟使能 */
#define USART_UX_CLK_ENABLE()         do{ __HAL_RCC_USART1_CLK_ENABLE(); }while(0)
```

USART1_IRQn 也就是中断向量表的 37 号中断，USART1_IRQHandler 是串口 1 的中断服务函数。每个串口都有自己的中断函数，但是最终都是通过回调函数去实现逻辑代码，当然也可在中断函数里实现逻辑代码。

另外还定义了 3 个宏，具体如下：

```
#define USART_REC_LEN   200        /* 定义最大接收字节数 200 */
#define USART_EN_RX     1          /* 使能(1)/禁止(0)串口 1 接收 */
#define RXBUFFERSIZE    1          /* 缓存大小 */
```

可以看到，USART_REC_LEN 表示最大接收字节数，这里定义的是 200 个字节；后续如果有需求要发送更大的数据包，可以改大这个值，这里不改太大是避免浪费太多内存。USART_EN_RX 用于使能串口 1 的接收数据。RXBUFFERSIZE 是缓冲大小。

下面再解析 usart.c 的程序，先看串口 1 的初始化函数，其定义如下：

```
void usart_init(uint32_t baudrate)
    uartx_handle.Instance = USART_UX;                    /* USART1 */
    uartx_handle.Init.BaudRate = baudrate;               /* 波特率 */
    uartx_handle.Init.WordLength = UART_WORDLENGTH_8B;   /* 字长为 8 位数据格式 */
    uartx_handle.Init.StopBits = UART_STOPBITS_1;        /* 一个停止位 */
    uartx_handle.Init.Parity = UART_PARITY_NONE;         /* 无奇偶校验位 */
    uartx_handle.Init.HwFlowCtl = UART_HWCONTROL_NONE;   /* 无硬件流控 */
    uartx_handle.Init.Mode = UART_MODE_TX_RX;            /* 收发模式 */
    HAL_UART_Init(&uartx_handle);              /* HAL_UART_Init()会使能 USART1 */
    /* 该函数会开启接收中断：标志位 UART_IT_RXNE，并且设置接收缓冲以及接收缓冲接收
    最大数据量 */
    HAL_UART_Receive_IT(&uartx_handle, (uint8_t *)aRxbuffer, RXBUFFERSIZE);
}
```

uartx_handle 是结构体 UART_HandleTypeDef 类型的全局变量。波特率直接赋值给 uartx_handle.Init.BaudRate 这个成员，可以看出很方便。注意，最后一行代码调用函数 HAL_UART_Receive_IT，作用是开启接收中断，同时设置接收的缓存区以及接收的数据量。

上面的初始化函数只是串口初始化的其中一部分，还有一部分初始化需要 HAL_UART_MspInit 函数去完成。HAL_UART_MspInit 是 HAL 库定义的弱定义函数，

这里做重定义以实现我们的初始化需求。HAL_UART_MspInit 函数在 HAL_UART
_Init 函数中被调用,其定义如下:

```
void HAL_UART_MspInit(UART_HandleTypeDef * huart)
{
    GPIO_InitTypeDef gpio_init_struct;
    if(huart->Instance == USART1)            /* 如果是串口 1,进行串口 1 MSP 初始化 */
    {
        USART_UX_CLK_ENABLE();                              /* USART1 时钟使能 */
        USART_TX_GPIO_CLK_ENABLE();                         /* 发送引脚时钟使能 */
        USART_RX_GPIO_CLK_ENABLE();                         /* 接收引脚时钟使能 */
        gpio_init_struct.Pin = USART_TX_GPIO_PIN;           /* TX 引脚 */
        gpio_init_struct.Mode = GPIO_MODE_AF_PP;            /* 复用推挽输出 */
        gpio_init_struct.Pull = GPIO_PULLUP;                /* 上拉 */
        gpio_init_struct.Speed = GPIO_SPEED_FREQ_HIGH;      /* 高速 */
        HAL_GPIO_Init(USART_TX_GPIO_PORT, &gpio_init_struct); /* 初始化发送引脚 */
        gpio_init_struct.Pin = USART_RX_GPIO_PIN;           /* RX 引脚 */
        gpio_init_struct.Mode = GPIO_MODE_AF_INPUT;
        HAL_GPIO_Init(USART_RX_GPIO_PORT, &gpio_init_struct); /* 初始化接收引脚 */
#if USART_EN_RX
        HAL_NVIC_EnableIRQ(USART_UX_IRQn);                  /* 使能 USART1 中断通道 */
        HAL_NVIC_SetPriority(USART_UX_IRQn, 3, 3);          /* 抢占优先级 3,子优先级 3 */
#endif
    }
}
```

该函数主要实现底层的初始化,事实上这个函数的代码还可以直接放到 usart_init
函数里面,但是 HAL 库为了代码的功能分层初始化,定义这个函数方便用户使用。所
以这里也按照 HAL 库的这个结构来初始化外设。这个函数首先是调用 if(huart→In-
stance ==USART1)判断要初始化哪个串口,因为每个串口初始化都会调用 HAL_
UART_MspInit 函数,所以需要判断是哪个串口要初始化才做相应的处理。HAL 库
这样的结构机制有好处,自然也有坏处。

首先就是使能串口以及 PA9、PA10 的时钟。PA9 和 PA10 需要用作复用功能,复
用功能模式有 2 个选择:GPIO_MODE_AF_PP 推挽式复用和 GPIO_MODE_AF_OD
开漏式复用。这里选择的是推挽式复用,因为 PA9 是一个发送引脚,所以模式设置为
复用推挽输出;而 PA10 是一个接收引脚,所以它的模式设置为浮空输入即可,GPIO_
MODE_AF_INPUT 实质就是一个 GPIO_MODE_INPUT 浮空输入模式。然后就是
调用 HAL_GPIO_Init 函数进行 I/O 口的初始化。

最后,因为用到串口中断,所以还需要中断相关的配置。HAL_NVIC_EnableIRQ
函数使能串口 1 复用通道。HAL_NVIC_SetPriority 函数配置串口中断的抢占优先级
以及响应优先级。串口初始化由上述 2 个函数完成,下面就该讲到串口中断服务函数
了,其定义如下:

```
void USART_UX_IRQHandler(void)
{
```

```
    uint32_t timeout = 0;
# if SYS_SUPPORT_OS                             / * 使用 OS * /
    OSIntEnter();
# endif
    HAL_UART_IRQHandler(&uartx_handle); / * 调用 HAL 库中断处理公用函数 * /
    while (HAL_UART_Receive_IT(&uartx_handle, (uint8_t *)aRxBuffer,
                                RXBUFFERSIZE) != HAL_OK)
    {
    / * 如果出错就会卡死在这里 * /
    }
# if SYS_SUPPORT_OS                             / * 使用 OS * /
    OSIntExit();
# endif
}
```

可以看出,在中断服务函数内部通过调用 HAL 库中断处理公用函数,完成一次传输。然后调用 UART_Receive_IT 函数重新开启中断。UART_Receive_IT 函数的作用就是把每次中断接收到的字符保存在串口句柄的缓存指针 pRxBuffPtr 中,同时每次接收一个字符,其计数器 RxXferCount 减 1,直到接收完成 RxXferSize 个字符之后 RxXferCount 设置为 0,同时调用接收回调函数 HAL_UART_RxCpltCallback 进行处理。

串口接收中断的一般流程如图 14.15 所示。

图 14.15　串口接收中断执行流程图

串口接收回调函数定义如下：

```
void HAL_UART_RxCpltCallback(UART_HandleTypeDef * huart)
{
    if(huart-> Instance == USART_UX)          /* 如果是串口 1 */
    {
        if((g_usart_rx_sta & 0x8000) == 0)    /* 接收未完成 */
        {
            if(g_usart_rx_sta & 0x4000)       /* 接收到了 0x0d(即回车键) */
            {
                if(aRxBuffer[0] ! = 0x0a)     /* 接收到的不是 0x0a(即不是换行键) */
                {
                    q_usart rx sta = 0;       /* 接收错误,重新开始 */
                }
                Else                          /* 接收到的是 0x0a(即换行键) */
                {
                    g_usart_rx_sta|= 0x8000;  /* 接收完成了 */
                }
            }
            else                              /* 还没收到 0X0D(即回车键) */
            {
                if(g_rx_buffer[0] == 0x0d)
                {
                    g_usart_rx_sta|= 0x4000;
                }
                else
                {
                    g_usart_rx_buf[g_usart_rx_sta & 0X3FFF] = aRxBuffer[0] ;
                    g_usart_rx_sta ++ ;
                    if(g_usart_rx_sta > (USART_REC_LEN-1))
                    {
                        g_usart_rx_sta = 0;   /* 接收数据错误,重新开始接收 */
                    }
                }
            }
        }
    }
}
```

因为设置了串口句柄成员变量 RxXferSize 为 1,那么每当串口 1 接收到一个字符后触发接收完成中断,便会在中断服务函数中引导执行该回调函数。当串口接收到一个字符后,它会保存在缓存 g_rx_buffer 中;由于设置了缓存大小为 1,而且 RxXferSize = 1,所以每次接收一个字符,则直接保存到 RxXferSize[0] 中,直接通过读取 RxXfer-Size[0] 的值就是本次接收到的字符。这里设计了一个小小的接收协议:通过这个函数,配合一个数组 g_usart_rx_buf、一个接收状态寄存器 g_usart_rx_sta(此寄存器其实就是一个全局变量,由读者自行添加,由于它起到类似寄存器的功能,这里暂且称之为寄存器)实现对串口数据的接收管理。数组 g_usart_rx_buf 的大小由 USART_REC_

LEN 定义,也就是一次接收的数据最大不能超过 USART_REC_LEN 个字节。g_us-art_rx_sta 是一个接收状态寄存器,其各位定义如表 14.1 所列。

表 14.1　接收状态寄存器位定义表

位	bit15	bit14	bit13~0
说　明	接收完成标志	接收到 0x0D 标志	接收到的有效字节个数

设计思路如下:当接收到从电脑发过来的数据时,把接收到的数据保存在数组 g_usart_rx_buf 中,同时,接收状态寄存器(g_usart_rx_sta)中开始计数接收到的有效数据个数,当收到回车(回车的表示由 2 个字节组成:0x0D 和 0x0A)的第一个字节 0x0D 时,计数器将不再增加,等待 0x0A 的到来;而如果 0x0A 没有来到,则认为这次接收失败,重新开始下一次接收。如果顺利接收到 0x0A,则标记 g_usart_rx_sta 的第 15 位,这样完成一次接收,并等待该位被其他程序清除,从而开始下一次的接收;而如果迟迟没有收到 0x0D,那么在接收数据超过 USART_REC_LEN 的时候,则会丢弃前面的数据,重新接收。

学到这里会发现,HAL 库定义的串口中断逻辑确实非常复杂,并且因为处理过程繁琐所以效率不高。这里需要说明的是,在中断服务函数中,也可以不调用 HAL_UART_IRQHandler 函数,而是直接编写自己的中断服务函数。串口实验之所以遵循 HAL 库写法,是为了让读者对 HAL 库有一个更清晰的理解。

2. main.c 代码

在 main.c 里面编写如下代码:

```
int main(void)
{
    uint8_t t;
    uint8_t len;
    uint16_t times = 0;
    HAL_Init();                              /* 初始化 HAL 库 */
    sys_stm32_clock_init(RCC_PLL_MUL9);      /* 设置时钟,72 MHz */
    delay_init(72);                          /* 延时初始化 */
    usart_init(115200);                      /* 串口初始化为 115 200 */
    led_init();                              /* 初始化 LED */
    while (1)
    {
        if (g_usart_rx_sta & 0x8000)          /* 接收到了数据 */
        {
            len = g_usart_rx_sta & 0x3fff;    /* 得到此次接收到的数据长度 */
            printf("\r\n 您发送的消息为:\r\n");
            /* 发送接收到的数据 */
            HAL_UART_Transmit(&uartx_handler,(uint8_t *)g_usart_rx_buf,len,1000);
            /* 等待发送结束 */
            while(__HAL_UART_GET_FLAG(&uartx_handler,UART_FLAG_TC)! = SET);
```

```
            printf("\r\n\r\n");                      /*插入换行*/
            g_usart_rx_sta = 0;
        }
        else
        {
            times++;
            if (times % 5000 == 0)
            {
                printf("\r\n 正点原子 STM32 开发板 串口实验\r\n");
                printf("正点原子@ALIENTEK\r\n\r\n\r\n");
            }
            if (times % 200 == 0) printf("请输入数据,以回车键结束\r\n");
            if (times % 30  == 0) LED0_TOGGLE();/*闪烁 LED,提示系统正在运行*/
            delay_ms(10);
        }
    }
}
```

无限循环里面的逻辑为:首先判断全局变量 g_usart_rx_sta 的最高位是否为1,如果为1,那么代表前一次数据接收已经完成,接下来就是把自定义接收缓冲的数据发送到串口,在上位机显示。这里比较重点的2条语句是:第一条是调用 HAL 串口发送函数 HAL_UART_Transmit 来发送一段字符到串口;第二条是发送一个字节之后,要检测这个数据是否已经被发送完成了。如果全局变量 g_usart_rx_sta 的最高位为0,则执行一段时间往上位机发送提示字符,以及让 LED0 每隔一段时间翻转,提示系统正在运行。

14.4 下载验证

下载好程序后,可以看到板子上的 LED0 开始闪烁,说明程序已经在跑了。串口调试助手用 XCOM,配套资料中提供了该软件,无需安装,可以直接运行,但是需要电脑安装了.NET Framework 4.0(Windows 自带了)或以上版本的环境。该软件的详细介绍参考 http://www.openedv.com/posts/list/22994.htm。

接着打开 XCOM V2.6,设置串口为开发板的 USB 转串口(CH340 虚拟串口,须根据自己的电脑选择,笔者的电脑是 COM15,注意,波特率是 115 200)。因为在程序上面设置了必须输入回车,串口才认可接收到的数据,所以必须在发送数据后再发送一个回车符。这里 XCOM 提供的发送方法是通过选中"发送新行"实现,只要选中了这个选项,每次发送数据后 XCOM 都会自动多发一个回车(0x0D+0x0A)。然后,再在发送区输入想要发送的文字,然后单击"发送",可以看到如图 14.16 所示信息。

可以看到,发送的消息被发送回来了。读者可以试试,如果不发送回车(取消"发送新行"选项),输入内容之后直接单击"发送"是什么结果。

图 14.16　串口实验效果图

第 15 章

独立看门狗(IWDG)实验

STM32F1 内部自带了 2 个看门狗:独立看门狗(IWDG)和窗口看门狗(WWDG)。这一章只介绍独立看门狗,窗口看门狗将在下一章介绍。本章将通过按键 KEY_UP 来喂狗,然后通过 LED0 提示复位状态。

15.1 IWDG 简介

独立看门狗本质上是一个定时器,有一个输出端,可以输出复位信号。该定时器是一个 12 位的递减计数器,当计数器的值减到 0 的时候,就会产生一个复位信号。如果在计数没减到 0 之前重置计数器的值,那么就不会产生复位信号,这个动作称为喂狗。看门狗功能由 V_{DD} 电压域供电,在停止模式和待机模式下仍然可以工作。

15.1.1 IWDG 框图

IWDG 框图如图 15.1 所示。可见,IWDG 有一个输入(时钟 LSI),经过一个 8 位的可编程预分频器提供给时钟一个 12 位递减计数器,满足条件就会输出一个复位信号(IWDG_RESET)。IWDG 内部输入/输出信号如表 15.1 所列。

图 15.1 IWDG 框图

表 15.1　IWDG 内部输入/输出信号

信号名称	信号类型	说　明
LSI	数字信号	LSI 时钟
IWDG 复位	数字信号	IWDG 复位信号输出

STM32F103 的独立看门狗由内部专门的 40 kHz 低速时钟(LSI)驱动,即使主时钟发生故障,它也仍然有效。注意,独立看门狗的时钟是一个内部 RC 时钟,所以并不是准确的 40 kHz,而是在 30～60 kHz 之间的一个可变化的时钟,只是估算时以40 kHz 的频率来计算,看门狗对时间的要求不太精确,所以,时钟有些偏差都是可以接受的。

15.1.2　IWDG 寄存器

IWDG 的框图很简单,用到的寄存器也不多,这里主要用到 3 个寄存器。

1. 键寄存器(IWDG_KR)

键寄存器可以看作独立看门狗的控制寄存器,其描述如图 15.2 所示。

图 15.2　IWDG_KR 寄存器

在键寄存器(IWDG_KR)中写入 0xCCCC,开始启用独立看门狗,此时计数器开始从其复位值 0xFFF 递减计数。当计数器计数到末尾 0x000 时,则产生一个复位信号(IWDG_RESET)。无论何时,只要键寄存器 IWDG_KR 中被写入 0xAAAA,IWDG_RLR 中的值就会被重新加载到计数器中,从而避免产生看门狗复位。

IWDG_PR 和 IWDG_RLR 寄存器具有写保护功能。要修改这 2 个寄存器的值,必须先向 IWDG_KR 寄存器中写入 0x5555。将其他值写入这个寄存器将会打乱操作顺序,寄存器将重新被保护。重装载操作(即写入 0xAAAA)也会启动写保护功能。

2. 预分频寄存器(IWDG_PR)

预分频寄存器描述如图 15.3 所示。该寄存器用来设置看门狗时钟(LSI)的分频系数,最低为 4,最高位 256。该寄存器是一个 32 位的寄存器,但是这里只用了最低 3 位,其他都是保留位。

31	30	29	28	27	26	25	24	23	22	21	20	19	18	17	16
保留															

15	14	13	12	11	10	9	8	7	6	5	4	3	2	1	0
保留													PR[2:0]		
													rw	rw	rw

位2:0	PR[2:0]：预分频因子 这些位具有写保护设置，通过设置这些位来选择计数器时钟的预分频因子。要改变预分频因子，IWDG_SR寄存器的PVU位必须为0。 000：预分频因子=4 100：预分频因子=64 001：预分频因子=8 101：预分频因子=128 010：预分频因子=16 110：预分频因子=256 011：预分频因子=32 111：预分频因子=256 注意：对此寄存器进行读操作，将从V_{DD}电压域返回预分频值。如果写操作正在进行，则读回的值可能是无效的。因此，只有当IWDG_SR寄存器的PVU位为0，读出的值才有效

图 15.3　IWDG_PR 寄存器

3. 重载寄存器(IWDG_ RLR)

重装载寄存器描述如图 15.4 所示。该寄存器用来保存重装载到计数器中的值。该寄存器也是一个 32 位寄存器，只有低 12 位是有效的。

31	30	29	28	27	26	25	24	23	22	21	20	19	18	17	16
保留															

15	14	13	12	11	10	9	8	7	6	5	4	3	2	1	0
保留				RL[11:0]											
				rw	rw	rw	rw	rw	rw	rw	rw	rw	rw	rw	rw

位11:0	PL[11:0]：看门狗计数器重装载值 这些位具有写保护功能，用于定义看门狗计数器的重装载值。每当向IWDG_KR寄存器写入0xAAAA时，重装载值会被传送到计数器中。随后计数器从这个值开始递减计数。 看门狗超时周期可通过此重装载值和时钟预分频值来计算。 只有当IWDG_SR寄存器中的RVU位为0时，才能对此寄存器进行修改。 注：对此寄存器进行读操作，将V_{DD}电压域返回预分频值。如果写操作正在进行，则读回的值可能是无效的。因此，只有当IWDG_SR寄存器的RVU位为0时，读出的值才有效

图 15.4　IWDG_ RLR 寄存器

15.2　硬件设计

(1) 例程功能

在配置看门狗后，LED0 将常亮，如果 KEY_UP 按键按下，则喂狗。只要 KEY_UP 不停地按，看门狗就一直不会产生复位，保持 LED0 常亮；一旦超过看门狗定溢出时间(T_{out})还没按，那么程序重启，这将导致 LED0 熄灭一次。

(2) 硬件资源

➢ LED 灯：LED0-PA8；

➢ 独立按键：WK_UP-PA0；

➢ 独立看门狗。

(3) 原理图

独立看门狗实验的核心在 STM32F103 内部进行,并不需要外部电路。但是考虑到指示当前状态和喂狗等操作,需要 2 个 I/O 口,一个用来输入喂狗信号,另外一个用来指示程序是否重启。喂狗采用板上的 WK_UP 键来操作,程序重启通过 LED0 来指示。

15.3　程序设计

15.3.1　IWDG 的 HAL 库驱动

IWDG 在 HAL 库中的驱动代码在 stm32f1xx_hal_iwdg.c 文件(及其头文件)中。

1. HAL_IWDG_Init 函数

IWDG 的初始化函数,其声明如下:

```
HAL_StatusTypeDef HAL_IWDG_Init(IWDG_HandleTypeDef * hiwdg);
```

函数描述:用于初始化 IWDG。

函数形参:形参是 IWDG 句柄,结构体类型是 IWDG_ HandleTypeDef,其定义如下:

```
typedef struct
{
    IWDG_TypeDef            * Instance;     /* IWDG 寄存器基地址 */
    IWDG_InitTypeDef       Init;           /* IWDG 初始化参数 */
} IWDG_HandleTypeDef;
```

Instance:指向 IWDG 寄存器基地址。

Init:IWDG 初始化结构体,用于配置计数器的相关参数。

IWDG_InitTypeDef 结构体类型定义如下:

```
typedef struct
{
    uint32_t Prescaler;     /* 预分频系数 */
    uint32_t Reload;        /* 重装载值 */
} IWDG_InitTypeDef;
```

Prescaler:预分频系数,范围为 IWDG_PRESCALER_4～IWDG_PRESCALER_256。

Reload:重装载值,范围为 0～0x0FFF。

函数返回值:HAL_StatusTypeDef 枚举类型的值。

2. HAL_IWDG_Refresh 函数

HAL_IWDG_Refresh 函数是独立看门狗的喂狗函数,其声明如下:

```
HAL_StatusTypeDef HAL_IWDG_Refresh(IWDG_HandleTypeDef * hiwdg);
```

函数描述：用于把重装载寄存器的值重载到计数器中喂狗，防止 IWDG 复位。

函数形参：形参 IWDG_HandleTypeDef 是结构体指针类型的 IWDG 句柄。

函数返回值：HAL_StatusTypeDef 枚举类型的值。

独立看门狗配置步骤如下：

① 取消寄存器写保护，设置看门狗预分频系数和重装载值。

首先必须取消 IWDG_PR 和 IWDG_RLR 寄存器的写保护，这样才可以设置寄存器 IWDG_PR 和 IWDG_RLR 的值。取消写保护、设置预分频系数以及重装载值在 HAL 库中是通过函数 HAL_IWDG_Init 实现的。该函数声明为：

```
HAL_StatusTypeDef HAL_IWDG_Init(IWDG_HandleTypeDef * hiwdg);
```

通过该函数设置看门狗的分频系数和重装载的值。看门狗的喂狗时间(也就是看门狗溢出时间)的计算方式为

$$T_{\text{out}} = (4 \times 2^{\text{prer}} \times \text{rlr}) / 40$$

其中，T_{out} 为看门狗溢出时间(单位为 ms)；prer 为看门狗时钟预分频值(IWDG_PR 值)，范围为 0~7；rlr 为看门狗的重装载值(IWDG_RLR 的值)。

比如设定 prer 值为 4(4 代表的是 64 分频，HAL 库中可以使用宏定义标识符 IWDG_PRESCALER_64)，定时时间为 1 s，那么就可以得到 $T_{\text{out}} = 64 \times \text{rlr}/40$ kHz = 1 000 ms，这样得到看门狗的溢出时间要为 1 s 时需要设置 rlr 为 625；只要在一秒之内有一次写入 0xAAAA 到 IWDG_KR，就不会导致看门狗复位(当然写入多次也是可以的)。注意，看门狗的时钟不是准确的 40 kHz，所以在喂狗的时候最好不要太晚了，否则有可能发生看门狗复位。

② 重载计数值喂狗(向 IWDG_KR 写入 0xAAAA)。

HAL 中重载计数值的函数是 HAL_IWDG_Refresh，该函数声明为：

```
HAL_StatusTypeDef HAL_IWDG_Refresh(IWDG_HandleTypeDef * hiwdg);
```

该函数有一个入口参数为 IWDG_HandleTypeDef 结构体类型指针，它的作用是把值 0xAAAA 写入到 IWDG_KR 寄存器，从而触发计数器重载，实现独立看门狗的喂狗操作。

③ 启动看门狗(向 IWDG_KR 写入 0xCCCC)。

HAL 库函数里面启动独立看门狗是通过宏定义标识符来实现的：

```
#define __HAL_IWDG_START(__HANDLE__)
        WRITE_REG((__HANDLE__)->Instance->KR, IWDG_KEY_ENABLE);
```

所以只需要调用宏定义标识符 __HAL_IWDG_START 即可实现看门狗使能。实际上，当调用了看门狗初始化函数 HAL_IWDG_Init 之后，在内部会调用该宏来启动看门狗。

15.3.2 程序流程图

程序流程如图 15.5 所示。

图 15.5　独立看门狗实验程序流程图

15.3.3　程序解析

1. IWDG 驱动代码

wdg.h 头文件只有函数的声明,就不解释了。下面直接解析 wdg.c 的程序,IWDG 的初始化函数定义如下:

```
void iwdg_init(uint8_t prer, uint16_t rlr)
{
    g_iwdg_handle.Instance = IWDG;
    g_iwdg_handle.Init.Prescaler = prer;        /* 设置 IWDG 分频系数 */
    g_iwdg_handle.Init.Reload = rlr;            /* 重装载值 */
    HAL_IWDG_Init(&g_iwdg_handle);
}
```

IWDG_Init 是独立看门狗初始化函数,主要用于设置预分频数和重装载寄存器的值。通过这 2 个寄存器就可以大概知道看门狗复位的时间周期为多少了。

```
void iwdg_feed(void)
{
    HAL_IWDG_Refresh(&g_iwdg_handle);           /* 重装载计数器 */
}
```

iwdg_feed 函数用来喂狗,在该函数内部只须调用 HLA 库函数 HAL_IWDG_Re-fresh。

2. main.c 代码

在 main.c 里面编写如下代码:

```
int main(void)
{
    HAL_Init();                              /* 初始化 HAL 库 */
    sys_stm32_clock_init(RCC_PLL_MUL9);      /* 设置时钟, 72 MHz */
    delay_init(72);                          /* 延时初始化 */
    usart_init(115200);                      /* 串口初始化为 115 200 */
    led_init();                              /* 初始化 LED */
    key_init();                              /* 初始化按键 */
    delay_ms(100);                           /* 延时 100 ms 再初始化看门狗,LED0 的变化可见 */
    iwdg_init(IWDG_PRESCALER_64, 625);       /* 预分频数为 64,重载值为 625,溢出时间为 1 s */
    LED0(0);                                 /* 点亮 LED0(红灯) */
    while (1)
    {
        if (key_scan(0) == WKUP_PRES)        /* 如果 WK_UP 按下,则喂狗 */
        {
            iwdg_feed();                     /* 喂狗 */
        }
        delay_ms(10);
    }
}
```

在 main 函数里,先初始化系统和用户的外设代码,然后先点亮 LED0,在无限循环里开始获取按键的键值,并判断是不是按键 WK_UP 按下,是就喂狗,不是则延时 10 ms,继续上述操作。若 1 s 后都没测到按键 WK_UP 按下,IWDG 就会产生一次复位信号,系统复位,可以看到,LED0 因系统复位熄灭一次再亮。反之,当按下按键 WK_UP 后,1 s 内再按下按键 WK_UP 就会及时喂狗,结果就是系统不会复位,LED0 也就不会闪烁。

"iwdg_init(IWDG_PRESCALER_64, 625);"中的第一个形参直接使用 HAL 库自定义的 IWDG_PRESCALER_64,即预分频系数为 64,重装载值是 625,所以可由公式得到 $T_{out}=1\ 000$ ms,即溢出时间就是 1 s。只要在 1 s 之内有一次写 0XAAAA 到 IWDG_KR,就不会导致看门狗复位(当然写入多次也是可以的)。注意,看门狗的时钟不是准确的 40 kHz,所以在喂狗的时候最好不要太晚,否则有可能发生看门狗复位。

15.4 下载验证

下载代码后,可以看到 LED0 不停闪烁,证明系统在不停复位,否则 LED0 常亮。这时试试不停地按 KEY_UP 按键,可以看到 LED0 常亮了,不会再闪烁,说明我们的实验是成功的。

第 **16** 章

基本定时器实验

STM32F103 有众多的定时器,其中包括 2 个基本定时器(TIM6 和 TIM7)、4 个通用定时器(TIM2～TIM5)、2 个高级控制定时器(TIM1 和 TIM8),这些定时器彼此完全独立,不共享任何资源。本章将介绍如何使用 STM32F103 的基本定时器中断,使用 TIM6 的定时器中断来控制 LED1 的翻转,在主函数用 LED0 的翻转来提示程序正在运行。

16.1 基本定时器简介

STM32F103 有 2 个基本定时器 TIM6 和 TIM7,功能完全相同,资源是完全独立的,可以同时使用。其主要特性如下:16 位自动重载递增计数器,16 位可编程预分频器,预分频系数 1～65 536,用于对计数器时钟频率进行分频,还可以触发 DAC 的同步电路以及生成中断/DMA 请求。

16.1.1 基本定时器框图

基本定时器框图如图 16.1 所示。

① 时钟源

定时器的核心就是计算器,要实现计数功能,首先要给它一个时钟源。基本定时器时钟挂载在 APB1 总线,所以它的时钟来自于 APB1 总线,但是基本定时器时钟不直接由 APB1 总线直接提供,而是先经过一个倍频器。当 APB1 的预分频器系数为 1 时,这个倍频器系数为 1,即定时器的时钟频率等于 APB1 总线时钟频率;当 APB1 的预分频器系数≥2 分频时,这个倍频器系数就为 2,即定时器的时钟频率等于 APB1 总线时钟频率的 2 倍。sys_stm32_clock_init 时钟设置函数中已经设置 APB1 总线时钟频率为 36 MHz,APB1 总线的预分频器分频系数是 2,所以挂载在 APB1 总线的定时器时钟频率为 72 MHz。

图 16.1 基本定时器框图

② 控制器

控制器除了控制定时器复位、使能、计数等功能之外,还可以用于触发 DAC 转换。

③ 时基单元

时基单元包括计数器寄存器(TIMx_CNT)、预分频器寄存器(TIMx_PSC)、自动重载寄存器(TIMx_ARR)。基本定时器的这 3 个寄存器都是 16 位有效数字,即可设置值范围是 0～65 535。

时基单元中的预分频器 PSC 有一个输入和一个输出。输入 CK_PSC 来源于控制器部分,实际上就来自于内部时钟(CK_INT),即 2 倍的 APB1 总线时钟频率(72 MHz)。输出 CK_CNT 是分频后的时钟,它是计数器实际的计数时钟,通过设置预分频器寄存器(TIMx_PSC)的值可以得到不同频率 CK_CNT,计算公式如下:

$$f_{CK\_CNT} = f_{CK\_PSC}/(PSC[15:0]+1)$$

其中,PSC[15:0]是写入预分频器寄存器(TIMx_PSC)的值。

另外,预分频器寄存器(TIMx_PSC)可以在运行过程中修改它的数值,新的预分频数值将在下一个更新事件时起作用。因为更新事件发生时,会把 TIMx_PSC 寄存器值更新到其影子寄存器中才会起作用。

什么是影子寄存器?可以看到图 16.1 中的预分频器 PSC 后面有一个影子,自动重载寄存器也有个影子,这就表示这些寄存器有影子寄存器。影子寄存器是一个实际起作用的寄存器,不可直接访问。举个例子:可以把预分频系数写入预分频器寄存器(TIMx_PSC),但是预分频器寄存器只是起到缓存数据的作用,只有等到更新事件发生时,预分频器寄存器的值才会被自动写入其影子寄存器中,这时才真正起作用。

自动重载寄存器及其影子寄存器的作用和上述同理。不同点在于自动重载寄存器是否具有缓冲作用还受到 ARPE 位的控制,当该位置 0 时,ARR 寄存器不进行缓冲,写入新的 ARR 值时,该值会马上被写入 ARR 影子寄存器中,从而直接生效;当该位置 1 时,ARR 寄存器进行缓冲,写入新的 ARR 值时,该值不会马上被写入 ARR 影子寄存器中,而是要等到更新事件发生才会被写入 ARR 影子寄存器,这时才生效。预分频器寄存器则没有这样相关的控制位,这就是它们不同点。

注意,更新事件的产生有 2 种情况,一是由软件产生,将 TIMx_EGR 寄存器的 UG 位置 1,产生更新事件后,硬件自动将 UG 位清零。二是由硬件产生,满足以下条件即可:计数器的值等于自动重装载寄存器影子寄存器的值。

基本定时器的计数器(CNT)是一个递增的计数器,当寄存器(TIMx_CR1)的 CEN 位置 1 时,即使能定时器,每来一个 CK_CNT 脉冲,TIMx_CNT 的值就会递增加 1。当 TIMx_CNT 值与 TIMx_ARR 的设定值相等时,TIMx_CNT 的值就会被自动清零并且会生成更新事件(如果开启相应的功能,就会产生 DMA 请求、产生中断信号或者触发 DAC 同步电路),然后下一个 CK_CNT 脉冲到来,TIMx_CNT 的值就会递增加 1,如此循环。在此过程中,TIMx_CNT 等于 TIMx_ARR 时,称为定时器溢出,因为是递增计数,故而又称为定时器上溢。定时器溢出就伴随着更新事件的发生。

只要设置预分频寄存器和自动重载寄存器的值,就可以控制定时器更新事件发生的时间。自动重载寄存器(TIMx_ARR)用于存放一个与计数器作比较的值,当计数器的值等于自动重载寄存器的值时就会生成更新事件,硬件自动置位相关更新事件的标志位,如更新中断标志位。

下面举个例子来学习如何设置预分频寄存器和自动重载寄存器的值,从而得到想要的定时器上溢事件发生的时间周期。比如需要一个 500 ms 周期的定时器更新中断,一般思路是先设置预分频寄存器,然后才是自动重载寄存器。因为设置的 CK_INT 为 72 MHz,把预分频系数设置为 7 200,即写入预分频寄存器的值为 7 199,那么 $f_{CK\_CNT} =$ 72 MHz/7 200＝10 kHz。这样就得到计数器的计数频率为 10 kHz,即计数器 1 秒可以计 10 000 个数。这里需要 500 ms 的中断周期,所以使计数器计数 5 000 个数就能满足要求,即需要设置自动重载寄存器的值为 4 999;另外还要把定时器更新中断使能位 UIE 置 1,CEN 位也要置 1。

16.1.2　TIM6/TIM7 寄存器

1. 控制寄存器 1(TIMx_CR1)

TIM6/TIM7 的控制寄存器 1 描述如图 16.2 所示。

该寄存器的位 0(CEN)用于使能或者禁止计数器,该位置 1 计数器开始工作,置 0 则停止。位 7(APRE)用于控制自动重载寄存器 ARR 是否具有缓冲作用,如果 ARPE 位置 1,ARR 起缓冲作用,即只有在更新事件发生时才会把 ARR 的值写入其影子寄存器里;如果 ARPE 位置 0,那么修改自动重载寄存器的值时,该值马上被写入其影子寄存器中,从而立即生效。

图 16.2　TIMx_CR1 寄存器

2. DMA/中断使能寄存器(TIMx_DIER)

TIM6/TIM7 的 DMA/中断使能寄存器描述如图 16.3 所示。

图 16.3　TIMx_DIER 寄存器

该寄存器位 0(UIE)用于使能或者禁止更新中断,因为本实验用到中断,所以该位需要置 1。位 8(UDE)用于使能或者禁止更新 DMA 请求,暂且用不到,置 0 即可。

3. 状态寄存器(TIMx_SR)

TIM6/TIM7 的状态寄存器描述如图 16.4 所示。

图 16.4　TIMx_SR 寄存器

该寄存器位 0(UIF)是中断更新的标志位,当发生中断时由硬件置 1,然后就会执行中断服务函数,需要软件去清零,所以必须在中断服务函数里把该位清零。如果中断到来后不把该位清零,那么系统就会一直进入中断服务函数,这显然不是我们想要的。

4. 计数器寄存器(TIMx_CNT)

TIM6/TIM7 的计数器寄存器描述如图 16.5 所示。该寄存器位[15：0]就是计数器的实时计数值。

图 16.5　TIMx_CNT 寄存器

5. 预分频寄存器(TIMx_PSC)

TIM6/TIM7 的预分频寄存器描述如图 16.6 所示。该寄存器是 TIM6/TIM7 的预分频寄存器,比如要 7 200 分频,就往该寄存器写入 7 199。注意,这是 16 位的寄存器,写入的数值范围是 0~65 535,分频系数范围为 1~65 536。

图 16.6　TIMx_PSC 寄存器

6. 自动重载寄存器(TIMx_ARR)

TIM6/TIM7 的自动重载寄存器描述如图 16.7 所示。

图 16.7　TIMx_ARR 寄存器

该寄存器可以由 APRE 位设置是否进行缓冲。计数器的值会和 ARR 寄存器影子寄存器进行比较,当两者相等时,定时器就会溢出,从而发生更新事件;如果打开更新中断,则还会发生更新中断。

16.1.3　基本定时器中断应用

本实验主要配置定时器产生周期性溢出,从而在定时器更新中断中做周期性操作,如周期性翻转 LED 灯。假设计数器计数模式为递增计数模式,那么实现周期性更新中断原理示意图如图 16.8 所示。

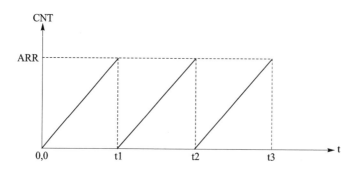

图 16.8　基本定时器中断示意图

CNT 计数器从 0 开始计数,当 CNT 的值和 ARR 相等时(t1),产生一个更新中断,然后 CNT 复位(清零),然后继续递增计数,依次循环。图中的 t1、t2、t3 就是定时器更新中断产生的时刻。

通过修改 ARR 的值,可以改变定时时间。另外,通过修改 PSC 的值,使用不同的计数频率(改变图中 CNT 的斜率),也可以改变定时时间。

16.2　硬件设计

(1) 例程功能

LED0 用来指示程序运行,每 200 ms 翻转一次。在更新中断中将 LED1 的状态取反。LED1 用于指示定时器发生更新事件的频率,500 ms 取反一次。

(2) 硬件资源

➤ LED 灯:LED0-PA8、LED1-PD2。

➤ 定时器 6。

(3) 原理图

定时器属于 STM32F103 的内部资源,只需要软件设置好即可正常工作。通过 LED1 来指示 STM32F103 的定时器进入中断情况。

16.3　程序设计

16.3.1　定时器的 HAL 库驱动

定时器在 HAL 库中的驱动代码在 stm32f1xx_hal_tim.c 和 stm32f1xx_hal_tim_ex.c 文件(以及它们的头文件)中。

1. HAL_TIM_Base_Init 函数

定时器的初始化函数声明如下:

```
HAL_StatusTypeDef HAL_TIM_Base_Init(TIM_HandleTypeDef * htim);
```

函数描述：用于初始化定时器。

函数形参：形参 TIM_HandleTypeDef 是结构体类型指针变量（亦称定时器句柄），结构体定义如下：

```
typedef struct
{
    TIM_TypeDef                  * Instance;      / * 外设寄存器基地址 * /
    TIM_Base_InitTypeDef         Init;           / * 定时器初始化结构体 * /
    HAL_TIM_ActiveChannel        Channel;        / * 定时器通道 * /
    DMA_HandleTypeDef            * hdma[7];       / * DMA 管理结构体 * /
    HAL_LockTypeDef              Lock;           / * 锁定资源 * /
    __IO HAL_TIM_StateTypeDef    State;          / * 定时器状态 * /
}TIM_HandleTypeDef;
```

Instance：指向定时器寄存器基地址。

Init：定时器初始化结构体，用于配置定时器的相关参数。

Channel：定时器的通道选择，基本定时器没有该功能。

hdma[7]：用于配置定时器的 DMA 请求。

Lock：ADC 锁资源。

State：定时器工作状态。

TIM_Base_InitTypeDef 结构体类型定义：

```
typedef struct
{
    uint32_t Prescaler;                 / * 预分频系数 * /
    uint32_t CounterMode;               / * 计数模式 * /
    uint32_t Period;                    / * 自动重载值 ARR * /
    uint32_t ClockDivision;             / * 时钟分频因子 * /
    uint32_t RepetitionCounter;         / * 重复计数器 * /
    uint32_t AutoReloadPreload;         / * 自动重载预装载使能 * /
} TIM_Base_InitTypeDef;
```

Prescaler：预分频系数，即写入预分频寄存器的值，范围为 0～65 535。

CounterMode：计数器计数模式，这里基本定时器只能向上计数。

Period：自动重载值，即写入自动重载寄存器的值，范围为 0～65 535。

ClockDivision：时钟分频因子，也就是定时器时钟频率 CK_INT 与数字滤波器所使用的采样时钟之间的分频比，基本定时器没有此功能。

RepetitionCounter：设置重复计数器寄存器的值，用在高级定时器中。

AutoReloadPreload：自动重载预装载使能，即控制寄存器 1（TIMx_CR1）的 ARPE 位。

函数返回值：HAL_StatusTypeDef 枚举类型的值。

2. HAL_TIM_Base_Start_IT 函数

HAL_TIM_Base_Start_IT 函数是更新定时器中断和使能定时器的函数，其声明如下：

```
HAL_StatusTypeDef HAL_TIM_Base_Start_IT(TIM_HandleTypeDef * htim);
```

函数描述：该函数调用了 __HAL_TIM_ENABLE_IT 和 __HAL_TIM_ENABLE 这 2 个函数宏定义,分别是更新定时器中断和使能定时器的宏定义。

函数形参：形参 TIM_HandleTypeDef 是结构体指针类型的定时器句柄。

函数返回值：HAL_StatusTypeDef 枚举类型的值。

注意事项：

下面分别列出单独使能/关闭定时器中断和使能/关闭定时器方法：

```
__HAL_TIM_ENABLE_IT(htim, TIM_IT_UPDATE);      /* 使能句柄指定的定时器更新中断 */
__HAL_TIM_DISABLE_IT(htim, TIM_IT_UPDATE);     /* 关闭句柄指定的定时器更新中断 */
__HAL_TIM_ENABLE(htim);                        /* 使能句柄 htim 指定的定时器 */
__HAL_TIM_DISABLE(htim);                       /* 关闭句柄 htim 指定的定时器 */
```

定时器中断配置步骤如下：

① 使能定时器时钟。

HAL 中定时器使能是通过宏定义标识符来实现对相关寄存器操作的,方法如下：

```
__HAL_RCC_TIMx_CLK_ENABLE();   /* x = 1~8 */
```

② 初始化定时器参数,设置自动重装值、分频系数、计数方式等。

定时器的初始化参数是通过定时器初始化函数 HAL_TIM_Base_Init 实现的。

注意,该函数会调用 HAL_TIM_Base_MspInit 函数,可以通过后者存放定时器时钟和中断等初始化的代码。

③ 使能定时器更新中断,开启定时器计数,配置定时器中断优先级。

通过 HAL_TIM_Base_Start_IT 函数使能定时器更新中断和开启定时器计数。通过 HAL_NVIC_EnableIRQ 函数使能定时器中断,通过 HAL_NVIC_SetPriority 函数设置中断优先级。

④ 编写中断服务函数。

定时器中断服务函数为 TIMx_IRQHandler 等,当发生中断的时候,程序就会执行中断服务函数。HAL 库提供了一个定时器中断公共处理函数 HAL_TIM_IRQHandler,该函数又会调用 HAL_TIM_PeriodElapsedCallback 等一些回调函数,需要用户根据中断类型选择重定义对应的中断回调函数来处理中断程序。

16.3.2　程序流程图

程序流程图如图 16.9 所示。

16.3.3　程序解析

1. 基本定时器中断驱动代码

这里只讲解核心代码,详细的源码可参考配套资料

图 16.9　基本定时器中断
实验程序流程图

中本实验对应源码。基本定时器驱动代码包括 2 个文件：btim.c 和 btim.h。

首先看 btim.h 头文件的几个宏定义：

```
/* 基本定时器定义 */
#define BTIM_TIMX_INT                  TIM6
#define BTIM_TIMX_INT_IRQn             TIM6_DAC_IRQn
#define BTIM_TIMX_INT_IRQHandler       TIM6_DAC_IRQHandler
/* TIM 时钟使能 */
#define BTIM_TIMX_INT_CLK_ENABLE() do{ __HAL_RCC_TIM6_CLK_ENABLE(); }while(0)
```

通过修改这 4 个宏定义可以支持 TIM1～TIM8 任意一个定时器。

下面解析 btim.c 的程序，先看定时器的初始化函数，其定义如下：

```
void btim_timx_int_init(uint16_t arr, uint16_t psc)
{
    g_timx_handle.Instance = BTIM_TIMX_INT;              /* 定时器 x */
    g_timx_handle.Init.Prescaler = psc;                 /* 预分频 */
    g_timx_handle.Init.CounterMode = TIM_COUNTERMODE_UP; /* 递增计数器 */
    g_timx_handle.Init.Period = arr;                    /* 自动装载值 */
    HAL_TIM_Base_Init(&g_timx_handle);
    HAL_TIM_Base_Start_IT(&g_timx_handle);      /* 使能定时器 x 和定时器 x 更新中断 */
}
```

btim_timx_int_init 函数用来初始化定时器，可以通过修改宏定义 BTIM_TIMX_
INT 来初始化 TIM1～TIM8 中的任意一个，本章是初始化基本定时器 6。该函数的
2 个形参：arr 设置自动重载寄存器(TIMx_ARR)，psc 设置预分频器寄存器(TIMx_
PSC)。HAL_TIM_Base_Init 函数初始化定时器后，再调用 HAL_TIM_Base_Start_IT
函数使能定时器和更新定时器中断。

因为 sys_stm32_clock_init 函数里面已经初始化 APB1 的时钟为 HCLK 的 2 分
频，所以 APB1 的时钟为 36 MHz，而从 STM32F1 的内部时钟树图得知，当 APB1 的时
钟分频数为 1 的时候，TIM2～7 的时钟为 APB1 的时钟；而如果 APB1 的时钟分频数
不为 1，那么 TIM2～7 的时钟频率将为 APB1 时钟的 2 倍。因此，TIM6 的时钟为
72 MHz，再根据 arr 和 psc 的值就可以计算中断时间了。计算公式如下：

$$T_{out} = (arr+1)(psc+1)/T_{clk}$$

其中，T_{out} 为定时器溢出时间(单位为 s)，T_{clk} 为定时器的时钟源频率(单位为 MHz)，
arr 为自动重装寄存器(TIMx_ARR)的值，psc 为预分频器寄存器(TIMx_PSC)的值。

定时器底层驱动初始化函数如下：

```
void HAL_TIM_Base_MspInit(TIM_HandleTypeDef * htim)
{
    if (htim->Instance == BTIM_TIMX_INT)
    {
        BTIM_TIMX_INT_CLK_ENABLE();                      /* 使能 TIMx 时钟 */
        HAL_NVIC_SetPriority(BTIM_TIMX_INT_IRQn, 1, 3);  /* 设置中断优先级 */
        HAL_NVIC_EnableIRQ(BTIM_TIMX_INT_IRQn);          /* 开启 ITMx 中断 */
    }
}
```

HAL_TIM_Base_MspInit 函数用于存放 GPIO、NVIC 和时钟相关的代码,这里首先判断定时器的寄存器基地址,满足条件后设置使能定时器的时钟,然后设置定时器中断的抢占优先级为 1,响应优先级为 3,最后开启定时器中断。这里没有用到 I/O 引脚,所以不用初始化 GPIO。接着是定时器中断服务函数的定义,这里用的是宏名,其定义如下:

```
void BTIM_TIMX_INT_IRQHandler(void)
{
    HAL_TIM_IRQHandler(&timx_handle);
}
```

这个函数实际上调用 HAL 库的定时器中断公共处理函数 HAL_TIM_IRQHandler。HAL 库的中断公共处理函数会根据中断标志位调用各个中断回调函数,中断要处理的逻辑代码就写到这个回调函数中。比如这里使用到的是更新中断,定义的更新中断回调函数如下:

```
void HAL_TIM_PeriodElapsedCallback(TIM_HandleTypeDef * htim)
{
    if (htim->Instance == BTIM_TIMX_INT)
    {
        LED1_TOGGLE();
    }
}
```

更新中断回调函数是所有定时器公用的,所以需要在更新中断回调函数中对定时器寄存器基地址进行判断。只有符合对应定时器发生的更新中断,才能进行相应处理,从而避免多个定时器同时使用到更新中断而导致更新中断代码的逻辑混乱。这里使用定时器 6 的更新中断,所以进入更新中断回调函数后,先判断是不是定时器 6 的寄存器基地址;当然这里使用宏的形式,BTIM_TIMX_INT 的原型就是 TIM6,执行的逻辑代码是翻转 LED1。

2. main.c 代码

在 main.c 里面编写如下代码:

```
int main(void)
{
    HAL_Init();                              /* 初始化 HAL 库 */
    sys_stm32_clock_init(RCC_PLL_MUL9);      /* 设置时钟,72 MHz */
    delay_init(72);                          /* 延时初始化 */
    usart_init(115200);                      /* 串口初始化为 115 200 */
    led_init();                              /* 初始化 LED */
    btim_timx_int_init(5000-1, 7200-1);      /* 10 kHz 的计数频率,计数 5K 次为 500 ms */
    while (1)
    {
        LED0_TOGGLE();
        delay_ms(200);
    }
}
```

在 main 函数里,先初始化系统和用户的外设代码,然后在 while(1)里每 200 ms 翻转一次 LED0。由前面的内容知道,定时器 6 的时钟频率为 72 MHz,而调用 btim_timx_int_init 初始化函数之后,就相当于写入预分频寄存器的值为 7 199,写入自动重载寄存器的值为 4 999。由公式得

$$T_{out}=(4\ 999+1)\times(7\ 199+1)/72\ 000\ 000=0.5\ s=500\ ms$$

16.4　下载验证

下载代码后,可以看到 LED0 不停闪烁(每 400 ms 一个周期),而 LED1 也是不停闪烁,但是闪烁时间较 LED0 慢(每秒一个周期)。

第**17**章

通用定时器实验

STM32F103 有 4 个通用定时器(TIM2～TIM5),这些定时器彼此完全独立,不共享任何资源。本章通过定时器 PWM 输出实验来学习通用定时器的功能。

17.1 通用定时器简介

STM32F103 的通用定时器特性如表 17.1 所列。

表 17.1 定时器基本特性表

定时器 类型	定时器	计数器 位数	计数模式	预分频系数 (整数)	产生 DMA 请求	捕获/比较 通道	互补输出
基本定时器	TIM6 TIM7	16	递增	1～65 536	可以	0	无
通用定时器	TIM2 TIM3 TIM4 TIM5	16	递增、递减、中央对齐	1～65 536	可以	4	无
高级定时器	TIM1 TIM8	16	递增、递减、中央对齐	1～65 536	可以	4	有

可见,该 STM32 芯片的计数器都是 16 位的。通用定时器和高级定时器其实也就是在基本定时器的基础上添加了一些其他功能,如输入捕获、输出比较、输出 PWM 和单脉冲模式等。而通用定时器数量较多,特性也有一些差异,但是基本原理都一样。

通用定时器框图如图 17.1 所示。可见,通用定时器的框图比基本定时器的框图复杂许多,为了方便介绍,这里将其分成 6 个部分讲解。

图 17.1　通用定时器框图

① 时钟源

通用定时器时钟可以选择下面 4 类时钟源之一:

➤ 内部时钟(CK_INT);

➤ 外部时钟模式 1:外部输入引脚(TIx),x＝1,2(即只能来自于通道 1 或者通道 2);

➤ 外部时钟模式 2:外部触发输入(ETR);

➤ 内部触发输入(ITRx):使用一个定时器作为另一定时器的预分频器。

通用定时器时钟源的设置方法如表 17.2 所列。

表 17.2　通用定时器时钟源设置方法

定时器时钟类型	设置方法
内部时钟(CK_INT)	设置 TIMx_SMCR 的 SMS＝0000
外部时钟模式 1:外部输入引脚(TIx)	设置 TIMx_SMCR 的 SMS＝1111

定时器时钟类型	设置方法
外部时钟模式 2：外部触发输入(ETR)	设置 TIMx_SMCR 的 ECE＝1
内部触发输入(ITRx)	设置可参考"STM32F10xxx 参考手册_V10(中文版).pdf"的 14.3.15 小节

(1) 内部时钟(CK_INT)

STM32F1 系列的定时器 TIM2～TIM7 都挂载在 APB1 总线上,这些定时器的内部时钟实际上来自于 APB1 总线提供的时钟。但是这些定时器时钟不由 APB1 总线直接提供,而是要先经过一个倍频器。在 HAL 库版本例程源码的 sys.c 文件中,系统时钟初始化函数 sys_stm32_clock_init 已经设置 APB1 总线时钟频率为 36 MHz,APB1 预分频器的预分频系数为 2,所以这些定时器时钟源频率为 72 MHz。当 APB1 预分频器的预分频系数≥2 分频时,挂载在 APB1 总线上的定时器时钟频率是该总线时钟频率的 2 倍。

高级定时器 TIM1 和 TIM8 是挂载在 APB2 总线上的。如果 APB2 预分频系数为 1,挂载在该总线的定时器时钟频率不变;否则,频率是该总线时钟频率的 2 倍。在系统时钟初始化函数 sys_stm32_clock_init 中已经设置 APB2 总线时钟频率为 72 MHz,APB2 预分频器的预分频系数为 1,所以 TIM1 和 TIM8 时钟源频率为 72 MHz。

(2) 外部时钟模式 1(TI1、TI2)

外部时钟模式 1 这类时钟源的时钟信号来自于芯片外部。时钟源进入定时器的流程如下:外部时钟源信号→I/O→TIMx_CH1(或者 TIMx_CH2)。注意,外部时钟模式 1 下,时钟源信号只能从 CH1 或者 CH2 输入到定时器,CH3 和 CH4 都是不可以的。从 I/O 到 TIMx_CH1(或者 TIMx_CH2)就需要配置 I/O 的复用功能,才能使 I/O 和定时器通道连通。

时钟源信号来到定时器 CH1 或 CH2 后,需要经过什么"关卡"才能到达计数器作为计数的时钟频率呢?

图 17.2 是外部时钟模式 1 框图,其中是以 CH2(通道 2)为例的。时钟源信号到达 CH2 后,这里把这个时钟源信号用 TI2 表示;因为它只是个信号,来到定时器内部,那就按定时器内部的信号来命名。

TI2 首先经过一个滤波器,由 ICF[3：0]位来设置滤波方式,也可以设置不使用滤波器。接着经过边沿检测器,由 CC2P 位来设置检测的边沿,可以上升沿或者下降沿检测。然后经过触发输入选择器,由 TS[4：0]位来选择 TRGI(触发输入信号)的来源。图 17.2 中框出了 TI1F_ED、TI1FP1 和 TI2FP2 这 3 个触发输入信号(TRGI)。TI1F_ED 表示来自于 CH1,并且没有经过边沿检测器过滤的信号,所以它是 CH1 的双边沿信号,即上升沿或者下降沿都是有效的。TI1FP1 表示来自 CH1 并经过边沿检测器后的信号,可以是上升沿或者下降沿。TI2FP2 表示来自 CH2 并经过边沿检测器后的信号,可以是上升沿或者下降沿。这里以 CH2 为例,那只能选择 TI2FP2。如果以 CH1

图 17.2　外部时钟模式 1 框图

为例,那就可以选择 TI1F_ED 或者 TI1FP1。

最后经过从模式选择器,由 ECE 位和 SMS[2∶0]位来选择定时器的时钟源。这里介绍的是外部时钟模式 1,所以 ECE 位置 0,SMS[2∶0]=111 即可。CK_PSC 需要经过定时器的预分频器分频后,最终就能到达计数器进行计数了。

(3) 外部时钟模式 2(ETR)

外部时钟模式 2 的时钟信号来自于芯片外部。时钟源进入定时器的流程如下:外部时钟源信号→I/O→TIMx_ETR。从 I/O 到 TIMx_ETR,就需要配置 I/O 的复用功能,才能使 I/O 和定时器连通。

图 17.3 是外部时钟模式 2 框图,可以看到在外部时钟模式 2 下,定时器时钟信号首先从 ETR 引脚进来。接着经过外部触发极性选择器,由 ETP 位来设置上升沿有效还是下降沿有效,选择下降沿有效时信号会经过反相器。然后经过外部触发预分频器,由 ETPS[1∶0]位来设置预分频系数,系数可选 1、2、4、8。紧接着经过滤波器,由 ETF[3∶0]位来设置滤波方式,也可以设置不使用滤波器。f_{DTS} 由 TIMx_CR1 寄存器的 CKD 位设置。最后经过从模式选择器,由 ECE 位和 SMS[2∶0]位来选择定时器的时钟源。这里介绍的是外部时钟模式 2,直接把 ECE 位置 1 即可。CK_PSC 需要经过定时器的预分频器分频后,最终就能到达计数器进行计数了。

(4) 内部触发输入(ITRx)

内部触发输入使用一个定时器作为另一个定时器的预分频器,即实现定时器的级联。下面以 TIM1 作为 TIM2 的预分频器为例来介绍。

图 17.4 是 TIMI1 作为 TIM2 的预分频器框图,其中,TIM1 作为 TIM2 的预分频器,需要完成的配置步骤如下:

① TIM1_CR2 寄存器的 MMS[2∶0]位设置为 010,即 TIM1 的主模式选择为更新(选择更新事件作为触发输出(TRGO))。

② TIM2_SMCR 寄存器的 TS[2∶0]位设置为 000,即使用 ITR1 作为内部触发。

图 17.3　外部时钟模式 2 框图

图 17.4　TIM1 作为 TIM2 的预分频器框图

TS[2：0]位用于配置触发选择,除了 ITR1,还有其他的选择,如图 17.5 所示。

图 17.5　触发选择

图 17.5 的触发选择中提到内部触发,这代表什么意思呢? 打开"STM32F10xxx 参考手册_V10(中文版).pdf"的 285 页,可以找到表 17.3。

表 17.3　TIMx 内部触发连接

从定时器	ITR0(TS=000)	ITR1(TS=001)	ITR2(TS=010)	ITR3(TS=011)
TIM2	TIM1	TIM8	TIM3	TIM4
TIM3	TIM1	TIM2	TIM5	TIM4

续表 17.3

从定时器	ITR0(TS=000)	ITR1(TS=001)	ITR2(TS=010)	ITR3(TS=011)
TIM4	TIM1	TIM2	TIM3	TIM8
TIM5	TIM2	TIM3	TIM4	TIM8

在步骤②中 TS[2：0] 位设置为 000,使用 ITR1 作为内部触发,这个 ITR1 什么意思? 由表 17.3 可以知道,当从模式定时器为 TIM2 时,ITR1 表示主模式定时器就是 TIM1。这里只是 TIM2~5 的内部触发连接情况,其他定时器可查看参考手册的相应章节。

③ TIM2_SMCR 寄存器的 SMS[2：0] 位设置为 111,即从模式控制器选择外部时钟模式 1。

④ TIM1 和 TIM2 的 CEN 位都要置 1,即启动计数器。

定时器的时钟源这部分内容是非常重要的,因为这是计数器工作的基础。虽然定时器有 4 类时钟源,但是最常用的还是内部时钟。

② 控制器

控制器包括从模式控制器、编码器接口和触发控制器(TRGO)。从模式控制器可以控制计数器复位、启动、递增/递减、计数。编码器接口针对编码器计数。触发控制器用来提供触发信号给别的外设,比如为其他定时器提供时钟或者为 DAC/ADC 的触发转换提供信号。

③ 时基单元

时基单元包括计数器寄存器(TIMx_CNT)、预分频器寄存器(TIMx_PSC)、自动重载寄存器(TIMx_ARR)。这部分内容和基本定时器一样。

不同点:通用定时器的计数模式有 3 种,即递增计数模式、递减计数模式和中心对齐模式。递增计数模式在讲解基本定时器的时候已经讲过了,那么对应到递减计数模式就很好理解了。就是来了一个计数脉冲,计数器就减 1,直到计数器寄存器的值减到 0 时定时器溢出。由于是递减计数,故而称为定时器下溢,定时器溢出就会伴随着更新事件的发生。然后计数器又从自动重载寄存器影子寄存器的值开始继续递减计数,如此循环。最后是中心对齐模式。该模式下,计数器先从 0 开始递增计数,直到计数器的值等于自动重载寄存器影子寄存器的值减 1 时,定时器上溢,同时生成更新事件,然后从自动重载寄存器影子寄存器的值开始递减计算,直到计数值等于 1 时,定时器下溢,同时生成更新事件,然后又从 0 开始递增计数,依次循环。每次定时器上溢或下溢都会生成更新事件。计数器的计数模式的设置可参考 TIMx_CR1 寄存器的位 CMS 和位 DIR。

下面通过图 17.6 来展示定时器工作在不同计数模式下,更新事件发生的情况。纵轴表示计数器的计数值,横轴表示时间,ARR 表示自动重载寄存器的值,小圆点就是更新事件发生的时间点。举个例子,递增计数模式下,当计数值等于 ARR 时,计数器的值被复位为 0,定时器溢出,并伴随着更新事件的发生,后面继续递增计数。

图 17.6　更新事件发生条件

上面的描述属于硬件更新事件发生条件,还可以通过 UG 位产生软件更新事件。

④ 输入捕获

图 17.1 中的第④部分是输入捕获,一般要和第⑤部分一起完成测量功能。TIMx_CH1～ TIMx_CH4 表示定时器的 4 个通道,这 4 个通道都是可以独立工作的。I/O 端口通过复用功能与这些通道相连。配置好 I/O 端口的复用功能后,将需要测量的信号输入到相应的 I/O 端口,输入捕获部分可以对输入信号的上升沿、下降沿或者双边沿进行捕获。常见的测量有测量输入信号的脉冲宽度、测量 PWM 输入信号的频率和占空比等。

测量高电平脉冲宽度的工作原理:一般先要设置输入捕获的边沿检测极性,如设置上升沿检测,那么当检测到上升沿时,定时器会把计数器 CNT 的值锁存到相应的捕获/比较寄存器 TIMx_CCRy 里,y=1~4。然后再设置边沿检测为下降沿检测,当检测到下降沿时,定时器会把计数器 CNT 的值再次锁存到相应的捕获/比较寄存器 TIMx_CCRy 里。最后,将前后 2 次锁存的 CNT 值相减,就可以算出高电平脉冲期间内计数器的计数个数,再根据定时器的计数频率就可以计算出这个高电平脉冲的时间。如果要测量的高电平脉宽时间长度超过定时器的溢出时间周期,则会发生溢出,这时候还需要做定时器溢出的额外处理。低电平脉冲捕获同理。

上面的描述是第④部分输入捕获整体上的一个应用情况,下面我们来看第④部分的细节。当需要测量的信号进入通道后,需要经过哪些“关卡”? 图 17.7 是图 17.1 第④部分通道 1 的“放大版”,这里以通道 1 输入捕获为例进行介绍,其他通道同理。

待测量信号到达 TIMx_CH1 后,那么这里把这个待测量信号用 TI1 表示。TI1 首先经过一个滤波器,由 ICF[3：0] 位来设置滤波方式,也可以设置不使用滤波器。f_{DTS} 由 TIMx_CR1 寄存器的 CKD 位设置。接着经过边沿检测器,由 CC1P 位来设置检测的边沿,可以上升沿或者下降沿检测。CC1NP 用于配置互补通道的边沿检测,在高级定时器才有,通用定时器没有。然后经过输入捕获映射选择器,由 CC1S[1：0] 位来选择把 IC1 映射到 TI1、TI2 还是 TRC。这里的待测量信号从通道 1 进来,所以选择 IC1 映射到 TI1 上即可。紧接着经过输入捕获 1 预分频器,由 ICPS[1：0] 位来设置预分频

图 17.7　通道 1 输入阶段

系数,可选 1、2、4、8。最后需要把 CC1E 位置 1,使能输入捕获,IC1PS 就是分频后的捕获信号。这个信号将会到达图 17.1 的第⑤部分。

图 17.1 的第⑤部分的"放大版"如图 17.8 所示。图中,灰色阴影部分是输出比较功能部分,讲到第⑥部分输出比较的时候再介绍。左边没有阴影部分就是输入捕获功能部分了。

图 17.8　捕获/比较通道 1 主电路(输入捕获功能部分)

首先看到捕获/比较预装载寄存器,以通道 1 为例,那么它就是 CCR1 寄存器,通道 2、通道 3、通道 4 就分别对应 CCR2、CCR3、CCR4。在图 17.1 中可以看到,CCR1~4 是有影子寄存器的,所以这里就可以看到图 17.8 中有捕获/比较影子寄存器,该寄存器不可直接访问。

图 17.8 左下角的 CC1G 位可以产生软件捕获事件,那么硬件捕获事件是如何产生的?这里还是以通道 1 输入为例,CC1S[1∶0]=01,即 IC1 映射到 TI1 上;CC1E 位置 1,使能输入捕获;比如不滤波、不分频,ICF[3∶0]=00,ICPS[1∶0]=00;比如检测上升沿,CC1P 位置 0;接着就是等待测量信号的上升沿到来。当上升沿到来时,IC1PS 信号就会触发输入捕获事件发生,计数器的值就会被锁存到捕获/比较影子寄存器里。当

CCR1 寄存器没有被进行读操作的时候,捕获/比较影子寄存器里的值就会锁存到 CCR1 寄存器中,那么程序员就可以读取 CCR1 寄存器,得到计数器的计数值。检测下降沿同理。

⑤ 输入捕获和输出比较公用部分

该部分需要结合第④部分或者第⑥部分共同完成相应功能。

⑥ 输出比较

图 17.1 中的第⑥部分是输出比较,一般应用是要和第⑤部分一起完成定时器输出功能。TIMx_CH1~ TIMx_CH4 表示定时器的 4 个通道,这 4 个通道都是可以独立工作的。I/O 端口通过复用功能与这些通道相连。

下面按照输出信号产生过程顺序介绍定时器如何实现输出功能。首先看到第⑤部分的"放大版"图,如图 17.9 所示。

图 17.9 捕获/比较通道 1 主电路(输出比较功能部分)

图 17.9 中灰色阴影部分是输入捕获功能部分,前面已经讲过。右边没有阴影部分就是输出比较功能部分了。下面以通道 1 输出比较功能为例介绍定时器如何实现输出功能。

首先写 CCR1 寄存器,即写入比较值,这个比较值需要转移到对应的捕获/比较影子寄存器后才会真正生效。什么条件下才能转移? 图 17.9 中可以看到 compare_transfer 旁边的与门,需要满足 3 个条件:CCR1 不在写入操作期间、CC1S[1:0]=0 配置为输出、OC1PE 位置 0(或者 OC1PE 位置 1,并且需要发生更新事件,这个更新事件可以软件产生或者硬件产生)。

当 CCR1 寄存器的值转移到其影子寄存器后,新的值就会和计数器的值进行比较,它们的比较结果将会通过第⑥部分影响定时器的输出。

下面来看看第⑥部分通道 1 的"放大版",如图 17.10 所示。可以看到,输出模式控制器由 OC1M[2:0]位配置输出比较模式,该位的描述可参考"STM32F10xxx 参考手册_V10(中文版).pdf"相关定时器章节的 TIMx_CCMR1 寄存器。F1 系列有 8 种输出比较模式,后面用到再来介绍。

图 17.10　通道 1 输出阶段

oclref 是输出参考信号,高电平有效,为高电平时称之为有效电平,为低电平时称之为无效电平。它的高低电平受到 3 个方面的影响:OC1M[3∶0]位配置的输出比较模式、第⑤部分比较器的比较结果、OC1CE 位配置的 ETRF 信号。ETRF 信号可以将 oclref 电平强制清零,该信号来自 I/O 外部。

一般来说,当计数器的值和捕获/比较寄存器的值相等时,输出参考信号 oclref 的极性就会根据选择的输出比较模式而改变。如果开启了比较中断,则还会发生比较中断。

CC1P 位用于选择通道输出极性。CC1E 位置 1 使能通道输出。OC1 信号就会从 TIMx_CH1 输出到 I/O 端口,再到 I/O 外部。

下面分别通过实验来学习通用定时器的功能。

17.2　通用定时器 PWM 输出实验

本节来学习使用通用定时器的 PWM 输出模式。脉冲宽度调制(PWM),是英文 Pulse Width Modulation 的缩写,简称脉宽调制,是利用微处理器的数字输出来对模拟电路进行控制的一种非常有效的技术。可以让定时器产生 PWM,在计数器频率固定时,PWM 频率或者周期由自动重载寄存器(TIMx_ARR)的值决定,其占空比由捕获/比较寄存器(TIMx_CCRx)的值决定。PWM 产生原理示意图如图 17.11 所示。

图 17.11 中,定时器工作在递增计数模式,纵轴是计数器的计数值 CNT,横轴表示时间。当 CNT<CCRx 时,I/O 输出低电平(逻辑 0);当 CNT≥CCRx 时,I/O 输出高电平(逻辑 1);当 CNT=ARR 时,定时器溢出,CNT 的值被清零,然后继续递增,依次循环。在这个循环中,改变 CCRx 的值就可以改变 PWM 的占空比,改变 ARR 的值就可以改变 PWM 的频率,这就是 PWM 输出的原理。

定时器产生 PWM 的方式有许多种,下面以边沿对齐模式(即递增计数模式/递减计数模式)为例,PWM 模式 1 或者 PWM 模式 2 产生 PWM 的示意图如图 17.12 所示。

STM32F103 的定时器除了 TIM6 和 TIM7,其他的定时器都可以用来产生 PWM 输出。其中,高级定时器 TIM1 和 TIM8 可以同时产生 7 路 PWM 输出,而通用定时器

图 17.11　PWM 生成示意图

图 17.12　产生 PWM 示意图

也能同时产生 4 路 PWM 输出。本实验以使用 TIM3 的 CH2 产生一路 PWM 输出为例进行学习。

17.2.1　TIM2～TIM5 寄存器

要使 STM32F103 的通用定时器 TIMx 产生 PWM 输出,除了前面介绍的寄存器外,还会用到 3 个寄存器来控制 PWM。这 3 个寄存器分别是捕获/比较模式寄存器(TIMx_

CCMR1/2)、捕获/比较使能寄存器(TIMx_CCER)、捕获/比较寄存器(TIMx_CCR1~4)。

1. 捕获/比较模式寄存器 1/2(TIMx_CCMR1/2)

TIM2~TIM5 的捕获/比较模式寄存器(TIMx_CCMR1/2)一般有 2 个：TIMx_CCMR1 和 TIMx_CCMR2。TIMx_CCMR1 控制 CH1 和 CH2,而 TIMx_CCMR2 控制 CH3 和 CH4。TIMx_CCMR1 寄存器描述如图 17.13 所示。

图 17.13　TIMx_CCMR1 寄存器

该寄存器的有些位在不同模式下功能不一样,现在只用到输出比较,输入捕获后面的实验再讲解。关于该寄存器的详细说明可参考"STM32F10xxx 参考手册_V10(中文版).pdf"第 288 页的 14.4.7 小节。比如要以 TIM2 的 CH1 输出 PWM 波为例进行介绍,该寄存器的模式设置位 OC1M[2：0]就对应着通道 1 的模式设置,此部分由 3 位组成。总共可以配置成 8 种模式,这里使用的是 PWM 模式,所以这 3 位必须设置为 110 或者 111,分别对应 PWM 模式 1 和 PWM 模式 2。这 2 种 PWM 模式的区别就是输出有效电平的极性相反。位 OC1PE 控制输出比较通道 1 的预装载使能,实际就是控制 CCR1 寄存器是否进行缓冲。因为 CCR1 寄存器也是有影子寄存器的,影子寄存器才是真正起作用的寄存器。CC1S[1：0]用于设置通道 1 的方向(输入/输出)默认设置为 0,就是设置通道作为输出使用。

2. 捕获/比较使能寄存器(TIMx_CCER)

TIM2~TIM5 的捕获/比较使能寄存器控制着各个输入/输出通道的开关和极性。TIMx_CCER 寄存器描述如图 17.14 所示。

图 17.14　TIMx_CCER 寄存器

该寄存器比较简单,要让 TIM2 的 CH1 输出 PWM 波,这里要使能 CC1E 位,该位是通道 2 输入/输出使能位;要想 PWM 从 I/O 口输出,这个位必须设置为 1。CC1P 位是设置通道 1 的输出极性,默认设置 0。

3. 捕获/比较寄存器 1/2/3/4(TIMx_CCR1/2/3/4)

捕获/比较寄存器(TIMx_CCR1/2/3/4)总共有 4 个,对应 4 个通道 CH1~CH4。

这里使用的是通道 1,所以来看看 TIMx_CCR1 寄存器,描述如图 17.15 所示。

15	14	13	12	11	10	9	8	7	6	5	4	3	2	1	0
CCR1[15:0]															
rw	rw	rw	rw	rw	rw	rw	rw	rw	rw	rw	rw	rw	rw	rw	rw

位15:0	CCR1[15:0]:捕获/比较1的值 若CC1通道配置为输出: CCR1包含了装入当前捕获/比较1寄存器的值(预装载值)。 如果在TIMx_CCMR1寄存器(OC1PE位)中未选择预装载特性,写入的数值会被立即传输至当前寄存器中。否则只有当更新事件发生时,此预装载值才传输至当前捕获/比较1寄存器中。 当前捕获/比较寄存器参与同计数器TIMx_CNT的比较,并在OC1端口上产生输出信号。 若CC1通道配置为输入: CCR1包含了由上一次输入捕获1事件(IC1)传输的计数器值

图 17.15　TIMx_CCR1 寄存器

在输出模式下,捕获/比较寄存器影子寄存器的值与 CNT 的值比较,根据比较结果产生相应动作。利用这点,通过修改这个寄存器的值就可以控制 PWM 的占空比了。

17.2.2　硬件设计

(1) 例程功能

使用 TIM2 通道 1(由 PA0 复用)输出 PWM,需要用杜邦线连接 PA0 和 PA8,从而实现 PWM 输出控制 LED0 亮度。

(2) 硬件资源

➢ LED 灯:LED0-PA8;

➢ 定时器 2 输出通道 1(PA0)。

(3) 原理图

定时器属于 STM32F103 的内部资源,只需要软件设置好即可正常工作。我们通过 LED0 来间接指示 STM32F103 定时器的 PWM 输出模式的情况。

17.2.3　程序设计

1. 定时器的 HAL 库驱动

定时器在 HAL 库中的驱动代码在前面介绍基本定时器时已经介绍了部分,这里再介绍几个本实验用到的函数。

(1) HAL_TIM_PWM_Init 函数

定时器的 PWM 输出模式初始化函数,其声明如下:

```
HAL_StatusTypeDef HAL_TIM_PWM_Init(TIM_HandleTypeDef * htim);
```

函数描述:用于初始化定时器的 PWM 输出模式。

函数形参:形参 TIM_HandleTypeDef 是结构体类型指针变量,介绍基本定时器的时候已经讲过了。

函数返回值:HAL_StatusTypeDef 枚举类型的值。

注意事项:该函数实现的功能以及使用方法和 HAL_TIM_Base_Init 类似,作用都是初始化定时器的 ARR 和 PSC 等参数。为什么 HAL 库要提供这个函数而不直接让我们使用 HAL_TIM_Base_Init 函数呢？这是因为 HAL 库为定时器针对 PWM 输出定义了单独的 MSP 回调函数 HAL_TIM_PWM_MspInit，所以调用 HAL_TIM_PWM _Init 进行 PWM 初始化之后，该函数内部会调用 MSP 回调函数 HAL_TIM_PWM_ MspInit。当使用 HAL_TIM_Base_Init 初始化定时器参数的时候，它内部调用的回调函数是 HAL_TIM_Base_MspInit，这里要注意区分。

（2）HAL_TIM_PWM_ConfigChannel 函数

定时器的 PWM 通道设置初始化函数，其声明如下：

```
HAL_StatusTypeDef HAL_TIM_PWM_ConfigChannel(TIM_HandleTypeDef * htim,
                        TIM_OC_InitTypeDef * sConfig, uint32_t Channel);
```

函数描述：该函数用于设置定时器的 PWM 通道。

函数形参：形参 1 TIM_HandleTypeDef 是结构体类型指针变量，用于配置定时器基本参数。形参 2 TIM_OC_InitTypeDef 是结构体类型指针变量，用于配置定时器的输出比较参数。

TIM_OC_InitTypeDef 结构体指针类型定义如下：

```
typedef struct
{
    uint32_t OCMode;          /＊输出比较模式选择,寄存器的时候说过了,共 8 种模式＊/
    uint32_t Pulse;           /＊设置比较值＊/
    uint32_t OCPolarity;      /＊设置输出比较极性＊/
    uint32_t OCNPolarity;     /＊设置互补输出比较极性＊/
    uint32_t OCFastMode;      /＊使能或失能输出比较快速模式＊/
    uint32_t OCIdleState;     /＊选择空闲状态下的非工作状态(OC1 输出)＊/
    uint32_t OCNIdleState;    /＊设置空闲状态下的非工作状态(OC1N 输出)＊/
} TIM_OC_InitTypeDef;
```

其中，成员变量 OCMode 用来设置模式，这里设置为 PWM 模式 1。成员变量 Pulse 用来设置捕获比较值。成员变量 TIM_OCPolarity 用来设置输出极性是高还是低。其他的参数 TIM_OutputNState、TIM_OCNPolarity、TIM_OCIdleState 和 TIM_ OCNIdleState 是高级定时器才用到的。

形参 3 是定时器通道，范围为 TIM_CHANNEL_1～TIM_CHANNEL_4。这里使用的是定时器 2 的通道 1，所以取值为 TIM_CHANNEL_1 即可。

函数返回值：HAL_StatusTypeDef 枚举类型的值。

（3）HAL_TIM_PWM_Start 函数

定时器的 PWM 输出启动函数，其声明如下：

```
HAL_StatusTypeDef HAL_TIM_PWM_Start(TIM_HandleTypeDef * htim,uint32_t Channel);
```

函数描述：用于启动定时器的 PWM 输出模式。

函数形参：形参 1 TIM_HandleTypeDef 是结构体类型指针变量。形参 2 是定时器通道，范围为 TIM_CHANNEL_1～TIM_CHANNEL_4。

函数返回值：HAL_StatusTypeDef 枚举类型的值。

注意事项：对于单独使能定时器的方法前面已经讲解过，实际上，HAL 库也同样提供了单独使能定时器的输出通道函数，函数为：

```
void TIM_CCxChannelCmd(TIM_TypeDef * TIMx, uint32_t Channel, uint32_t ChannelState);
```

HAL_TIM_PWM_Start 函数内部也调用了该函数。

(4) HAL_TIM_ConfigClockSource 函数

配置定时器时钟源函数，其声明如下：

```
HAL_StatusTypeDef HAL_TIM_ConfigClockSource(TIM_HandleTypeDef * htim,
                         TIM_ClockConfigTypeDef * sClockSourceConfig);
```

函数描述：用于配置定时器时钟源。

函数形参：形参 1 TIM_HandleTypeDef 是结构体类型指针变量。形参 2 TIM_ClockConfigTypeDef 是结构体类型指针变量，用于配置定时器时钟源参数。

TIM_ClockConfigTypeDef 定义如下：

```
typedef struct
{
    uint32_t ClockSource;            /*时钟源*/
    uint32_t ClockPolarity;          /*时钟极性*/
    uint32_t ClockPrescaler;         /*定时器预分频器*/
    uint32_t ClockFilter;            /*时钟过滤器*/
} TIM_ClockConfigTypeDef;
```

函数返回值：HAL_StatusTypeDef 枚举类型的值。

注意事项：该函数主要操作 TIMx_SMCR 寄存器，系统默认定时器的时钟源就是内部时钟，所以一般定时器要使用内部时钟，就不对定时器的时钟源进行初始化，默认即可。这里只是让读者知道有这个函数可以设定时器的时钟源。比如用 HAL_TIM_ConfigClockSource 初始化选择内部时钟，方法如下：

```
TIM_HandleTypeDef timx_handle;                              /*定时器x句柄*/
TIM_ClockConfigTypeDef sClockSourceConfig = {0};
sClockSourceConfig.ClockSource = TIM_CLOCKSOURCE_INTERNAL;   /*选择内部时钟*/
HAL_TIM_ConfigClockSource(&timx_handle, &sClockSourceConfig);
```

后面的定时器初始化凡是用到内部时钟的都没有初始化，系统默认即可。

定时器 PWM 输出模式配置步骤如下：

① 开启 TIMx 和通道输出的 GPIO 时钟，配置该 I/O 口的复用功能输出。

首先开启 TIMx 的时钟，然后配置 GPIO 为复用功能输出。本实验默认用到定时器 2 通道 1，对应 I/O 是 PA0，它们的时钟开启方法如下：

```
__HAL_RCC_TIM2_CLK_ENABLE();          /*使能定时器2*/
__HAL_RCC_GPIOA_CLK_ENABLE();         /*开启 GPIOA 时钟*/
```

I/O 口复用功能是通过函数 HAL_GPIO_Init 来配置的。

② 初始化 TIMx，设置 TIMx 的 ARR 和 PSC 等参数。

使用定时器的 PWM 输出功能时，通过 HAL_TIM_PWM_Init 函数初始化定时器 ARR 和 PSC 等参数。注意，该函数会调用 HAL_TIM_PWM_MspInit 函数，可以通过后者存放定时器和 GPIO 时钟使能、GPIO 初始化、中断使能以及优先级设置等代码。

③ 设置 TIMx_CHy 的 PWM 模式,输出比较极性、比较值等参数。

在 HAL 库中,通过 HAL_TIM_PWM_ConfigChannel 函数来设置定时器为 PWM1 模式或者 PWM2 模式,根据需求设置输出比较极性、设置比较值(控制占空比)等。

④ 使能 TIMx,使能 TIMx 的 CHy 输出。

在 HAL 库中,通过调用 HAL_TIM_PWM_Start 函数来使能 TIMx 的某个通道输出 PWM。

⑤ 修改 TIM2_CCR1 来控制占空比。

经过以上设置之后,PWM 其实已经开始输出了,只是其占空比和频率都是固定的,而这里通过修改比较值来控制 PWM 的输出占空比。HAL 库中提供一个修改占空比的宏定义:

```
__HAL_TIM_SET_COMPARE (__HANDLE__, __CHANNEL__, __COMPARE__)
```

__HANDLE__ 是 TIM_HandleTypeDef 结构体类型指针变量,__CHANNEL__ 对应 PWM 的输出通道,__COMPARE__ 则是要写到捕获/比较寄存器(TIMx_CCR1/2/3/4)的值。实际上该宏定义最终还是往对应的捕获/比较寄存器写入比较值来控制 PWM 波的占空比。

比如要修改定时器 2 通道 1 的输出比较值(控制占空比),寄存器操作方法:

```
TIM2->CCR1 = ledrpwmval;/* ledrpwmval 是比较值,并且动态变化的
                          所以要周期性调用这条语句,已达到及时修改 PWM 的占空比 */
```

__HAL_TIM_SET_COMPARE 宏定义函数最终也是调用这个寄存器操作的,所以说使用 HAL 库的函数其实就是间接操作寄存器。

2. 程序流程图

程序流程如图 17.16 所示。

3. 程序解析

这里只讲解核心代码,详细的源码可参考配套资料中本实验对应源码。通用定时器驱动源码包括 2 个文件:gtim.c 和 gtim.h。

首先看 gtim.h 头文件的几个宏定义:

```
/* TIMX PWM 输出定义 */
#define GTIM_TIMX_PWM_CHY_GPIO_PORT      GPIOA
#define GTIM_TIMX_PWM_CHY_GPIO_PIN       GPIO_PIN_0
#define GTIM_TIMX_PWM_CHY_GPIO_CLK_ENABLE()
       do{ __HAL_RCC_GPIOA_CLK_ENABLE(); }while(0)    /* PA 口时钟使能 */
#define GTIM_TIMX_PWM                     TIM2
#define GTIM_TIMX_PWM_CHY                 TIM_CHANNEL_1   /* 通道 Y, 1<=Y<=4 */
#define GTIM_TIMX_PWM_CHY_CCRX            TIM2->CCR1      /* 通道 Y 的输出比较寄存器 */
#define GTIM_TIMX_PWM_CHY_CLK_ENABLE()
       do{ __HAL_RCC_TIM2_CLK_ENABLE(); }while(0)     /* TIM2 时钟使能 */
```

可以把上面的宏定义分成 2 部分,第一部分是定时器 2 输出通道 1 对应的 I/O 口

图 17.16　通用定时器 PWM 输出实验程序流程图

的宏定义。第二部分则是定时器 2 输出通道 1 的相应宏定义,这里的宏定义是定时器 2 通道 1 输出 PWM 控制 LED0 的相关宏定义。

下面看 gtim.c 的程序,首先是通用定时器 PWM 输出初始化函数。

```
void gtim_timx_pwm_chy_init(uint16_t arr,uint16_t psc)
{
    g_timx_pwm_chy_handle.Instance = GTIM_TIMX_PWM;        /* 定时器 x */
    g_timx_pwm_chy_handle.Init.Prescaler = psc;            /* 定时器分频 */
    /* 递增计数模式 */
    g_timx_pwm_chy_handle.Init.CounterMode = TIM_COUNTERMODE_UP;
    g_timx_pwm_chy_handle.Init.Period = arr;               /* 自动重装载值 */
    HAL_TIM_PWM_Init(&g_timx_pwm_chy_handle);              /* 初始化 PWM */
    g_timx_oc_pwm_chy_handle.OCMode = TIM_OCMODE_PWM1;     /* 模式选择 PWM1 */
    /* 设置比较值,此值用来确定占空比,默认比较值为自动重装载值的一半,即占空比为 50% */
    g_timx_oc_pwm_chy_handle.Pulse = arr/2;
    /* 输出比较极性为低 */
    g_timx_oc_pwm_chy_handle.OCPolarity = TIM_OCPOLARITY_LOW;
    HAL_TIM_PWM_ConfigChannel(&g_timx_pwm_chy_handle, &g_timx_oc_pwm_chy_handle,
                        GTIM_TIMX_PWM_CHY);               /* 配置 TIMx 通道 y */
    HAL_TIM_PWM_Start(&g_timx_pwm_chy_handle, GTIM_TIMX_PWM_CHY);/* 开启 PWM 通道 */
}
```

HAL_TIM_PWM_Init 初始化 TIM2 并设置 TIM2 的 ARR 和 PSC 等参数,其次通过调用函数 HAL_TIM_PWM_ConfigChannel 设置 TIM2_CH1 的 PWM 模式以及比较值等参数,最后通过调用函数 HAL_TIM_PWM_Start 来使能 TIM2 以及 PWM

通道 TIM_CH1 输出。

本实验使用 PWM 的 MSP 初始化回调函数 HAL_TIM_PWM_MspInit 来存放时钟、GPIO 的初始化代码,其定义如下:

```
void HAL_TIM_PWM_MspInit(TIM_HandleTypeDef * htim)
{
    if (htim-> Instance == GTIM_TIMX_PWM)
    {
        GPIO_InitTypeDef gpio_init_struct;
        GTIM_TIMX_PWM_CHY_GPIO_CLK_ENABLE();
        GTIM_TIMX_PWM_CHY_CLK_ENABLE();
        gpio_init_struct.Pin = GTIM_TIMX_PWM_CHY_GPIO_PIN;     /* 通道 y 的 CPIO 口 */
        gpio_init_struct.Mode = GPIO_MODE_AF_PP;               /* 复用推完输出 */
        gpio_init_struct.Pull = GPIO_PULLUP;                   /* 上拉 */
        gpio_init_struct.Speed = GPIO_SPEED_FREQ_HIGH;         /* 高速 */
        HAL_GPIO_Init(GTIM_TIMX_PWM_CHY_GPIO_PORT, &gpio_init_struct);
    }
}
```

该函数首先判断定时器寄存器基地址,符合条件后,开启对应的 GPIO 时钟和定时器时钟,并且初始化 GPIO。上面是使用 HAL 库标准的做法,也可把 HAL_TIM_PWM_MspInit 函数里面的代码直接放到 gtim_timx_pwm_chy_init 函数里。这样做的好处是当一个项目中用到多个定时器时,代码的移植性、可读性好,方便管理。

在 main.c 里面编写如下代码:

```
int main(void)
{
    uint16_t ledrpwmval = 0;
    uint8_t dir = 1;
    HAL_Init();                              /* 初始化 HAL 库 */
    sys_stm32_clock_init(RCC_PLL_MUL9);      /* 设置时钟,72 MHz */
    delay_init(72);                          /* 延时初始化 */
    usart_init(115200);                      /* 串口初始化为 115 200 */
    led_init();                              /* 初始化 LED */
    gtim_timx_pwm_chy_init(500-1, 72-1);     /* 自动重装载为 500,PWM 频率为 2 kHz */
    while (1)
    {
        delay_ms(10);
        if (dir)ledrpwmval ++ ;              /* dir == 1 ledrpwmval 递增 */
        else ledrpwmval -- ;                 /* dir == 0 ledrpwmval 递减 */
        if (ledrpwmval > 300)dir = 0;        /* ledrpwmval 到达 300 后,方向为递减 */
        if (ledrpwmval == 0)dir = 1;         /* ledrpwmval 递减到 0 后,方向改为递增 */
        /* 修改比较值控制占空比 */
        GTIM_TIMX_PWM_CHY_CCRX = ledrpwmval;
    }
}
```

本小节开头就说,PWM 波频率由自动重载寄存器(TIMx_ARR)的值决定,其占空比则由捕获/比较寄存器(TIMx_CCRx)的值决定。下面结合实际看看具体怎么计算。

定时器 2 的时钟源频率为 2 倍 APB1 总线时钟频率,即频率为 72 MHz,而调用

gtim_timx_pwm_chy_init 初始化函数之后,就相当于写入预分频寄存器的值为 71,写入自动重载寄存器的值为 499。定时器溢出公式:

$$T_{out}=(arr+1)(psc+1)/T_{clk}=(499+1)\times(71+1)/72\ 000\ 000=0.000\ 5\ s$$

再由频率是周期的倒数关系得到,PWM 的频率为 2 000 Hz。

占空比怎么计算的呢? 结合图 17.11,分 2 种情况分析,输出比较极性为低和输出比较极性为高,它们的情况正好相反。因为 main 函数中的比较值是动态变化的,不利于计算占空比,这里假设比较值固定为 200,在本实验中可以调用如下语句得到。

```
__HAL_TIM_SET_COMPARE(&g_timx_pwm_chy_handle, GTIM_TIMX_PWM_CHY, 200);
```

因为 LED0 是低电平有效,所以在 gtim_timx_pwm_chy_init 函数中设置了输出比较极性为低。那么当比较值固定为 200 时,占空比=((arr+1)-CCR1) / (arr+1)=(500-200)/500=60%。其中,arr 是写入自动重载寄存器(TIMx_ARR)的值,CCR1 就是写入捕获/比较寄存器 1(TIMx_CCR1)的值。注意,占空比是指在一个周期内,高电平时间相对于总时间所占的比例。

另外一种情况:设置了输出比较极性为高,那么当比较值固定为 200 时,占空比=CCR1/(arr+1)=200/500=40%。可以看到,输出比较极性为低和输出比较极性为高的占空比正好反过来。

这里也用了 DS100 示波器进行验证,效果图如图 17.17 所示。

图 17.17 验证效果图

这里把输出比较极性低和输出比较极性高的 PWM 波形都显示出来了。本实验默认设置 PWM 模式 1、输出比较极性低,当 CCR1 寄存器的值设置为 200 时,对应的 PWM 波形如图 17.17 上半部分波形图。如果把输出比较极性设置为高,对应的波形图就是图 17.17 的下半部分波形图了。

17.2.4　下载验证

下载代码后,需要使用杜邦线把 PA8 和 PA0 引脚连接起来,因为硬件设计的条件下 PA0 对应的是 LED0。连接后,可以看到 LED0 不停地由暗变到亮,然后又从亮变到暗。

第 **18** 章

TFTLCD(MCU 屏)实验

前面介绍了 OLED 模块及其显示,但是该模块只能显示单色或双色,不能显示彩色,而且尺寸也较小。本章将介绍正点原子的 TFTLCD 模块(MCU 屏),该模块采用 TFTLCD 面板,可以显示 16 位色的真彩图片。本章将使用开发板底板上的 TFTLCD 接口(仅支持 MCU 屏,本章仅介绍 MCU 屏的使用)来点亮 TFTLCD,从而实现 ASCII 字符和彩色的显示等功能,并在串口打印 LCD 控制器 ID,同时在 LCD 上面显示。

18.1　TFTLCD

本章将通过 STM32F103 的普通 I/O 口模拟 8080 总线来控制 TFTLCD 的显示,这样就可以用 STM32 输出一些信息到显示屏上。

18.1.1　TFTLCD 简介

液晶显示器,即 Liquid Crystal Display,利用液晶导电后透光性可变的特性,配合显示器光源、彩色滤光片和电压控制等工艺,最终可以在液晶阵列上显示彩色的图像。目前,液晶显示技术以 TN、STN、TFT 这 3 种技术为主,TFTLCD 即采用了 TFT (Thin Film Transistor)技术的液晶显示器,也叫薄膜晶体管液晶显示器。

TFTLCD 与无源 TN-LCD、STN-LCD 的简单矩阵不同的是,它在液晶显示屏的每一个像素都设置有一个薄膜晶体管(TFT),可有效地克服非选通时的串扰,使显示液晶屏的静态特性与扫描线数无关,因此大大提高了图像质量。TFT 式显示器具有很多优点:高响应度,高亮度,高对比度等。TFT 式屏幕的显示效果非常出色,广泛应用于手机屏幕、笔记本电脑和台式机显示器上。

由于液晶本身不会发光,加上液晶本身的特性等原因,使得液晶屏的成像角受限,从屏幕的一侧可能无法看清液晶的显示内容。液晶显示器的成像角的大小也是评估一个液晶显示器优劣的指标,目前,规格较好的液晶显示器成像角一般在 $120°\sim160°$ 之间。

正点原子 TFTLCD 模块(MCU 屏)有如下特点:

➢ 2.8 寸、3.5 寸、4.3 寸、7 寸这 4 种大小的屏幕可选。

➢ 320×240 的分辨率(3.5 寸分辨率为 320×480,4.3 寸和 7 寸分辨率为 800×480)。

➢ 16 位真彩显示。

➢ 自带触摸屏,可以用来作为控制输入。

本章以正点原子 2.8 寸(此处的寸是代表英寸,下同)的 TFTLCD 模块为例介绍,(其他尺寸的 LCD 可参考具体型号的资料),该模块支持 65K 色显示,显示分辨率为 320×240,接口为 16 位的 8080 并口,自带触摸功能。该模块的外观如图 18.1 所示。

图 18.1　正点原子 2.8 寸 TFTLCD 外观图

模块原理图如图 18.2 所示。

TFTLCD 模块采用 2×17 的 2.54 公排针与外部连接,即图中 TFTLCD 部分。从图 18.2 可以看出,正点原子 TFTLCD 模块采用 16 位并口方式与外部连接。图 18.2 还列出了触摸控制的接口,但触摸控制是在显示的基础上叠加的一个控制功能,不配置也不会对显示造成影响。该模块与显示功能的相关信号线如表 18.1 所列。

表 18.1　TFTLCD 接口信号线

名　称	功　能
CS	TFTLCD 片选信号
WR	向 TFTLCD 写入数据
RD	从 TFTLCD 读取数据
DB[15:0]	16 位双向数据线
RST	硬复位 TFTLCD
RS	命令/数据标志(0,读/写命令;1,读/写数据)
BL	背光控制

图 18.2　正点原子 TFTLCD 模块原理图

表 18.1 所列的接口线实际是对应到液晶显示控制器上的,这个芯片位于液晶屏的下方,所以从外观图上看不到。控制 LCD 显示的过程就是按其显示驱动芯片的时序,把色彩和位置信息正确地写入对应的寄存器。

18.1.2　液晶显示控制器

正点原子提供的 2.8、3.5、4.3、7 寸这 4 种不同尺寸和分辨率的 TFTLCD 模块,驱动芯片为 ILI9341/ST7789/NT35310/NT35510/SSD1963 等(具体的型号可以下载本章实验代码,通过串口或者 LCD 显示查看),这里仅以 ILI9341 控制器为例进行介绍,其他的控制基本类似。

ILI9341 液晶控制器自带显存,可配置支持 8、9、16、18 位的总线中的一种,可以通过 3/4 线串行协议或 8080 并口驱动。正点原子的 TFTLCD 模块上的电路配置为 8080 并口方式,其显存总大小为 172 800(240×20×18/8),即 18 位模式(26 万色)下的显存量。在 16 位模式下,ILI9341 采用 RGB565 格式存储颜色数据,此时 ILI9341 的 18 位显存与 MCU 的 16 位数据线以及 RGB565 的对应关系如图 18.3 所示。

9341 显存	B17	B16	B15	B14	B13	B12	B11	B10	B9	B8	B7	B6	B5	B4	B3	B2	B1	B0
RGB565 GRAM	R[4]	R[3]	R[2]	R[1]	R[0]	NC	G[5]	G[4]	G[3]	G[2]	G[1]	G[0]	B[4]	B[3]	B[2]	B[1]	B[0]	NC
9341 数据线	DB15	DB14	DB13	DB12	DB11		DB10	DB9	DB8	DB7	DB6	DB5	DB4	DB3	DB2	DB1	DB0	
MCU 数据线	D15	D14	D13	D12	D11		D10	D9	D8	D7	D6	D5	D4	D3	D2	D1	D0	

图 18.3　16 位数据与显存对应关系图

可以看出,ILI9341 在 16 位模式下面,18 位显存的 B0 和 B12 并没有用到,对外的数据线使用 DB0~DB15 连接 MCU 的 D0~D15 实现 16 位颜色的传输(使用 8080

MCU 16 bit I 型接口,详见 9341 数据手册 7.1.1 小节)。

这样 MCU 的 16 位数据中,最低 5 位代表蓝色,中间 6 位为绿色,最高 5 位为红色。数值越大,表示该颜色越深。注意,ILI9341 所有的指令都是 8 位的(高 8 位无效),且参数除了读/写 GRAM 的时候是 16 位,其他操作参数都是 8 位的。

知道了屏幕的显色信息后,如何驱动它呢? OLED 的章节已经描述过 8080 方式操作的时序,这里通过学习"ILI9341_DS.pdf"来深入理解在 8080 并口方式下如何操作这个芯片。

以写周期为例,8080 方式下的操作时序如图 18.4 所示。图中的各个控制线与表 18.1 提到的命名有些差异,这是因为原理图往往为了方便记忆会对命名进行微调。为了方便读者对照,把图 18.4 中列出的引脚与 TFTLCD 模块的对应关系列在表 18.2 中。

图 18.4　8080 方式下对液晶控制器的写操作

表 18.2　TFTLCD 引脚与液晶控制器的对应关系

TFTLCD 名称	ILI9341	功　能
CS	CSX	TFTLCD 片选信号
WR	WRX	向 TFTLCD 写入数据
RD	RDX	从 TFTLCD 读取数据
D[15：0]	D[15：0]	16 位双向数据线
RS	D/CX	命令/数据标志(0,读/写命令;1,读/写数据)

再来分析一下图 18.4 所示的写操作的时序。控制液晶的主机在整个写周期内需要控制片选 CSX 拉低(标注为①),之后对其他控制线的电平才有效。在标号②表示的

这个写命令周期中,D/CX 被位低(参考 ILI9341 的引脚定义),同时把命令码通过数据线 D[17：0](实际只用了 16 个引脚)按位编码。注意,③处需要数据线在写入电平拉高后再操持一段时间,以便数据被正确采样。

图 18.4 中⑤表示写数据操作,与前面描述的写命令操作只有 D/CX 的操作不同,读者可以尝试自己分析一下。更多的关于 ILI9341 的读/写操作时序可参考"ILI9341_DS.pdf"。

通过前述的时序分析可知,对于 ILI9341 来说,控制命令有命令码、数据码之分,接下来介绍 ILI9341 的几个重要命令。ILI9341 的命令很多,这里就不全部介绍了,有兴趣的读者可以查看 ILI9341 的 datasheet。这里介绍 0xD3、0x36、0x2A、0x2B、0x2C、0x2E 这 6 条指令。

指令 0xD3 是读 ID4 指令,用于读取 LCD 控制器的 ID,如表 18.3 所列。

表 18.3　0xD3 指令描述

顺　序	控　制			各位描述									HEX
	RS	RD	WR	D15～D8	D7	D6	D5	D4	D3	D2	D1	D0	
指令	0	1	↑	XX	1	1	0	1	0	0	1	1	D3H
参数 1	1	↑	1	XX	X	X	X	X	X	X	X	X	X
参数 2	1	↑	1	XX	0	0	0	0	0	0	0	0	00H
参数 3	1	↑	1	XX	1	0	0	1	0	0	1	1	93H
参数 4	1	↑	1	XX	0	1	0	0	0	0	0	1	41H

可以看出,0xD3 指令后面跟了 4 个参数,最后 2 个参数读出来是 0x93 和 0x41,刚好是控制器 ILI9341 的数字部分。所以通过该指令即可判别所用 LCD 驱动器的型号,这样,代码就可以根据控制器的型号去执行对应驱动 IC 的初始化代码,从而兼容不同驱动 IC 的屏,使得一个代码支持多款 LCD。

指令 0x36 是存储访问控制指令,可以控制 ILI9341 存储器的读/写方向。简单说,就是在连续写 GRAM 的时候,可以控制 GRAM 指针的增长方向,从而控制显示方式(读 GRAM 也是一样)。该指令如表 18.4 所列。

表 18.4　0x36 指令描述

顺　序	控　制			各位描述									HEX
	RS	RD	WR	D15～D8	D7	D6	D5	D4	D3	D2	D1	D0	
指令	0	1	↑	XX	0	0	1	1	0	1	1	0	36H
参数	1	1	↑	XX	MY	MX	MV	ML	BGR	MH	0	0	0

可以看出,0x36 指令后面紧跟一个参数,这里主要关注 MY、MX、MV 这 3 个位。通过这 3 个位的设置可以控制整个 ILI9341 的全部扫描方向,如表 18.5 所列。

表 18.5　MY、MX、MV 设置与 LCD 扫描方向关系表

控制位			效果
MY	MX	MV	LCD 扫描方向(GRAM 自增方式)
0	0	0	从左到右,从上到下
1	0	0	从左到右,从下到上
0	1	0	从右到左,从上到下
1	1	0	从右到左,从下到上
0	0	1	从上到下,从左到右
0	1	1	从上到下,从右到左
1	0	1	从下到上,从左到右
1	1	1	从下到上,从右到左

　　这样,在利用 ILI9341 显示内容的时候就有很大灵活性了,比如显示 BMP 图片、BMP 解码数据,就是从图片的左下角开始,慢慢显示到右上角。如果设置 LCD 扫描方向为从左到右、从下到上,那么只需要设置一次坐标,然后就不停地往 LCD 填充颜色数据即可,这样可以大大提高显示速度。实验中默认使用从左到右、从上到下的扫描方式。

　　指令 0x2A 是列地址设置指令,在从左到右、从上到下的扫描方式(默认)下面,该指令用于设置横坐标(x 坐标)。该指令如表 18.6 所列。

表 18.6　0x2A 指令描述

顺　序	控　制			各位描述									HEX
	RS	RD	WR	D15～D8	D7	D6	D5	D4	D3	D2	D1	D0	
指令	0	1	↑	XX	0	0	1	0	1	0	1	0	2AH
参数 1	1	1	↑	XX	SC15	SC14	SC13	SC12	SC11	SC10	SC9	SC8	SC
参数 2	1	1	↑	XX	SC7	SC6	SC5	SC4	SC3	SC2	SC1	SC0	
参数 3	1	1	↑	XX	EC15	EC14	EC13	EC12	EC11	EC10	EC9	EC8	EC
参数 4	1	1	↑	XX	EC7	EC6	EC5	EC4	EC3	EC2	EC1	EC0	

　　在默认扫描方式时,该指令用于设置 x 坐标。该指令带有 4 个参数,实际上是 2 个坐标值:SC 和 EC,即列地址的起始值和结束值;SC 必须小于等于 EC,且 $0 \leqslant SC/EC \leqslant 239$。一般在设置 x 坐标的时候,只需要带 2 个参数即可,也就是设置 SC 即可,因为如果 EC 没有变化,只需要设置一次即可(在初始化 ILI9341 的时候设置),从而提高速度。

　　指令 0x2B 是页地址设置指令,在从左到右、从上到下的扫描方式(默认)下面,该指令用于设置纵坐标(y 坐标)。该指令如表 18.7 所列。

表 18.7　0x2B 指令描述

顺序	控　制			各位描述									HEX
	RS	RD	WR	D15～D8	D7	D6	D5	D4	D3	D2	D1	D0	
指令	0	1	↑	XX	0	0	1	0	1	0	1	1	2BH
参数 1	1	1	↑	XX	SP15	SP14	SP13	SP12	SP11	SP10	SP9	SP8	SP
参数 2	1	1	↑	XX	SP7	SP6	SP5	SP4	SP3	SP2	SP1	SP0	
参数 3	1	1	↑	XX	EP15	EP14	EP13	EP12	EP11	EP10	EP9	EP8	EP
参数 4	1	1	↑	XX	EP7	EP6	EP5	EP4	EP3	EP2	EP1	EP0	

在默认扫描方式时,该指令用于设置 y 坐标。该指令带有 4 个参数,实际上是 2 个坐标值:SP 和 EP,即页地址的起始值和结束值;SP 必须小于等于 EP,且 $0 \leqslant SP/EP \leqslant 319$。一般在设置 y 坐标的时候,只需要带 2 个参数即可,也就是设置 SP 即可,因为如果 EP 没有变化,只需要设置一次即可(在初始化 ILI9341 的时候设置),从而提高速度。

指令 0x2C 是写 GRAM 指令,发送该指令之后便可以往 LCD 的 GRAM 里面写入颜色数据了。该指令支持连续写,指令描述如表 18.8 所列。

表 18.8　0x2C 指令描述

顺序	控　制			各位描述									HEX
	RS	RD	WR	D15～D8	D7	D6	D5	D4	D3	D2	D1	D0	
指令	0	1	↑	XX	0	0	1	0	1	1	0	0	2CH
参数 1	1	1	↑	D1[15∶0]									XX
⋮	1	1	↑	D2[15∶0]									XX
参数 n	1	1	↑	Dn[15∶0]									XX

从表 18.8 可知,在收到指令 0x2C 之后,数据有效位宽变为 16 位,可以连续写入 LCD GRAM 值,而 GRAM 的地址将根据 MY/MX/MV 设置的扫描方向进行自增。例如,假设设置的是从左到右、从上到下的扫描方式,那么设置好起始坐标(通过 SC、SP 设置)后,每写入一个颜色值,GRAM 地址将会自动自增 1(SC++);如果碰到 EC,则回到 SC,同时 SP++,一直到坐标:EC、EP 结束,期间无须再次设置的坐标,从而大大提高写入速度。

指令 0x2E 是读 GRAM 指令,用于读取 ILI9341 的显存(GRAM)。该指令在 ILI9341 的数据手册上面的描述是有误的,真实的输出情况如表 18.9 所列。

表 18.9　0x2E 指令描述

顺序	控　制			各位描述										HEX
	RS	RD	WR	D15～D11	D10～D8	D7	D6	D5	D4	D3	D2	D1	D0	
指令	0	1	↑	XX		0	0	1	0	1	1	1	0	2EH
参数 1	1	↑	1	XX										dummy

顺 序	控 制			各位描述										HEX
	RS	RD	WR	D15～D11	D10～D8	D7	D6	D5	D4	D3	D2	D1	D0	
参数 2	1	↑	1	R1[4∶0]	XX	G1[5∶0]						XX		R1G1
参数 3	1	↑	1	B1[4∶0]	XX	R2[4∶0]						XX		B1R2
参数 4	1	↑	1	G2[5∶0]	XX	B2[4∶0]						XX		G2B2
参数 5	1	↑	1	R3[4∶0]	XX	G3[5∶0]						XX		R3G3
参数 N	1	↑	1	按以上规律输出										

该指令用于读取 GRAM。ILI9341 在收到该指令后,第一次输出的是 dummy 数据,也就是无效的数据,从第二次开始读取到的才是有效的 GRAM 数据(从坐标:SC,SP 开始),输出规律为每个颜色分量占 8 个位,一次输出 2 个颜色分量。例如,第一次输出是 R1G1,随后的规律为 B1R2→G2B2→R3G3→B3R4→G4B4→R5G5…依此类推。如果只需要读取一个点的颜色值,那么只需要接收到参数 3 即可;如果要连续读取(利用 GRAM 地址自增,方法同上),那么就按照上述规律去接收颜色数据。

以上就是操作 ILI9341 常用的几个指令,通过这几个指令便可以很好地控制 ILI9341 显示内容了。

一般 TFTLCD 模块的使用流程如图 18.5 所示。

图 18.5　TFTLCD 使用流程

任何 LCD 的使用流程都可以简单地用以上流程图表示。其中,硬复位和初始化序列只需要执行一次即可。画点流程就是:设置坐标→写 GRAM 指令→写入颜色数据,然后在 LCD 上面就可以看到对应的点显示写入的颜色了。读点流程为:设置坐标→读 GRAM 指令→读取颜色数据,这样就可以获取到对应点的颜色数据了。

以上只是最简单的操作,也是最常用的操作,有了这些操作,一般就可以正常使用 TFTLCD 了。接下来将该模块用来显示字符和数字。

18.2　硬件设计

1．例程功能

使用开发板的 MCU 屏接口连接正点原子 TFTLCD 模块(仅限 MCU 屏模块),实现 TFTLCD 模块的显示。把 LCD 模块插入底板上的 TFTLCD 模块接口,按下复位之后,就可以看到 LCD 模块不停地显示一些信息并不断切换底色。同时,该实验会显示 LCD 驱动器的 ID,并且在串口打印(按复位一次,打印一次)。LED0 闪烁用于提示程序正在运行。

2．硬件资源

➢ LED 灯:LED0-PA8;

➢ 串口 1(PA9、PA10 连接在板载 USB 转串口芯片 CH340 上面);

➢ 正点原子 TFTLCD 模块(仅限 MCU 屏,16 位 8080 并口驱动)。

3．原理图

TFTLCD 模块的电路如图 18.2 所示,而开发板的 LCD 接口和正点原子 TFTLCD 模块可以直接对插(见图 18.6),开发板上的 LCD 接口如图 18.7 所示。

图 18.6　TFTLCD 模块与开发板对接的 LCD 接口示意图

在硬件上,TFTLCD 模块与开发板的 I/O 口对应关系如下:LCD_BL(背光控制)对应 PC10,LCD_CS 对应 PC9,LCD_RS 对应 PC8,LCD_WR 对应 PC7,LCD_RD 对应 PC6,LCD _D[17:0]则直接连接在 PB[15:0]。

这些线的连接在开发板的内部已经连接好了,只需要将 TFTLCD 模块插上去就可以了。注意,LCD 要靠右插。

图 18.7　TFTLCD 模块与开发板的连接原理图

18.3　程序设计

LCD 只是用到 HAL 库中的 GPIO 外设的驱动代码,与前面的 OLED 实验操作相似。

驱动 LCD 显示配置步骤如下:

① 设置 STM32F103 与 TFTLCD 模块相连接的 I/O。

这一步先将与 TFTLCD 模块相连的 I/O 口进行初始化,以便驱动 LCD。这里根据连接电路以及 TFTLCD 模块的设置来确定。

② 初始化 TFTLCD 模块。

即图 18.5 的初始化序列,这里没有硬复位 LCD,因为 MiniSTM32 开发板的 LCD 接口将 TFTLCD 的 RST 同 STM32F103 的 RESET 连接在一起了,只要按下开发板的 RESET 键,就会对 LCD 进行硬复位。初始化序列就是向 LCD 控制器写入一系列的设置值(比如伽马校准),这些初始化序列一般由 LCD 供应商提供,直接使用这些序列即可,不需要深入研究。初始化之后,LCD 才可以正常使用。

③ 通过函数将字符和数字显示到 TFTLCD 模块上。

这一步通过图 18.5 左侧的流程,即设置坐标→写 GRAM 指令→写 GRAM 来实现,但是这个步骤只是一个点的处理,要显示字符/数字,就必须要多次使用这个步骤,从而达到显示字符/数字的目的。所以需要设计一个函数来实现数字/字符的显示,之后调用该函数就可以实现数字/字符的显示了。

18.3.1　程序流程图

程序流程图如图 18.8 所示。

图 18.8　TFTLCD(MCU 屏)实验程序流程图

18.3.2　程序解析

1. LCD 驱动代码

这里只讲解核心代码,详细的源码可参考配套资料中本实验对应源码。LCD 驱动源码包括 4 个文件:lcd. c、lcd. h、lcd_ex. c 和 lcdfont. h。

其中,lcd. c 和 lcd. h 文件包含驱动函数、引脚接口宏定义以及函数声明等。lcd_ex. c 存放各个 LCD 驱动 IC 的寄存器初始化部分代码,是 lcd. c 文件的补充文件,起到简化 lcd. c 文件的作用。lcdfont. h 头文件存放了 4 种字体大小不一样的 ASCII 字符集(12×12、16×16、24×24 和 32×32)。

首先看 lcdfont. h 头文件的 ASCII 字符集内容:

```
/ * 12 * 12 ASCII 字符集点阵 * /
const unsigned char asc2_1206[95][12] = { ...这里省略字符集库... };
/ * 16 * 16 ASCII 字符集点阵 * /
const unsigned char asc2_1608[95][16] = { ...这里省略字符集库... };
/ * 24 * 24 ASICII 字符集点阵 * /
const unsigned char asc2_2412[95][36] = { ...这里省略字符集库... };
/ * 32 * 32 ASICII 字符集点阵 * /
const unsigned char asc2_3216[95][36] = { ...这里省略字符集库... };
```

该头文件中包含 4 个大小不同的 ASCII 字符集点阵,即 12×12 ASCII 字符集点阵、16×16 ASCII 字符集点阵、24×24 ASICII 字符集点阵以及 32×32 ASCII 字符点阵。每个字符集点阵都包含 95 个常用的 ASCII 字符集,从空格符开始,分别为 !"♯ $ %&'() * +,-0123456789:; < = >? @ ABCDEFGHIJKLMNOPQR　STU-

VWXYZ[\]^_`abcdefghijklmnopqrstuvwxyz{|}~。

　　上面的 ASCII 字符集可以使用一款很好的字符提取软件来制作获取,即 PCtoL-CD2002 完美版,该软件可以提供各种字符,包括汉字阵提取,且取模方式可以设置好几种,常用的取模方式该软件都支持。该软件还支持图形模式,也就是用户可以自己定义图片的大小,然后画图,根据所画的图形再生成点阵数据,这功能在制作图标或图片的时候很有用。该软件的界面如图 18.9 所示。

图 18.9　PCtoLCD2002 软件界面

　　然后在"字模选项"对话框里面设置取模方式如图 18.10 所示。图中设置的取模方式在右上角的取模说明里面有,即从第一列开始向下每取 8 个点作为一个字节,如果最后不足 8 个点就补满 8 位。取模顺序是从高到低,即第一个点作为最高位。如 *------取为 10000000,其实就是按如图 18.11 所示的方式。

图 18.10　设置取模方式　　　　　图 18.11　取模方式图解

　　从上到下,从左到右,高位在前,按这样的取模方式,把 ASCII 字符集按 12×6、16×8、24×12 和 32×16 大小取模出来(对应汉字大小为 12×12、16×16、24×24 和

32×32,字符的只有汉字的一半大)。每个 12×6 的字符占用 12 个字节,每个 16×8 的字符占用 16 个字节,每个 24×12 的字符占用 36 个字节,每个 32×16 的字符占用 64 个字节。

先介绍 lcd.h 文件,首先是 LCD 的引脚定义:

```
/ * LC 引脚定义 * /
# define LCD_BL_GPIO_PORT              GPIOC
# define LCD_BL_GPIO_PIN               GPIO_PIN_10
# define LCD_BL_GPIO_CLK_ENABLE()      do{ __HAL_RCC_GPIOC_CLK_ENABLE(); }while(0)
# define LCD_WR_GPIO_PORT              GPIOC
# define LCD_WR_GPIO_PIN               GPIO_PIN_7
# define LCD_WR_GPIO_CLK_ENABLE()      do{ __HAL_RCC_GPIOC_CLK_ENABLE(); }while(0)
# define LCD_RD_GPIO_PORT              GPIOC
# define LCD_RD_GPIO_PIN               GPIO_PIN_6
# define LCD_RD_GPIO_CLK_ENABLE()      do{ __HAL_RCC_GPIOC_CLK_ENABLE(); }while(0)
# define LCD_CS_GPIO_PORT              GPIOC
# define LCD_CS_GPIO_PIN               GPIO_PIN_9
# define LCD_CS_GPIO_CLK_ENABLE()      do{ __HAL_RCC_GPIOC_CLK_ENABLE(); }while(0)
# define LCD_RS_GPIO_PORT              GPIOC
# define LCD_RS_GPIO_PIN               GPIO_PIN_8
# define LCD_RS_GPIO_CLK_ENABLE()      do{ __HAL_RCC_GPIOC_CLK_ENABLE(); }while(0)
# define LCD_DATA_GPIO_PORT           GPIOB
# define LCD_DATA_GPIO_PIN            GPIO_PIN_All/ * 16 个 IO 都用到 * /
# define LCD_DATA_GPIO_CLK_ENABLE()   do{ __HAL_RCC_GPIOB_CLK_ENABLE(); }while(0)
```

第一部分的宏定义是 LCD RST/WR/RD/BL/CS/RS/DATA 引脚定义。注意, LCD 的 RST 引脚和系统复位脚连接在一起,所以不用单独使用一个 I/O 口(节省一个 I/O 口)。而 DATA 引脚使用的是 PB0~PB15。

在 lcd.h 里面定义的一个重要的结构体:

```
/ * LCD 重要参数集 * /
typedef struct
{
    uint16_t width;                   / * LCD 宽度 * /
    uint16_t height;                  / * LCD 高度 * /
    uint16_t id;                      / * LCD ID * /
    uint8_t dir;                      / * 横屏还是竖屏控制: 0,竖屏;1,横屏。 * /
    uint16_t wramcmd;                 / * 开始写 gram 指令 * /
    uint16_t setxcmd;                 / * 设置 x 坐标指令 * /
    uint16_t setycmd;                 / * 设置 y 坐标指令 * /
} _lcd_dev;
/ * LCD 参数 * /
extern _lcd_dev lcddev;              / * 管理 LCD 重要参数 * /
/ * LCD 的画笔颜色和背景色 * /
extern uint32_t g_point_color;       / * 默认红色 * /
extern uint32_t g_back_color;        / * 背景颜色.默认为白色 * /
```

该结构体用于保存一些 LCD 重要参数信息,比如 LCD 的长宽、LCD ID(驱动 IC 型号)、LCD 横竖屏状态等。这个结构体虽然占用了十几个字节的内存,但是却可以使 驱动函数支持不同尺寸的 LCD,同时可以实现 LCD 横竖屏切换等重要功能,所以还是利大于弊的。最后,声明_lcd_dev 结构体类型变量 lcddev,lcddev 在 lcd. c 中定义。

紧接着就是 g_point_color 和 g_back_color 变量的声明,它们也在 lcd. c 中定义。g_point_color 变量用于保存 LCD 的画笔颜色,g_back_color 变量用于保存 LCD 的背景色。

LCD 中 I/O 口的控制函数定义:

```
/ * LCD 端口控制函数定义 * /
/ * 设置 BL 引脚 * /
# define LCD_BL(x)        LCD_BL_GPIO_PORT-> BSRR = LCD_BL_GPIO_PIN <<(16 * (! x))
/ * 设置 WR 引脚 * /
# define LCD_WR(x)        LCD_WR_GPIO_PORT-> BSRR = LCD_WR_GPIO_PIN <<(16 * (! x))
/ * 设置 RD 引脚 * /
# define LCD_RD(x)        LCD_RD_GPIO_PORT-> BSRR = LCD_RD_GPIO_PIN <<(16 * (! x))
/ * 设置 CS 引脚 * /
# define LCD_CS(x)        LCD_CS_GPIO_PORT-> BSRR = LCD_CS_GPIO_PIN <<(16 * (! x))
/ * 设置 RS 引脚 * /
# define LCD_RS(x)        LCD_RS_GPIO_PORT-> BSRR = LCD_RS_GPIO_PIN <<(16 * (! x))
# define LCD_DATA_OUT(x) LCD_DATA_GPIO_PORT-> ODR = x    / * 写 D0~D15 引脚 * /
# define LCD_DATA_IN      LCD_DATA_GPIO_PORT-> IDR       / * 读 D0~D15 引脚 * /
```

虽然是 HAL 库工程,但是为了提高 LCD 刷新的频率,这里采用寄存器去操作 LCD 的端口。因为只有寄存器才可以做到高效执行,实际使用时要尤其注意,不要为了 HAL 库而 HAL 库,而是要权衡效率和性能。

最后是一些其他的宏定义,包括 LCD 扫描方向、颜色以及 SSD1963 相关配置参数,这些可以查阅例程代码。

下面开始介绍 lcd. c 文件,先看 LCD 初始化函数,其定义如下:

```
void lcd_init(void)
{
    GPIO_InitTypeDef gpio_init_struct;
    LCD_BL_GPIO_CLK_ENABLE();                    / * LCD_BL 脚时钟使能 * /
    LCD_CS_GPIO_CLK_ENABLE();                    / * LCD_CS 脚时钟使能 * /
    LCD_WR_GPIO_CLK_ENABLE();                    / * LCD_WR 脚时钟使能 * /
    LCD_RD_GPIO_CLK_ENABLE();                    / * LCD_RD 脚时钟使能 * /
    LCD_RS_GPIO_CLK_ENABLE();                    / * LCD_RS 脚时钟使能 * /
    LCD_DATA_GPIO_CLK_ENABLE();                  / * LCD_DATA 脚时钟使能 * /
    __HAL_RCC_AFIO_CLK_ENABLE();
    / * 禁止 JTAG,使能 SWD,释放 PB3,PB4 引脚做普通 I/O 用 * /
    __HAL_AFIO_REMAP_SWJ_NOJTAG();
    gpio_init_struct.Pin = LCD_BL_GPIO_PIN;
    gpio_init_struct.Mode = GPIO_MODE_OUTPUT_PP;
    gpio_init_struct.Pull = GPIO_PULLUP;
    gpio_init_struct.Speed = GPIO_SPEED_FREQ_HIGH;
    HAL_GPIO_Init(LCD_BL_GPIO_PORT, &gpio_init_struct);    / * 初始化 LCD_BL 引脚 * /
    gpio_init_struct.Pin = LCD_CS_GPIO_PIN;
    HAL_GPIO_Init(LCD_CS_GPIO_PORT, &gpio_init_struct);    / * 初始化 LCD_CS 引脚 * /
    gpio_init_struct.Pin = LCD_WR_GPIO_PIN;
    HAL_GPIO_Init(LCD_WR_GPIO_PORT, &gpio_init_struct);    / * 初始化 LCD_WR 引脚 * /
```

```
gpio_init_struct.Pin = LCD_RD_GPIO_PIN;
HAL_GPIO_Init(LCD_RD_GPIO_PORT, &gpio_init_struct);        /* 初始化 LCD_RD 引脚 */
gpio_init_struct.Pin = LCD_RS_GPIO_PIN;
HAL_GPIO_Init(LCD_RS_GPIO_PORT, &gpio_init_struct);        /* 初始化 LCD_RS 引脚 */
gpio_init_struct.Pin = LCD_DATA_GPIO_PIN;
HAL_GPIO_Init(LCD_DATA_GPIO_PORT, &gpio_init_struct);      /* 初始化 LCD_DT 引脚 */
LCD_WR(1);                                    /* WR 默认高电平 */
LCD_RD(1);                                    /* RD 默认高电平 */
LCD_CS(1);                                    /* CS 默认高电平 */
LCD_RS(1);                                    /* RS 默认高电平 */
LCD_DATA_OUT(0XFFFF);                         /* DATA 默认高电平 */
/* 尝试 9341 ID 的读取 */
lcd_wr_regno(0XD3);
lcddev.id = lcd_rd_data();                    /* dummy read */
lcddev.id = lcd_rd_data();                    /* 读到 0X00 */
lcddev.id = lcd_rd_data();                    /* 读取 0X93 */
lcddev.id << = 8;
lcddev.id |= lcd_rd_data();                   /* 读取 0X41 */
if (lcddev.id != 0X9341)                      /* 不是 9341，尝试看看是不是 ST7789 */
{
    lcd_wr_regno(0X04);
    lcddev.id = lcd_rd_data();                /* dummy read */
    lcddev.id = lcd_rd_data();                /* 读到 0X85 */
    lcddev.id = lcd_rd_data();                /* 读取 0X85 */
    lcddev.id << = 8;
    lcddev.id |= lcd_rd_data();               /* 读取 0X52 */
    if (lcddev.id == 0X8552)                  /* 将 8552 的 ID 转换成 7789 */
    {
        lcddev.id = 0x7789;
    }
    if (lcddev.id != 0x7789)                  /* 也不是 ST7789，尝试是不是 NT35310 */
    {
        lcd_wr_regno(0XD4);
        lcddev.id = lcd_rd_data();            /* dummy read */
        lcddev.id = lcd_rd_data();            /* 读回 0X01 */
        lcddev.id = lcd_rd_data();            /* 读回 0X53 */
        lcddev.id << = 8;
        lcddev.id |= lcd_rd_data();           /* 这里读回 0X10 */
        if (lcddev.id != 0X5310)         /* 也不是 NT35310,尝试看看是不是 NT35510 */
        {
            /* 发送秘钥(厂家提供,照搬即可) */
            lcd_write_reg(0xF000, 0x0055);
            lcd_write_reg(0xF001, 0x00AA);
            lcd_write_reg(0xF002, 0x0052);
            lcd_write_reg(0xF003, 0x0008);
            lcd_write_reg(0xF004, 0x0001);
            lcd_wr_regno(0xC500);                     /* 读取 ID 高 8 位 */
            lcddev.id = lcd_rd_data();                /* 读回 0X55 */
            lcddev.id << = 8;
            lcd_wr_regno(0xC501);                     /* 读取 ID 低 8 位 */
            lcddev.id |= lcd_rd_data();               /* 读回 0X10 */
```

```
                            delay_ms(5);
                            if (lcddev.id != 0X5510)  /* 也不是 NT5510,尝试看看是不是 SSD1963 */
                            {
                                lcd_wr_regno(0XA1);
                                lcddev.id = lcd_rd_data();
                                lcddev.id = lcd_rd_data();          /* 读回 0X57 */
                                lcddev.id <<= 8;
                                lcddev.id |= lcd_rd_data();         /* 读回 0X61 */
                            /* SSD1963 读回的 ID 是 5761H,为方便区分,我们强制设置为 1963 */
                                if (lcddev.id == 0X5761)lcddev.id = 0X1963;
                            }
                        }
                    }
                }
    /* 特别注意,如果在 main 函数里面屏蔽串口 1 初始化,则会卡死在 printf
     * 里面(卡死在 f_putc 函数),所以必须初始化串口 1,或者屏蔽掉下面
     * 这行 printf 语句
     */
    printf("LCD ID:%x\r\n", lcddev.id);                  /* 打印 LCD ID */
    if (lcddev.id == 0X7789)
    {
        lcd_ex_st7789_reginit();                          /* 执行 ST7789 初始化 */
    }
    else if (lcddev.id == 0X9341)
    {
        lcd_ex_ili9341_reginit();                         /* 执行 ILI9341 初始化 */
    }
    else if (lcddev.id == 0x5310)
    {
        lcd_ex_nt35310_reginit();                         /* 执行 NT35310 初始化 */
    }
    else if (lcddev.id == 0x5510)
    {
        lcd_ex_nt35510_reginit();                         /* 执行 NT35510 初始化 */
    }
    else if (lcddev.id == 0X1963)
    {
        lcd_ex_ssd1963_reginit();                         /* 执行 SSD1963 初始化 */
        lcd_ssd_backlight_set(100);                       /* 背光设置为最亮 */
    }
    lcd_display_dir(0);                                   /* 默认为竖屏 */
    LCD_BL(1);                                            /* 点亮背光 */
    lcd_clear(WHITE);
}
```

该函数先对 STM32 与 LCD 连接相关 I/O 进行初始化,之后读取 LCD 控制器型号(lcddev.id),根据读取到的 ID 对不同的驱动器执行不同的初始化代码,从而提高了整个程序的通用性。

注意,本函数使用了 printf 来打印 LCD_ID,所以,如果主函数里面没有初始化串口,那么将导致程序死在 printf 里面。如果不想用 printf,则可以把它注释掉。

为了简化 lcd.c 的初始化程序,不同控制 IC 的芯片对应的初始化程序放在 lcd_ex.c 文件中。

下面开始介绍 lcd.c 里面的一些重要函数。

第一个是 lcd_wr_data 函数,该函数在 lcd.h 里面,通过宏定义的方式声明。该函数通过 80 并口向 LCD 模块写入一个 16 位的数据,使用频率是最高的,这里采用了宏定义的方式,以提高速度。其代码如下:

```
#define lcd_wr_data(data)\
            {\
                LCD_RS(1);\
                LCD_CS(0);\
                LCD_DATA_OUT(data);\
                LCD_WR(0);\
                LCD_WR(1);\
            LCD_CS(1);\
            }
```

上面函数的"\"是 C 语言中的一个转义字符,用来连接上下文;因为宏定义只能是一个串,而串过长(超过一行的时候)就需要换行了,此时就必须通过反斜杠来连接上下文。这里的"\"正是起这个作用。在上面的函数中,LCD_RS(1)、LCD_CS(0/1)、LCD_WR(0/1)等是操作 RS/CS/WR 的宏定义,均采用 STM32 的快速 I/O 控制寄存器实现,从而提高速度。

第二个是 lcd_wr_xdata 函数,该函数在 lcd.c 里面定义,功能和 lcd_wr_data 一模一样,代码如下:

```
void lcd_wr_xdata(uint16_t data)
{
    LCD_RS(1);
    LCD_CS(0);
    LCD_DATA_OUT(data);
    LCD_WR(0);
    LCD_WR(1);
    LCD_CS(1);
}
```

宏定义函数的好处就是速度快(直接嵌到被调用函数里面去了),坏处就是占用空间大。LCD_Init 函数里面有很多地方要写数据,如果全部用宏定义的 lcd_wr_data 函数,那么就会占用非常大的 FLASH,所以这里另外实现一个函数 lcd_wr_datax,专门给 lcd_init 函数调用,大大减少 FLASH 占用量。

第三个是 lcd_wr_regno 函数,该函数通过 8080 并口向 LCD 模块写入寄存器命令。因为该函数使用频率不高,这里就不采用宏定义来实现(宏定义占用 FLASH 较多),而是通过 LCD_RS 来标记是写入命令(LCD_RS(0))还是数据(LCD_RS(1))。该函数代码如下:

```
__attribute__((always_inline))void lcd_wr_regno(volatile uint16_t regno)
{
```

```
    LCD_RS(0);                       /* RS = 0,表示写寄存器 */
    LCD_CS(0);
    LCD_DATA_OUT(regno);             /* 写入要写的寄存器序号 */
    LCD_WR(0);
    LCD_WR(1);
    LCD_CS(1);
}
```

既然有写寄存器命令函数,那就有读寄存器数据函数。接下来介绍 lcd_rd_data 函数,该函数用来读取 LCD 控制器的寄存器数据(非 GRAM 数据),代码如下:

```
static uint16_t lcd_rd_data(void)
{
    volatile uint16_t ram;/* 防止被优化 */
    GPIO_InitTypeDef gpio_init_struct;
    /* LCD_DATA 引脚模式设置,上拉输入,准备接收数据 */
    gpio_init_struct.Pin = LCD_DATA_GPIO_PIN;
    gpio_init_struct.Mode = GPIO_MODE_INPUT;
    gpio_init_struct.Pull = GPIO_PULLUP;
    gpio_init_struct.Speed = GPIO_SPEED_FREQ_HIGH;
    HAL_GPIO_Init(LCD_DATA_GPIO_PORT, &gpio_init_struct);
    LCD_RS(1);                       /* RS = 1,表示操作数据 */
    LCD_CS(0);
    LCD_RD(0);
    lcd_opt_delay(2);
    ram = LCD_DATA_IN;               /* 读取数据 */
    LCD_RD(1);
    LCD_CS(1);
    /* LCD_DATA 引脚模式设置,推挽输出,恢复输出状态 */
    gpio_init_struct.Pin = LCD_DATA_GPIO_PIN;
    gpio_init_struct.Mode = GPIO_MODE_OUTPUT_PP;
    gpio_init_struct.Pull = GPIO_PULLUP;
    gpio_init_struct.Speed = GPIO_SPEED_FREQ_HIGH;
    HAL_GPIO_Init(LCD_DATA_GPIO_PORT, &gpio_init_struct);
    return ram;
}
```

以上 4 个函数用于实现 LCD 基本的读/写操作,接下来介绍 LCD 寄存器操作的函数 lcd_write_reg 和 lcd_write_ram_prepare,代码如下:

```
void lcd_write_reg(uint16_t regno, uint16_t data)
{
    lcd_wr_regno(regno);             /* 写入要写的寄存器序号 */
    lcd_wr_data(data);               /* 写入数据 */
}

__attribute__((always_inline))void lcd_write_ram_prepare(void)
{
    lcd_wr_regno(lcddev.wramcmd);
}
```

这 2 个函数十分简单,lcd_write_reg 函数用于向 LCD 指定寄存器写入指定数据,而 lcd_write_ram_prepare 函数用于写入 GRAM。

注意,上面几个函数添加了一些对 MDK AC6 的支持,去掉则在用 AC6 编译的时候就会出现问题。通过上面几个函数的组合,就可以对 LCD 进行各种操作了。

下面要介绍的函数是坐标设置函数,该函数代码如下:

```
void lcd_set_cursor(uint16_t x, uint16_t y)
{
    if (lcddev.id == 0X1963)
    {
        if (lcddev.dir == 0)      /*竖屏模式,x坐标需要变换*/
        {
            x = lcddev.width-1-x;
            lcd_wr_regno(lcddev.setxcmd);
            lcd_wr_data(0);
            lcd_wr_data(0);
            lcd_wr_data(x >>8);
            lcd_wr_data(x & 0XFF);
        }
        else                       /*横屏模式*/
        {
            lcd_wr_regno(lcddev.setxcmd);
            lcd_wr_data(x >>8);
            lcd_wr_data(x & 0XFF);
            lcd_wr_data((lcddev.width-1) >>8);
            lcd_wr_data((lcddev.width-1) & 0XFF);
        }
        lcd_wr_regno(lcddev.setycmd);
        lcd_wr_data(y >>8);
        lcd_wr_data(y & 0XFF);
        lcd_wr_data((lcddev.height-1) >>8);
        lcd_wr_data((lcddev.height-1) & 0XFF);
    }
    else if (lcddev.id == 0X5510)
    {
        lcd_wr_regno(lcddev.setxcmd);
        lcd_wr_data(x >>8);
        lcd_wr_regno(lcddev.setxcmd + 1);
        lcd_wr_data(x & 0XFF);
        lcd_wr_regno(lcddev.setycmd);
        lcd_wr_data(y >>8);
        lcd_wr_regno(lcddev.setycmd + 1);
        lcd_wr_data(y & 0XFF);
    }
    else     /*9341/5310/7789 等设置坐标*/
    {
        lcd_wr_regno(lcddev.setxcmd);
        lcd_wr_data(x >>8);
        lcd_wr_data(x & 0XFF);
        lcd_wr_regno(lcddev.setycmd);
        lcd_wr_data(y >>8);
```

```
        lcd_wr_data(y & 0XFF);
    }
}
```

该函数实现将 LCD 的当前操作点设置到指定坐标(x,y)。因为不同 LCD 的设置不太一样,所以代码里面加入了好几个判断,不同的驱动 IC 要进行不同的设置。

接下来介绍画点函数,其定义如下:

```
void lcd_draw_point(uint16_t x, uint16_t y, uint32_t color)
{
    lcd_set_cursor(x, y);           /* 设置光标位置 */
    lcd_write_ram_prepare();        /* 开始写入 GRAM */
    LCD->LCD_RAM = color;
}
```

该函数实现比较简单,就是先设置坐标,然后往坐标写颜色。lcd_draw_point 函数虽然简单,但是至关重要,其他几乎所有上层函数,都是通过调用这个函数实现的。

下面介绍读点函数,用于读取 LCD 的 GRAM。为什么 OLED 模块没做读 GRAM 的函数,而这里做了?因为 OLED 模块是单色的,所需要的全部 GRAM 也就 1 KB,而 TFTLCD 模块为彩色的,点数比 OLED 模块多很多。以 16 位色计算,一款 320×240 的液晶,需要 320×240×2 个字节来存储颜色值,也就是需要 150 KB,这对任何一款单片机来说都不是一个小数目了。而且在图形叠加的时候,可以先读回原来的值,然后写入新的值,完成叠加后又恢复原来的值,这在做一些简单菜单的时候很有用。这里读取 TFTLCD 模块数据的函数为 lcd_read_point,该函数直接返回读到的 GRAM 值。该函数使用之前要先设置读取的 GRAM 地址,通过 lcd_set_cursor 函数来实现。lcd_read_point 的代码如下:

```
uint32_t lcd_read_point(uint16_t x, uint16_t y)
{
    uint16_t r = 0, g = 0, b = 0;
    /* 超过了范围,直接返回 */
    if (x >= lcddev.width || y >= lcddev.height)return 0;
    lcd_set_cursor(x, y);           /* 设置坐标 */
    if (lcddev.id == 0X5510)
    {
        lcd_wr_regno(0X2E00);       /* 5510 发送读 GRAM 指令 */
    }
    else
    {
        lcd_wr_regno(0X2E);         /* 9341/5310/1963/7789 等发送读 GRAM 指令 */
    }
    r = lcd_rd_data();              /* 假读(dummy read) */
    /* 1963 直接读就可以 */
    if (lcddev.id == 0X1963)return r;
    r = lcd_rd_data();              /* 实际坐标颜色 */
    /* 9341/5310/5510/7789 要分 2 次读出 */
    b = lcd_rd_data();
    g = r & 0XFF;
```

```
/* 对于 9341/5310/5510/7789,第一次读取的是 RG 的值,R 在前,G 在后,各占 8 位 */
g << = 8;
/* 9341/5310/5510/7789 需要公式转换一下 */
return (((r >>11) <<11) | ((g >>10) <<5) | (b >>11));
}
```

在 lcd_read_point 函数中,因为这里的代码不止支持一种 LCD 驱动器,所以,根据不同的 LCD 驱动器((lcddev.id)型号执行不同的操作,以兼容各个驱动器,提高函数的通用性。

接下来要介绍的是字符显示函数 lcd_show_char,该函数同前面 OLED 模块的字符显示函数差不多,但是这里的字符显示函数多了一个功能,就是可以以叠加方式或者以非叠加方式显示。叠加方式显示多用于在显示的图片上再显示字符,非叠加方式一般用于普通的显示。该函数实现代码如下:

```
/* *
void lcd_show_char(uint16_t x, uint16_t y, char chr, uint8_t size,
                   uint8_t mode, uint16_t color)
{
    uint8_t temp, t1, t;
    uint16_t y0 = y;
    uint8_t csize = 0;
    uint8_t * pfont = 0;
    /* 得到字体一个字符对应点阵集所占的字节数 */
    csize = (size / 8 + ((size % 8) ? 1 : 0)) * (size / 2);
    /* 得到偏移后的值(ASCII 字库是从空格开始取模,所以-' ' 就是对应字符的字库) */
    chr = chr-' ';
    switch (size)
    {
        case 12:
            pfont = (uint8_t * )asc2_1206[chr];      /* 调用 1206 字体 */
            break;
        case 16:
            pfont = (uint8_t * )asc2_1608[chr];      /* 调用 1608 字体 */
            break;
        case 24:
            pfont = (uint8_t * )asc2_2412[chr];      /* 调用 2412 字体 */
            break;
        case 32:
            pfont = (uint8_t * )asc2_3216[chr];      /* 调用 3216 字体 */
            break;
        default:
            return ;
    }
    for (t = 0; t <csize; t ++)
    {
        temp = pfont[t];                             /* 获取字符的点阵数据 */
        for (t1 = 0; t1 <8; t1 ++)                   /* 一个字节 8 个点 */
        {
            if (temp & 0x80)                         /* 有效点,需要显示 */
```

```
                    {
                        lcd_draw_point(x, y, color);          /* 画点出来,要显示这个点 */
                    }
                    else if (mode == 0)                       /* 无效点,不显示 */
                    {
                        /* 画背景色,相当于这个点不显示(注意背景色由全局变量控制) */
                        lcd_draw_point(x, y, g_back_color);
                    }
                    temp <<= 1;                               /* 移位,以便获取下一个位的状态 */
                    y++;
                    /* 超区域了 */
                    if (y >= lcddev.height)return;
                    /* 显示完一列了? */
                    if ((y-y0) == size)
                    {
                        y = y0;                               /* y 坐标复位 */
                        x++;                                  /* x 坐标递增 */
                        /* x 坐标超区域了 */
                        if (x >= lcddev.width)return;
                        break;
                    }
                }
            }
        }
```

lcd_show_char 函数里面用到了 4 个字符集点阵数据数组 asc2_1206、asc2_1608、asc2_2412 和 asc2_3216。

2. main.c 代码

在 main.c 里面编写如下代码:

```
int main(void)
{
    uint8_t x = 0;
    uint8_t lcd_id[12];
    HAL_Init();                                     /* 初始化 HAL 库 */
    sys_stm32_clock_init(RCC_PLL_MUL9);             /* 设置时钟, 72 MHz */
    delay_init(72);                                 /* 延时初始化 */
    usart_init(115200);                             /* 串口初始化为 115 200 */
    led_init();                                     /* 初始化 LED */
    lcd_init();                                     /* 初始化 LCD */
    g_point_color = RED;
    /* 将 id 打印到 lcd_id 数组 */
    sprintf((char *)lcd_id, "LCD ID:%04X", lcddev.id);
    while (1)
    {
        switch (x)
        {
            case 0:     lcd_clear(WHITE);       break;
            case 1:     lcd_clear(BLACK);       break;
            case 2:     lcd_clear(BLUE);        break;
```

```
    case 3:        lcd_clear(RED);        break;
    case 4:        lcd_clear(MAGENTA);break;
    case 5:        lcd_clear(GREEN);      break;
    case 6:        lcd_clear(CYAN);       break;
    case 7:        lcd_clear(YELLOW);     break;
    case 8:        lcd_clear(BRRED);      break;
    case 9:        lcd_clear(GRAY);       break;
    case 10:       lcd_clear(LGRAY);      break;
    case 11:       lcd_clear(BROWN);      break;
    }
    lcd_show_string(10, 40, 240, 32, 32, "STM32", RED);
    lcd_show_string(10, 80, 240, 24, 24, "TFTLCD TEST", RED);
    lcd_show_string(10, 110, 240, 16, 16, "ATOM@ALIENTEK", RED);
    /* 显示 LCD_ID */
    lcd_show_string(10, 130, 240, 16, 16,(char *)lcd_id, RED);
    x++;
        if (x == 12)
            x = 0;
    LED0_TOGGLE();/* 红灯闪烁 */
    delay_ms(1000);
    }
}
```

　　main 函数功能主要是显示一些固定的字符,字体大小包括 32×16、24×12、16×8 和 12×6 这 4 种,同时显示 LCD 驱动 IC 的型号,然后不停地切换背景颜色,每秒切换一次。而 LED0 也会不停地闪烁,指示程序已经在运行了。其中用到一个 sprintf 的函数,该函数用法同 printf,只是 sprintf 把打印内容输出到指定的内存区间上,最终在死循环中通过 lcd_show_strinig 函数进行屏幕显示。

　　特别注意,usart_init 函数不能去掉,因为 lcd_init 函数里面调用了 printf,所以一旦去掉这个初始化就会死机。实际上,只要代码用到 printf,就必须初始化串口,否则都会死机,停在 usart.c 里面的 fputc 函数出不来。

18.4　下载验证

　　下载代码后,LED0 不停闪烁,提示程序已经在运行了。同时,可以看到 TFTLCD 模块的显示背景色不停切换,如图 18.12 所示。

　　此外,为了能直观地了解 LCD 屏的扫描方式,这里额外编写了 2 个 main.c 文件(main1.c 和 main2.c,放在 User 文件夹中),方便读者编译下载,观察现象。

　　使用方法:关闭工程后,先把原实验中的 main.c 改名字,然后把 main1.c 重命名为 main.c,双击 keilkill.bat 清理编辑的中间文件,最后打开工程重新编译下载,就可以观察实验现象。观察了 main1.c,可以再观察 main2.c,main2.c 文件的操作方法类似。

图 18.12　TFTLCD 显示效果图

第 **19** 章

USMART 调试组件实验

本章将介绍一个十分重要的辅助调试工具：USMART 调试组件。该组件由正点原子开发提供，功能类似 Linux 的 shell（RTT 的 finsh 也属于此类）。USMART 最主要的功能就是通过串口调用单片机里面的函数并执行，对调试代码很有帮助。

19.1　USMART 调试组件简介

USMART 是由正点原子开发的一个灵巧的串口调试互交组件，使读者可以通过串口助手调用程序里面的任何函数并执行。因此，可以随意更改函数的输入参数（支持数字(10/16 进制，支持负数)、字符串、函数入口地址等作为参数)，单个函数最多支持 10 个输入参数，并支持函数返回值显示，目前最新版本为 V3.5。

USMART 的特点如下：
➢ 可以调用绝大部分用户直接编写的函数。
➢ 资源占用极少（最少情况是 FLASH：4 KB,SRAM：72 字节）。
➢ 支持参数类型多（数字(包含 10/16 进制,支持负数)、字符串、函数指针等)。
➢ 支持函数返回值显示。
➢ 支持参数及返回值格式设置。
➢ 支持函数执行时间计算（V3.1 及以后的版本新特性)。
➢ 支持 AC6 编译器。

有了 USMART，就可以轻易地修改函数参数、查看函数运行结果，从而快速解决问题。比如调试一个摄像头模块，需要修改其中的几个参数来得到最佳的效果，普通的做法是写函数→修改参数→下载→看结果→不满意→修改参数→下载→看结果→不满意…不停地循环，直到满意。这样做不光麻烦，更有损单片机的寿命。而利用 USMART，则只需要在串口调试助手里面输入函数及参数，然后直接串口发送给单片机；只执行了一次参数调整，不满意则在串口调试助手修改参数再发送就可以了，直到满意为止。这样，修改参数十分方便，不需要编译、下载，更不会让单片机"折寿"。

USMART 支持的参数类型基本满足任何调试,支持的类型有 10 或者 16 进制数字、字符串指针(如果该参数用作参数返回,可能会有问题)、函数指针等。因此,绝大部分函数可以直接被 USMART 调用;对于不能直接调用的,只需要重写一个函数,把影响调用的参数去掉即可,这个重写后的函数即可被 USMART 调用。

USMART 的实现流程简单概括就是:第一步,添加需要调用的函数(在 usmart_config.c 的 usmart_nametab 数组里面添加);第二步,初始化串口;第三步,初始化 USMART(通过 usmart_init 函数实现);第四步,轮询 usmart_scan 函数,处理串口数据。

接下来简单介绍 USMART 组件的移植。USMART 组件总共包含 8 个文件,如图 19.1 所示。每个文件的作用如表 19.1 所列。

```
« Middlewares › USMART          ∨  ↻        ⌕ 搜索"USMART"

📄 readme.txt                              📄 usmart.c
📄 usmart.h                                📄 usmart_config.c
📄 usmart_port.c                           📄 usmart_port.h
📄 usmart_str.c                            📄 usmart_str.h
```

图 19.1　USMART 组件代码

表 19.1　USMART 文件介绍

USMART 文件	说　明
usmart. c	USMART 核心文件,用于处理命令以及对外交互
usmart. h	USMART 核心文件头文件,定义结构体、宏定义、函数声明等
usmart_str. c	USMART 字符串处理文件,用于字符串转换、参数获取等
usmart_str. h	USMART 字符串处理头文件,用于函数声明
usmart_port. c	USMART 移植文件,用于 USMART 移植
usmart_port. h	USMART 移植头文件,定义用户配置参数、宏定义、函数声明等
usmart_config. c	USMART 函数管理文件,用于添加用户需要 USMART 管理的函数
readme. txt	USMART 介绍文件,用于说明 USMART 版本和功能

19.2　硬件设计

(1) 例程功能

本实验通过 USMART 调用内部函数,实现对 LCD 显示、LED 以及延时的控制。LED0 闪烁用于提示程序正在运行。

(2) 硬件资源

➢ LED 灯:LED0-PA8、LED1-PD2;

> 串口 1(PA9、PA10 连接在板载 USB 转串口芯片 CH340 上面);
> 定时器 4;
> 正点原子 TFTLCD 模块(仅限 MCU 屏,16 位 8080 并口驱动)。

19.3　程序设计

19.3.1　程序流程图

程序流程如图 19.2 所示。

图 19.2　USMART 调试组件实验程序流程图

19.3.2　程序解析

1. USMART 驱动代码

要使用 USMART,须先进行代码移植。USMART 的移植非常简单,只需要修改 usmart_port.c 里面的 5 个函数即可完成移植。

第一个是 USMART 输入数据流获取函数,该函数的实现代码如下:

```
char * usmart_get_input_string(void)
{
    uint8_t len;
    char * pbuf = 0;
    if (g_usart_rx_sta & 0x8000)              /* 串口接收完成了吗 */
    {
        len = g_usart_rx_sta & 0x3fff;        /* 得到此次接收到的数据长度 */
        g_usart_rx_buf[len] = '\0';           /* 在末尾加入结束符 */
        pbuf = (char * )g_usart_rx_buf;
```

```
        g_usart_rx_sta = 0;                        / * 开启下一次接收 * /
    }
    return pbuf;
}
```

该函数通过 SYSTEM 文件夹默认的串口接收来实现输入数据流获取。SYSTEM 文件夹里面的串口接收函数最大可以一次接收 200 字节,用于从串口接收函数名和参数等。如果在其他平台移植,则可参考 SYSTEM 文件夹串口接收的实现方式进行移植(详细接收原理可参考配套资料中的串口通信实验)。

第二个是 usmart_timx_init 函数,该函数的实现代码如下:

```
void usmart_timx_init(uint16_t arr, uint16_t psc)
{
    USMART_TIMX_CLK_ENABLE();
    g_timx_usmart_handle.Instance = USMART_TIMX;            / * 通用定时器 4 * /
    g_timx_usmart_handle.Init.Prescaler = psc;             / * 分频系数 * /
    / * 向上计数器 * /
    g_timx_usmart_handle.Init.CounterMode = TIM_COUNTERMODE_UP;
    g_timx_usmart_handle.Init.Period = arr;                / * 自动装载值 * /
    g_timx_usmart_handle.Init.ClockDivision = TIM_CLOCKDIVISION_DIV1;
    HAL_TIM_Base_Init(&g_timx_usmart_handle);
    HAL_TIM_Base_Start_IT(&g_timx_usmart_handle);         / * 使能定时器和定时器中断 * /
    HAL_NVIC_SetPriority(USMART_TIMX_IRQn, 3, 3);         / * 抢占优先级 3,子优先级 3 * /
    HAL_NVIC_EnableIRQ(USMART_TIMX_IRQn);                 / * 开启 TIM 中断 * /
}
```

该函数只有在 USMART_ENTIMX_SCAN 值为 1 时,才需要实现用于定时器初始化、利用定时器完成对 usmart_scan 函数的周期性调用,并实现函数运行时间计时(runtime)功能。该函数里面的 USMART_TIMX_CLK_ENABLE、USMART_TIMX 和 USMART_TIMX_IRQn 等定时器相关宏定义在 usmart_prot.h 里面定义,方便修改。本实验使用的是 TIM4。

注意,usmart_timx_init 函数是在 usmart.c 里面被 usmart_init 调用。usmart_init 源码如下:

```
void usmart_init(uint16_t tclk)
{
# if USMART_ENTIMX_SCAN == 1
    usmart_timx_init(1000, tclk * 100-1);
# endif
    usmart_dev.sptype = 1;          / * 十六进制显示参数 * /
}
```

该函数有一个参数 tclk,用于定时器初始化。注意,这里的 tclk 是指所选 TIM 的时钟频率,而非系统主频。这里使用的 TIM4,对于 STM32F103 来说,TIM4 的时钟源来自 2 倍的 APB1,频率为 72 MHz。

另外,USMART_ENTIMX_SCAN 是在 usmart_port.h 里面定义的一个是否使能定时器中断扫描的宏定义。如果为 1,则初始化定时器中断,并在中断里面调用 usmart_scan 函数。如果为 0,那么需要读者间隔一定时间(100 ms 左右为宜)调用一次 usmart_ scan 函数,以实现串口数据处理。注意,要使用函数执行时间统计功能(runtime 1),则必须设置 USMART_ENTIMX_SCAN 为 1。另外,为了让统计时间精确到 0.1 ms,定时器的计数时钟频率必须设置为 10 kHz,否则时间就不是 0.1 ms 了。

第三和第四个函数仅用于服务 USMART 的函数执行时间统计功能(串口指令:runtime 1),分别是 usmart_timx_reset_time 和 usmart_timx_get_time。这 2 个函数代码如下:

```
void usmart_timx_reset_time(void)
{
    __HAL_TIM_CLEAR_FLAG(&g_timx_usmart_handle, TIM_FLAG_UPDATE);/* 清中断标志 */
    __HAL_TIM_SET_AUTORELOAD(&g_timx_usmart_handle, 0XFFFF); /* 重载值设置最大 */
    __HAL_TIM_SET_COUNTER(&g_timx_usmart_handle, 0);              /* 清定时器 CNT */
    usmart_dev.runtime = 0;
}
/* *
 * @brief      获得 runtime 时间
 * @note       需要根据所移植到的 MCU 的定时器参数进行修改
 * @param      无
 * @retval     执行时间,单位: 0.1 ms,最大延时时间为定时器 CNT 值的 2 倍 * 0.1 ms
 * /
uint32_t usmart_timx_get_time(void)
{
    /* 在运行期间,产生了定时器溢出 */
    if (__HAL_TIM_GET_FLAG(&g_timx_usmart_handle, TIM_FLAG_UPDATE) == SET)
    {
        usmart_dev.runtime += 0XFFFF;
    }
    usmart_dev.runtime += __HAL_TIM_GET_COUNTER(&g_timx_usmart_handle);
    return usmart_dev.runtime;        /* 返回计数值 */
}
```

usmart_timx_reset_time 函数在每次 USMART 调用函数之前执行清除定时器的计数器,然后在函数执行完之后,调用 usmart_timx_get_time 获取计数器值,从而得到整个函数的运行时间。由于 USMART 调用的函数都是在中断里面执行的,所以不方便再用定时器的中断功能来实现定时器溢出统计,因此,USMART 的函数执行时间统计功能最多可以统计定时器溢出一次的时间;对 STM32F103 的 TIM4 来说,该定时器是 16 位的,最大计数是 65 535。由于这里定时器设置的是 0.1 ms 一个计时周期(10 kHz),所以最长计时时间是

$$65\ 535 \times 2 \times 0.1\ ms = 13.1\ s$$

也就是说,如果函数执行时间超过 13.1 s,那么计时将不准确。

最后一个是 USMART_TIMX_IRQHandler 函数,该函数的实现代码如下:

```
void USMART_TIMX_IRQHandler(void)
{
    /* 溢出中断 */
    if(__HAL_TIM_GET_IT_SOURCE(&g_timx_usmart_handle,TIM_IT_UPDATE) == SET)
    {
```

```
        usmart_dev.scan();                                         /* usmart 扫描 */
        __HAL_TIM_SET_COUNTER(&g_timx_usmart_handle, 0);;          /* 清定时器 CNT */
        __HAL_TIM_SET_AUTORELOAD(&g_timx_usmart_handle, 100);      /* 恢复原来的设置 */
    }
    __HAL_TIM_CLEAR_IT(&g_timx_usmart_handle, TIM_IT_UPDATE);      /* 清除中断标志位 */
}
```

该函数是定时器 TIMX 的中断服务函数,也是一个宏定义函数,同样是在 usmart_port.h 里面定义,方便修改。该函数主要用于周期性调用 USMART 扫描函数(实际函数为 usmart_scan),完成对输入数据流的处理。同时,清除定时器的 CNT 值,并设置自动重装载值。

完成这几个函数的移植就可以使用 USMART 了。注意,USMART 同外部的互交一般通过 usmart_dev 结构体实现,所以 usmart_init 和 usmart_scan 的调用分别通过 usmart_dev.init 和 usmart_dev.scan 实现。

另外,还需要在 usmart_config.c 文件里面添加想要被 USMART 调用的函数。打开 usmart_config.c 文件,如图 19.3 所示。

```
/*****************************************************************************/
/* 用户配置区
 * 这下面要包含所用到的函数所申明的头文件(用户自己添加)
 */

#include "./SYSTEM/sys/sys.h"
#include "./SYSTEM/delay/delay.h"
#include "./BSP/LCD/lcd.h"          ← 函数所在头文件添加区

extern void led_set(uint8_t sta);
extern void test_fun(void(*ledset)(uint8_t), uint8_t sta);

/* 函数名列表初始化(用户自己添加)
 * 用户直接在这里输入要执行的函数名及其查找串
 */
struct _m_usmart_nametab usmart_nametab[] =
{
#if USMART_USE_WRFUNS == 1        /* 如果使能了读写操作 */
    (void *)read_addr, "uint32_t read_addr(uint32_t addr)",
    (void *)write_addr, "void write_addr(uint32_t addr,uint32_t val)",
#endif
    (void *)delay_ms, "void delay_ms(uint16_t nms)",      ← 用户函数添加区
    (void *)delay_us, "void delay_us(uint32_t nus)",
```

图 19.3　添加需要被 USMART 调用的函数

这里的添加函数很简单,只要把函数所在头文件添加进来,并把函数名按图 20.3 所示的方式增加即可,默认添加了 2 个函数,即 delay_ms 和 delay_us。另外,read_addr 和 write_addr 属于 USMART 自带的函数,用于读/写指定地址的数据,通过配置 USMART_USE_WRFUNS 宏定义可以使能或者禁止这 2 个函数。

这里根据需要图 19.3 的格式添加其他函数,usmart_config.c 文件中已经添加了 LCD 的相关函数,读者可以查看本实验的 usmart_config.c 文件,并可在串口助手中调用。具体的调用方法可参考 19.4 节。

2. main. c 代码

在 main 函数之前添加了 led_set 和 test_fun 共 2 个函数,代码如下:

```
/ * LED 状态设置函数 * /
void led_set(uint8_t sta)
{
    LED1(sta);
}
/ * 函数参数调用测试函数 * /
void test_fun(void( * ledset)(uint8_t), uint8_t sta)
{
    ledset(sta);
}
```

led_set 函数用于设置 LED1 的状态;第二个函数 test_fun 则用于测试 USMART 对函数参数的支持,test_fun 的第一个参数是函数,在 USMART 里面也可以被调用。

main 函数代码如下:

```
int main(void)
{
    HAL_Init();                                 / * 初始化 HAL 库 * /
    sys_stm32_clock_init(RCC_PLL_MUL9);         / * 设置时钟,72 MHz * /
    delay_init(72);                             / * 延时初始化 * /
    usart_init(115200);                         / * 串口初始化为 115 200 * /
    usmart_dev.init(72);                        / * 初始化 USMART * /
    led_init();                                 / * 初始化 LED * /
    lcd_init();                                 / * 初始化 LCD * /
    lcd_show_string(30,50,200,16,16,"STM32", RED);
    lcd_show_string(30,70,200,16,16,"USMART TEST", RED);
    lcd_show_string(30,90,200,16,16,"ATOM@ALIENTEK", RED);
    while(1)
    {
        LED0_TOGGLE();
        delay_ms(500);
    }
}
```

此部分代码功能如下:经过一系列初始化,显示使用信息后就在无限循环中 LED0 翻转延时,并等待串口数据。

19.4　下载验证

将程序下载到开发板后,可以看到 LED0 不停闪烁,提示程序已经在运行了。同时,屏幕上显示了一些字符(就是主函数里面要显示的字符)。

打开串口调试助手 XCOM,依次执行如下操作:选择正确的串口号→多条发送→选中"发送新行"(即发送回车键)选项,然后发送 list 指令即可打印所有 USMART 可调用函数,如图 19.4 所示。

图 19.4　驱动串口调试助手

图中 list、id、help、hex、dec、? 和 runtime 都属于 USMART 自带的系统命令，单击后方的数字按钮即可发送对应的指令。

list：该命令用于打印所有 USMART 可调用函数。发送该命令后，串口将收到所有能被 USMART 调用得到函数，如图 19.4 所示。

id：该指令用于获取各个函数的入口地址。比如前面写的 test_fun 函数就有一个函数参数，则需要先通过 id 指令获取 led_set 函数的 id（即入口地址），然后将这个 id 作为函数参数传递给 test_fun。

help（或者 ? 也可以）：发送该指令后，串口将打印 USMART 使用的帮助信息。

hex 和 dec：这 2 个指令可以带参数，也可以不带参数。当不带参数的时候，hex 和 dec 分别用于设置串口显示数据格式为 16 进制/10 进制。当带参数的时候，hex 和 dec 就执行进制转换，比如输入 hex 1234，串口将打印 HEX:0X4D2，也就是将 1234 转换为 16 进制打印出来。又比如输入 dec 0X1234，串口将打印 DEC:4660，就是将 0X1234 转换为 10 进制打印出来。

runtime 指令：用于函数执行时间统计功能的开启和关闭，发送 runtime 1 可以开启函数执行时间统计功能，发送 runtime 0 可以关闭函数执行时间统计功能。函数执行时间统计功能默认是关闭的。

读者可以亲自体验下这几个系统指令，注意，所有的指令都是大小写敏感的，不要写错。

接下来介绍如何调用 list 所打印的这些函数。先来看一个简单的 delay_ms 的调用,分别输入 delay_ms(1000) 和 delay_ms(0x3E8),如图 19.5 所示。可以看出,delay_ms(1000) 和 delay_ms(0x3E8) 的调用结果是一样的,都是延时 1 000 ms,因为 USMART 默认设置的是 hex 显示,所以串口打印的参数都是 16 进制格式的,可以通过发送 dec 指令切换为十进制显示。另外,由于 USMART 对调用函数的参数大小写不敏感,所以参数写成 0X3E8 或者 0x3e8 都是正确的。另外,发送 runtime 1 开启运行时间统计功能,从测试结果看,USMART 的函数运行时间统计功能是相当准确的。

图 19.5　串口调用 delay_ms 函数

再看 lcd_show_string 函数。该函数用于显示字符串,通过串口输入 lcd_show_string(30,200,200,16,16," This is a test for usmart!!",0xF800),如图 19.6 所示。

该函数用于在指定区域显示指定字符串,发送给开发板后,可以看到 LCD 在指定的地方显示了"This is a test for usmart!!"字符串。

其他函数的调用方法一样,这里就不多介绍了,最后说一下带有参数的函数的调用。将 led_set 函数作为 test_fun 的参数,通过在 test_fun 里面调用 led_set 函数实现对 LED1 的控制。前面说过,要调用带有函数参数的函数,就必须先得到函数参数的入口地址(id),通过输入 id 指令可以得到 led_set 的函数入口地址是 0X08005339,所以,在串口输入 test_fun(0X08005339,0)就可以控制 LED1 亮了,如图 19.7 所示。

在开发板上可以看到,收到串口发送的 test_fun(0X08005339,0)后开发板的 LED1 亮了,然后可以通过发送 test_fun(0X08005339,1)来关闭 LED1。说明这里成功地通过 test_fun 函数调用 led_set,实现了对 LED1 的控制,也就验证了 USMART 对函数参数的支持。

图 19.6　串口调用 lcd_show_string 函数

图 19.7　串口调用 test_fun 函数

USMART 调试组件的使用就介绍到这里。USMART 是一个非常不错的调试组件，希望读者能学会使用，可以达到事半功倍的效果。

第 **20** 章

RTC 实时时钟实验

本章将介绍 STM32F103 的内部实时时钟（RTC）。这里将使用 LCD 模块来显示日期和时间，实现一个简单的实时时钟，并可以设置闹钟；另外，还将介绍 BKP 的使用。

20.1 RTC 时钟简介

STM32F103 的实时时钟（RTC）是一个独立的定时器。STM32 的 RTC 模块拥有一组连续计数的计数器，在对应的软件配置下可提供时钟日历的功能。修改计数器的值可以重新设置系统的当前时间和日期。

RTC 模块和时钟配置系统（RCC_BDCR 寄存器）在后备区域（BKP），即在系统复位或从待机模式唤醒后，RTC 的设置和时间维持不变；只要后备区域供电正常，那么 RTC 可以一直运行。但是在系统复位后会自动禁止访问后备寄存器和 RTC，以防止对后备区域的意外写操作。所以在要设置时间之前，先要取消备份区域写保护。

20.1.1 RTC 框图

RTC 框图如图 20.1 所示。讲解 RTC 架构之前先说明一下图中灰色的部分，它属于备份域，在 V_{DD} 掉电时可在 V_{BAT} 的驱动下继续工作，这部分包括 RTC 的分频器、计数器以及闹钟控制器。下面把 RTC 框图分成以下 2 个部分讲解。

① APB1 接口：用来和 APB1 总线相连。通过 APB1 总线可以访问 RTC 相关的寄存器，对其进行读/写操作。

② RTC 核心：由一组可编程计数器组成，主要分成 2 个模块。第一个是 RTC 的预分频模块，它可编程产生 1 s 的 RTC 时间基准 TR_CLK。RTC 的预分频模块包括了一个 20 位的可编程分频器（RTC 预分频器）。如果在 RTC_CR 寄存器中设置相对应的允许位，则在每个 TR_CLK 周期中 RTC 产生一个中断（秒中断）。第二个模块是

图 20.1　RTC 框图

一个 32 位的可编程计数器,可被初始化为当前的系统时间,一个 32 位的时钟计数器,按秒钟计算,可以记录 4 294 967 296 s,约合 136 年,作为一般应用足够了。

RTC 还有一个闹钟寄存器 RTC_ALR,用于产生闹钟。系统时间按 TR_CLK 周期累加并与存储在 RTC_ALR 寄存器中的可编程时间相比较,如果 RTC_CR 控制寄存器中设置了相应允许位,比较匹配时将产生一个闹钟中断。

由于备份域的存在,所以 RTC 内核可以完全独立于 RTC APB1 接口。而软件通过 APB1 接口访问 RTC 的预分频值、计数器值和闹钟值。但是相关可读寄存器只在 RTC APB1 时钟进行重新同步的 RTC 时钟的上升沿被更新,RTC 标志也是如此。这就意味着,APB1 接口刚刚被开启之后、在第一次的内部寄存器更新之前,从 APB1 上读取的 RTC 寄存器值可能被破坏了(通常读到 0)。因此,若要读取 RTC 寄存器曾经被禁止的 RTC APB1 接口,则软件首先必须等待 RTC_CRL 寄存器的 RSF 位(寄存器同步标志位,bit3)被硬件置 1。

20.1.2 RTC 寄存器

1. RTC 控制寄存器(RTC_CRH/CRL)

RTC 控制寄存器共有 2 个控制寄存器 RTC_CRH 和 RTC_CRL,它们都是 16 位的。

RTC 控制寄存器高位 RTC_CRH 描述如图 20.2 所示。该寄存器在 RTC 控制寄存器高位,本章将用到秒钟中断,所以该寄存器必须设置最低位为 1,以允许秒钟中断。

15	14	13	12	11	10	9	8	7	6	5	4	3	2	1	0
保留													OWIE	ALRIE	SECIE
													rw	rw	rw

位2	OWIE: 允许溢出中断位 0: 屏蔽(不允许)溢出中断 1: 允许溢出中断
位1	ALRIE: 允许闹钟中断 0: 屏蔽(不允许)闹钟中断 1: 允许闹钟中断
位0	SECIE: 允许秒中断 0: 屏蔽(不允许)秒中断 1: 允许秒中断

图 20.2　RTC_CRH 寄存器

RTC 控制寄存器低位 RTC_CRL 描述如图 20.3 所示。该寄存器是 RTC 控制寄存器低位,本章用到的是该寄存器的 0、3～5 位。第 0 位是秒钟标志位,在进入闹钟中断的时候,通过判断这位来决定是不是发生了秒钟中断。然后必须通过软件将该位清零(写零)。第 3 位为寄存器同步标志位,在修改控制寄存器 RTC_CRH/RTC_CRL 之前,必须先判断该位是否已经同步了,没有则需要等待同步,在没同步的情况下修改 RTC_CRH/RTC_CRL 值是不行的。第 4 位为配置标志位,在软件修改 RTC_CNT/RTC_PRL 值的时候,必须先软件置位该位,以允许进入配置模式。第 5 位为 RTC 操作位,该位由硬件操作,软件只读;通过该位可以判断上次对 RTC 寄存器的操作是否完成,如果没有,则必须等待上一次操作结束才能开始下一次操作。

2. RTC 预分频装载寄存器(RTC_PRLH/RTC_PRLL)

RTC 预分频装载寄存器也由 2 个寄存器组成,RTC_PRLH 和 RTC_PRLL。这 2 个寄存器用来配置 RTC 时钟的分频数,比如使用外部 32.768 kHz 的晶振作为时钟的输入频率,那么要设置这 2 个寄存器的值为 32 767,从而得到 1 s 的计数频率。

RTC 预分频装载寄存器高位描述如图 20.4 所示。该寄存器是 RTC 预分频装载寄存器高位,低 4 位有效用来存放 PRL 的 19～16 位。PRL 的其余位则存放在 RTC_PRLL 寄存器。

RTC 预分频装载寄存器低位描述如图 20.5 所示。该寄存器是 RTC 预分频装载寄存器低位,用来存放 RTC 预分频装载值低位。如果输入时钟是 32.768 kHz,这个预

15	14	13	12	11	10	9	8	7	6	5	4	3	2	1	0
保留										RTOFF	CNF	RSF	OWF	ALRF	SECF
										r	rw	rc w0	rc w0	rc w0	rc w0

位15:6	保留，被硬件强制为0
位5	RTOFF：RTC操作关闭 RTC模块利用这位来指示对其寄存器进行的最后一次操作的状态，指示操作是否完成。若此位为0，则表示无法对任何的RTC寄存器进行写操作。此次为只读位。 0：上一次对RTC寄存器的写操作仍在进行；　　1：上一次对RTC寄存器的写操作已经完成
位4	CNF：配置标志 此位必须由软件置1以进入配置模式，从而允许向RTC_CNT、RTC_ALR或RTC_PRL寄存器写入数据。只有当此位在被置1并重新由软件清0后，才会执行写操作。 0：退出配置模式（开始更新RTC寄存器）；　　1：进入配置模式
位3	RSF：寄存器同步标志 每当RTC_CNT寄存器和RTC_DIV寄存器由软件更新或清0时，此位由硬件置1。在APB1复位后或APB1时钟停止后，此位必须由软件清0。进行任何的读操作之前，用户程序必须等待这位被硬件置1，以确保RTC_CNT、RTC_ALR或RTC_PRL已经被同步。 0：寄存器尚未被同步；　　1：寄存器已经被同步
位2	OWF：溢出标志 当32位可编程计数器溢出时，此位由硬件置1。如果RTC_CRH寄存器中OWIE=1，则产生中断。此位只能由软件清0。对此位写1是无效的。 0：无溢出；　　1：32位可编程计数器溢出
位1	ALRF：闹钟标志 当32位可编程计数器达到RTC_ALR寄存器所设置的预定值时，此位由硬件置1。如果RTC_CRH寄存器中ALRIE=1，则产生中断。此位只能由软件清0。对此位写1是无效的。 0：无闹钟；　　1：有闹钟
位0	SECF：秒标志 当32位可编程预分频器溢出时，此位由硬件置1同时RTC计数器加1。因此，此标志为分辨率可编程的RTC计数器提供一个周期性的信号（通常为1 s）。如果RTC_CRH寄存器中SECIE=1，则产生中断。此位只能由软件清除。对此位写1是无效的。 0：秒标志条件不成立；　　1：秒标志条件成立

图 20.3　RTC_CRL 寄存器

15	14	13	12	11	10	9	8	7	6	5	4	3	2	1	0
保留												PRL[19:16]			
												w	w	w	w

位3:0	PRL[19:16]：RTC预分频装载值高位 根据以下公式，这些位用来定义计数器的时钟频率： $f_{TR\_CLK}=f_{RTCCLK}/(PRL[19:0]+1)$ 注：不推荐使用0值，否则无法正确的产生RTC中断和标志位

图 20.4　RTC_PRLH 寄存器

分频寄存器中写入 7FFF 可获得周期 1 s 的信号。

3. RTC 预分频余数寄存器（RTC_DIVH/RTC_DIVL）

RTC 预分频余数寄存器是用来获得比秒钟更加准确的时钟，比如可以得到 0.1 s，甚至 0.01 s 等；该寄存器的值是自减的，用于保存还需要多少时钟周期获得一个秒信号。在一次秒钟更新后，由硬件重新装载。这 2 个寄存器和 RTC 预分频装载寄存器的各位一样，这里就不列出来了。

图 20.5　RTC_PRLL 寄存器

4. RTC 计数器寄存器(RTC_CNTH/RTC_CNTL)

RTC 计数器寄存器 RTC_CNT 由 2 个 16 位寄存器组成(RTC_CNTH 和 RTC_CNTL),总共 32 位,用来记录秒钟值。注意,修改这 2 个寄存器的时候要先进入配置模式。

RTC_CNT 描述如图 20.6 所示。

图 20.6　RTC_CNT 寄存器

5. RTC 闹钟寄存器(RTC_ALRH/RTC_ALRL)

RTC 闹钟寄存器也由 2 个 16 位的寄存器组成(RTC_ALRH 和 RTC_ALRL),总共 32 位,用来标记闹钟产生的时间(以秒为单元)。对于 STM32F1 系列的芯片来说,RTC 外设没有专门的年月日寄存器来分别存放这些信息,全部日期信息以秒的格式存储在这 2 个寄存器中,后面编程时会对时间进行特殊处理。如果 RTC_CNT 的值与 RTC_ALR 的值相等,并使能了中断,则产生一个闹钟中断。注意,该寄存器的修改也要进入配置模式才能进行。

RTC 闹钟寄存器描述如图 20.7 所示。

图 20.7　RTC_ALR 寄存器

6. 备份数据寄存器（BKP_DRx）

备份数据寄存器描述如图 20.8 所示。该寄存器是一个 16 位寄存器，可以用来存储用户数据，可在 V_{DD} 电源关闭时通过 V_{BAT} 保持上电状态。备份数据寄存器不会在系统复位、电源复位、从待机模式唤醒时复位。

图 20.8　BKP_DRx 寄存器

在 MCU 复位后，对 RTC 和备份数据寄存器的写访问就被禁止，需要执行以下操作才可以对 RTC 及备份数据寄存器进行写访问：

① 通过设置寄存器 RCC_APB1ENR 的 PWREN 和 BKPEN 位来打开电源和后备接口时钟。

② 通过电源控制寄存器（PWR_CR）的 DBP 位来使能对后备寄存器和 RTC 访问。

7. 备份区域控制寄存器（RCC_BDCR）

备份区域控制寄存器描述如图 20.9 所示。RTC 的时钟源选择及使能设置都是通过这个寄存器来实现的，所以在 RTC 操作之前先要通过这个寄存器选择 RTC 的时钟源，然后才能开始其他的操作。

31	30	29	28	27	26	25	24	23	22	21	20	19	18	17	16
保留															BDRST
															rw

15	14	13	12	11	10	9	8	7	6	5	4	3	2	1	0
RTC EN	保　留					RTCSEL[1:0]		保留					LSE BYP	LSE RDY	LSEON
rw						rw	rw						rw	r	rw

位16	BDRST：备份域软件复位 由软件置1或清0 0：复位未激活；　　　　　　　　　1：复位整个备份域
位15	RTCEN：RTC时钟使能 由软件置1或清0 0：RTC时钟关闭；　　　　　　　1：RTC时钟开启
位9:8	RTCSEL[1:0]：RTC时钟源选择 由软件设置来选择RTC时钟源。一旦RTC时钟源被选定，直到下次后备域被复位，它不能再被改变。可通过设置BDRST位来清除 00：无时钟；　　　　　　　01：LSE振荡器作为RTC时钟； 10：LSI振荡器作为RTC时钟；　　　11：HSE振荡器在128分频后作为RTC时钟
位2	LSEBYP：外部低速时钟振荡器旁路 在调试模式下由软件置1或清0来旁路LSE。只有在外部32 kHz振荡器关闭时，才能写入该位 0：LSE时钟未被旁路；　　　　　1：LSE时钟被旁路
位1	LSERDY：外部低速LSE就绪 由硬件置1或清0来指示外部32 kHz振荡器是否就绪。在LSEON被清0后，该位需要6个外部低速振荡器的周期才被清0 0：外部32 kHz振荡器未就绪；　　1：外部32 kHz振荡器就绪
位0	LSEON：外部低速振荡器使能 由软件置1或清0 0：外部32 kHz振荡器关闭；　　　1：外部32 kHz振荡器开启

图 20.9　RCC_BDCR 寄存器

20.2　硬件设计

（1）例程功能

本实验通过 LCD 显示 RTC 时间，并可以通过 USMART 设置 RTC 时间，从而调节时间或设置 RTC 闹钟，还可以写入或者读取 RTC 后备区域 SRAM。LED0 闪烁，提示程序运行。

（2）硬件资源

➤ LED 灯：LED0-PA8、LED1-PD2；

➤ 串口 1（PA9、PA10 连接在板载 USB 转串口芯片 CH340 上面）；

➤ RTC（实时时钟）；

➤ 正点原子 TFTLCD 模块（仅限 MCU 屏，16 位 8080 并口驱动）。

（3）原理图

RTC 属于 STM32F103 内部资源，通过软件设置好就可以了。不过 RTC 不能断电，否则数据就丢失了。要想让时间在断电后还可以继续走，那么必须确保开发板的电池有电。

20.3　程序设计

20.3.1　RTC 的 HAL 库驱动

RTC 在 HAL 库中的驱动代码在 stm32f1xx_hal_rtc.c 文件（及其头文件）中，下面介绍几个重要的 RTC 函数。

HAL_RTC_Init 函数是 RTC 的初始化函数，其声明如下：

```
HAL_StatusTypeDef HAL_RTC_Init(RTC_HandleTypeDef * hrtc);
```

函数描述：用于初始化 RTC。

函数形参：形参 RTC_HandleTypeDef 是结构体类型指针变量，其定义如下：

```
typedef struct
{
    RTC_TypeDef                    * Instance;      /* 寄存器基地址 */
    RTC_InitTypeDef                Init;            /* RTC 配置结构体 */
    RTC_DateTypeDef                DataToUpdata;    /* RTC 日期结构体 */
    HAL_LockTypeDef                Lock;            /* RTC 锁定对象 */
    __IO HAL_RTCStateTypeDef       State;           /* RTC 设备访问状态 */
}RTC_HandleTypeDef;
```

Instance：指向 RTC 寄存器基地址。

Init：是真正的 RTC 初始化结构体，其结构体类型 RTC_InitTypeDef 定义如下：

```
typedef struct
{
    uint32_t AsynchPrediv;      /* 异步预分频系数 */
    uint32_t OutPut;            /* 被发送到 RTC Tamper 引脚的信号 */
}RTC_InitTypeDef;
```

AsynchPrediv 用来设置 RTC 的异步预分频系数，也就是设置 2 个预分频重载寄存器的相关位。因为异步预分频系数是 19 位，所以最大值为 0x7FFFF，不能超过这个值。

OutPut 用来选择 RTC 输出到 Tamper 引脚的信号，取值为 RTC_OUTPUT-SOURCE_NONE（没有输出）、RTC_OUTPUTSOURCE_CALIBCLOCK（RTC 时钟经过 64 分频输出到 TAMPER）、RTC_OUTPUTSOURCE_ALARM（闹钟脉冲信号输出）和 RTC_ OUTPUTSOURCE_SECOND（秒脉冲信号输出）。本实验选择没有输出，不配置即为默认值 RTC_OUTPUTSOURCE_NONE。

DataToUpdata：日期结构体。

Lock：用于配置锁状态。

State：RTC 设备访问状态。

函数返回值：HAL_StatusTypeDef 枚举类型的值。

注意，实验中没有使用 HAL 库自带的设置 RTC 时间的函数 HAL_RTC_Set-Time、设置 RTC 日期的函数 HAL_RTC_SetDate、获取当前 RTC 日期的函数 HAL_RTC_GetTime。这是因为此版本的 HAL 库函数不满足同时更新年月日时分秒的要求，且在实测中发现写时间会覆盖日期，写日期亦然，所以直接通过操作寄存器的方式去编写功能更加全面的函数。

RTC 配置步骤如下：

① 使能电源时钟，并使能 RTC 及 RTC 后备寄存器写访问。

要访问 RTC 和 RTC 备份区域就必须先使能电源时钟，然后使能 RTC 即后备区域访问。电源时钟使能通过 RCC_APB1ENR 寄存器来设置，RTC 及 RTC 备份寄存器的写访问通过 PWR_CR 寄存器的 DBP 位设置。HAL 库设置方法为：

```
__HAL_RCC_PWR_CLK_ENABLE();        /* 使能电源时钟 PWR */
__HAL_RCC_BKP_CLK_ENABLE();        /* 使能备份时钟 */
HAL_PWR_EnableBkUpAccess();        /* 取消备份区域写保护 */
```

② 开启外部低速振荡器 LSE，选择 RTC 时钟，并使能。

调用 HAL_RCC_OscConfig 函数设置开启 LSE。调用 HAL_RCCEx_PeriphCLKConfig 函数选择 RTC 时钟源。使能 RTC 时钟函数为__HAL_RCC_RTC_ENABLE。

③ 初始化 RTC，设置 RTC 的分频以及配置 RTC 参数。

在 HAL 中，通过函数 HAL_RTC_Init 配置 RTC 分频系数以及 RTC 的工作参数。注意，该函数会调用 HAL_RTC_MspInit 函数来完成对 RTC 的底层初始化，包括 RTC 时钟使能、时钟源选择等。

④ 设置 RTC 的日期和时间。根据前面的说明，这里使用操作寄存器的方式重新定义了设置 RTC 日期和时间的函数 rtc_set_time，使用该函数就可以设置年月日时分秒。

⑤ 获取 RTC 当前日期和时间。同样，获取 RTC 当前日期和时间的函数 rtc_get_time，这里也直接重新定义。该函数不直接返回时间，而是把时间保存在这里定义的时间结构体里。

通过以上 5 个步骤就完成了对 RTC 的配置，RTC 即可正常工作，这些操作不是每次上电都必须执行的，视情况而定。

20.3.2　程序流程图

程序流程如图 20.10 所示。

图 20.10　RTC 实时时钟实验程序流程图

20.3.3　程序解析

1. RTC 驱动代码

这里只讲解核心代码,详细的源码可参考配套资料中本实验对应源码。RTC 驱动源码包括 2 个文件:rtc.c 和 rtc.h。

由于篇幅所限,rtc.c 中的代码不全部贴出了,只针对几个重要的函数进行介绍。

rtc.h 头文件只有函数的声明,下面直接介绍 rtc.c 的程序。先看 RTC 的初始化函数,其定义如下:

```
uint8_t rtc_init(void)
{
    /* 检查是不是第一次配置时钟 */
    uint16_t bkpflag = 0;
    __HAL_RCC_PWR_CLK_ENABLE();          /* 使能电源时钟 */
    __HAL_RCC_BKP_CLK_ENABLE();          /* 使能备份时钟 */
```

```
    HAL_PWR_EnableBkUpAccess();        /* 取消备份区写保护 */
    bkpflag = rtc_read_bkr(0);         /* 读取 BKP0 的值 */
    g_rtc_handle.Instance = RTC;
    /* 时钟周期设置,理论值: 32767,这里也可以用 RTC_AUTO_1_SECOND */
    g_rtc_handle.Init.AsynchPrediv = 32767;
    if (HAL_RTC_Init(&g_rtc_handle) != HAL_OK)
    {
        return 1;
    }
    /* 之前未初始化过,重新配置 */
    if ((bkpflag != 0x5050) && (bkpflag != 0x5051))
    {
        rtc_set_time(2020, 4, 26, 9, 22, 35);                      /* 设置时间 */
    }
    __HAL_RTC_ALARM_ENABLE_IT(&g_rtc_handle, RTC_IT_SEC);  /* 允许秒中断 */
    HAL_NVIC_SetPriority(RTC_IRQn, 0x2, 0);                /* 优先级设置 */
    HAL_NVIC_EnableIRQ(RTC_IRQn);                          /* 使能 RTC 中断通道 */
    rtc_get_time();                                        /* 更新时间 */
    return 0;
}
```

该函数用来初始化 RTC 配置以及日期、时钟,但是只在第一次的时候设置时间,重新上电、复位都不会再进行时间设置了(前提是备份电池有电)。在第一次配置的时候,按照上面介绍的 RTC 初始化步骤调用函数 HAL_RTC_Init 来实现。

通过读取 BKP 寄存器 0 的值来判断是否需要进行时间的设置,对 BKP 寄存器 0 的写操作是在 HAL_RTC_MspInit 回调函数中实现的。第一次未对 RTC 进行初始化时,BKP 寄存器 0 的值为非 0x5050 或 0x5051;当进行 RTC 初始化时,BKP 寄存器 0 的值就是 0x5050 或 0x5051,所以以上代码操作确保时间只会设置一次,复位时不会重新设置时间。电池正常供电时,设置的时间不会因复位或者断电而丢失。

读取后备寄存器的函数其实还是调用 HAL 库提供的函数接口,写后备寄存器函数同样也是。这 2 个函数如下:

```
uint32_t HAL_RTCEx_BKUPRead(RTC_HandleTypeDef * hrtc, uint32_t BackupRegister);
void HAL_RTCEx_BKUPWrite(RTC_HandleTypeDef * hrtc, uint32_t BackupRegister,
                         uint32_t Data);
```

使用方法非常简单,分别用来读和写 BKR 寄存器的值。

这里设置时间和日期是通过 rtc_set_time 函数来实现的,未采用 HAL 库自带的设置时间和日期的函数,原因前面已经提到了。rtc_set_time 是直接操作寄存器,也可以为 USMART 调用,十分方便调试时使用。

接下来用 HAL_RTC_MspInit 函数来编写 RTC 时钟配置等代码,其定义如下:

```
void HAL_RTC_MspInit(RTC_HandleTypeDef * hrtc)
{
    uint16_t retry = 200;
    __HAL_RCC_RTC_ENABLE();                                /* RTC 时钟使能 */
    RCC_OscInitTypeDef rcc_oscinitstruct;
    RCC_PeriphCLKInitTypeDef rcc_periphclkinitstruct;
```

```
/* 使用寄存器的方式去检测 LSE 是否可以正常工作 */
RCC->BDCR |= 1 <<0;                                    /* 开启外部低速振荡器 LSE */
while (retry && ((RCC->BDCR & 0X02) == 0))              /* 等待 LSE 准备好 */
{
    retry -- ;
    delay_ms(5);
}
/* LSE 起振失败 使用 LSI */
if (retry == 0)
{   /* 选择要配置的振荡器 */
    rcc_oscinitstruct.OscillatorType = RCC_OSCILLATORTYPE_LSI;
    rcc_oscinitstruct.LSEState = RCC_LSI_ON;           /* LSI 状态：开启 */
    rcc_oscinitstruct.PLL.PLLState = RCC_PLL_NONE;     /* PLL 无配置 */
    HAL_RCC_OscConfig(&rcc_oscinitstruct);
    /* 选择要配置的外设 RTC */
    rcc_periphclkinitstruct.PeriphClockSelection = RCC_PERIPHCLK_RTC;
    /* RTC 时钟源选择 LSI */
    rcc_periphclkinitstruct.RTCClockSelection = RCC_RTCCLKSOURCE_LSI;
    HAL_RCCEx_PeriphCLKConfig(&rcc_periphclkinitstruct);
    rtc_write_bkr(0, 0X5051);
}
else
{
    rcc_oscinitstruct.OscillatorType = RCC_OSCILLATORTYPE_LSE ;
    rcc_oscinitstruct.LSEState = RCC_LSE_ON;           /* LSE 状态：开启 */
    rcc_oscinitstruct.PLL.PLLState = RCC_PLL_NONE;     /* PLL 不配置 */
    rcc_periphclkinitstruct.PeriphClockSelection = RCC_PERIPHCLK_RTC;
    rcc_periphclkinitstruct.RTCClockSelection = RCC_RTCCLKSOURCE_LSE;
    HAL_RCCEx_PeriphCLKConfig(&rcc_periphclkinitstruct);
    rtc_write_bkr(0, 0X5050);
}
}
```

介绍完 RTC 初始化相关函数后，再来介绍一下 rtc_set_time 函数，代码如下：

```
uint8_t rtc_set_time(uint16_t syear, uint8_t smon, uint8_t sday, uint8_t hour, uint8_t
               min, uint8_t sec)
{
    uint32_t seccount = 0;
    /* 将年月日时分秒转换成总秒钟数 */
    seccount = rtc_date2sec(syear, smon, sday, hour, min, sec);
    __HAL_RCC_PWR_CLK_ENABLE();            /* 使能电源时钟 */
    __HAL_RCC_BKP_CLK_ENABLE();            /* 使能备份域时钟 */
    HAL_PWR_EnableBkUpAccess();            /* 取消备份域写保护 */
    /* 上面 3 步是必需的！ */
    RTC->CRL |= 1 <<4;                     /* 进入配置模式 */
    RTC->CNTL = seccount & 0xffff;
    RTC->CNTH = seccount >>16;
    RTC->CRL &= ~(1 <<4);                  /* 退出配置模式 */
```

```
    /*等待 RTC 寄存器操作完成,即等待 RTOFF == 1*/
    while(! __HAL_RTC_ALARM_GET_FLAG(&g_rtc_handle, RTC_FLAG_RTOFF));
    return 0;
}
```

该函数用于设置时间,把输入的时间转换为以 1970 年 1 月 1 日 0 时 0 分 0 秒作为起始时间的秒钟信号,后续的计算都以这个时间为基准。由于 STM32 的秒钟计数器可以保存 136 年的秒钟数据,这样就可以计时到 2106 年。

接着介绍 rtc_set_alarma 函数。该函数用于设置闹钟时间,同 rtc_set_time 函数几乎一样,主要区别就是将 RTC→CNTL 和 RTC→CNTH 换成了 RTC→ALRL 和 RTC→ALRH,用于设置闹钟时间。RTC 其实是有闹钟中断的,这里没有用到,本实验用到了秒中断,所以在秒中断里顺带处理闹钟中断的事情。

特别提醒:假如只使用 HAL 库的 __HAL_RTC_ALARM_ENABLE_IT 函数来使能闹钟中断,但是没有设置闹钟相关的 NVIC 和 EXTI,则实际上不会产生闹钟中断,只会产生闹钟标志(RTC→CRL 的 ALRL 置位)。可以通过读取闹钟标志来判断是否发生闹钟事件。

接着介绍 rtc_get_time 函数。

该函数其实就是将存储在秒钟寄存器 RTC→CNTL 和 RTC→CNTH 中的秒钟数据转换为真正的时间和日期。该代码还用到了一个 calendar 的结构体,calendar 是 rtc.h 里面将要定义的一个时间结构体,用来存放时钟的年月日时分秒等信息。因为 STM32 的 RTC 只有秒钟计数器,而年月日时分秒则需要软件计算。把计算好的值保存在 calendar 里面,方便其他函数调用。

接着介绍使用最多的函数 rtc_date2sec,该函数代码如下:

```
static long rtc_date2sec(uint16_t syear, uint8_t smon, uint8_t sday,
                         uint8_t hour, uint8_t min, uint8_t sec)
{
    uint32_t Y, M, D, X, T;
    signed char monx = smon;         /*将月份转换成带符号的值,方便后面运算*/
    if (0 >= (monx -= 2))            /*1..12 ->11,12,1..10*/
    {
        monx += 12;                  /*Puts Feb last since it has leap day*/
        syear -= 1;
    }
    /*公元元年 1 到现在的闰年数*/
    Y = (syear-1) * 365 + syear / 4-syear / 100 + syear / 400;
    M = 367 * monx / 12-30 + 59;
    D = sday-1;
    X = Y + M + D-719162;            /*减去公元元年到 1970 年的天数*/
    T = ((X * 24 + hour) * 60 + min) * 60 + sec;   /*总秒钟数*/
    return T;
}
```

该函数参考了 Linux 的 mktime 函数,用于将年月日时分秒转化成秒钟数,进而被其他函数使用。例如,rtc_set_time 和 rtc_set_alarm 这 2 个函数的形参需要使用 rtc_ date2sec 函数获取秒钟数,进而操作寄存器的方法把总秒数写入特定的寄存器完成相对应的功能。

前面介绍的函数 rtc_init 中存在对 RTC 中断使能操作,那么这里必定是有中断服务函数。接下来看中断服务函数,代码如下:

```
void RTC_IRQHandler(void)
{
    /*秒中断*/
    if (__HAL_RTC_ALARM_GET_FLAG(&g_rtc_handle,RTC_FLAG_SEC) != RESET)
    {
        /*更新时间*/
        rtc_get_time();
        __HAL_RTC_ALARM_CLEAR_FLAG(&g_rtc_handle, RTC_FLAG_SEC);    /*清除秒中断*/
        //printf("sec:%d\r\n", calendar.sec);                        /*打印秒钟*/
    }
    /*顺带处理闹钟标志*/
    if (__HAL_RTC_ALARM_GET_FLAG(&g_rtc_handle, RTC_FLAG_ALRAF) != RESET)
    {
        /*清除闹钟标志*/
        __HAL_RTC_ALARM_CLEAR_FLAG(&g_rtc_handle, RTC_FLAG_ALRAF);
        printf("Alarm Time:%d-%d-%d %d:%d:%d\n", calendar.year, calendar.month,
                calendar.date, calendar.hour, calendar.min, calendar.sec);
    }
    __HAL_RTC_ALARM_CLEAR_FLAG(&g_rtc_handle, RTC_FLAG_OW);    /*清除溢出中断标志*/
    /*等待 RTC 寄存器操作完成,即等待 RTOFF == 1*/
    while (! __HAL_RTC_ALARM_GET_FLAG(&g_rtc_handle, RTC_FLAG_RTOFF));
}
```

RTC_IRQHandle 中断服务函数用于 RTC 秒中断,由于在 rtc_init 中已经配置好了时钟周期为 1 s,所以每秒都会跳进 RTC 中断服务函数。在函数中,判断秒中断是否触发,由于每一次都是秒中断触发,所以可以先更新时间,然后把 printf 的注释去掉看一下是不是每秒打印一下。接着判断闹钟标志是否置位,这个闹钟标志与 rtc_set_alarm 函数有关。假设到了闹钟设置的时间,则跳进该秒中断顺带处理闹钟标志,执行函数体的指令。执行完上述的任务之后,还需要在最后清除溢出中断标志。

2. main.c 代码

在 main.c 里面编写如下代码:

```
/*定义字符数组用于显示周*/
char * weekdays[] = {"Sunday","Monday","Tuesday","Wednesday",
                     "Thursday","Friday","Saterday"};

int main(void)
{
    uint8_t tbuf[40];
    uint8_t t = 0;
    HAL_Init();                                    /*初始化 HAL 库*/
    sys_stm32_clock_init(RCC_PLL_MUL9);            /*设置时钟,72 MHz*/
```

```
    delay_init(72);                                /* 延时初始化 */
    usart_init(115200);                            /* 串口初始化为 115 200 */
    usmart_dev.init(72);                           /* 初始化 USMART */
    led_init();                                    /* 初始化 LED */
    lcd_init();                                    /* 初始化 LCD */
    rtc_init();                                    /* 初始化 RTC */
    rtc_set_alarm(2020, 4, 26, 9, 23, 45);         /* 设置一次闹钟 */
    lcd_show_string(30, 50, 200, 16, 16, "STM32", RED);
    lcd_show_string(30, 70, 200, 16, 16, "RTC TEST", RED);
    lcd_show_string(30, 90, 200, 16, 16, "ATOM@ALIENTEK", RED);
    while (1)
    {
        t++;
        if ((t % 10) == 0)                         /* 每 100 ms 更新一次显示数据 */
        {
            rtc_get_time();
            sprintf((char *)tbuf, "Time:%02d:%02d:%02d", calendar.hour, calendar.
                    min, calendar.sec);
        lcd_show_string(30, 120, 210, 16, 16, (char *)tbuf, RED);
            sprintf((char *)tbuf, "Date:%04d-%02d-%02d", calendar.year, calendar.
                    month, calendar.date);
            lcd_show_string(30, 140, 210, 16, 16, (char *)tbuf, RED);
            sprintf((char *)tbuf, "Week:%s", weekdays[calendar.week]);
            lcd_show_string(30, 160, 210, 16, 16, (char *)tbuf, RED);
        }
        if ((t % 20) == 0)
        {
            LED0_TOGGLE();                         /* 每 200 ms,翻转一次 LED0 */
        }
        delay_ms(10);
    }
}
```

在无限循环中每 100 ms 读取 RTC 的时间和日期(一次),并显示在 LCD 上面。每 200 ms 翻转一次 LED0。

为方便 RTC 相关函数的调用验证,在 usmart_config.c 里面修改了 usmart_nametab 如下:

```
/* 函数名列表初始化(用户自己添加)
 * 用户直接在这里输入要执行的函数名及其查找串
 */
struct _m_usmart_nametab usmart_nametab[] =
{
#if USMART_USE_WRFUNS == 1                          /* 如果使能了读/写操作 */
    (void *)read_addr, "uint32_t read_addr(uint32_t addr)",
    (void *)write_addr, "void write_addr(uint32_t addr,uint32_t val)",
#endif
    (void *)delay_ms, "void delay_ms(uint16_t nms)",
    (void *)delay_us, "void delay_us(uint32_t nus)",
```

```
      (void *)rtc_read_bkr, "uint16_t rtc_read_bkr(uint32_t bkrx)",
      (void *)rtc_write_bkr, "void rtc_write_bkr(uint32_t bkrx, uint16_t data)",
      (void *)rtc_get_week, "uint8_t rtc_get_week(uint16_t year, uint8_t month, uint8_t
            day)",
      (void *)rtc_set_time, "uint8_t rtc_set_time(uint16_t syear, uint8_t smon, uint8_t
            sday, uint8_t hour, uint8_t min, uint8_t sec)",
      (void *)rtc_set_alarm, "uint8_t rtc_set_alarm(uint16_t syear, uint8_t smon, uint8_
            t sday, uint8_t hour, uint8_t min, uint8_t sec)",
};
```

　　将 RTC 的一些相关函数加入 USMART,这样通过串口就可以直接设置 RTC 时间、闹钟。至此,RTC 的软件设计就完成了,接下来就检验一下程序是否正确。

20.4　下载验证

　　将程序下载到开发板后,可以看到 LED0 不停地闪烁,提示程序已经在运行了。然后可以看到 LCD 开始显示时间,实际显示效果如图 20.11 所示。

　　如果时间不正确,则可以利用前面介绍的 USMART 工具,通过串口来设置,也可以设置闹钟时间等,如图 20.12 所示。

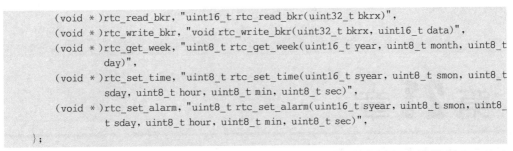

图 20.11　RTC 实验测试图

　　按照图中编号①、②顺序设置闹钟、设置时间,然后等待我们设置的时间到来后,串口打印"Alarm Time:2020-9-15 12:30:45"字符串,则证明闹钟程序正常运行了。

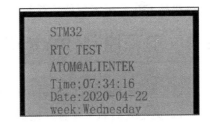

图 20.12　通过 USMART 设置时间并测试闹钟

第 **21** 章

低功耗实验

本章将介绍 STM32F103 的电源控制(PWR),实现低功耗模式相关功能。这里将通过待机模式实验来实现低功耗相关功能。

21.1　电源控制(PWR)简介

电源控制部分概述了不同电源域的电源架构以及电源配置控制器。PWR 的内容比较多,这里把它们的主要特性概括为以下 3 点:

➤ 电源系统:V_{DDA} 供电区域、V_{DD} 供电区域、1.8 V 供电区域、后备供电区域。

➤ 电源监控:POR/PDR 监控器、PVD 监控器。

➤ 电源管理:低功耗模式。

21.1.1　电源系统

为了方便对电源系统进行管理,设计者把 STM32 的内核和外设等器件根据功能划分了不同的电源区域,具体如图 21.1 所示。

电源概述框图中划分了 3 个区域①②③,分别是独立的 ADC 供电和参考电压、电压调节器、电池备份区域。

① 独立的 ADC 供电和参考电压(V_{DDA} 供电区域)

V_{DDA} 供电区域,主要是 ADC 电源以及参考电压。STM32 的 ADC 模块配备独立的供电方式,使用 V_{DDA} 引脚作为输入,使用 V_{SSA} 引脚作为独立连接,V_{REF} 引脚为提供给 ADC 的参考电压。

② 电压调节器(V_{DD}/1.8 V 供电区域)

电压调节器是 STM32 电源系统中最核心部分,连接 V_{DD} 供电区域和 1.8 V 供电区域。V_{DD} 供电来自于 V_{SS} 和 V_{DD},给 I/O 电路以及待机电路供电。电压调节器主要为备份域以及待机电路以外的所有数字电路供电,其中包括内核、数字外设以及RAM;调节器的输出电压约为 1.8 V,因此由调压器供电的区域称为 1.8 V 供电区域。

图 21.1　电源概述框图

电压调节器根据应用方式不同分为 3 种不同的工作模式。在运行模式下,调节器以正常工作模式为内核、内存和外设提供 1.8 V;在停止模式下,调节器以低功耗模式提供 1.8 V 电源,以保存寄存器和 SRAM 的内容。在待机模式下,调节器停止供电,除了备用电路和备份域外,寄存器和 SRAM 的内容全部丢失。

③ 电池备份区域(后备供电区域)

电池备份区域也就是后备供电区域,使用电池或者其他电源连接到 V_{BAT} 脚上,当 V_{DD} 断电时,可以保存备份寄存器的内容和维持 RTC 的功能。同时,V_{BAT} 引脚也为 RTC 和 LSE 振荡器供电,这保证了当主要电源被切断时 RTC 能够继续工作。切换到 V_{BAT} 供电由复位模块中的掉电复位功能控制。

21.1.2　电源监控

电源监控的部分主要关注 PVD 监控器,此外还需要知道上电复位(POR)/掉电复位(PDR)。其他内容可参考"STM32F10xxx 参考手册_V10(中文版).pdf"第 4.2 节(38 页)。

1. 上电复位(POR)/掉电复位(PDR)

上电时,当 V_{DD} 低于指定 V_{POR} 阈值时,系统无需外部复位电路便会保持复位模式。一旦 V_{DD} 电源电压高于 V_{POR} 阈值,系统便会退出复位状态,芯片正常工作。掉电时,当 V_{DD} 低于指定 V_{PDR} 阈值时,系统就会保持复位模式。图 21.2 为上电复位或掉电复位波形,其中,RESET 为上电复位信号。

注意,POR 与 PDR 的复位电压阈值是固定的,V_{POR} 阈值(典型值)为 1.92 V,V_{PDR} 阈值(典型值)为 1.88 V。

图 21.2　上电复位或掉电复位波形

2. 可编程电压检测器(PVD)

上面介绍的 POR、PDR 功能都是设置电压阈值与外部供电电压 V_{DD} 比较,当 V_{DD} 低于设置的电压阈值时,就会直接进入复位状态,从而防止电压不足导致的误操作。

PVD 可以实时监视 V_{DD} 的电压,方法是将 V_{DD} 与 PWR 控制寄存器(PWR_CR)中的 PLS[2:0]位所选的 V_{PVD} 阈值进行比较。其中,PWR_CSR 寄存器中的 PVDO 位决定了 V_{DD} 是高于 V_{PVD} 还是低于 V_{PVD},本实验中配置的是 V_{DD} 低于 V_{PVD} 阈值这个条件。当检测到电压低于 V_{PVD} 阈值时,如果使能 EXTI16 线中断,即使能 PVD 中断,则可以产生 PVD 中断,具体取决于 EXTI16 线配置为检测上升还是下降沿;然后复位前,在中断服务程序中执行紧急关闭系统等任务。PVD 阈值检测波形如图 21.3 所示。

图 21.3　PVD 检测波形

PVD 阈值有 8 个等级,有上升沿和下降沿的区别,具体由 PWR_CSR 寄存器中的 PVDO 位决定。PVD 阈值等级表具体如表 21.1 所列。

表 21.1 PVD 阈值等级

Symbol	Parameter	Conditions	Min	Typ	Max
V_{PVD}	Programmable voltage detector level selection	PLS[2：0]=000（rising edge）	2.1	2.18	2.26
		PLS[2：0]=000（falling edge）	2	2.08	2.16
		PLS[2：0]=001（rising edge）	2.19	2.28	2.37
		PLS[2：0]=001（falling edge）	2.09	2.18	2.27
		PLS[2：0]=010（rising edge）	2.28	2.38	2.48
		PLS[2：0]=010（falling edge）	2.18	2.28	2.38
		PLS[2：0]=011（rising edge）	2.38	2.48	2.58
		PLS[2：0]=011（falling edge）	2.28	2.38	2.48
		PLS[2：0]=100（rising edge）	2.47	2.58	2.69
		PLS[2：0]=100（falling edge）	2.37	2.48	2.59
		PLS[2：0]=101（rising edge）	2.57	2.68	2.79
		PLS[2：0]=101（falling edge）	2.47	2.58	2.69
		PLS[2：0]=110（rising edge）	2.66	2.78	2.9
		PLS[2：0]=110（falling edge）	2.56	2.68	2.8
		PLS[2：0]=111（rising edge）	2.76	2.88	3
		PLS[2：0]=111（falling edge）	2.66	2.78	2.9

21.1.3 电源管理

电源管理的部分要关注低功耗模式。STM32 的正常工作中具有 4 种工作模式，即运行、睡眠、停止以及待机。上电复位后，STM32 处于运行状态时，若内核不需要继续运行，则可以选择进入后面的 3 种模式降低功耗。这 3 种低功耗模式的电源消耗、唤醒时间和唤醒源都不同，要根据自身的需要选择合适的低功耗模式。

低功耗模式汇总如表 21.2 所列。

表 21.2 低功耗模式汇总

模 式	进 入	唤 醒	对 1.8 V 区域时钟的影响	对 V_{DD} 区域时钟的影响	电压调节器
睡眠（SLEEP-NOW 或 SLEEP-ON-EXIT）	WFI	任一中断	CPU 时钟关，对其他时钟和 ADC 时钟无影响	无	开
	WFE	唤醒事件			

续表 21.2

模 式	进 入	唤 醒	对 1.8 V 区域时钟的影响	对 V_{DD} 区域时钟的影响	电压调节器
停机	PDDS 和 LPDS 位+SLEEPDEEP 位+WFI 或 WFE	任意外部中断(在外部中断寄存器中设置)	关闭所有 1.8 V 区域的时钟	HSI 和 HSE 的振荡器关闭	开启或处于低功耗模式(依据电源控制寄存器(PWMR_CR)的设定)
待机	PDDS 位+SLEEPDEEP 位+WFI 或 WFE	WKUP 引脚的上升沿、RTC 闹钟事件、NRST 引脚上的外部复位、IWDG 复位			关

下面仅介绍待机模式。待机模式可实现最低功耗。该模式是在 Cortex-M3 睡眠模式时关闭电压调节器,且整个 1.8 V 供电区域被断电,PLL、HSI 和 HSE 振荡器也被断电。除备份域(RTC 寄存器、RTC 备份寄存器和备份 SRAM)和待机电路中的寄存器外,SRAM 和其他寄存器内容都将丢失。如果使能了备份区域(备份 SRAM、RTC、LSE),那么待机模式下的功耗将达到 3.8 μA 左右。

如何进入待机模式呢? 其实很简单,只要按表 21.3 所列的步骤执行就可以了。

表 21.3 待机模式进入及退出方法

待机模式	说 明
进入模式	进入待机模式步骤如下: ① 设置 Cortex-M3 系统控制寄存器中的 SLEEPDEEP 位为 1; ② 设置电源控制寄存器(PWR_CR)中 PDDS 位为 1; ③ 设置电源控制寄存器(PWR_CR)中的 WUF 位为 0; ④ 调用 WFI 或 WFE 指令即可进入待机模式
退出模式	退出条件分别如下: ① WKUP 引脚的上升沿; ② RTC 闹钟事件的上升沿; ③ NRST 引脚上外部复位; ④ IWDG 复位
唤醒延迟	复位阶段时电压调节器的启动

21.2 待机模式实验

21.2.1 PWR 寄存器

本实验先对相关的电源控制寄存器配置待机模式的参数,然后通过 WFI 指令进入待机模式,使用 WKUP 引脚的上升沿来唤醒(这是特定的唤醒源)。

下面主要介绍本实验用到的寄存器。

1. PWR 控制寄存器(PWR_CR)

PWR 的控制寄存器描述如图 21.4 所示。这里通过设置 PDDS 位使 CPU 进入深度睡眠时进入待机模式,同时,需要通过 CWUF 位清除之前的唤醒位。

31	30	29	28	27	26	25	24	23	22	21	20	19	18	17	16
保留															

15	14	13	12	11	10	9	8	7	6	5	4	3	2	1	0
保留							DBP	PLS[2:0]			PVDE	CSBF	CWUF	PDDS	LPDS
							rw	rw	rw	rw	rw	rc_w1	rc_w1	rw	rw

位2	CWUF: 清除唤醒位 始终读出为0 0: 无功效　　　　1: 2个系统时钟周期后清除WUF唤醒位(写)
位1	PDDS: 掉电深睡眠 与LPDS位协同操作 0: 当CPU进入深睡眠时进入停机模式,调压器的状态由LPDS位控制。 1: CPU进入深睡眠时进入待机模式

图 21.4　PWR_CR 寄存器

2. 电源控制/状态寄存器(PWR_CSR)

电源控制/状态寄存器描述如图 21.5 所示。该寄存器这里只关心 EWUP 位,设置 EWUP 为 1 即 WKUP 引脚作为待机模式的唤醒源。

31	30	29	28	27	26	25	24	23	22	21	20	19	18	17	16
保留															

15	14	13	12	11	10	9	8	7	6	5	4	3	2	1	0
保留							EWUP	保留					PVDO	SBF	WUF
							rw						r	r	r

位8	EWUP: 使能WKUP引脚 0: WKUP引脚为通用I/O。WKUP引脚上的事件不能将CPU从待机模式唤醒 1: WKUP引脚用于将CPU从待机模式唤醒,WKUP引脚被强置为输入下拉的配置(WKUP引脚的上升沿将系统从待机模式唤醒) 注: 在系统复位时清除这一位

图 21.5　PWR_CSR 寄存器

21.2.2　硬件设计

(1) 例程功能

LED0 闪烁,表明代码正在运行。按下按键 KEY0 后进入待机模式,这时大部分引脚处于高阻态,所以说这时候 LED0 会熄灭,TFTLCD 也会熄灭。按下 WK_UP 按键后,退出待机模式(相当于复位操作),程序重新执行,LED0 继续闪烁,TFTLCD 屏点亮。

(2) 硬件资源

> LED 灯:LED0-PA8;

> 独立按键:KEY0-PC5、WK_UP-PA0;

> 电源管理(低功耗模式-待机模式);

> 正点原子 TFTLCD 模块(仅限 MCU 屏,16 位 8080 并口驱动)。

(3) 原理图

PWR 属于 STM32F103 的内部资源,只需要软件设置好即可正常工作。通过 KEY0 让 CPU 进入待机模式,再通过 WK_UP 上升沿触发唤醒 CPU。LED0 用于指示程序是否执行。

21.2.3 程序设计

1. PWR 的 HAL 库驱动

(1) HAL_PWR_EnableWakeUpPin 函数

使能唤醒引脚函数,其声明如下:

```
void HAL_PWR_EnableWakeUpPin (uint32_t WakeUpPinPolarity);
```

函数描述:用于使能唤醒引脚。

函数形参:形参值取自 PWR_WAKEUP_PIN1。

函数返回值:无。

注意事项:禁止某个唤醒引脚使用的函数如下:

```
void HAL_PWR_DisableWakeUpPin (uint32_t WakeUpPinPolarity);
```

(2) HAL_PWR_EnterSTANDBYMode 函数

进入待机模式函数,其声明如下:

```
void HAL_PWR_EnterSTANDBYMode (void);
```

函数描述:用于使 CPU 进入待机模式。首先要设置 SLEEPDEEP 位,接着通过 PWR_CR 设置 PDDS 位,使得 CPU 进入深度睡眠时进入待机模式,最后执行 WFI 指令开始进入待机模式,并等待 WK_UP 上升沿的到来。

函数形参:无。

函数返回值:无。

待机模式配置步骤如下:

① 进入 CPU 待机模式。在进入待机模式之前需要做一些准备:这里涉及操作 PWR 寄存器的内容,所以首先进行 PWR 时钟的初始化,用__HAL_RCC_PWR_CLK_ENABLE 函数实现。通过 HAL_PWR_EnableWakeUpPin 函数使能 WKUP 的唤醒功能。通过__HAL_PWR_CLEAR_FLAG 函数清除唤醒标记。通过 HAL_PWR_EnterSTANDBYMode 函数进入待机模式。

② 通过 WKUP 引脚上升沿触发唤醒待机模式。

本实验通过按下 KEY0 按键进入待机模式,然后通过按下 WK_UP 按键,使用待机模式中的 WKUP 引脚上升沿的唤醒信号,而不是普通的外部中断,唤醒待机模式。

2. 程序流程图

程序流程如图 21.6 所示。

图 21.6 待机模式实验程序流程图

3. 程序解析

这里只讲解核心代码,详细的源码可参考配套资料中本实验对应源码。PWR 源码包括 2 个文件:pwr.c 和 pwr.h。待机模式实验代码在停止模式实验源码后追加。

pwr.h 头文件上的宏定义没有用到,这里使用的是特定唤醒源,与外部中断无关。下面是 pwr.c 文件,主要介绍进入待机模式函数,其定义如下:

```
void pwr_enter_standby(void)
{
    __HAL_RCC_PWR_CLK_ENABLE();                  /* 使能电源时钟 */
    HAL_PWR_EnableWakeUpPin(PWR_WAKEUP_PIN1);    /* 使能 KEY_UP 引脚的唤醒功能 */
    __HAL_PWR_CLEAR_FLAG(PWR_FLAG_WU);           /* 需要清除此标记,否则将保持唤醒状态 */
    HAL_PWR_EnterSTANDBYMode();                  /* 进入待机模式 */
}
```

该函数首先调用__HAL_RCC_PWR_CLK_ENABLE 来使能 PWR 时钟,然后调用函数 HAL_PWR_EnableWakeUpPin 来设置 WK_UP 引脚作为唤醒源。在进入待机模式前,还得调用__HAL_PWR_CLEAR_FLAG 函数清除唤醒标志,否则会保持唤醒状态。最后才是调用函数 HAL_PWR_EnterSTANDBYMode 进入待机模式。

在 main.c 里面编写如下代码:

```
int main(void)
{
    uint8_t t = 0;
    uint8_t key = 0;
    /*一系列初始化*/
    pwr_wkup_key_init();                /*唤醒按键初始化*/
    /*LCD 显示实验内容*/
    while (1)
    {
        key = key_scan(0);
        if (key == KEY0_PRES)
        {
            pwr_enter_standby();        /*进入待机模式*/
            /*从待机模式唤醒相当于系统重启(复位),因此不会执行到这里*/
        }
        if ((t % 20) == 0)
        {
            LED0_TOGGLE();              /*每 200 ms,翻转一次 LED0*/
        }
        delay_ms(10);
        t++;
    }
}
```

经过一系列初始化后,判断到 KEY0 按下就调用 pwr_enter_standby 函数进入待机模式,然后等待按下 WK_UP 按键产生 WKUP 上升沿唤醒 CPU。注意,待机模式唤醒后系统会进行复位。

21.2.4 下载验证

下载代码后,LED0 闪烁,表明代码正在运行。按下按键 KEY0 后,TFTLCD 屏熄灭,此时 LED0 不再闪烁,说明已经进入待机模式。按下按键 WK_UP 后,TFTLCD 屏点亮,LED0 闪烁,说明系统从待机模式中唤醒相当于复位。

第 22 章

DMA 实验

本章将介绍 STM32F103 的 DMA。这里将利用 DMA 来实现串口数据传送,并在 LCD 模块上显示当前的传送进度。

22.1 DMA 简介

DMA,全称为 Direct Memory Access,即直接存储器访问。DMA 传输方式无需 CPU 直接控制传输,也没有像中断处理方式那样保留现场和恢复现场的过程,通过硬件为 RAM 与 I/O 设备开辟一条直接传送数据的通路,能使 CPU 的效率大为提高。

STM32F103 内部有 2 个 DMA 控制器(DMA2 仅存大容量产品中),DMA1 有 7 个通道。DMA2 有 5 个通道。每个通道专门用来管理来自于一个或多个外设对存储器访问的请求。还有一个仲裁器来协调各个 DMA 请求的优先权。

STM32F103 的 DMA 有以下一些特性:

➢ 每个通道都直接连接专用的硬件 DMA 请求,都同样支持软件触发。这些功能通过软件来配置。

➢ 在 7 个请求间的优先权可以通过软件编程设置(共有 4 级,即很高、高、中等和低),假如在相等优先权时由硬件决定(请求 0 优先于请求 1,依此类推)。

➢ 独立的源和目标数据区的传输宽度(字节、半字、全字),模拟打包和拆包的过程。源和目标地址必须按数据传输宽度对齐。

➢ 支持循环的缓冲器管理。

➢ 每个通道都有 3 个事件标志(DMA 半传输、DMA 传输完成和 DMA 传输出错),这 3 个事件标志逻辑或成为一个单独的中断请求。

➢ 存储器和存储器间的传输。

➢ 外设和存储器、存储器和外设的传输。

➢ 闪存、SRAM、外设的 SRAM、APB1、APB2 和 AHB 外设均可作为访问的源和目标。

➢ 可编程的数据传输数目:最大为 65 536。

22.1.1 DMA 框图

STM32F103RCT6 有 2 个 DMA 控制器,DMA1 和 DMA2,本章仅介绍 DMA1。DMA 控制器框图如图 22.1 所示。图中标记了 3 处位置。

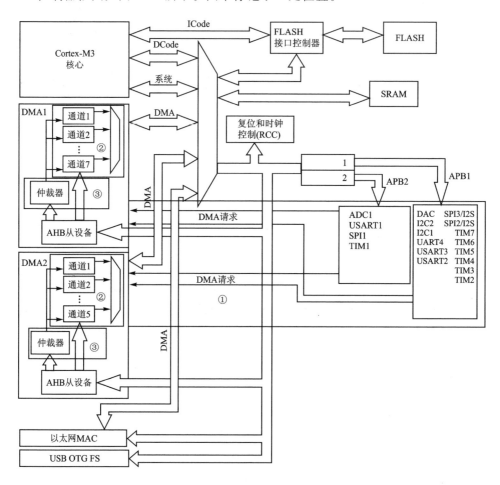

图 22.1 DMA 控制器框图

① DMA 请求

如果外设想要通过 DMA 来传输数据,必须先给 DMA 控制器发送 DMA 请求,DMA 收到请求信号之后,控制器会给外设一个应答信号;当外设应答且 DMA 控制器收到应答信号之后,就会启动 DMA 的传输,直到传输完毕。

STM32F103 共有 DMA1 和 DMA2 这 2 个控制器,DMA1 有 7 个通道,DMA2 有 5 个通道。不同 DMA 控制器的通道对应着不同的外设请求,这决定了软件编程上该怎么设置,具体如表 22.1 和表 22.2 所列的 DMA 请求映像表。

表 22.1　DMA1 请求映像表

外　设	通道 1	通道 2	通道 3	通道 4	通道 5	通道 6	通道 7
ADC1	ADC1						
SPI/I²S		SPI1_RX	SPI1_TX	SPI/I2S2_RX	SPI/I2S2_TX		
USART		USART3_TX	USART3_RX	USART1_TX	USART1_RX	USART2_RX	USART2_TX
I²C				I2C2_TX	I2C2_RX	I2C1_TX	I2C1_RX
TIM1		TIM1_CH1	TIM1_CH2	TIM1_TX4 TIM1_TRIG TIM1_COM	TIM1_UP	TIM1_CH3	
TIM2	TIM2_CH3	TIM2_UP			TIM2_CH1		TIM2_CH2 TIM2_CH4
TIM3		TIM3_CH3	TIM3_CH4 TIM3_UP			TIM3_CH1 TIM3_TRIG	
TIM4	TIM4_CH1			TIM4_CH2	TIM4_CH3		TIM4_UP

表 22.2　DMA2 请求映像

外　设	通道 1	通道 2	通道 3	通道 4	通道 5
ADC3					ADC3
SPI/I2S3	SPI/I2S3_RX	SPI/I2S3_TX			
UART4			UART4_RX		UART4_TX
SDIO				SDIO	
TIM5	TIM5_CH4 TIM5_TRIG	TIM5_CH3 TIM5_UP		TIM5_CH2	TIM5_CH1
TIM6/ DAC 通道 1			TIM6_UP/ DAC 通道 1		
TIM7/ DAC 通道 2				TIM7_UP/ DAC 通道 2	
TIM8	TIM8_CH3 TIM8_UP	TIM8_CH4 TIM8_TRIG TIM8_COM	TIM8_CH1		TIM8_CH2

② 通道

DMA 具有 12 个独立可编程的通道，其中，DMA1 有 7 个通道，DMA2 有 5 个通道，每个通道对应不同外设的 DMA 请求。虽然每个通道可以接收多个外设的请求，但是同一时间只能接收一个，不能同时接收多个。

③ 仲裁器

当发生多个 DMA 通道请求时，意味着有先后响应处理的顺序问题，这就由仲裁器管理。仲裁器管理 DMA 通道请求分为 2 个阶段。第一阶段属于软件阶段,可以在 DMA_CCRx 寄存器中设置,有 4 个等级,即非常高、高、中和低。第二阶段属于硬件阶段,如果 2 个或以上的 DMA 通道请求设置的优先级一样,则它们的优先级取决于通道编号,编号越低优先权越高,比如通道 0 高于通道 1。在大容量产品和互联型产品中,DMA1 控制器拥有高于 DMA2 控制器的优先级。

22.1.2 DMA 寄存器

1. DMA 中断状态寄存器(DMA_ISR)

DMA 中断状态寄存器描述如图 22.2 所示。该寄存器用于查询当前 DMA 传输的状态,常用的是 TCIFx 位,即通道 DMA 传输完成与否的标志。注意,此寄存器为只读寄存器,所以在这些位被置位之后,只能通过其他的操作来清除。

31	30	29	28	27	26	25	24	23	22	21	20	19	18	17	16
保留				TEIF7	HTIF7	TCIF7	GIF7	TEIF6	HTIF6	TCIF6	GIF6	TEIF5	HTIF5	TCIF5	GIF5
				r	r	r	r	r	r	r	r	r	r	r	r

15	14	13	12	11	10	9	8	7	6	5	4	3	2	1	0
TEIF4	HTIF4	TCIF4	GIF4	TEIF3	HTIF3	TCIF3	GIF3	TEIF2	HTIF2	TCIF2	GIF2	TEIF1	HTIF1	TCIF1	GIF1
r	r	r	r	r	r	r	r	r	r	r	r	r	r	r	r

位27、23、19、15、11、7、3	TEIFx:通道x的传输错误标志(x=1:7) 硬件设置这些位。在DMA_IFCR寄存器的相应位写入1可以清除这里对应的标志位。 0:在通道x没有传输错误(TE);　　　1:在通道x发生了传输错误(TE)
位26、22、18、14、10、6、2	HTIFx:通道x的半传输标志(x=1:7) 硬件设置这些位。在DMA_IFCR寄存器的相应位写入1可以清除这里对应的标志位。 0:在通道x没有半传输事件(HT);　　1:在通道x发生了半传输事件(HT)
位25、21、17、13、9、5、1	TCIFx:通道x的传输完成标志(x=1:7) 硬件设置这些位。在DMA_IFCR寄存器的相应位写入1可以清除这里对应的标志位。 0:在通道x没有传输完成事件(TC);　1:在通道x发生了传输完成事件(TC)
位24、20、16、12、8、4、0	GIFx:通道x的全局中断标志(x=1:7) 硬件设置这些位。在DMA_IFCR寄存器的相应位写入1可以清除这里对应的标志位。 0:在通道x没有TE、HT或TC事件;　　1:在通道x发生了TE、HT或TC事件

图 22.2 DMA_ISR 寄存器

2. DMA 中断标志清除寄存器(DMA_IFCR)

DMA 中断标志清除寄存器描述如图 22.3 所示。该寄存器用来清除 DMA_ISR 的对应位,通过写 0 清除。在 DMA_ISR 被置位后,必须通过向该寄存器对应的位写 0 来清除。

3. DMA 通道 x 传输数据量寄存器(DMA_CNDTRx)

DMA 通道 x 传输数据量寄存器描述如图 22.4 所示。该寄存器控制着 DMA 通道 x 的每次传输所要传输的数据量,其设置范围为 0~65 535。并且该寄存器的值随着传输的进行而减少,当该寄存器的值为 0 的时候,则代表此次数据传输已经全部发送完成。所以可以通过这个寄存器的值来获取当前 DMA 传输的进度。

31	30	29	28	27	26	25	24	23	22	21	20	19	18	17	16
保留				CTEIF 7	CHTIF 7	CTCIF 7	CGIF 7	CTEIF 6	CHTIF 6	CTCIF 6	CGIF 6	CTEIF 5	CHTIF 5	CTCIF 5	CGIF 5
				rw	rw	rw	rw	rw	rw	rw	rw	rw	rw	rw	rw

15	14	13	12	11	10	9	8	7	6	5	4	3	2	1	0
CTEIF 4	CHTIF 4	CTCIF 4	CGIF 4	CTEIF 3	CHTIF 3	CTCIF 3	CGIF 3	CTEIF 2	CHTIF 2	CTCIF 2	CGIF 2	CTEIF 1	CHTIF 1	CTCIF 1	CGIF 1
rw	rw	rw	rw	rw	rw	rw	rw	rw	rw	rw	rw	rw	rw	rw	rw

位27、23、19、15、11、7、3	CTEIFx：清除通道x的传输错误标志(x=1:7) 这些位由软件设置和清除。 0：不起使用　　　　　　　1：清除DMA_ISR寄存器中的对应TEIF标志
位26、22、18、14、10、6、2	CHTIFx：清除通道x的半传输标志(x=1:7) 这些位由软件设置和清除。 0：不起使用　　　　　　　1：清除DMA_ISR寄存器中的对应HTIF标志
位25、21、17、13、9、5、1	CTCIFx：清除通道x的传输完成标志(x=1:7) 这些位由软件设置和清除。 0：不起使用　　　　　　　1：清除DMA_ISR寄存器中的对应TCIF标志
位24、20、16、12、8、4、0	CGIFx：清除通道x的全局中断标志(x=1:7) 这些位由软件设置和清除。 0：不起使用　　　　　　　1：清除DMA_ISR寄存器中的对应GIF、TEIF、HTIF和TCIF标志

图 22.3　DMA_IFCR 寄存器

31	30	29	28	27	26	25	24	23	22	21	20	19	18	17	16
保留															

15	14	13	12	11	10	9	8	7	6	5	4	3	2	1	0
NDT[15:0]															
rw	rw	rw	rw	rw	rw	rw	rw	rw	rw	rw	rw	rw	rw	rw	rw

位15:0	NDT[15:0]：数据传输数量 数据传输数量为0~65 535。这个寄存器只能在通道不工作(DMA_CCRx的EN=0)时写入。通道开启后该寄存器变为只读，指示剩余的待传输字节数目。寄存器内容在每次DMA传输后递减。 数据传输结束后，寄存器的内容或者变为0；或者当该通过配置为自动重加载模式时，寄存器的内容将被自动重新加载为之前配置时的数值。 当寄存器的内容为0时，无论通道是否开启，都不会发生任何数据传输

图 22.4　DMA_CNDTRx 寄存器

4. DMA 通道 x 配置寄存器（DMA_CCRx）

DMA 通道 x 配置寄存器描述如图 22.5 所示。该寄存器控制着 DMA 很多相关信息，包括数据宽度、外设及存储器宽度、通道优先级、增量模式、传输方向、中断允许、使能等，所以说 DMA_CCRx 是 DMA 传输的核心控制寄存器。

5. DMA 通道 x 外设地址寄存器（DMA_CPARx）

DMA 通道 x 外设寄存器描述如图 22.6 所示。该寄存器是用来存储 STM32 外设的地址，比如平常使用串口 1，那么该寄存器必须写入 0x40013804（其实就是 &USART1_DR）。其他外设就可以修改成其他对应外设地址就可以了。

31	30	29	28	27	26	25	24	23	22	21	20	19	18	17	16
保留															

15	14	13	12	11	10	9	8	7	6	5	4	3	2	1	0
保留	MEM2MEM	PL[1:0]		MSIZE[1:0]		PSIZE[1:0]		MINC	PINC	CIRC	DIR	TEIE	HTIE	TCIE	EN
	rw	rw	rw	rw	rw	rw	rw	rw	rw	rw	rw	rw	rw	rw	rw

位14	MEM2MEM：存储器到存储器模式 该位由软件设置和清除。 0：非破除到存储器模式；　　　　　　1：启动存储器到存储器模式
位13:12	PL[1:0]：通道优先级 这些位由软件设置和清除。 00：低　　　01：中　　　10：高　　　　11：最高
位11:10	MSIZE[1:0]：存储器数据宽度 这些位由软件设置和清除。 00：8位　　01：16位　　10：32位　　11：保留
位9:8	PSIZE[1:0]：外设数据宽度 这些位由软件设置和清除。 00：8位　　01：16位　　10：32位　　11：保留
位7	MINC：存储器地址增量模式 该位由软件设置和清除。 0：不执行存储器地址增量操作　　　1：执行存储器地址增量操作
位6	PINC：外设地址增量模式 该位由软件设置和清除。 0：不执行外设地址增量操作　　　　1：执行外设地址增量操作
位5	CIRC：循环模式 该位由软件设置和清除。 0：不执行循环操作　　　　　　　　1：执行循环操作
位4	DIR：数据传输方向 该位由软件设置和清除。 0：从外设读　　　　　　　　　　　1：从存储器读
位3	TEIE：允许传输错误中断 该位由软件设置和清除。 0：禁止TE中断　　　　　　　　　　1：允许TE中断
位2	HTIE：允许半传输中断 该位由软件设置和清除。 0：禁止HT中断　　　　　　　　　　1：允许HT中断
位1	TCIE：允许传输完成中断 该位由软件设置和清除。 0：禁止TC中断　　　　　　　　　　1：允许TC中断
位0	EN：通道开启 该位由软件设置和清除。 0：通道不工作　　　　　　　　　　1：通道开启

图 22.5　DMA_CCRx 寄存器

6. DMA 通道 x 存储器地址寄存器(DMA_CMARx)

DMA 通道 x 存储器地址寄存器用来存放存储器的地址,该寄存器和 DMA_CPARx 差不多,所以就不列出来了。举个应用的例子,在程序中用到一个 g_sendbuf[5200]数组来做存储器,那么在 DMA_CMARx 中写入 &g_sendbuf 即可。

31	30	29	28	27	26	25	24	23	22	21	20	19	18	17	16	15	14	13	12	11	10	9	8	7	6	5	4	3	2	1	0
															PA[31:0]																
rw	rw	rw	rw	rw	rw	rw	rw	rw	rw	rw	rw	rw	rw	rw	rw	rw	rw	rw	rw	rw	rw	rw	rw	rw	rw	rw	rw	rw	rw	rw	rw

位31:0	PA[31:0]：外设地址 外设数据寄存器的基地址，作为数据传输的源或目标。 当PSIZE='01'(16位)，不使用PA[0]位。操作自动地与半字地址对齐。 当PSIZE='10'(32位)，不使用PA[1:0]位。操作自动地与字地址对齐

图 22.6　DMA_CPARx 寄存器

22.2　硬件设计

(1) 例程功能

每按下按键 KEY0，串口 1 就会以 DMA 方式发送数据，同时在 LCD 上面显示传送进度。打开串口调试助手，可以收到 DMA 发送的内容。LED0 闪烁用于提示程序正在运行。

(2) 硬件资源

➤ LED 灯：LED0-PA8；

➤ 独立按键：KEY0-PC5；

➤ 串口 1(PA9、PA10 连接在板载 USB 转串口芯片 CH340 上面)；

➤ 正点原子 TFTLCD 模块(仅限 MCU 屏，16 位 8080 并口驱动)。

(3) 原理图

DMA 属于 STM32F103 内部资源，通过软件设置好就可以了。

22.3　程序设计

22.3.1　DMA 的 HAL 库驱动

DMA 在 HAL 库中的驱动代码在 stm32f1xx_hal_dma.c 文件(及其头文件)中。

HAL_DMA_Init 函数是 DMA 的初始化函数，其声明如下：

```
HAL_StatusTypeDef HAL_DMA_Init(DMA_HandleTypeDef * hdma);
```

函数描述：用于初始化 DMA1、DMA2。

函数形参：形参 DMA_HandleTypeDef 是结构体类型指针变量，其定义如下：

```
typedef struct __DMA_HandleTypeDef
{
    void                        * Instance;      /* 寄存器基地址 */
    DMA_InitTypeDef             Init;            /* DAM 通信参数 */
    HAL_LockTypeDef            Lock;            /* DMA 锁对象 */
    __IO HAL_DMA_StateTypeDef  State;           /* DMA 传输状态 */
```

```
        void                          * Parent;    /* 父对象状态,HAL 库处理的中间变量 */
        /* DMA 传输完成回调 */
        void ( *XferCpltCallback)( struct __DMA_HandleTypeDef * hdma);
        /* DMA 一半传输完成回调 */
        void ( * XferHalfCpltCallback)( struct __DMA_HandleTypeDef * hdma);
        /* DMA 传输完整的 Memory1 回调 */
        void ( * XferM1CpltCallback)( struct __DMA_HandleTypeDef * hdma);
        /* DMA 传输半完全内存回调 */
        void ( * XferM1HalfCpltCallback)( struct __DMA_HandleTypeDef * hdma);
        /* DMA 传输错误回调 */
        void ( * XferErrorCallback)( struct __DMA_HandleTypeDef * hdma);
        /* DMA 传输中止回调 */
        void ( * XferAbortCallback)( struct __DMA_HandleTypeDef * hdma);
        __IOuint32_t                  ErrorCode;          /* DMA 存取错误代码 */
        DMA_TypeDef  * DmaBaseAddress;                    /* DMA 通道基地址 */
        uint32_t  ChannelIndex;                           /* DMA 通道索引 */
    }DMA_HandleTypeDef;
```

这个结构体内容比较多,下面列出几个成员说明一下。

Instance:是用来设置寄存器基地址,例如,要设置的对象是串口 1 的发送,那么就要参考表 23.1,需要用到的是 DMA1 的通道 4,即 DMA1_Channel4。

Parent:是 HAL 库处理中间变量,用来指向 DMA 通道外设句柄。

XferCpltCallback(传输完成回调函数)、XferHalfCpltCallback(半传输完成回调函数)、XferM1CpltCallback(Memory1 传输完成回调函数)和 XferErrorCallback(传输错误回调函数)是 4 个函数指针,用来指向回调函数入口地址。

其他成员变量是 HAL 库处理过程状态标识变量,这里就不过多讲解。接下来重点介绍 Init,它是 DMA_InitTypeDef 结构体类型变量,该结构体定义如下:

```
typedef struct
{
    uint32_t Direction;            /* 传输方向,例如存储器到外设 DMA_MEMORY_TO_PERIPH */
    uint32_t PeriphInc;            /* 外设(非)增量模式,非增量模式 DMA_PINC_DISABLE */
    uint32_t MemInc;               /* 存储器(非)增量模式,增量模式 DMA_MINC_ENABLE */
    uint32_t PeriphDataAlignment;  /* 外设数据大小:8/16/32 位 */
    uint32_t MemDataAlignment;     /* 存储器数据大小:8/16/32 位 */
    uint32_t Mode;                 /* 模式:循环模式/普通模式 */
    uint32_t Priority;             /* DMA 优先级:低/中/高/非常高 */
}DMA_InitTypeDef;
```

该结构体成员变量非常多,但每个成员变量的配置基本都是 DMA_CCRx 寄存器的相应位。

函数返回值:HAL_StatusTypeDef 枚举类型的值。

以 DMA 的方式传输串口数据的配置步骤如下:

① 使能 DMA 时钟。

DMA 的时钟使能是通过 AHB1ENR 寄存器来控制的,这里要先使能时钟,才可以配置 DMA 相关寄存器。HAL 库方法为:

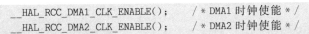

```
__HAL_RCC_DMA1_CLK_ENABLE();        /* DMA1 时钟使能 */
__HAL_RCC_DMA2_CLK_ENABLE();        /* DMA2 时钟使能 */
```

② 初始化 DMA。

调用 HAL_DMA_Init 函数初始化 DMA 的相关参数,包括配置通道、外设地址、存储器地址、传输数据量等。

HAL 库为了处理各类外设的 DMA 请求,在调用相关函数之前,需要调用一个宏定义标识符来连接 DMA 和外设句柄。例如,要使用串口 DMA 发送,所以方式为:

```
__HAL_LINKDMA(&g_uart1_handler, hdmatx, g_dma_handle);
```

其中,g_uart1_handler 是串口初始化句柄,在 usart.c 中定义过了。g_dma_handle 是 DMA 初始化句柄。hdmatx 是外设句柄结构体的成员变量,这里实际就是 g_uart1_handler 的成员变量。在 HAL 库中,任何一个可以使用 DMA 的外设的初始化结构体句柄都会有一个 DMA_HandleTypeDef 指针类型的成员变量,是 HAL 库用来做相关指向的。hdmatx 就是 DMA_HandleTypeDef 结构体指针类型。

这句话的含义就是把 g_uart1_handler 句柄的成员变量 hdmatx 和 DMA 句柄 g_dma_handle 连接起来,是纯软件处理,没有任何硬件操作。

要想详细了解 HAL 库指向关系,可查看本实验宏定义标识符 __HAL_LINKDMA 的定义和调用方法。

③ 使能串口的 DMA 发送,启动传输。

串口 1 的 DMA 发送实际是串口控制寄存器 CR3 的位 7 来控制的,在 HAL 库中操作该寄存器来使能串口 DMA 发送的函数为 HAL_UART_Transmit_DMA。

注意,调用该函数后会开启相应的 DMA 中断,本章实验通过查询的方法获取数据传输状态,所以并没有做中断相关处理,也没有编写中断服务函数。

HAL 库还提供了对串口的 DMA 发送的停止、暂停、继续等操作函数:

```
HAL_StatusTypeDef HAL_UART_DMAStop(UART_HandleTypeDef * huart);    /* 停止 */
HAL_StatusTypeDef HAL_UART_DMAPause(UART_HandleTypeDef * huart);   /* 暂停 */
HAL_StatusTypeDef HAL_UART_DMAResume(UART_HandleTypeDef * huart);  /* 恢复 */
```

④ 查询 DMA 传输状态。

在 DMA 传输过程中,要查询 DMA 传输通道的状态,使用的方法是:

```
__HAL_DMA_GET_FLAG(&g_dma_handle, DMA_FLAG_TC4);
```

获取当前传输剩余数据量:

```
__HAL_DMA_GET_COUNTER(&g_dma_handle);
```

同样,也可以设置对应的 DMA 数据流传输的数据量大小,函数为:

```
__HAL_DMA_SET_COUNTER (&g_dma_handle,1000);
```

⑤ DMA 中断使用方法。

DMA 中断对于每个通道都有一个中断服务函数,比如 DMA1_Channel4 的中断服务函数为 DMA1_Channel4_IRQHandler。HAL 库提供了通用 DMA 中断处理函数 HAL_DMA_IRQHandler,在该函数内部会对 DMA 传输状态进行分析,然后调用相应的中断处理回调函数：

```
void HAL_UART_TxCpltCallback(UART_HandleTypeDef * huart);      /* 发送完成回调函数 */
void HAL_UART_TxHalfCpltCallback(UART_HandleTypeDef * huart);/* 发送一半回调函数 */
void HAL_UART_RxCpltCallback(UART_HandleTypeDef * huart);      /* 接收完成回调函数 */
void HAL_UART_RxHalfCpltCallback(UART_HandleTypeDef * huart);/* 接收一半回调函数 */
void HAL_UART_ErrorCallback(UART_HandleTypeDef * huart);       /* 传输出错回调函数 */
```

22.3.2　程序流程图

程序流程如图 22.7 所示。

图 22.7　DMA 实验程序流程图

22.3.3　程序解析

1. DMA 驱动代码

这里只讲解核心代码,详细的源码可参考配套资料中本实验对应源码。DMA 驱动源码包括 2 个文件：dma.c 和 dma.h。

dma.h 头文件中只有函数的声明，就不解释了，直接介绍 dma.c 的程序。下面是与 DMA 初始化相关的函数，其定义如下：

```
void dma_init(DMA_Channel_TypeDef * DMAx_CHx)
{   /* 大于 DMA1_Channel7，则为 DMA2 的通道了 */
    if ((uint32_t)DMAx_CHx >(uint32_t)DMA1_Channel7)
    {
        __HAL_RCC_DMA2_CLK_ENABLE();                         /* DMA2 时钟使能 */
    }
    else
    {
        __HAL_RCC_DMA1_CLK_ENABLE();                         /* DMA1 时钟使能 */
    }
    /* 将 DMA 与 USART1 联系起来（发送 DMA）*/
    __HAL_LINKDMA(&g_uart1_handle, hdmatx, g_dma_handle);
    g_dma_handle.Instance = DMAx_CHx; /* USART1_TX 的 DMA 通道：DMA1_Channel4 */
    g_dma_handle.Init.Direction = DMA_MEMORY_TO_PERIPH;      /* 存储器到外设模式 */
    g_dma_handle.Init.PeriphInc = DMA_PINC_DISABLE;          /* 外设非增量模式 */
    g_dma_handle.Init.MemInc = DMA_MINC_ENABLE;              /* 存储器增量模式 */
    g_dma_handle.Init.PeriphDataAlignment = DMA_PDATAALIGN_BYTE;  /* 外设位宽 */
    g_dma_handle.Init.MemDataAlignment = DMA_MDATAALIGN_BYTE;     /* 存储器位宽 */
    g_dma_handle.Init.Mode = DMA_NORMAL;                     /* DMA 模式：正常模式 */
    g_dma_handle.Init.Priority = DMA_PRIORITY_MEDIUM;        /* 中等优先级 */
    HAL_DMA_Init(&g_dma_handle);
}
```

该函数是一个通用的 DMA 配置函数，DMA1、DMA2 的所有通道都可以利用该函数配置，不过有些固定参数可能要适当修改（比如位宽、传输方向等）。该函数在外部只能修改 DMA 数据通道，更多的其他设置只能在该函数内部修改。

2. main.c 代码

在 main.c 里面编写如下代码：

```
const uint8_t TEXT_TO_SEND[] = {"正点原子 STM32 DMA 串口实验"};
#define SEND_BUF_SIZE        (sizeof(TEXT_TO_SEND) + 2) * 200   /* 发送数据长度 */
uint8_tg_sendbuf[SEND_BUF_SIZE];                        /* 发送数据缓冲区 */
int main(void)
{
    uint8_t  key = 0;
    uint16_t i, k;
    uint16_t len;
    uint8_t  mask = 0;
    float pro = 0;                              /* 进度 */
    /* 一系列初始化 */
    dma_init(DMA1_Channel4);                    /* 初始化串口 1 TX DMA */
    /* LCD 显示实验内容 */
```

```
        len = sizeof(TEXT_TO_SEND);
        k = 0;
        for (i = 0; i <SEND_BUF_SIZE; i++)          /*填充 ASCII 字符集数据*/
        {
            if (k >= len)                           /*入换行符*/
            {
                if (mask)
                {
                    g_sendbuf[i] = 0x0a;
                    k = 0;
                }
                else
                {
                    g_sendbuf[i] = 0x0d;
                    mask++;
                }
            }
            else                                    /*复制 TEXT_TO_SEND 语句*/
            {
                mask = 0;
                g_sendbuf[i] = TEXT_TO_SEND[k];
                k++;
            }
        }
        i = 0;
        while (1)
        {
            key = key_scan(0);
            if (key == KEY0_PRES)
            {
                printf("\r\nDMA DATA:\r\n");
                lcd_show_string(30, 130, 200, 16, 16, "Start Transimit....",BLUE);
                lcd_show_string(30, 150, 200, 16, 16, "   %", BLUE);
                HAL_UART_Transmit_DMA(&g_uart1_handle, g_sendbuf, SEND_BUF_SIZE);
                while (1)
                {
                    /*等待 DMA1_Channel4 传输完成*/
                    if ( __HAL_DMA_GET_FLAG(&g_dma_handle, DMA_FLAG_TC4))
                    {
                        __HAL_DMA_CLEAR_FLAG(&g_dma_handle, DMA_FLAG_TC4);
                        HAL_UART_DMAStop(&uartx_handler);/*传输完成以后关闭串口 DMA*/
                        break;
                    }
                    pro = __HAL_DMA_GET_COUNTER(&g_dma_handle);
                    len = SEND_BUF_SIZE;              /*总长度*/
                    pro = 1 - (pro / len);            /*得到百分比*/
                    pro *= 100;                       /*扩大 100 倍*/
                    lcd_show_num(30, 150, pro, 3, 16, BLUE);
                }
                lcd_show_num(30, 150, 100, 3, 16, BLUE);
                lcd_show_string(30, 130, 200, 16, 16, "Transimit Finished!",BLUE);
```

```
        }
        i++;
        delay_ms(10);
        if (i == 20)
        {
            LED0_TOGGLE();          /* LED0 闪烁,提示系统正在运行 */
            i= 0;
        }
    }
}
```

main 函数的流程大致是:先初始化发送数据缓冲区 g_sendbuf 的值,然后通过 KEY0 开启串口 DMA 发送;在发送过程中,通过__HAL_DMA_GET_COUNTER (&g_dma_handle)获取当前还剩余的数据量来计算传输百分比;最后在传输结束之后清除相应标志位,提示已经传输完成。

22.4　下载验证

将程序下载到开发板后,可以看到 LED0 不停闪烁,提示程序已经在运行了。LCD 显示的内容如图 22.8 所示。

打开串口调试助手,然后按 KEY0,可以看到串口显示如图 22.9 所示的内容。可以看到串口收到了开发板发送过来的数据,同时 TFTLCD 上显示了进度等信息,如图 22.10 所示。

至此,整个 DMA 实验就结束了。DMA 是个非常好的功能,不但能减轻 CPU 负担,还能提高数据传输速度,合理地应用 DMA 往往能让程序设计变得简单。

图 22.8　DMA 实验测试图

图 22.9　串口收到的数据内容

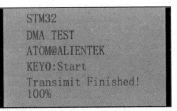

图 22.10　DMA 串口数据传输中

第 **23** 章

ADC 实验

本章将介绍 STM32F103 的模拟数字转换器（Analog-to-digital converters, ADC）功能。这里通过单通道 ADC 采集实验来学习 ADC。

23.1　ADC 简介

ADC 可以将外部的模拟信号转换为数字信号。STM32F103RCT6 芯片拥有 3 个 ADC，都可以独立工作，其中，ADC1 和 ADC2 还可以组成双重模式（提高采样率）。这些 ADC 都是 12 位逐次逼近型的模拟数字转换器，有 18 个通道，可测量 16 个外部和 2 个内部信号源。其中，ADC3 根据 CPU 引脚的不同其通道数也不同，一般有 8 个外部通道。ADC 中各个通道的 A/D 转换可以单次、连续、扫描或间断模式执行。ADC 的结果可以以左对齐或者右对齐的方式存储在 16 位数据寄存器中。

STM32F103 的 ADC 主要特性总结如下：

➢ 12 位分辨率；

➢ 转换结束、注入转换结束和发生模拟看门狗事件时产生中断；

➢ 单次和连续转换模式；

➢ 自校准；

➢ 带内嵌数据一致性的数据对齐；

➢ 采样间隔可以按通道分别编程；

➢ 规则转换和注入转换均有外部触发选项；

➢ 间断模式；

➢ 双重模式（带 2 个或以上 ADC 的器件）；

➢ ADC 转换时间：时钟为 72 MHz 为 1.17 μs；

➢ ADC 供电要求：2.4～3.6 V；

➢ ADC 输入范围：$V_{REF-} \leqslant V_{IN} \leqslant V_{REF+}$；

➢ 规则通道转换期间有 DMA 请求产生。

ADC 的框图如图 23.1 所示。图中按照 ADC 的配置流程标记了 7 处位置。

图 23.1　ADC 框图

① 输入电压

ADC 输入范围 $V_{\mathrm{REF-}} \leqslant V_{\mathrm{IN}} \leqslant V_{\mathrm{REF+}}$，由 $V_{\mathrm{REF-}}$、$V_{\mathrm{REF+}}$、V_{DDA} 和 V_{SSA} 决定。下面看一下这几个参数的关系，如图 23.2 所示。可以知道，V_{DDA} 和 $V_{\mathrm{REF+}}$ 接 VCC3.3，而 V_{SSA}

和 V_{REF-} 接地,所以 ADC 的输入范围为 $0\sim3.3$ V。

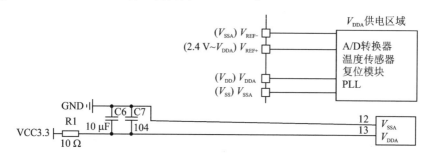

图 23.2 参数关系图

② 输入通道

确定好 ADC 输入电压后,如何把外部输入的电压输送到 ADC 转换器中呢?这里引入了通道概念,前面也提及到了 ADC1 和 ADC2 都有 16 个外部通道和 2 个内部通道,而 ADC3 有 8 个外部通道。外部通道对应的是图 23.1 中的 ADCx_IN0~ADCx_IN15。ADC1 的通道 16 就是内部通道,连接到芯片内部的温度传感器;通道 17 连接到 V_{REFINT}。而 ADC2 的通道 16 和 17 连接到内部的 V_{SS}。ADC3 的通道 9、14、15、16 和 17 连接到内部的 V_{SS}。具体的 ADC 通道表如表 23.1 所列。

表 23.1 ADC 通道表

ADC1	I/O	ADC2	I/O	ADC3	I/O
通道 0	PA0	通道 0	PA0	通道 0	PA0
通道 1	PA1	通道 1	PA1	通道 1	PA1
通道 2	PA2	通道 2	PA2	通道 2	PA2
通道 3	PA3	通道 3	PA3	通道 3	PA3
通道 4	PA4	通道 4	PA4	通道 4	**PF6**
通道 5	PA5	通道 5	PA5	通道 5	**PF7**
通道 6	PA6	通道 6	PA6	通道 6	**PF8**
通道 7	STM7	通道 7	PA7	通道 7	**PF9**
通道 8	PB0	通道 8	PB0	通道 8	**PF10**
通道 9	PB1	通道 9	PB1	通道 9	连接内部 V_{SS}
通道 10	PC0	通道 10	PC0	通道 10	PC0
通道 11	PC1	通道 11	PC1	通道 11	PC1
通道 12	PC2	通道 12	PC2	通道 12	PC2
通道 13	PC3	通道 13	PC3	通道 13	PC3
通道 14	PC4	通道 14	PC4	通道 14	连接内部 V_{SS}
通道 15	PC5	通道 15	PC5	通道 15	连接内部 V_{SS}
通道 16	连接内部温度传感器	通道 16	连接内部 V_{SS}	通道 16	连接内部 V_{SS}
通道 17	连接内部 V_{REFINT}	通道 17	连接内部 V_{SS}	通道 17	连接内部 V_{SS}

由于开发板上使用的主控芯片是 STM32F103RCT6,它的封装是 LQFP64,没有 PF6～PF10 引脚,所以它的 ADC3 通道 4 ～通道 8 是没有的,对应到表 23.1 中加黑部分标出的 I/O。

③ 转换顺序

当 ADC 的多个通道以任意顺序进行转换时就诞生了成组转换,这里有 2 种成组转换类型,即规则组和注入组。规则组就是图 23.1 中的规则通道,注入组就是图 23.1 中的注入通道。为了避免混淆,后面规则通道以规则组来代称,注入通道以注入组来代称。

规则组最多允许 16 个输入通道进行转换,而注入组最多允许 4 个输入通道进行转换。

1）规则组（规则通道）

规则组,按字面理解,“规则”就是按照一定的顺序,相当于正常运行的程序,平常用到最多也是规则组。

2）注入组（注入通道）

注入组,按字面理解,“注入”就是打破原来的状态,相当于中断。当程序执行的时候,中断可以打断程序的执行。同这个类似,注入组转换可以打断规则组的转换。假如在规则组转换过程中注入组启动,那么注入组被转换完成之后,规则组才得以继续转换。

为了便于理解,看一下规则组和注入组的执行优先级对比图,如图 23.3 所示。

图 23.3　规则组和注入组的执行优先级对比图

下面来看看它们的转换顺序,即转换序列,转换序列可以分为规则序列和注入序列。

3）规则序列

规则组最多允许 16 个输入通道进行转换，那么就需要设置通道转换的顺序，即规则序列。规则序列寄存器有 3 个，分别为 SQR1、SQR2 和 SQR3。SQR3 控制规则序列中的第 1～6 个转换，SQR2 控制规则序列中第 7～12 个转换，SQR1 控制规则序列中第 13～16 个转换。规则序列寄存器控制关系汇总如表 23.2 所列。

表 23.2　规则序列寄存器控制关系汇总表

寄存器	寄存器位	功　能	取　值
SQR3	SQ1[4：0]	设置第 1 个转换的通道	通道 0～17
	SQ2[4：0]	设置第 2 个转换的通道	通道 0～17
	SQ3[4：0]	设置第 3 个转换的通道	通道 0～17
	SQ4[4：0]	设置第 4 个转换的通道	通道 0～17
	SQ5[4：0]	设置第 5 个转换的通道	通道 0～17
	SQ6[4：0]	设置第 6 个转换的通道	通道 0～17
SQR2	SQ7[4：0]	设置第 7 个转换的通道	通道 0～17
	SQ8[4：0]	设置第 8 个转换的通道	通道 0～17
	SQ9[4：0]	设置第 9 个转换的通道	通道 0～17
	SQ10[4：0]	设置第 10 个转换的通道	通道 0～17
	SQ11[4：0]	设置第 11 个转换的通道	通道 0～17
	SQ12[4：0]	设置第 12 个转换的通道	通道 0～17
SQR1	SQ13[4：0]	设置第 13 个转换的通道	通道 0～17
	SQ14[4：0]	设置第 14 个转换的通道	通道 0～17
	SQ15[4：0]	设置第 15 个转换的通道	通道 0～17
	SQ16[4：0]	设置第 16 个转换的通道	通道 0～17
	SQL[3：0]	设置规则序列要转换的通道数	0～15

可以知道，想设置 ADC 的某个输入通道在规则序列的第 1 个转换时，只需要把相应的输入通道号的值写入 SQR3 寄存器中的 SQ1[4：0]位即可。例如，想让输入通道 5 先进行转换，那么就可以把 5 这个数值写入 SQ1[4：0]位。如果还想让输入通道 8 在第 2 个转换，那么就可以把 8 这个数值写入 SQ2[4：0]位。最后还要设置这个规则序列的输入通道个数，只须把输入通道个数写入 SQR1 的 SQL[3：0]位即可。注意，写入 0 到 SQL[3：0]位表示这个规则序列有一个输入通道的意思，而不是 0 个输入通道。

4）注入序列

注入序列，与规则序列差不多，决定的是注入组的顺序。注入组最大允许 4 个通道输入，它的注入序列由 JSQR 寄存器配置。注入序列寄存器 JSQR 控制关系如表 23.3 所列。

表 23.3　注入序列寄存器控制关系汇总表

寄存器位	功　能	取　值
JSQ1[4：0]	设置第 1 个转换的通道	通道 0～17
JSQ2[4：0]	设置第 2 个转换的通道	通道 0～17
JSQ3[4：0]	设置第 3 个转换的通道	通道 0～17
JSQ4[4：0]	设置第 4 个转换的通道	通道 0～17
JL[1：0]	设置注入序列要转换的通道数	0～3

注入序列有多少个输入通道,只需要把输入通道个数写入到 JL[1：0]位即可,范围是 0～3。注意,写入 0 表示这个注入序列有一个输入通道,而不是 0 个输入通道。这个内容很简单。编程时容易犯错的是注入序列的转换顺序问题,下面进行讲解。

如果 JL[1：0]位的值小于 3,即设置注入序列要转换的通道个数小于 4,则注入序列的转换顺序是从 JSQx[4：0](x=4-JL[1：0])开始。例如,JL[1：0]=10、JSQ4[4：0]=00100、JSQ3[4：0]=00011、JSQ2[4：0]=00111、JSQ1[4：0]=00010,意味着这个注入序列的转换顺序是 7、3、4,而不是 2、7、3。如果 JL[1：0]=00,那么转换顺序从 JSQ4[4：0]开始。

④ 触发源

在配置好输入通道以及转换顺序后,就可以进行触发转换了。ADC 的触发转换有 2 种方法,分别是通过 ADON 位或外部事件触发转换。

1）ADON 位触发转换

当 ADC_CR2 寄存器的 ADON 位为 1 时,再独立给 ADON 位写 1(其他位不能一起改变,这是为了防止误触发),这时会启动转换。这种控制 ADC 启动转换的方式非常简单。

2）外部触发转换

另一种方法是通过外部事件触发转换,如定时器捕获、EXTI 线和软件触发,可以分为规则组外部触发和注入组外部触发。

规则组外部触发使用方法是将 EXTTRIG 位置 1,并且通过 EXTSET[2：0]位选择规则组启动转换的触发源。如果 EXTSET[2：0]位设置为 111,那么可以通过 SWSTART 启动 ADC 转换,相当于软件触发。

注入组外部触发使用方法是将 JEXTTRIG 位置 1,并且通过 JEXTSET[2：0]位选择注入组启动转换的触发源。如果 JEXTSET[2：0]位设置为 111,那么可以通过 JSWSTART 启动 ADC 转换,相当于软件触发。

ADC1 和 ADC2 的触发源是一样的,ADC3 的触发源和 ADC1/2 有所不同,这个需要注意。

⑤ 转换时间

1）ADC 时钟

学习转换时间之前先来了解 ADC 时钟。从图 23.1 中标号⑤框出来部分可以看到,ADC 时钟是要经过 ADC 预分频器的,那么 ADC 的时钟源是什么? ADC 预分频器的分频系数可以设置的范围又是多少? ADC 时钟频率的最大值又是多少?

ADC 的输入时钟是由 PCLK2 经过分频产生的,分频系数是由 RCC_CFGR 寄存器的 ADCPRE[1:0]位设置的,可选择 2、4、8、16 分频。注意,ADC 的输入时钟频率最大值是 14 MHz,超过这个值将会导致 ADC 的转换结果准确度下降。

一般设置 PCLK2 为 72 MHz。为了不超过 ADC 的最大输入时钟频率 14 MHz,设置 ADC 的预分频器分频系数为 6,就可以得到 ADC 的输入时钟频率为 72 MHz/6,即 12 MHz。例程中也是如此设置的。

2) 转换时间

STM32F103 的 ADC 总转换时间的计算公式如下:

$$T_{\text{CONV}} = 采样时间 + 12.5 \ 个周期$$

采样时间可通过 ADC_SMPR1 和 ADC_SMPR2 寄存器中的 SMPx[2:0]位设置, x=0~17。ADC_SMPR1 控制的是通道 0~9, ADC_SMPR2 控制的是通道 10~17。每个输入通道都支持通过编程来选择不同的采样时间,采样时间可选的范围如下:

- ➤ SMP=000:1.5 个 ADC 时钟周期;
- ➤ SMP=001:7.5 个 ADC 时钟周期;
- ➤ SMP=010:13.5 个 ADC 时钟周期;
- ➤ SMP=011:28.5 个 ADC 时钟周期;
- ➤ SMP=100:41.5 个 ADC 时钟周期;
- ➤ SMP=101:55.5 个 ADC 时钟周期;
- ➤ SMP=110:71.5 个 ADC 时钟周期;
- ➤ SMP=111:239.5 个 ADC 时钟周期。

可以看出,采样时间最小是 1.5 个时钟周期,设置为这个值可以得到最短的转换时间。下面以例程的 ADC 时钟配置为例计算 ADC 的最短转换时间,计算过程如下:

$$T_{\text{CONV}} = 1.5 \ 个 \ ADC \ 时钟周期 + 12.5 \ 个 \ ADC \ 时钟周期 = 14 \ 个 \ ADC \ 时钟周期$$

例程中,PCLK2 的时钟是 72 MHz,经过 ADC 时钟预分频器的 6 分频后,ADC 时钟频率为 12 MHz。代入上式可得到:

$$T_{\text{CONV}} = 14 \ 个 \ ADC \ 时钟周期 = \left(\frac{1}{12\,000\,000} \right) \times 14 \ \text{s} = 1.17 \ \mu\text{s}$$

⑥ 数据寄存器

根据转换组的不同,规则组完成转换的数据输出到 ADC_DR 寄存器,注入组完成转换的数据输出到 ADC_JDRx 寄存器。假如使用双重模式,规则组的数据也存放在 ADC_DR 寄存器。

1) ADC 规则数据寄存器(ADC_DR)

ADC 规则组数据寄存器 ADC_DR 是一个 32 位的寄存器,独立模式时只使用到该寄存器低 16 位来保存 ADC1、2、3 的规则转换数据。在双 ADC 模式下,高 16 位用于保存 ADC2 转换的数据,低 16 位用于保存 ADC1 转换的数据。

因为 ADC 的精度是 12 位的,ADC_DR 寄存器无论高 16 位还是低 16 位,存放数据的位宽都是 16 位的,所以允许选择数据对齐方式。由 ADC_CR2 寄存器的 ALIGN 位设置数据对齐方式,可选择右对齐或者左对齐。

细心的读者可能发现,规则组最多有 16 个输入通道,而 ADC 规则数据寄存器只有一个,如果一个规则组用到好几个通道,数据怎么读取? 如果使用多通道转换,那么这些通道的数据也会存放在 DR 里面,按照规则组的顺序,上一个通道转换的数据会被下一个通道转换的数据覆盖掉,所以通道转换完成后要及时把数据取走。比较常用的方法是使用 DMA 模式。当规则组的通道转换结束时,就会产生 DMA 请求,这样就可以及时把转换的数据搬运到用户指定的目的地址存放。注意,只有 ADC1 和 ADC3 可以产生 DAM 请求,而由 ADC2 转换的数据可以通过双 ADC 模式利用 ADC1 的 DMA 功能传输。

2) ADC 注入数据寄存器 x(ADC_JDRx)(x＝1~4)

ADC 注入数据寄存器有 4 个,注入组最多有 4 个输入通道,刚好每个通道都有自己对应的数据寄存器。ADC_JDRx 寄存器是 32 位的,低 16 位有效,高 16 位保留,数据也同样需要选择对齐方式。也由 ADC_CR2 寄存器的 ALIGN 位设置数据对齐方式,可选择右对齐或者左对齐。

⑦ 中断

ADC 中断可分为 3 种:规则组转换结束中断、注入组转换结束中断、设置了模拟看门狗状态位中断。它们都有独立的中断使能位,分别由 ADC_CR 寄存器的 EOCIE、JEOCIE、AWDIE 位设置,对应的标志位分别是 EOC、JEOC、AWD。

1) 模拟看门狗中断

模拟看门狗中断发生条件:首先通过 ADC_LTR 和 ADC_HTR 寄存器设置低阈值和高阈值,然后开启模拟看门狗中断,当被 ADC 转换的模拟电压低于低阈值或者高于高阈值时,就会产生中断。例如,这里设置高阈值是 3.0 V,那么模拟电压超过 3.0 V 的时候就会产生模拟看门狗中断,低阈值的情况类似。

2) DMA 请求

规则组和注入组的转换结束后,除了可以产生中断外,还可以产生 DMA 请求;利用 DMA 及时把转换好的数据传输到指定的内存里,防止数据被覆盖。

注意,只有 ADC1 和 ADC3 可以产生 DAM 请求。

⑧ 单次转换模式和连续转换模式

单次转换模式和连续转换模式在图 24.1 中没有标号,为了更好地学习后续的内容,这里简单介绍一下。

1) 单次转换模式

通过将 ADC_CR2 寄存器的 CONT 位置 0 选择单次转换模式。该模式下,ADC 只执行一次转换,由 ADC_CR2 寄存器的 ADON 位启动(只适用于规则组),也可以通过外部触发启动(适用于规则组或注入组)。

如果规则组的一个输入通道被转换,那么转换的数据被储存在 16 位 ADC_DR 寄存器中、EOC(转换结束)标志位被置 1、设置了 EOCIE 位,则产生中断,然后 ADC 停止。

如果注入组的一个输入通道被转换,那么转换的数据被储存在 16 位 ADC_DRJx 寄存器中、JEOC(转换结束)标志位被置 1、设置了 JEOCIE 位,则产生中断,然后 ADC 停止。

2) 连续转换模式

通过将 ADC_CR2 寄存器的 CONT 位置 1 选择连续转换模式。该模式下,ADC 完成上一个通道的转换后马上自动启动下一个通道的转换,由 ADC_CR2 寄存器的 ADON 位启动,也可以通过外部触发启动。

如果规则组的一个输入通道被转换,那么转换的数据被储存在 16 位 ADC_DR 寄存器中、EOC(转换结束)标志位被置 1、设置了 EOCIE 位,则产生中断。

如果注入组的一个输入通道被转换,那么转换的数据被储存在 16 位 ADC_DRJx 寄存器中、JEOC(转换结束)标志位被置 1、设置了 JEOCIE 位,则产生中断。

⑨ 扫描模式

扫描模式在图 23.1 中是没有标号,为了更好地学习后续的内容,这里也简单介绍。

可以通过 ADC_CR1 寄存器的 SCAN 位配置是否使用扫描模式。如果选择扫描模式,则 ADC 会扫描所有被 ADC_SQRx 寄存器或 ADC_JSQR 选中的通道,并对规则组或者注入组的每个通道执行单次转换,然后停止转换。但如果还设置了 CONT 位,即选择连续转换模式,那么转换不会在选择组的最后一个通道上停止,而是再次从选择组的第一个通道继续转换。

如果设置了 DMA 位,在每次 EOC 后,DMA 控制器把规则组通道的转换数据传输到 SRAM 中。而注入通道转换的数据总是存储在 ADC_JDRx 寄存器中。

到这里基本上介绍了 ADC 的大多数基础知识点,其他知识后面用到会继续补充,还有不懂的内容可参考"STM32F10xxx 参考手册_V10(中文版).pdf"的第 11 章。

23.2   单通道 ADC 采集实验

本实验使用规则组单通道的单次转换模式,并且通过软件触发,即由 ADC_CR2 寄存器的 SWSTART 位启动。

23.2.1   ADC 寄存器

1. ADC 控制寄存器 1(ADC_CR1)

ADC 控制寄存器 1 描述如图 23.4 所示。SCAN 位用于选择是否使用扫描模式。本实验使用单通道采集,所以没必要选择扫描模式,该位置 0 即可。

DUALMOD[3:0]位用来设置 ADC 的操作模式,例程中 ADC 相关的实验都使用

图 23.4　ADC_CR1 寄存器

独立模式,所以设置为 0000 即可。

2. ADC 控制寄存器 2(ADC_CR2)

　　ADC 控制寄存器 2 描述如图 23.5 所示。ADON 位用于打开或关闭 ADC,还可以用于触发 ADC。CONT 用于设置单次转换模式还是连续转换模式,本实验使用单次转换模式,所以 CONT 位置 0 即可。CAL 用于开启 A/D 校准。RSTCAL 用于判断校准寄存器是否已初始化。ALIGN 用于设置数据对齐,这里使用右对齐,所以该位置 0。EXTSEL[2:0]位用于选择规则组启动转换的外部事件触发源,本实验使用的是软件触发(SWSTART),所以这 3 个位置为 111。EXTTRIG 位必须置 1,EXTSEL[2:0]位才能选择软件触发(SWSTART),别漏了这步,否则设置软件触发会不成功。SWSTART 位用于启动一次规则组通道的转换,即软件触发转换。

3. ADC 采样事件寄存器 1(ADC_SMPR1)

　　ADC 采样事件寄存器 1 描述如图 23.6 所示。

4. ADC 采样事件寄存器 2(ADC_SMPR2)

　　ADC 采样事件寄存器 2 描述如图 23.7 所示。

　　ADC 采样时间需要由 2 个寄存器设置,ADC_SMPR1 和 ADC_SMPR1,分别设置通道 10~17 和通道 0~9 的采样时间,每个通道用 3 个位设置。可以看出,ADC 每个通道的采样时间是支持单独设置的。

31	30	29	28	27	26	25	24	23	22	21	20	19	18	17	16
保留								TS VREFE	SW START	JSW START	EXT TRIG	EXTSEL[2:0]			保留
								rw	rw	rw	rw	rw	rw	rw	

15	14	13	12	11	10	9	8	7	6	5	4	3	2	1	0
JEXT TRIG	JEXTSEL[2:0]			ALIGN	保留		DMA	保留				RST CAL	CAL	CONT	ADON
rw	rw	rw	rw	rw			rw					rw	rw	rw	rw

位20	EXTTRIG：规则通道的外部触发转换模式 该位由软件设置和清除，用于开启或禁止可以启动规则通道组转换的外部触发事件。 0：不用外部事件启动转换；　　　　　　1：使用外部事件启动转换
位19:17	EXSEL[2:0]：选择启动规则通道组转换的外部事件 这些位选择用于启动规则通道组转换的外部事件 ADC1和ADC2的触发配置如下： 000：定时器1的CC1事件　　　　　　100：定时器3的TRGO事件 001：定时器1的CC2事件　　　　　　101：定时器4的CC4事件 010：定时器1的CC3事件　　　　　　110：EXTI线11/TIM8_TRGO事件，仅大容量产品具有TIM8_TRGO功能 011：定时器2的CC2事件　　　　　　111：SWSTART ADC3的触发配置如下： 000：定时器3的CC1事件　　　　　　100：定时器8的TRGO事件 001：定时器2的CC3事件　　　　　　101：定时器5的CC1事件 010：定时器1的CC3事件　　　　　　110：定时器5的CC3事件 011：定时器8的CC1事件　　　　　　111：SWSTART
位11	ALIGN：数据对齐 该位由软件设置和清除。 0：右对齐；　　　　　　　　　　　1：左对齐
位3	RSTCAL：复位校准 该位由软件设置，并由硬件清除。在校准寄存器被初始化后该位将被清除。 0：校准寄存器已初始化；　　　　　　1：初始化校准寄存器 注：如果正在进行转换时设置RSTCAL，清除校准寄存器需要额外的周期
位2	CAL：A/D校准 该位由软件设置以开始校准，并在校准结束时由硬件清除。 0：校准完成；　　　　　　　　　　1：开始校准
位1	CONT：连续转换 该位由软件设置和清除。如果设置了此位，则转换将连续进行直到该位被清除。 0：单次转换模式；　　　　　　　　1：连续转换模式
位0	ADON：开/关A/D转换器 该位由软件设置和清除。当该位为0时，写入1将把ADC从断电模式下唤醒。 当该位为1时，写入1将启动转换。应用程序时注意，在转换器上电至转换开始有一个延迟t_{STAB} 0：关闭ADC转换/校准，并进入断电模式；　　1：开启ADC并启动转换 注：如果在这个寄存器中与ADON一起还有其他位被改变，则转换不被触发。这是为了防止触发错误的转换

图 23.5　ADC_CR2 寄存器

对于每个要转换的通道，采样时间建议尽量长一点，以获得较高的准确度，但是这样会降低 ADC 的转换速率，看怎么衡量选择了。本实验设置采样时间是 239.5 个周期。结合前面介绍过的转换时间公式：

$$T_{CONV} = 采样时间 + 12.5 \text{ 个周期}$$

例程中，PCLK2 的时钟是 72 MHz，经过 ADC 时钟预分频器的 6 分频后，ADC 时钟频率为 12 MHz。代入上式可得到：

31	30	29	28	27	26	25	24	23	22	21	20	19	18	17	16
保留								SMP17[2:0]			SMP16[2:0]			SMP15[2:0]	
				rw	rw	rw	rw	rw	rw	rw	rw	rw	rw	rw	rw

15	14	13	12	11	10	9	8	7	6	5	4	3	2	1	0
SMP15_0	SMP14[2:0]			SMP13[2:0]			SMP12[2:0]			SMP11[2:0]			SMP10[2:0]		
rw	rw	rw	rw	rw	rw	rw	rw	rw	rw	rw	rw	rw	rw	rw	rw

位23:0	SMPx[2:0]：选择通道x的采样时间 这些位用于独立地选择每个通道的采样时间。在采样周期中通道选择位必须保持不变。 000：1.5周期　　　　　　　100：41.5周期 001：7.5周期　　　　　　　101：55.5周期 010：13.5周期　　　　　　110：71.5周期 011：28.5周期　　　　　　100：239.5周期 注：ADC1的模拟输入通道16和通道17在芯片内部分别连到了温度传感器和V_{REFINT}。 　　ADC2的模拟输入通道16和通道17在芯片内部连到V_{ss}。 　　ADC3模拟输入通道14、15、16、17与V_{ss}相连

图 23.6　ADC_SMPR1 寄存器

31	30	29	28	27	26	25	24	23	22	21	20	19	18	17	16
保留		SMP9[2:0]			SMP8[2:0]			SMP7[2:0]			SMP6[2:0]			SMP5[2:0]	
		rw	rw	rw	rw	rw	rw	rw	rw	rw	rw	rw	rw	rw	rw

15	14	13	12	11	10	9	8	7	6	5	4	3	2	1	0
SMP5_0	SMP4[2:0]			SMP3[2:0]			SMP2[2:0]			SMP1[2:0]			SMP0[2:0]		
rw	rw	rw	rw	rw	rw	rw	rw	rw	rw	rw	rw	rw	rw	rw	rw

位29:0	SMPx[2:0]：选择通道x的采样时间 这些位用于独立地选择每个通道的采样时间。在采样周期中通道选择位必须保持不变。 000：1.5周期　　　　　　　100：41.5周期 001：7.5周期　　　　　　　101：55.5周期 010：13.5周期　　　　　　110：71.5周期 011：28.5周期　　　　　　111：239.5周期 注：ADC3模拟输入通道9与V_{ss}相连

图 23.7　ADC_SMPR2 寄存器

$$T_{CONV}=239.5+12.5 \text{ 个 ADC 时钟周期} = \frac{1}{12\,000\,000} \times 252 \text{ s} = 21 \ \mu s$$

由上式可得，ADC 的转换时间是 21 μs。

5. ADC 规则序列寄存器 1

ADC 规则序列寄存器共有 3 个，功能差不多，这里仅介绍 ADC 规则序列寄存器 1（ADC_SQR1），描述如图 23.8 所示。

L[3：0]用于设置规则组序列的长度，取值范围为 0～15，表示规则组的长度是 1～16。本实验只用了一个输入通道，所以 L[3：0]位设置为 0000 即可。

SQ13[4：0]～SQ16[4：0]位设置规则组序列的第 13～16 个转换编号，第 1～12 个转换编号的设置可查看 ADC_SQR2 和 ADC_SQR3 寄存器。

本实验使用单通道，ADC1 通道 14，所以规则组序列里只有一个输入通道，将 ADC_SQR3 寄存器的 SQ1[4：0]位的值设置为 14 即可。

31	30	29	28	27	26	25	24	23	22	21	20	19	18	17	16
保留								L[3:0]				SQ16[4:1]			
								rw	rw	rw	rw	rw	rw	rw	rw

15	14	13	12	11	10	9	8	7	6	5	4	3	2	1	0
SQ16_0	SQ15[4:1]					SQ14[4:1]					SQ13[4:1]				
rw	rw	rw	rw	rw	rw	rw	rw	rw	rw	rw	rw	rw	rw	rw	rw

位23:20	L[3:0]: 规则通道序列长度 这些位由软件定义在规则通道转换序理中的通道数目。 0000: 1个转换 0001: 2个转换 …… 1111: 16个转换
位19:15	SQ16[4:0]: 规则序列中的第16个转换 这些位由软件定义转换序列中的第16个转换通道的编号(0~7)
位14:10	SQ15[4:0]: 规则序列中的第15个转换
位9:5	SQ14[4:0]: 规则序列中的第14个转换
位4:0	SQ13[4:0]: 规则序列中的第13个转换

图 23.8　ADC_SQR1 寄存器

6. ADC 规则数据寄存器(ADC_DR)

ADC 规则数据寄存器描述如图 23.9 所示。

31	30	29	28	27	26	25	24	23	22	21	20	19	18	17	16
ADC2DATA[15:0]															
r	r	r	r	r	r	r	r	r	r	r	r	r	r	r	r

15	14	13	12	11	10	9	8	7	6	5	4	3	2	1	0
DATA[15:0]															
r	r	r	r	r	r	r	r	r	r	r	r	r	r	r	r

位31:16	ADC2DATA[15:0]: ADC2转换的数据 -在ADC1中: 双模式下, 这些位包含了ADC2转换的规则通道数据 -在ADC2和ADC3中: 不使用这些位
位15:0	DATA[15:0]: 规则转换的数据 这些位为只读, 包含了规则通道的转换结果

图 23.9　ADC_DR 寄存器

在规则序列中,A/D 转换结果都将被存在这个寄存器里面,而注入通道的转换结果被保存在 ADC_JDRx 里面。该寄存器的数据可以通过 ADC_CR2 的 ALIGN 位设置左对齐还是右对齐。读取数据的时候要注意。

7. ADC 状态寄存器(ADC_SR)

ADC 状态寄存器描述如图 23.10 所示。该寄存器保存了 ADC 转换时的各种状态。本实验通过 EOC 位的状态来判断 ADC 转换是否完成,如果查询到 EOC 位被硬件置 1,则可以从 ADC_DR 寄存器中读取转换结果,否则需要等待转换完成。

至此,本实验要用到的 ADC 关键寄存器全部介绍完了,未介绍的部分可参考"STM32F10xxx 参考手册_V10(中文版).pdf"第 11 章相关内容。

31	30	29	28	27	26	25	24	23	22	21	20	19	18	17	16
保留															

15	14	13	12	11	10	9	8	7	6	5	4	3	2	1	0
保留											STRT	JSTRT	JEOC	EOC	AWD
											rc w0	rc w0	rc w0	rc w0	rc w0

位4	STRT：规则通道开始位 该位由硬件在规则通道转换开始时设置，由软件清除 0：规则通道转换未开始；　　　　　　1：规则通道转换已开始
位3	JSTRT：注入通道开始位 该位由硬件在规则通道组转换开始时设置，由软件清除 0：注入通道组转换未开始；　　　　　1：注入通道组转换已开始
位2	JEOC：注入通道开始结束位 该位由硬件在所有注入通道组转换结束时设置，由软件清除 0：转换未完成；　　　　　　　　　1：转换完成
位1	EOC：转换结束位 该位由硬件在(规则或注入)通道组转换开始时设置，由软件清除或由读取ADC_DR时清除 0：转换未完成；　　　　　　　　　1：转换完成
位0	AWD：模拟看门狗标志位 该位由硬件在转换的电压值超出了ADC_LTR和ADC_HTR寄存器定义的范围时设置，由软件清除 0：没有发生模拟看门狗事件；　　　　1：发生模拟看门狗事件

图 23.10　ADC_SR 寄存器

23.2.2　硬件设计

(1) 例程功能

采集 ADC1 通道 14(PC4)上的电压，并在 LCD 模块上面显示 ADC 规则数据寄存器 12 位的转换值以及将该值换算成电压后的电压值。使用短路帽将 P1 的 ADC 和 RV1 连接，使得 PC4 连接到电位器上，然后将 ADC 采集到的数据和转换后的电压值在 TFTLCD 屏中显示。用户可以通过调节电位器的旋钮改变电压值。LED0 闪烁，提示程序运行。

(2) 硬件资源

➤ LED 灯：LED0-PA8；

➤ 串口 1(PA9、PA10 连接在板载 USB 转串口芯片 CH340 上面)；

➤ 正点原子 TFTLCD 模块(仅限 MCU 屏，16 位 8080 并口驱动)；

➤ ADC1：通道 14-PC4。

(3) 原理图

ADC 属于 STM32F103 内部资源，实际上只需要软件设置就可以正常工作；另外还需要将待测量的电压源连接到 ADC 通道上，以便 ADC 测量。本实验通过 ADC1 的通道 14(PC4)来采集外部电压值。开发板有一个电位器，可调节的电压范围是 0~3.3 V。可以通过短路帽将 PC4 与电位器连接，如图 23.11 所示。

使用短路帽将 P1 的 ADC 和 RV1 排针连接好，并下载程序后，就可以用螺丝刀调节电位器变换多种电压值进行测量。

还想测量其他地方的电压值时,只需要一根杜邦线一端接到 P1 的 ADC 排针上,另外一端就接要测试的电压点。注意,一定要保证测试点的电压在 0～3.3 V 的电压范围,否则可能烧坏 ADC,甚至是整个主控芯片。

图 23.11 PC4(对应 ADC 排针) 与电位器示意图

23.2.3 程序设计

1. ADC 的 HAL 库驱动

ADC 在 HAL 库中的驱动代码存放在 stm32f1xx_ hal_adc.c 和 stm32f1xx_hal_adc_ex.c 文件(及其头文件)中。

(1) HAL_ADC_Init 函数

ADC 的初始化函数,其声明如下:

```
HAL_StatusTypeDef HAL_ADC_Init(ADC_HandleTypeDef * hadc);
```

函数描述:用于初始化 ADC。

函数形参:形参 ADC_HandleTypeDef 是结构体类型指针变量,其定义如下:

```
typedef struct
{
    ADC_TypeDef          * Instance;     /* ADC 寄存器基地址 */
    ADC_InitTypeDef      Init;           /* ADC 参数初始化结构体变量 */
    DMA_HandleTypeDef    * DMA_Handle;   /* DMA 配置结构体 */
    HAL_LockTypeDef      Lock;           /* ADC 锁定对象 */
    __IOuint32_t         State;          /* ADC 工作状态 */
    __IOuint32_t         ErrorCode;      /* ADC 错误代码 */
} ADC_HandleTypeDef;
```

该结构体定义和其他外设比较类似,这里着重看第二个成员变量 Init 含义,它是结构体 ADC_InitTypeDef 类型。结构体 ADC_InitTypeDef 定义为:

```
typedef struct {
    uint32_t DataAlign;                        /* 设置数据的对齐方式 */
    uint32_t ScanConvMode;                     /* 扫描模式 */
    FunctionalState ContinuousConvMode;        /* 开启连续转换模式否则就是单次转换模式 */
    uint32_t NbrOfConversion;                  /* 设置转换通道数目 */
    FunctionalState DiscontinuousConvMode;     /* 是否使用规则通道组间断模式 */
    uint32_t NbrOfDiscConversion;              /* 配置间断模式的规则通道个数 */
    uint32_t ExternalTrigConv;                 /* ADC 外部触发源选择 */
} ADC_InitTypeDef;
```

DataAlign:用于设置数据的对齐方式,这里可以选择右对齐或者是左对齐,该参数可选 ADC_DATAALIGN_RIGHT 和 ADC_DATAALIGN_LEFT。

ScanConvMode:配置是否使用扫描。如果是单通道转换使用 ADC_SCAN_DIS-ABLE 且是多通道转换,则使用 ADC_SCAN_ENABLE。

ContinuousConvMode：可选参数为 ENABLE 和 DISABLE,配置自动连续转换还是单次转换。使用 ENABLE 配置为使能自动连续转换;使用 DISABLE 配置为单次转换,转换一次后停止需要手动控制才重新启动转换。

NbrOfConversion：指定规则组转换通道数目,范围是 1～16。

DiscontinuousConvMode：配置是否使用规则通道组间断模式,比如要转换的通道有 1、2、5、7、8、9,那么第一次触发会进行通道 1 和 2,下次触发就是转换通道 5 和 7,这样不连续地转换,依次类推。此参数只有将 ScanConvMode 使能、ContinuousConvMode 失能的情况下才有效,不可同时使能。

NbrOfDiscConversion：配置间断模式的通道个数,禁止规则通道组间断模式后,此参数忽略。

ExternalTrigConv：外部触发方式的选择,如果使用软件触发,那么外部触发会关闭。

函数返回值：HAL_StatusTypeDef 枚举类型的值。

（2）HAL_ADCEx_Calibration_Start 函数

ADC 的自校准函数,其声明如下：

```
HAL_StatusTypeDef HAL_ADCEx_Calibration_Start(ADC_HandleTypeDef * hadc);
```

函数描述：调用 HAL_ADC_Init 函数配置了相关的功能后,再调用此函数进行 ADC 自校准功能。

函数形参：ADC_HandleTypeDef 结构体类型指针变量。

函数返回值：HAL_StatusTypeDef 枚举类型的值。

（3）HAL_ADC_ConfigChannel 函数

ADC 通道配置函数,其声明如下：

```
HAL_StatusTypeDef HAL_ADC_ConfigChannel(ADC_HandleTypeDef * hadc,
                                        ADC_ChannelConfTypeDef * sConfig);
```

函数描述：调用了 HAL_ADC_Init 函数配置相关的功能后,就可以调用此函数配置 ADC 具体通道。

函数形参：形参 1 ADC_HandleTypeDef 是结构体类型指针变量。形参 2 是 ADC_ChannelConfTypeDef 结构体类型指针变量,用于配置 ADC 采样时间、使用的通道号、单端或者差分方式的配置等。该结构体定义如下：

```
typedef struct {
    uint32_t Channel;                /* ADC 转换通道 */
    uint32_t Rank;                   /* ADC 转换顺序 */
    uint32_t SamplingTime;           /* ADC 采样周期 */
} ADC_ChannelConfTypeDef;
```

Channel：ADC 转换通道,范围为 0～17。

Rank：在规则转换中的规则组的转换顺序,可以选择 1～16。

SamplingTime：ADC 的采样周期,最大 239.5 个 ADC 时钟周期,要求尽量大以减少误差。

函数返回值:HAL_StatusTypeDef 枚举类型的值。

(4) HAL_ADC_Start 函数

ADC 转换启动函数,其声明如下:

```
HAL_StatusTypeDef HAL_ADC_Start(ADC_HandleTypeDef * hadc);
```

函数描述:当配置好 ADC 的基础的功能后,就调用此函数启动 ADC。

函数形参:ADC_HandleTypeDef 结构体类型指针变量。

函数返回值:HAL_StatusTypeDef 枚举类型的值。

(5) HAL_ADC_PollForConversion 函数

等待 ADC 规则组转换完成函数,其声明如下:

```
HAL_StatusTypeDef HAL_ADC_PollForConversion(ADC_HandleTypeDef * hadc,
                                            uint32_t Timeout);
```

函数描述:一般先调用 HAL_ADC_Start 函数启动转换,再调用该函数等待转换完成,然后再调用 HAL_ADC_GetValue 函数来获取当前的转换值。

函数形参:形参 1 ADC_HandleTypeDef 是结构体类型指针变量。形参 2 是等待转换的等待时间,单位是毫秒(ms)。

函数返回值:HAL_StatusTypeDef 枚举类型的值。

(6) HAL_ADC_GetValue 函数

获取常规组 ADC 转换值函数,其声明如下:

```
uint32_t HAL_ADC_GetValue(ADC_HandleTypeDef * hadc);
```

函数描述:一般先调用 HAL_ADC_Start 函数启动转换,再调用 HAL_ADC_PollForConversion 函数等待转换完成,最后再调用 HAL_ADC_GetValue 函数来获取当前的转换值。

函数形参:形参 ADC_HandleTypeDef 是结构体类型指针变量。

函数返回值:当前的转换值,uint32_t 类型数据。

单通道 ADC 采集配置步骤如下:

① 开启 ADCx 和 ADC 通道对应的 I/O 时钟,并配置该 I/O 为模拟功能。

首先开启 ADCx 的时钟,然后配置 GPIO 为模拟模式。本实验默认用到 ADC1 通道 14,对应 I/O 是 PC4,它们的时钟开启方法如下:

```
__HAL_RCC_ADC1_CLK_ENABLE();              /* 使能 ADC1 时钟 */
__HAL_RCC_GPIOC_CLK_ENABLE();             /* 开启 GPIOC 时钟 */
```

② 初始化 ADCx,配置其工作参数。

通过 HAL_ADC_Init 函数来设置 ADCx 时钟分频系数、分辨率、模式、扫描方式、对齐方式等信息。

注意,该函数会调用 HAL_ADC_MspInit 回调函数来存放 ADC 及 GPIO 时钟使能、GPIO 初始化等代码。

③ 配置 ADC 通道并启动 ADC。

在 HAL 库中,通过 HAL_ADC_ConfigChannel 函数来选择要配置 ADC 的通道,

并设置规则序列、采样时间等。配置好 ADC 通道之后,通过 HAL_ADC_Start 函数启动 ADC。

④ 读取 ADC 值。

这里选择查询方式读取,在读取 ADC 值之前需要调用 HAL_ADC_PollForConversion 等待上一次转换结束。然后就可以通过 HAL_ADC_GetValue 来读取 ADC 值。

2. 程序流程图

程序流程如图 23.12 所示。

图 23.12　单通道 ADC 采集实验程序流程图

3. 程序解析

这里只讲解核心代码,详细的源码可参考配套资料的本实验对应源码。ADC 驱动源码包括 2 个文件:adc.c 和 adc.h。本章有 4 个实验,每一个实验的代码都是在上一个实验后面追加的。

adc.h 文件针对 ADC 及通道引脚定义了一些宏定义,具体如下:

```
/* ADC 及引脚 定义 */
#define ADC_ADCX_CHY_GPIO_PORT              GPIOC
#define ADC_ADCX_CHY_GPIO_PIN               GPIO_PIN_4
#define ADC_ADCX_CHY_GPIO_CLK_ENABLE()
        do{ __HAL_RCC_GPIOC_CLK_ENABLE(); }while(0)      /* PA 口时钟使能 */
#define ADC_ADCX                            ADC1
#define ADC_ADCX_CHY                        ADC_CHANNEL_14    /* 通道Y,0 <= Y <= 16 */
#define ADC_ADCX_CHY_CLK_ENABLE()
        do{ __HAL_RCC_ADC1_CLK_ENABLE(); }while(0)   /* ADC1 时钟使能 */
```

ADC 的通道与引脚的对应关系在"STM32F103RCT6.pdf"数据手册可以查到,这里使用 ADC1 的通道 14,在数据手册中的表格如图 23.13 所示。

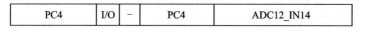

| PC4 | I/O | – | PC4 | ADC12_IN14 |

图 23.13　ADC 通道 14 对应引脚

下面直接开始介绍 adc.c 的程序,首先是 ADC 初始化函数。

```
void adc_init(void)
{
    g_adc_handle.Instance = ADC_ADCX;                        /* 选择哪个 ADC */
    g_adc_handle.Init.DataAlign = ADC_DATAALIGN_RIGHT;       /* 数据对齐方式:右对齐 */
    g_adc_handle.Init.ScanConvMode = ADC_SCAN_DISABLE;       /* 非扫描模式 */
    g_adc_handle.Init.ContinuousConvMode = DISABLE;          /* 关闭连续转换模式 */
    /* 范围是 1~16,这里用到一个规则通道 */
    g_adc_handle.Init.NbrOfConversion = 1;
    /* 禁止规则通道组间断模式 */
    g_adc_handle.Init.DiscontinuousConvMode = DISABLE;
    /* 配置间断模式的规则通道个数,禁止规则通道组间断模式后,此参数忽略 */
    g_adc_handle.Init.NbrOfDiscConversion = 0;
    g_adc_handle.Init.ExternalTrigConv = ADC_SOFTWARE_START;  /* 软件触发 */
    HAL_ADC_Init(&g_adc_handle);                              /* 初始化 */
    HAL_ADCEx_Calibration_Start(&g_adc_handle);              /* 校准 ADC */
}
```

该函数主要调用了 2 个 HAL 库函数,HAL_ADC_Init 函数配置了选择哪个 ADC、数据对齐方式、是否使用扫描模式等参数,HAL_ADCEx_Calibration_Start 函数用于校准 ADC。另外 HAL_ADC_Init 函数会调用它的 MSP 回调函数 HAL_ADC_MspInit,用来存放使能 ADC 和通道对应 I/O 的时钟和初始化 I/O 口等代码,其定义如下:

```
void HAL_ADC_MspInit(ADC_HandleTypeDef * hadc)
{
    if(hadc->Instance == ADC_ADCX)
    {
        GPIO_InitTypeDef gpio_init_struct;
        RCC_PeriphCLKInitTypeDef adc_clk_init = {0};
        ADC_ADCX_CHY_CLK_ENABLE();                           /* 使能 ADCx 时钟 */
        ADC_ADCX_CHY_GPIO_CLK_ENABLE();                      /* 开启 GPIO 时钟 */
        /* 设置 ADC 时钟 */
        adc_clk_init.PeriphClockSelection = RCC_PERIPHCLK_ADC; /* ADC 外设时钟 */
        /* 分频系数为 6,所以 ADC 的时钟为 72M/6 = 12MHz */
        adc_clk_init.AdcClockSelection = RCC_ADCPCLK2_DIV6;
        HAL_RCCEx_PeriphCLKConfig(&adc_clk_init);            /* 设置 ADC 时钟 */
        /* 设置 AD 采集通道对应 IO 引脚工作模式 */
        gpio_init_struct.Pin = ADC_ADCX_CHY_GPIO_PIN;        /* ADC 通道 I/O 引脚 */
        gpio_init_struct.Mode = GPIO_MODE_ANALOG;            /* 模拟 */
        HAL_GPIO_Init(ADC_ADCX_CHY_GPIO_PORT,&gpio_init_struct);
    }
}
```

可以看到,在 HAL_ADC_MspInit 函数中,除了使能 ADC 和通道对应 I/O 时钟、初始化 I/O 外,还配置了 ADC 的时钟预分频系数。ADC 的时钟源是 PCLK2 (72 MHz),经过 6 分频后得到 ADC 的输入时钟是 12 MHz。

接下来介绍的函数是 adc_channel_set,其定义如下:

```
void adc_channel_set(ADC_HandleTypeDef * adc_handle,uint32_t ch,uint32_t rank,
                uint32_t stime)
{
    ADC_ChannelConfTypeDef adc_ch_conf;
    adc_ch_conf.Channel = ch;                              /* 通道 */
    adc_ch_conf.Rank = rank;                               /* 序列 */
    adc_ch_conf.SamplingTime = stime;                      /* 采样时间 */
    HAL_ADC_ConfigChannel(adc_handle,&adc_ch_conf);        /* 通道配置 */
}
```

该函数主要通过 HAL_ADC_ConfigChannel 函数选择要配置的 ADC 规则组通道,并设置通道的序列号和采样时间。

下面要介绍的是获得 ADC 转换后的结果函数,其定义如下:

```
uint32_t adc_get_result(uint32_t ch)
{
    adc_channel_set(&g_adc_handle ,ch,ADC_REGULAR_RANK_1,
                ADC_SAMPLETIME_239CYCLES_5);         /* 设置通道/序列和采样时间 */
    HAL_ADC_Start(&g_adc_handle);                    /* 开启 ADC */
    HAL_ADC_PollForConversion(&g_adc_handle,10);     /* 等待转换结束 */
    return (uint16_t)HAL_ADC_GetValue(&g_adc_handle); /* 转换结果 */
}
```

该函数先调用自定义的 adc_channel_set 函数选择 ADC 通道、设置转换序列号和采样时间等,接着调用 HAL_ADC_Start 启动转换,然后调用 HAL_ADC_PollForConversion 函数等待转换完成,最后调用 HAL_ADC_GetValue 函数获取转换结果。

接下来要介绍的函数是获取 ADC 某通道多次转换结果平均值函数,函数定义如下:

```
uint32_t adc_get_result_average(uint32_t ch,uint8_t times)
{
    uint32_t temp_val = 0;
    uint8_t t;
    for (t = 0; t <times; t++)          /* 获取 times 次数据 */
    {
        temp_val += adc_get_result(ch);
        delay_ms(5);
    }
    return temp_val / times;            /* 返回平均值 */
}
```

该函数用于获取 ADC 多次转换结果的平均值,从而提高准确度。

最后在 main 函数里面编写如下代码:

```
int main(void)
{
    uint16_t adcx;
    float temp;                         /* 初始化 HAL 库 */
    adc_init();                         /* 初始化 ADC */
    /* LCD 显示实验内容 */
    while (1)
    {
```

```
adcx = adc_get_result_average(ADC_ADCX_CHY,10);/* 获取 ADC 通道的转换值 */
lcd_show_xnum(142,110,adcx,5,16,0,BLUE);/* 显示 ADCC 采样后的原始值 */
temp = (float)adcx * (3.3/4096);      /* 获取计算后的带小数的实际电压值 */
adcx = temp;                          /* 赋值整数部分给 adcx 变量 */
lcd_show_xnum(142,130,adcx,1,16,0,BLUE);  /* 显示电压值的整数部分 */
temp -= adcx;                         /* 把已经显示的整数部分去掉 */
temp *= 1000;                         /* 小数部分乘以 1 000 */
lcd_show_xnum(158,130,temp,3,16,0X80,BLUE);/* 显示小数部分 */
LED0_TOGGLE();
delay_ms(100);
    }
}
```

main 函数中,在 TFTLCD 模块上显示一些提示信息后,每隔 100 ms 读取一次 ADC 通道 14 的值,并显示读到的 ADC 值(数字量)及其转换成模拟量后的电压值。同时控制 LED0 闪烁,以提示程序正在运行。ADC 值的显示:首先在液晶固定位置显示了小数点,先计算出整数部分在小数点前面显示,然后计算出小数部分在小数点后面显示。这样就能在液晶上面显示转换结果的整数和小数部分。

23.2.4 下载验证

下载代码后,可以看到 LCD 显示如图 23.14 所示。这里使用短路帽将 P1 的 ADC 和 RV1 连接,使得 PC4 连接到电位器上测试电位器的电压,并可以通过螺丝刀调节电位器改变电压值,范围为 0~3.3 V。LED0 闪烁,提示程序运行。

STM32
ADC TEST
ATOM@ALIENTEK
ADC1_CH14_VAL:2119
ADC1_CH14_VAL:1.707V

图 23.14 单通道 ADC 采集实验测试图

也可以用杜邦线将 ADC 排针接到其他待测量的电压点,看看测量到的电压值是否准确。注意,一定要保证测试点的电压在 0~3.3 V 范围内,否则可能烧坏 ADC,甚至整个主控芯片。

第 **24** 章

DAC 实验

本章将介绍 STM32F103 的 DAC(Digital-to-analog converters, 数模转换器) 功能。我们通过 3 个实验来学习 DAC, 分别是 DAC 输出实验、DAC 输出三角波实验和 DAC 输出正弦波实验。

24.1 DAC 简介

STM32F103 的 DAC 模块是 12 位数字输入, 电压输出型的 DAC。DAC 可以配置为 8 位或 12 位模式, 也可以与 DMA 控制器配合使用。DAC 工作在 12 位模式时, 数据可以设置成左对齐或右对齐。DAC 模块有 2 个输出通道, 每个通道都有单独的转换器。在双 DAC 模式下, 2 个通道可以独立地进行转换, 也可以同时进行转换并同步地更新 2 个通道的输出。DAC 可以通过引脚输入参考电压 V_{REF+}, 以获得更精确的转换结果。

STM32 的 DAC 模块主要特点有:
➢ 2 个 DAC 转换器: 每个转换器对应一个输出通道;
➢ 8 位或者 12 位单调输出;
➢ 12 位模式下数据左对齐或者右对齐;
➢ 同步更新功能;
➢ 噪声/三角波形生成;
➢ 双 DAC 双通道同时或者分别转换;
➢ 每个通道都有 DMA 功能。

DAC 通道框图如图 24.1 所示。图中 V_{DDA} 和 V_{SSA} 为 DAC 模块模拟部分的供电, 而 V_{REF+} 则是 DAC 模块的参考电压输入引脚, 不过这里使用的是 STM32F103RCT6, 没有 V_{REF} 引脚, 参考电压直接来自 V_{DDA}, 也就是固定为 3.3 V。DAC_OUTx 就是 DAC 的 2 个输出通道了(对应 PA4 或者 PA5 引脚)。ADC 的这些输入/输出引脚信息如表 24.1 所列。

图 24.1　DAC 通道框图

表 24.1　DAC 输入/输出引脚

引脚名称	信号类型	说　明
V_{REF+}	正模拟参考电压输入	DAC 高/正参考电压, $V_{REF+} \leqslant V_{DDA}$(3.3 V)
V_{DDA}	模拟电源输入	模拟电源
V_{SSA}	模拟电源地输入	模拟电源地
DAC_OUTx	模拟输出信号	DAC 通道 x 模拟输出, x=1,2

　　从图 24.1 可以看出, DAC 输出是受 DORx(x=1,2, 下同)寄存器直接控制的, 但是不能直接往 DORx 寄存器写入数据, 而是通过 DHRx 间接地传给 DORx 寄存器, 从而实现对 DAC 输出的控制。

　　前面提到, STM32F103 的 DAC 支持 8 和 12 位模式, 8 位模式的时候是固定的右对齐的, 而 12 位模式又可以设置左对齐和右对齐。DAC 单通道模式下的数据寄存器对齐方式总共有 3 种情况, 如图 24.2 所示。

　　① 8 位数据右对齐: 用户将数据写入 DAC_DHR8Rx[7∶0]位(实际存入 DHRx[11∶4]位)。

图 24.2　DAC 单通道模式下的数据寄存器对齐方式

② 12 位数据左对齐：用户将数据写入 DAC_DHR12Lx[15：4]位(实际存入 DHRx[11：0]位)。

③ 12 位数据右对齐：用户将数据写入 DAC_DHR12Rx[11：0]位(实际存入 DHRx[11：0]位)。

本章实验中使用的都是单通道模式下的 DAC 通道 1,采用 12 位右对齐格式,所以采用第③种情况。另外 DAC 还具有双通道转换功能。

DAC 双通道(可用时)也有 3 种可能的方式,如图 24.3 所示。

图 24.3　DAC 双通道模式下的数据寄存器对齐方式

① 8 位数据右对齐：用户将 DAC 通道 1 的数据写入 DAC_DHR8RD[7：0]位(实际存入 DHR1[11：4]位),将 DAC 通道 2 的数据写入 DAC_DHR8RD[15：8]位(实际存入 DHR2[11：4]位)。

② 12 位数据左对齐：用户将 DAC 通道 1 的数据写入 DAC_DHR12LD[15：4]位(实际存入 DHR1[11：0]位),将 DAC 通道 2 的数据写入 DAC_DHR12LD[31：20]位(实际存入 DHR2[11：0]位)。

③ 12 位数据右对齐：用户将 DAC 通道 1 的数据写入 DAC_DHR12RD[11：0]位(实际存入 DHR1[11：0]位),将 DAC 通道 2 的数据写入 DAC_DHR12RD[27：16]位(实际存入 DHR2[11：0]位)。

DAC 可以通过软件或者硬件触发转换,通过配置 TENx 控制位来决定。

如果没有选中硬件触发(寄存器 DAC_CR 的 TENx 位置 0),存入寄存器 DAC_DHRx 的数据会在一个 APB1 时钟周期后自动传至寄存器 DAC_DORx。如果选中硬件触发(寄存器 DAC_CR 的 TENx 位置 1),数据传输在触发发生以后 3 个 APB1 时钟周期后完成。一旦数据从 DAC_DHRx 寄存器装入 DAC_DORx 寄存器,在经过时间 t_{SETTLING} 之后输出即有效,这段时间的长短依电源电压和模拟输出负载的不同会有所变化。从"STM32F103RCT6.pdf"数据手册查到 t_{SETTLING} 的典型值为 3 μs,最大是 4 μs,所以 DAC 的转换频率最快是 333 000 Hz 左右。

不使用硬件触发(TEN=0)时,其转换的时间框图如图 24.4 所示。

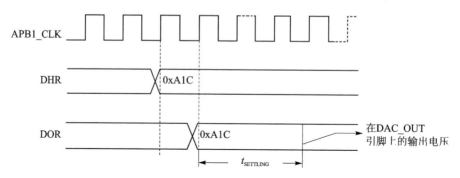

图 24.4　TEN=0 时 DAC 模块转换时间框图

当 DAC 的参考电压为 $V_{\text{REF}+}$ 的时候,DAC 的输出电压是线性的从、0~$V_{\text{REF}+}$。12 位模式下 DAC 输出电压与 $V_{\text{REF}+}$ 以及 DORx 的计算公式如下:

$$\text{DACx 输出电压} = V_{\text{REF}} \cdot (\text{DORx}/4\ 096)$$

如果使用硬件触发(TENx=1),则可通过外部事件(定时计数器、外部中断线)触发 DAC 转换。由 TSELx[2:0]控制位来决定选择 8 个触发事件中的一个来触发转换。触发事件如表 24.2 所列,原表见"STM32F10xxx 参考手册_V10(中文版).pdf"第 185 页表 71。

表 24.2　DAC 触发选择

触发源	类　型	TSELx[2:0]
定时器 6 TGRO 事件	来自片上定时器的内部信号	000
互联型产品为定时器 3 TRGO 事件 或大容量产品为定时器 8 TRGO 事件		001
定时器 7 TRGO 事件		010
定时器 5 TRGO 事件		011
定时器 2 TRGO 事件		100
定时器 4 TRGO 事件		101
EXTI 线路 9	外部引脚	110
SWTRIG(软件触发)	软件控制位	111

每个 DAC 通道都有 DMA 功能,2 个 DMA 通道分别用于处理 2 个 DAC 通道的 DMA 请求。如果 DMAENx 位置 1,则发生外部触发(而不是软件触发)时就会产生一个 DMA 请求,然后 DAC_DHRx 寄存器的数据被转移到 DAC_NORx 寄存器。

24.2　DAC 输出实验

下面介绍要实现 DAC 的通道 1 输出时需要用到的一些 DAC 寄存器。

(1) DAC 控制寄存器(DAC_CR)

DAC 控制寄存器描述如图 24.5 所示。

31	30	29	28	27	26	25	24	23	22	21	20	19	18	17	16
保留			DMAEN2	MAMP2[3:0]				WAVE2[2:0]			TSEL2[2:0]		TEN2	BOFF2	EN2
			rw	rw	rw	rw	rw	rw	rw	rw	rw	rw	rw	rw	rw

15	14	13	12	11	10	9	8	7	6	5	4	3	2	1	0
保留			DMAEN1	MAMP1[3:0]				WAVE1[2:0]			TSEL1[2:0]		TEN1	BOFF1	EN1
			rw	rw	rw	rw	rw	rw	rw	rw	rw	rw	rw	rw	rw

位7:6	WAVE1[1:0]: DAC通道1噪声/三角波生成使能 该2位由软件设置和清除。00: 关闭波形生成; 10: 使能噪声波形发生器;　　　　　　　1x: 使能三角波生器
位5:3	TSEL[2:0]: DAC通道1触发选择 该位用于选择DAC通道1的外部触发事件。 000: TIM6 TRGO事件; 001: 对于互联型产品是TIM3 TRGO事件, 对于大容量产品是TIM8 TRGO事件; 010: TIM7 TRGO事件;　　　　　　011: TIM5 TRGO事件; 100: TIM2 TRGO事件;　　　　　　101: TIM4 TRGO事件; 110: 外部中断线9;　　　　　　　111: 软件触发 注意: 该位只能在TEN1=1(DAC通道1触发使能)时设置
位2	TEN1: DAC通道1触发使能 该位由软件设置和清除, 用来使能/关闭DAC通道1的触发。 0: 关闭DAC通道1触发, 写入寄存器DAC_DHRx的数据在一个APB1时钟周期后传入寄存器DAC_DOR1; 1: 使能DAC通道1触发, 写入寄存器DAC_DHRx的数据在3个APB1时钟周期后传入寄存器DAC_DOR1。 注意: 如果选择软件触发, 写入寄存器DAC_DHRx的数据只需要一个APB1时钟周期就可以传入寄存器DAC_DOR1
位1	BOFF1: 关闭DAC通道1输出缓存 该位由软件设置和清除, 用来使能/关闭DAC通道1的输出缓存。 0: 使能DAC通道1输出缓存;　　　　1: 关闭DAC通道1输出缓存
位0	EN1: DAC通道1使能 该位由软件设置和清除, 用来使能/失能DAC通道1。 0: 关闭DAC通道1;　　　　　　1: 使能DAC通道1

图 24.5　DAC_CR 寄存器

DAC_CR 的低 16 位用于控制通道 1,高 16 位用于控制通道 2。下面介绍本实验需要设置的一些位。

EN1 位用于 DAC 通道 1 的使能,需要用到 DAC 通道 1 的输出时该位必须设置为 1。

BOFF1 位用于 DAC 输出缓存控制。这里 STM32 的 DAC 输出缓存做得有些不好,如果使能,虽然输出能力强一点,但是输出没法到 0,这是个很严重的问题。所以本章的 3 个实验都不使用输出缓存,即该位设置为 1。

TEN1 位用于 DAC 通道 1 的触发使能,这里设置该位为 0,不使用触发。写入 DHR1 的值会在一个 APB1 周期后传送到 DOR1,然后输出到 PA4 口上。

TSEL1[2:0]位用于选择 DAC 通道 1 的触发方式,这里没有用到外部触发,所以这几位设置为 0 即可。

WAVE1[1:0]位用于控制 DAC 通道 1 的噪声/波形输出功能,这里没用到波形发生器,所以默认设置为 00,不使能噪声/波形输出。

MAMP[3:0]位是屏蔽/幅值选择器,用来在噪声生成模式下选择屏蔽位,在三角波生成模式下选择波形的幅值。本实验没有用到波形发生器,所以设置为 0 即可。

DMAEN1 位用于 DAC 通道 1 的 DMA 使能,本实验没有用到 DMA 功能,所以设置为 0。

(2) DAC 通道 1 的 12 位右对齐数据保持寄存器(DAC_DHR12R1)

DAC 通道 1 的 12 位右对齐数据保持寄存器描述如图 24.6 所示。

图 24.6 DAC_DHR12R1 寄存器

该寄存器用来设置 DAC 输出,通过写入 12 位数据到该寄存器,就可以在 DAC 输出通道 1(PA4)得到我们所要的结果。

2. 硬件设计

(1) 例程功能

使用 KEY1 和 KEY_UP 这 2 个按键,控制 STM32 内部 DAC 的通道 1 输出电压大小,然后通过 ADC2 的通道 14 采集 DAC 输出的电压,在 LCD 模块上面显示 ADC 采集到的电压值以及 DAC 的设定输出电压值等信息。也可以通过 USMART 调用 dac_set_voltage 函数来直接设置 DAC 输出电压。LED0 闪烁提示程序运行。

(2) 硬件资源

➢ LED 灯:LED0-PA8;
➢ 串口 1(PA9、PA10 连接在板载 USB 转串口芯片 CH340 上面);
➢ 正点原子 TFTLCD 模块(仅限 MCU 屏,16 位 8080 并口驱动);
➢ 独立按键:KEY1-PA15;WK_UP-PA0;
➢ ADC2:通道 14-PC4;
➢ DAC1:通道 1-PA4。

（3）原理图

我们来看看原理图上 ADC2 通道 14（PC4）和 DAC1 通道 1（PA4）引出来的引脚，如图 24.7 所示。

GBC_LED	STM_DAC	NRF_CE	PA4	20	PA4/SPI1_NSS/AD
		SPI1_SCK	PA5	21	PA5/SPI1_SCK/AD
		SPI1_MISO	PA6	22	PA6/SPI1_MOSIO/A
		SPI1_MOSI	PA7	23	PA7/SPI1_MOSI/A
GBC_KEY	STM_AAC	NRF_CS	PC4	24	PC4/ADC12_IN14

| STM_ADC | PC4 |
| STM_DAC | PA4 |

P1
1　2
3　4
AD/DA　　GND

图 24.7　ADC 和 DAC 在开发板上的连接关系原理图

P1 是多功能端口，只需要通过跳线帽连接 P1 的 ADC 和 DAC，就可以使得 ADC2 通道 14（PC4）和 DAC1 通道 1（PA4）连接起来。对应的硬件连接如图 24.8 所示。

图 24.8　硬件连接示意图

3. 程序设计

（1）DAC 的 HAL 库驱动

DAC 在 HAL 库中的驱动代码在 stm32f1xx_hal_dac.c 和 stm32f1xx_hal_dac_ex.c 文件（及其头文件）中。

1）HAL_DAC_Init 函数

DAC 的初始化函数声明如下：

```
HAL_StatusTypeDef HAL_DAC_Init(DAC_HandleTypeDef * hdac);
```

函数描述：用于初始化 DAC。

函数形参：形参 DAC_HandleTypeDef 是结构体类型指针变量，其定义如下：

```
typedef struct
{
    DAC_TypeDef                 * Instance;      /* DAC 寄存器基地址 */
    __IO HAL_DAC_StateTypeDef   State;          /* DAC 工作状态 */
    HAL_LockTypeDef             Lock;           /* DAC 锁定对象 */
    DMA_HandleTypeDef           * DMA_Handle1;   /* 通道 1 的 DMA 处理句柄指针 */
    DMA_HandleTypeDef           * DMA_Handle2;   /* 通道 2 的 DMA 处理句柄指针 */
    __IOuint32_t                ErrorCode;      /* DAC 错误代码 */
} DAC_HandleTypeDef;
```

从该结构体看到，该函数并没有设置任何 DAC 相关寄存器，即没有对 DAC 进行任何配置，它只是 HAL 库提供用来在软件上初始化 DAC，为后面 HAL 库操作 DAC 做好准备。

函数返回值：HAL_StatusTypeDef 枚举类型的值。

注意事项：DAC 的 MSP 初始化函数 HAL_DAC_MspInit,该函数声明如下：

```
void HAL_DAC_MspInit(DAC_HandleTypeDef * hdac);
```

2) HAL_DAC_ConfigChannel 函数

DAC 的通道参数初始化函数声明如下：

```
HAL_StatusTypeDef HAL_DAC_ConfigChannel(DAC_HandleTypeDef * hdac,
                DAC_ChannelConfTypeDef * sConfig,uint32_t Channel);
```

函数描述：该函数用来配置 DAC 通道的触发类型以及输出缓冲。

函数形参：形参 1 DAC_HandleTypeDef 是结构体类型指针变量；形参 2 DAC_ChannelConfTypeDef 是结构体类型指针变量,其定义如下：

```
typedef struct
{
    uint32_t DAC_Trigger;                    / * DAC 触发源的选择 * /
    uint32_t DAC_OutputBuffer;               / * 输出缓冲 * /
} DAC_ChannelConfTypeDef;
```

形参 2 用于选择要配置的通道,可选择 DAC_CHANNEL_1 或者 DAC_CHANNEL_2。

函数返回值：HAL_StatusTypeDef 枚举类型的值。

3) HAL_DAC_Start 函数

使能启动 DAC 转换通道函数,其声明如下：

```
HAL_StatusTypeDef HAL_DAC_Start(DAC_HandleTypeDef * hdac,uint32_t Channel);
```

函数描述：使能启动 DAC 转换通道。

函数形参：形参 1 DAC_HandleTypeDef 是结构体类型指针变量；形参 2 用于选择要启动的通道,可选择 DAC_CHANNEL_1 或者 DAC_CHANNEL_2。

函数返回值：HAL_StatusTypeDef 枚举类型的值。

4) HAL_DAC_SetValue 函数

DAC 的通道输出值函数声明如下：

```
HAL_StatusTypeDef HAL_DAC_SetValue(DAC_HandleTypeDef * hdac,uint32_t Channel,
                        uint32_t Alignment,uint32_t Data);
```

函数描述：配置 DAC 的通道输出值。

函数形参：形参 1 DAC_HandleTypeDef 是结构体类型指针变量；形参 2 用于选择要输出的通道,可选择 DAC_CHANNEL_1 或者 DAC_CHANNEL_2；形参 3 用于指定数据对齐方式；形参 4 设置要加载到选定数据保存寄存器中的数据。

函数返回值：HAL_StatusTypeDef 枚举类型的值。

5) HAL_DAC_GetValue 函数

DAC 读取通道输出值函数声明如下：

```
uint32_t HAL_DAC_GetValue(DAC_HandleTypeDef * hdac,uint32_t Channel);
```

函数描述：获取所选 DAC 通道的最后一个数据输出值。

函数形参：形参 1 DAC_HandleTypeDef 是结构体类型指针变量；形参 2 用于选择

要读取的通道,可选择 DAC_CHANNEL_1 或者 DAC_CHANNEL_2。

函数返回值: 获取到的输出值。

6) DAC 输出配置步骤

① 开启 DACx 和 DAC 通道对应的 I/O 时钟,并配置该 I/O 为模拟功能。

首先开启 DACx 的时钟,然后配置 GPIO 为模拟模式。本实验默认用到 DAC1 通道 1,对应 I/O 是 PA4,它们的时钟开启方法如下:

```
__HAL_RCC_DAC_CLK_ENABLE();              /* 使能 DAC1 时钟 */
__HAL_RCC_GPIOA_CLK_ENABLE();            /* 开启 GPIOA 时钟 */
```

② 初始化 DACx。

通过 HAL_DAC_Init 函数来设置需要初始化的 DAC。该函数并没有设置任何 DAC 相关寄存器,也就是说没有对 DAC 进行任何配置,它只是 HAL 库提供用来在软件上初始化 DAC。

注意,该函数会调用 HAL_DAC_MspInit 函数来存放 DAC 和对应通道的 I/O 时钟使能、初始化 I/O 等代码。

③ 配置 DAC 通道并启动 DAC。

在 HAL 库中,通过 HAL_DAC_ConfigChannel 函数来设置配置 DAC 的通道,根据需求设置触发类型以及输出缓冲。

配置好 DAC 通道之后,通过 HAL_DAC_Start 函数启动 DAC。

④ 设置 DAC 的输出值。

通过 HAL_DAC_SetValue 函数设置 DAC 的输出值。

(2) 程序流程图

程序流程如图 24.9 所示。

(3) 程序解析

这里只讲解核心代码,详细的源码可参考配套资料中本实验对应源码。DAC 驱动源码包括 2 个文件: dac.c 和 dac.h。另外使用 ADC2 来测量 DAC 输出的电压是否准确,所以在 ADC 文件夹中添加了 adc2.c 和 adc2.h 这 2 个驱动文件,其中的代码和实验 16-1 单通道 ADC 采集实验的几乎一样,这里就不再讲解。

dac.h 文件只有一些函数声明,下面直接开始介绍 dac.c 的程序,首先是 DAC 初始化函数。

```
void dac_init(uint8_t outx)
{
    GPIO_InitTypeDef gpio_init_struct;
    DAC_ChannelConfTypeDef dac_ch_conf;
    __HAL_RCC_DAC_CLK_ENABLE();              /* 使能 DAC1 的时钟 */
    __HAL_RCC_GPIOA_CLK_ENABLE();            /* 使能 DAC OUT1/2 的 I/O 口时钟(PA4/PA5) */
    /* STM32 单片机,总是 PA4 = DAC1_OUT1,PA5 = DAC1_OUT2 */
    gpio_init_struct.Pin = (outx == 1)? GPIO_PIN_4 : GPIO_PIN_5;
    gpio_init_struct.Mode = GPIO_MODE_ANALOG;
    HAL_GPIO_Init(GPIOA,&gpio_init_struct);
```

图 24.9   DAC 输出实验程序流程图

```
g_dac_handle. Instance = DAC;
HAL_DAC_Init(&g_dac_handle);                                    /* 初始化 DAC */
dac_ch_conf.DAC_Trigger = DAC_TRIGGER_NONE;                     /* 不使用触发功能 */
dac_ch_conf.DAC_OutputBuffer = DAC_OUTPUTBUFFER_DISABLE;
                                                               /* DAC1 输出缓冲关闭 */
switch(outx)
{
```

```
        case 1:                                        /* DAC 通道 1 配置 */
            HAL_DAC_ConfigChannel(&g_dac_handle,&dac_ch_conf,DAC_CHANNEL_1);
            HAL_DAC_Start(&g_dac_handle,DAC_CHANNEL_1);       /* 开启 DAC 通道 1 */
            break;
        case 2:/* DAC 通道 2 配置 */
            HAL_DAC_ConfigChannel(&g_dac_handle,&dac_ch_conf,DAC_CHANNEL_2);
            HAL_DAC_Start(&g_dac_handle,DAC_CHANNEL_2);       /* 开启 DAC 通道 2 */
            break;
        default:break;
    }
}
```

该函数主要调用 HAL_DAC_Init 和 HAL_DAC_ConfigChannel 函数初始化 DAC,并调用 HAL_DAC_Start 函数使能 DAC 通道。HAL_DAC_Init 函数会调用 HAL_DAC_MspInit 回调函数,该函数用于存放 DAC 和对应通道的 I/O 时钟使能和初始化 I/O 等代码。本实验为了让 dac_init 函数支持 DAC 的 OUT1/2 这 2 个通道的初始化,就没有用到该函数。

下面是设置 DAC 通道 1/2 输出电压函数,其定义如下:

```
void dac_set_voltage(uint8_t outx,uint16_t vol)
{
    double temp = vol;
    temp/ = 1000;
    temp = temp * 4096 / 3.3;
    if (temp > = 4096)temp = 4095;          /* 如果值大于等于 4 096,则取 4 095 */
    if (outx == 1)                          /* 通道 1 */
    {                                       /* 12 位右对齐数据格式设置 DAC 值 */
        HAL_DAC_SetValue(&g_dac1_handle,DAC_CHANNEL_1,DAC_ALIGN_12B_R,temp);
    }
    else                                    /* 通道 2 */
    {                                       /* 12 位右对齐数据格式设置 DAC 值 */
        HAL_DAC_SetValue(&g_dac1_handle,DAC_CHANNEL_2,DAC_ALIGN_12B_R,temp);
    }
}
```

该函数实际就是将电压值转换为 DAC 输入值,形参 1 用于设置通道,形参 2 用于设置要输出的电压值,设置的范围为 0~3 300,代表 0~3.3 V。最后在 main 函数里面编写如下代码:

```
int main(void)
{
    uint16_t adcx;
    float temp;
    uint8_t t = 0;
    uint16_t dacval = 0;
    uint8_t key;
    HAL_Init();                                    /* 初始化 HAL 库 */
    sys_stm32_clock_init(RCC_PLL_MUL9);            /* 设置时钟,72 MHz */
    delay_init(72);                                /* 延时初始化 */
```

```
usart_init(115200);                                    /* 串口初始化为 115 200 */
usmart_dev.init(72);                                   /* 初始化 USMART */
led_init();                                            /* 初始化 LED */
lcd_init();                                            /* 初始化 LCD */
key_init();                                            /* 初始化按键 */
adc2_init();                                           /* 初始化 ADC2 */
dac_init(1);                                           /* 初始化 DAC1_OUT1 通道 */
lcd_show_string(30,50,200,16,16,"STM32",RED);
lcd_show_string(30,70,200,16,16,"DAC TEST",RED);
lcd_show_string(30,90,200,16,16,"ATOM@ALIENTEK",RED);
lcd_show_string(30,110,200,16,16,"WK_UP:+    KEY1:-",RED);
lcd_show_string(30,130,200,16,16,"DAC VAL:",BLUE);
lcd_show_string(30,150,200,16,16,"DAC VOL:0.000V",BLUE);
lcd_show_string(30,170,200,16,16,"ADC VOL:0.000V",BLUE);
while (1)
{
    t ++;
    key = key_scan(0);                                 /* 按键扫描 */
    if (key == WKUP_PRES)
    {
            if (dacval < 4000)                         /* 输出增大 200 */
            {
        dacval += 200;
            }
            HAL_DAC_SetValue(&g_dac1_handler,DAC_CHANNEL_1,DAC_ALIGN_12B_R,dacval);
    }
    else if (key == KEY1_PRES)
    {
        if (dacval > 200)                              /* 输出减少 200 */
        {
            dacval -= 200;
        }
        else
        {
            dacval = 0;
        }
    HAL_DAC_SetValue(&g_dac1_handler,DAC_CHANNEL_1,DAC_ALIGN_12B_R,dacval);
    }
    if (t == 10 || key == KEY1_PRES || key == WKUP_PRES
    {                                                  /* 读取前面设置 DAC1_OUT1 的值 */
        adcx = HAL_DAC_GetValue(&g_dac1_handler,DAC_CHANNEL_1);
        lcd_show_xnum(94,130,adcx,4,16,0,BLUE);        /* 显示 DAC 寄存器值 */
        temp = (float)adcx * (3.3 / 4096);             /* 得到 DAC 电压值 */
        adcx = temp;
        lcd_show_xnum(94,150,temp,1,16,0,BLUE);        /* 显示电压值整数部分 */
        temp -= adcx;
        temp *= 1000;
        lcd_show_xnum(110,150,temp,3,16,0X80,BLUE);/* 小数部分 */
        adcx = adc2_get_result_average(ADC2_CHY,20); /* ADC2 通道 14 的转换结果 */
        temp = (float)adcx * (3.3 / 4096);             /* 得到 ADC 电压值 */
```

```
            adcx = temp;
            lcd_show_xnum(94,170,temp,1,16,0,BLUE);              /* 显示电压值整数部分 */
            temp -= adcx;
            temp * = 1000;
            lcd_show_xnum(110,170,temp,3,16,0X80,BLUE);         /* 小数部分 */
            LED0_TOGGLE();                                       /* LED0 闪烁 */
            t = 0;
        }
        delay_ms(10);
    }
}
```

此部分代码中通过 KEY_UP(WKUP 按键)和 KEY1(也就是上下键)来实现对 DAC 输出的幅值控制。按下 KEY_UP 增加,按下 KEY1 减少。同时在 LCD 上面显示 DHR12R1 寄存器的值、DAC 设置输出电压以及 ADC 采集到的 DAC 输出电压。

4. 下载验证

下载代码后,可以看到 LED0 不停闪烁,提示程序已经在运行了。显示界面如图 24.10 所示。

验证试验前记得先通过跳线帽连接 P1 的 ADC 和 DAC,然后可以通过按 WK_UP 按键增加 DAC 输出的电压,这时 ADC 采集到的电压也会增大;通过按 KEY1 减小 DAC 输出的电压,这时 ADC 采集到的电压也会减小。

图 24.10　DAC 输出实验测试图

第 **25** 章

I²C 实验

本章将介绍如何使用 STM32F103 的普通 I/O 口模拟 I²C 时序,且实现和 24C02 之间的双向通信,并把结果显示在 TFTLCD 模块上。

25.1 I²C 及 24C02 介绍

25.1.1 I²C 简介

IIC(Inter-Integrated Circuit,简称 I²C)总线是一种由 PHILIPS 公司开发的两线式串行总线,用于连接微控制器以及其外围设备。它是由数据线 SDA 和时钟线 SCL 构成的串行总线,可发送和接收数据,在 CPU 与被控 IC 之间、IC 与 IC 之间进行双向传送。

I²C 总线有如下特点:

① 总线是由数据线 SDA 和时钟线 SCL 构成的串行总线,数据线用来传输数据,时钟线用来同步数据收发。

② 总线上每一个器件都有一个唯一的地址识别,所以我们只需要知道器件的地址,根据时序就可以实现微控制器与器件之间的通信。

③ 数据线 SDA 和时钟线 SCL 都是双向线路,都通过一个电流源或上拉电阻连接到正的电压,所以当总线空闲的时候,这 2 条线路都是高电平。

④ 总线上数据的传输速率在标准模式下可达 100 kbit/s,在快速模式下可达 400 kbit/s,在高速模式下可达 3.4 Mbit/s。

⑤ 总线支持设备连接。在使用 I²C 通信总线时,可以有多个具备 I²C 通信能力的设备挂载在上面,同时支持多个主机和多个从机。连接到总线的接口数量只由总线电容 400 pF 的限制决定。I²C 总线挂载多个器件的示意图,如图 25.1 所示。

I²C 总线时序图如图 25.2 所示。

为了便于大家更好地了解 I²C 协议,我们从起始信号、停止信号、应答信号、数据有

图 25.1　I²C 总线挂载多个器件

图 25.2　I²C 总线时序图

效性、数据传输以及空闲状态 6 个方面讲解,读者需要对应图 25.2 的标号来理解。

① 起始信号

当 SCL 为高电平期间,SDA 由高到低跳变。起始信号是一种电平跳变时序信号,而不是一个电平信号。该信号由主机发出,在起始信号产生后,总线就处于被占用状态,准备数据传输。

② 停止信号

当 SCL 为高电平期间,SDA 由低到高跳变。停止信号也是一种电平跳变时序信号,而不是一个电平信号。该信号由主机发出,在停止信号发出后,总线就处于空闲状态。

③ 应答信号

发送器每发送一个字节,就在时钟脉冲 9 期间释放数据线,由接收器反馈一个应答信号。应答信号为低电平时,规定为有效应答位(ACK 简称应答位),表示接收器已经成功地接收了该字节;应答信号为高电平时,规定为非应答位(NACK),一般表示接收器接收该字节没有成功。

观察图 25.2 中标号③就可以发现,有效应答的要求是从机在第 9 个时钟脉冲之前的低电平期间将 SDA 线拉低,并且确保在该时钟的高电平期间为稳定的低电平。如果接收器是主机,则在它收到最后一个字节后,发送一个 NACK 信号,以通知被控发送器结束数据发送,并释放 SDA 线,以便主机接收器发送一个停止信号。

④ 数据有效性

I^2C 总线进行数据传送时,时钟信号为高电平期间,数据线上的数据必须保持稳定,只有在时钟线上的信号为低电平期间,数据线上的高电平或低电平状态才允许变化。数据在 SCL 的上升沿到来之前就需要准备好,并在下降沿到来之前必须稳定。

⑤ 数据传输

在 I^2C 总线上传送的每一位数据都有一个时钟脉冲相对应(或同步控制),即在 SCL 串行时钟的配合下,在 SDA 上逐位地串行传送每一位数据。数据位的传输是边沿触发。

⑥ 空闲状态

I^2C 总线的 SDA 和 SCL 这 2 条信号线同时处于高电平时,规定为总线的空闲状态。此时各个器件的输出级场效应管均处在截止状态,即释放总线,由 2 条信号线各自的上拉电阻把电平拉高。

下面介绍一下 I^2C 的基本读/写通信过程,包括主机写数据到从机即写操作,主机到从机读取数据即读操作。下面先看一下写操作通信过程图,如图 25.3 所示。

图 25.3 写操作通信过程图

主机首先在 I^2C 总线上发送起始信号,那么这时总线上的从机都会等待接收由主机发出的数据。主机接着发送从机地址+0(写操作)组成的 8 bit 数据,所有从机接收到该 8 bit 数据后,自行检验是否是自己的设备的地址;假如是自己的设备地址,那么从机就会发出应答信号。主机在总线上接收到有应答信号后,才能继续向从机发送数据。注意,I^2C 总线上传送的数据信号是广义的,既包括地址信号,又包括真正的数据信号。

接着讲解一下 I^2C 总线的读操作过程,先看一下读操作通信过程图,如图 25.4 所示。

图 25.4 读操作通信过程图

主机向从机读取数据的操作,一开始的操作与写操作有点相似,观察 2 个图也可以发现,都是由主机发出起始信号,接着发送从机地址+1(读操作)组成的 8 bit 数据,从机接收到数据验证是否是自身的地址。那么在验证是自己的设备地址后,从机就会发出应答信号,并向主机返回 8 bit 数据,发送完之后从机就会等待主机的应答信号。假如主机一直返回应答信号,那么从机可以一直发送数据,也就是图中的(n byte＋应答信号)情况,直到主机发出非应答信号,从机才会停止发送数据。

　　24C02 的数据传输时序是基于 I²C 总线传输时序,下面讲解一下 24C02 的数据传输时序。

25.1.2　24C02 简介

　　24C02 是一个 2 kbit 的串行 EEPROM 存储器,内部含有 256 字节。24C02 里面还有一个 8 字节的页写缓冲器。该设备的通信方式为 I²C,通过其 SCL 和 SDA 与其他设备通信。芯片的引脚图如图 25.5 所示。

　　图 25.5 中的 WP 引脚是写保护引脚,接高电平只读,接地允许读和写,这里的板子设计是把该引脚接地。每一个设备都有自己的设备地址,24C02 也不例外,但是 24C02 的设备地址包括不可编程部分和可编程部分,可编程部分由图 25.2 的硬件引脚 A0、A1 和 A2 决定。设备地址最后一位用于设置数据的传输方向,即读操作/写操作,0 是写操作,1 是读操作,具体格式如图 25.6 所示。

图 25.5　24C02 引脚图

图 25.6　24C02 设备地址格式图

　　根据我们的板子设计,A0、A1 和 A2 均接地,所以 24C02 设备的读操作地址为 0xA1,写操作地址为 0xA0。

　　前面已经说过 I²C 总线的基本读/写操作,那么我们就可以基于 I²C 总线的时序来理解 24C02 的数据传输时序。

　　下面把实验中到的数据传输时序讲解一下,分别是对 24C02 的写时序和读时序。24C02 写时序图如图 25.7 所示。

　　主机在 I²C 总线发送第一个字节的数据为 24C02 的设备地址 0xA0,用于寻找总线上找到 24C02;在获得 24C02 的应答信号之后,继续发送第 2 个字节数据,该字节数据是 24C02 的内存地址,等到 24C02 的应答信号后主机继续发送第 3 字节数据,这里的数据即是写在第 2 字节内存地址的数据。主机完成写操作后,可以发出停止信号,终止数据传输。

　　上面的写操作只能单字节写入到 24C02,效率比较低,所以 24C02 有页写入时序,大大提高了写入效率。下面看一下 24C02 页写时序图,如图 25.8 所示。

　　在单字节写时序时,每次写入数据时都需要先写入设备的内存地址才能实现。在

图 25.7　24C02 写时序图

图 25.8　24C02 页写时序

页写时序中,只需要告诉 24C02 第一个内存地址 1,后面数据会按照顺序写入到内存地址 2、内存地址 3 等,大大节省了通信时间,提高了时效性。因为 24C02 每次只能 8 bit 数据,所以它的页大小也就是 1 字节。页写时序的操作方式跟上面的单字节写时序差不多,所以不过多解释了。24C02 的读时序如图 25.9 所示。

图 25.9　24C02 读时序图

24C02 读取数据的过程是一个复合的时序,其中包含写时序和读时序。先看第一个通信过程,这里是写时序,起始信号产生后,主机发送 24C02 设备地址 0xA0,获取从机应答信号后,接着发送需要读取的内存地址;在读时序中,起始信号产生后,主机发送 24C02 设备地址 0xA1,获取从机应答信号后,接着从机返回刚刚在写时序中内存地址的数据,以字节为单位传输在总线上。假如主机获取数据后返回的是应答信号,那么从机会一直传输数据;当主机发出的是非应答信号并以停止信号发出为结束时,从机就会结束传输。

目前大部分 MCU 都带有 I²C 总线接口,STM32F1 也不例外。但是这里不使用 STM32F1 的硬件 I²C 来读/写 24C02,而是通过软件模拟。ST 为了规避飞利浦 I²C 专利问题,将 STM32 的硬件 I²C 设计得比较复杂,而且稳定性不怎么好,所以这里不推荐使用。

用软件模拟 I²C 最大的好处就是方便移植,同一个代码兼容所有 MCU,任何一个单片机只要有 I/O 口,就可以很快移植过去,而且不需要特定的 I/O 口。而对于硬件 I²C,则换一款 MCU,基本上就得重新移植,这也是我们推荐使用软件模拟 I²C 的另外一个原因。

25.2 硬件设计

(1) 例程功能

每按下 KEY1,MCU 通过 I²C 总线向 24C02 写入数据,通过按下 KEY0 来控制 24C02 读取数据。同时在 LCD 上面显示相关信息。LED0 闪烁用于提示程序正在运行。

(2) 硬件资源

➢ LED 灯:LED0-PA8;

➢ 独立按键:KEY0-PC5、KEY1-PA15;

➢ EEPROM AT24C02;

➢ 正点原子 TFTLCD 模块(仅限 MCU 屏,16 位 8080 并口驱动);

➢ 串口 1(PA9、PA10 连接在板载 USB 转串口芯片 CH340 上)(USMART 使用)。

(3) 原理图

我们主要来看看 24C02 和开发板的连接,如图 25.10 所示。

图 25.10 24C02 和开发板连接图

24C02 的 SCL 和 SDA 分别连接在 STM32 的 PC12 和 PC11 上。本实验通过软件模拟 I²C 信号建立起与 24C02 的通信,从而进行数据发送与接收,使用按键 KEY0 和 KEY1 去触发,LCD 屏幕进行显示。

25.3　程序设计

I^2C 实验中使用的是软件模拟 I^2C,所以用到的是 HAL 中 GPIO 相关函数。下面介绍一下使用 I^2C 传输数据的配置步骤。

① 使能 I^2C 的 SCL 和 SDA 对应的 GPIO 时钟。

本实验中 I^2C 使用的 SCL 和 SDA 分别是 PC12 和 PC11,因此需要先使能 GPIOC 的时钟,代码如下:

```
__HAL_RCC_GPIOC_CLK_ENABLE();      /* 使能 GPIOC 时钟 */
```

② 设置对应 GPIO 工作模式(SCL 推挽输出 SDA 开漏输出)。

SDA 线的 GPIO 模式使用开漏输出模式(硬件已接外部上拉电阻,对于 F4 以上板子也可以用内部的上拉电阻),而 SCL 线的 GPIO 模式使用推挽输出模式,通过函数 HAL_GPIO_Init 设置实现。

③ 参考 I^2C 总线协议,编写信号函数(起始信号、停止信号、应答信号)。

起始信号:SCL 为高电平时,SDA 由高电平向低电平跳变。

停止信号:SCL 为高电平时,SDA 由低电平向高电平跳变。

应答信号:接收到 IC 数据后,向 IC 发出特定的低电平脉冲表示已接收到数据。

④ 编写 I^2C 的读/写函数。

通过参考时序图,在一个时钟周期内发送 1 bit 数据或者读取 1 bit 数据。读/写函数均以一字节数据进行操作。

有了读和写函数,我们就可以对外设进行驱动了。

25.3.1　程序流程图

程序流程如图 25.11 所示。

25.3.2　程序解析

本实验通过 GPIO 来模拟 I^2C,所以不需要在工程分组下添加 HAL 库文件支持。实验工程中新增了 myiic.c 和 24cxx.c 底层驱动代码。

1. I^2C 底层驱动代码

这里只讲解核心代码,详细的源码可参考配套资料中本实验对应源码。I^2C 驱动源码包括 2 个文件:myiic.c 和 myiic.h。

下面直接介绍 I^2C 相关的程序,首先介绍 myiic.h 文件,其定义如下:

```
/* 引脚定义 */
#define IIC_SCL_GPIO_PORT              GPIOC
#define IIC_SCL_GPIO_PIN               GPIO_PIN_12
#define IIC_SCL_GPIO_CLK_ENABLE()      do{ __HAL_RCC_GPIOC_CLK_ENABLE(); }while(0)
#define IIC_SDA_GPIO_PORT              GPIOC
#define IIC_SDA_GPIO_PIN               GPIO_PIN_11
```

图 25.11　I²C 实验程序流程图

```
#define IIC_SDA_GPIO_CLK_ENABLE()        do{ __HAL_RCC_GPIOB_CLK_ENABLE(); }while(0)
/ * I/O 操作 * /
#define IIC_SCL(x)          do{ x ? \
        HAL_GPIO_WritePin(IIC_SCL_GPIO_PORT,IIC_SCL_GPIO_PIN,GPIO_PIN_SET) : \
        HAL_GPIO_WritePin(IIC_SCL_GPIO_PORT,IIC_SCL_GPIO_PIN,GPIO_PIN_RESET); \
                    }while(0)          / * SCL * /
#define IIC_SDA(x)          do{ x ? \
        HAL_GPIO_WritePin(IIC_SDA_GPIO_PORT,IIC_SDA_GPIO_PIN,GPIO_PIN_SET) : \
        HAL_GPIO_WritePin(IIC_SDA_GPIO_PORT,IIC_SDA_GPIO_PIN,GPIO_PIN_RESET); \
                    }while(0)          / * SDA * /
/ * 读取 SDA * /
#define IIC_READ_SDA     HAL_GPIO_ReadPin(IIC_SDA_GPIO_PORT,IIC_SDA_GPIO_PIN)
```

我们通过宏定义标识符的方式去定义 SCL 和 SDA 这 2 个引脚,同时通过宏定义的方式定义了 IIC_SCL()和 IIC_SDA(),设置这 2 个引脚可以输出 0 或者 1,这主要还

是通过 HAL 库的 GPIO 操作函数实现的。另外,为了方便在 I²C 操作函数中调用读取 SDA 引脚的数据,这里直接宏定义 IIC_READ_SDA 实现,在后面 I²C 模拟信号实现中会频繁调用。

接下来看一下 myiic.c 代码中的初始化函数,代码如下:

```
void iic_init(void)
{
    GPIO_InitTypeDef gpio_init_struct;
    IIC_SCL_GPIO_CLK_ENABLE();                          /* SCL 引脚时钟使能 */
    IIC_SDA_GPIO_CLK_ENABLE();                          /* SDA 引脚时钟使能 */
    gpio_init_struct.Pin = IIC_SCL_GPIO_PIN;
    gpio_init_struct.Mode = GPIO_MODE_OUTPUT_PP;        /* 推挽输出 */
    gpio_init_struct.Pull = GPIO_PULLUP;                /* 上拉 */
    gpio_init_struct.Speed = GPIO_SPEED_FREQ_HIGH;      /* 高速 */
    HAL_GPIO_Init(IIC_SCL_GPIO_PORT,&gpio_init_struct); /* SCL */
    gpio_init_struct.Pin = IIC_SDA_GPIO_PIN;
    gpio_init_struct.Mode = GPIO_MODE_OUTPUT_OD;        /* 开漏输出 */
    HAL_GPIO_Init(IIC_SDA_GPIO_PORT,&gpio_init_struct); /* SDA */
    iic_stop();                                         /* 停止总线上所有设备 */
}
```

iic_init 函数的主要工作就是对于 GPIO 的初始化,用于 I²C 通信。注意,SDA 线的 GPIO 模式使用开漏模式,并且 STM32F103 必须要外接上拉电阻。

接下来介绍前面已经在文字上说明过的 I²C 模拟信号:起始信号、停止信号、应答信号,下面以代码方法实现,读者可以对着图去看代码,有利于理解。

```
static void iic_delay(void)
{
    delay_us(2);        /* 2 µs 的延时,读写频率在 250 kHz 以内 */
}
/* *
 * @brief 产生 IIC 起始信号
 * @param 无
 * @retval 无
 */
void iic_start(void)
{
    IIC_SDA(1);
    IIC_SCL(1);
    iic_delay();
    IIC_SDA(0);         /* START 信号:当 SCL 为高时,SDA 从高变成低,表示起始信号 */
    iic_delay();
    IIC_SCL(0);         /* 钳住 IIC 总线,准备发送或接收数据 */
    iic_delay();
}
/* *
 * @brief       产生 IIC 停止信号
 * @param       无
 * @retval      无
 */
```

```
void iic_stop(void)
{
    IIC_SDA(0);          /* STOP 信号：当 SCL 为高时,SDA 从低变成高,表示停止信号 */
    iic_delay();
    IIC_SCL(1);
    iic_delay();
    IIC_SDA(1);          /* 发送 IIC 总线结束信号 */
    iic_delay();
}
```

这里首先定义一个 iic_delay 函数,目的就是控制 I²C 的读/写速度。通过示波器检测读/写频率在 250 kHz 内,所以一秒钟传送 500 kbit 数据,换算一下即一个 bit 位需要 2 μs,在这个延时时间内可以让器件获得一个稳定性的数据采集。

为了更加清晰地了解代码实现的过程,下面单独把起始信号和停止信号从 I²C 总线时序图中抽取出来,如图 25.12 所示。

图 25.12　起始信号与停止信号图

iic_start 函数中,通过调用 myiic.h 中由宏定义好的可以输出高低电平的 SCL 和 SDA 来模拟 I²C 总线中起始信号的发送。在 SCL 时钟线为高电平的时候,SDA 数据线从高电平状态转化到低电平状态,最后拉低时钟线,准备发送或者接收数据。

iic_stop 函数中,也是按模拟 I²C 总线中停止信号的逻辑,在 SCL 时钟线为高电平的时候,SDA 数据线从低电平状态转化到高电平状态。下面讲解一下 I²C 的发送函数,其定义如下:

```
/* *
 * @brief      IIC 发送一个字节
 * @param      data：要发送的数据
 * @retval     无
 */
void iic_send_byte(uint8_t data)
{
    uint8_t t;
```

```
    for (t = 0; t <8; t++)
    {
        IIC_SDA((data & 0x80) >>7);        /* 高位先发送 */
        iic_delay();
        IIC_SCL(1);
        iic_delay();
        IIC_SCL(0);
        data << = 1;                       /* 左移一位,用于下一次发送 */
    }
    IIC_SDA(1);                            /* 发送完成,主机释放 SDA 线 */
}
```

在 I²C 的发送函数 iic_send_byte 中,把需要发送的数据作为形参,形参大小为一个字节。在 I²C 总线传输中,一个时钟信号就发送一个 bit,所以该函数需要循环 8 次,模拟 8 个时钟信号,才能把形参的 8 个位数据都发送出去。这里使用的是形参 data 和 0x80 与运算的方式,判断其最高位的逻辑值;假如为 1 即需要控制 SDA 输出高电平,为 0 则控制 SDA 输出低电平。为了更好地说明数据发送的过程,单独拿出数据传输时序图,如图 25.13 所示。

图 25.13   数据传输时序图

通过图 25.13 就可以了解数据传输时的细节,经过第一步的 SDA 高低电平的确定后,接着需要延时,确保 SDA 输出的电平稳定;在 SCL 保持高电平期间,SDA 线上的数据是有效的,此过程也需要延时,使得从设备能够采集到有效的电平。然后准备下一位的数据,所以这里需要的是把 data 左移一位,等待下一个时钟的到来,从设备再进行读取。把上述的操作重复 8 次就可以把 data 的 8 个位数据发送完毕,循环结束后,把 SDA 线拉高,等待接收从设备发送过来的应答信号。下面讲解一下 I²C 的读取函数 iic_read_byte,它的定义如下:

```
    uint8_t iic_read_byte(uint8_t ack)
    {
```

```
uint8_t i,receive = 0;
for (i = 0; i < 8; i++ )          /* 接收一个字节数据 */
{
    receive << = 1;               /* 高位先输出,所以先收到的数据位要左移 */
    IIC_SCL(1);
    iic_delay();
    if (IIC_READ_SDA)
    {
        receive++;
    }
    IIC_SCL(0);
    iic_delay();
}
if (! ack)
{
    iic_nack();                   /* 发送 nACK */
}
else
{
    iic_ack();                    /* 发送 ACK */
}
return receive;
}
```

iic_read_byte 函数具体实现的方式跟 iic_send_byte 函数有所不同。首先可以明确的是,时钟信号是通过主机发出的,而且接收到的数据大小为 1 字节,但是 I²C 传输的单位是 bit,所以就需要执行 8 次循环才能把 1 字节数据接收完整。

具体实现过程:首先需要一个变量 receive 存放接收到的数据,在每一次循环开始前都需要对 receive 进行左移一位操作,那么 receive 的 bit0 位每一次赋值前都是空的,用来存放最新接收到的数据位;然后在 SCL 线进行高低电平切换时输出 I²C 时钟,在 SCL 高电平期间加入延时,确保有足够的时间能让数据发送并进行处理;使用宏定义 IIC_READ_SDA 就可以判断读取到的高低电平,假如 SDA 为高电平,则 receive++ 即在 bit0 置 1,否则不做处理即保持原来的 0 状态。当 SCL 线拉低后,需要加入延时,便于从机切换 SDA 线输出数据。在 8 次循环结束后,我们就获得了 8 bit 数据,把它作为返回值,然后按照时序图发送应答或者非应答信号去回复从机。

上面提到应答信号和非应答信号是在读时序中发生的,此外在写时序中也存在一个信号响应,当发送完 8 bit 数据后,这里是一个等待从机应答信号的操作。

```
uint8_t iic_wait_ack(void)
{
    uint8_t waittime = 0;
    uint8_t rack = 0;
    IIC_SDA(1);                   /* 主机释放 SDA 线(此时外部器件可以拉低 SDA 线) */
    iic_delay();
    IIC_SCL(1);                   /* SCL = 1,此时从机可以返回 ACK */
    iic_delay();
```

```
        while (IIC_READ_SDA)        / * 等待应答 * /
        {
            waittime ++ ;
            if (waittime >250)
            {
                iic_stop();
                rack = 1;
                break;
            }
        }
        IIC_SCL(0);                  / * SCL = 0,结束 ACK 检查 * /
        iic_delay();
        return rack;
}
/ * *
 * @brief        产生 ACK 应答
 * @param        无
 * @retval       无
 * /
void iic_ack(void)
{
        IIC_SDA(0);                  / * SCL 0 ->1 时 SDA = 0,表示应答 * /
        iic_delay();
        IIC_SCL(1);                  / * 产生一个时钟 * /
        iic_delay();
        IIC_SCL(0);
        iic_delay();
        IIC_SDA(1);                  / * 主机释放 SDA 线 * /
        iic_delay();
}
/ * *
 * @brief        不产生 ACK 应答
 * @param        无
 * @retval       无
 * /
void iic_nack(void)
{
        IIC_SDA(1);                  / * SCL 0 ->1 时 SDA = 1,表示不应答 * /
        iic_delay();
        IIC_SCL(1);                  / * 产生一个时钟 * /
        iic_delay();
        IIC_SCL(0);
        iic_delay();
}
```

首先讲解一下 iic_wait_ack 函数,该函数主要用在写时序中,当启动起始信号、发送完 8 bit 数据到从机时,我们就需要等待以及处理接收从机发送过来的响应信号或者非响应信号,一般就是在 iic_send_byte 函数后面调用。

具体实现:首先释放 SDA,把电平拉高,延时等待从机操作 SDA 线,然后主机拉高时钟线并延时,确保有充足的时间让主机接收到从机发出的 SDA 信号,这里使用的是

IIC_READ_SDA 宏定义去读取,根据 I²C 协议,主机读取 SDA 的值为低电平,就表示"应答信号";读到 SDA 的值为高电平,就表示"非应答信号"。在这个等待读取的过程中加入了超时判断,假如超过这个时间没有接收到数据,那么主机直接发出停止信号,跳出循环,返回等于 1 的变量。在正常等待到应答信号后,主机会把 SCL 时钟线拉低并延时,返回是否接收到应答信号。

当主机作为接收端时,调用 iic_read_byte 函数之后,按照 I²C 通信协议,需要给从机返回应答或者是非应答信号,这里就用到了 iic_ack 和 iic_nack 函数。

具体实现:从上面的说明已经知道了 SDA 为低电平即应答信号、高电平即非应答信号,那么还是老规矩,首先根据返回"应答"或者"非应答"2 种情况拉低或者拉高 SDA,并延时等待 SDA 电平稳定,然后主机拉高 SCL 线并延时,确保从机能有足够时间去接收 SDA 线上的电平信号。主机拉低时钟线并延时,完成这一位数据的传送。最后把 SDA 拉高,呈高阻态,方便后续通信。

2. 24C02 驱动代码

这里只讲解核心代码,详细的源码可参考配套资料中本实验对应源码。24CXX 驱动源码包括 2 个文件:24cxx.c 和 24cxx.h。

前面已经对 I²C 协议中需要用到的信号都用函数封装好了,那么现在就要定义符合 24C02 时序的函数。为了使代码功能更加健全,所以在 24cxx.h 中的宏定义了不同容量大小的 24C 系列型号,具体定义如下:

```
# define AT24C01        127
# define AT24C02        255
# define AT24C04        511
# define AT24C08        1023
# define AT24C16        2047
# define AT24C32        4095
# define AT24C64        8191
# define AT24C128       16383
# define AT24C256       32767
/* 开发板使用的是 24C02,所以定义 EE_TYPE 为 AT24C02 */
# define EE_TYPE        AT24C02
```

在 24cxx.c 文件中,读/写操作函数对于不同容量的 24Cxx 芯片都有相对应的代码块解决处理。下面先看一下 at24cxx_write_one_byte 函数,用于实现在 AT24Cxx 芯片指定地址写入一个数据,代码如下:

```
void at24cxx_write_one_byte(uint16_t addr,uint8_t data)
{
    /* 原理说明见:at24cxx_read_one_byte 函数,本函数完全类似 */
    iic_start();                    /* 发送起始信号 */
    if (EE_TYPE >AT24C16)           /* 24C16 以上的型号,分 2 个字节发送地址 */
    {
        iic_send_byte(0XA0);        /* 发送写命令,IIC 规定最低位是 0,表示写入 */
        iic_wait_ack();             /* 每次发送完一个字节,都要等待 ACK */
```

```
        iic_send_byte(addr >>8);        /* 发送高字节地址 */
    }
    else
    {                                    /* 发送器件 0XA0 + 高位 a8/a9/a10 地址,写数据 */
        iic_send_byte(0XA0 + ((addr >>8) <<1));
    }
    iic_wait_ack();                      /* 每次发送完一个字节,都要等待 ACK */
    iic_send_byte(addr % 256);           /* 发送低位地址 */
    iic_wait_ack();                      /* 等待 ACK,此时地址发送完成了 */
    /* 因为写数据的时候,不需要进入接收模式了,所以这里不用重新发送起始信号了 */
    iic_send_byte(data);                 /* 发送 1 字节 */
    iic_wait_ack();                      /* 等待 ACK */
    iic_stop();                          /* 产生一个停止条件 */
    delay_ms(10);          /* 注意:EEPROM 写入比较慢,必须等到 10 ms 后再写下一个字节 */
}
```

该函数的操作流程跟前面已经分析过的 24C02 单字节写时序一样,首先调用 iic_start 函数产生起始信号,然后调用 iic_send_byte 函数发送第一个字节数据设备地址,等待 24Cxx 设备返回应答信号;收到应答信号后,继续发送第 2 个 1 字节数据内存地址 addr;等待接收应答后,最后发送第 3 个字节数据写入内存地址的数据 data,24Cxx 设备接收完数据返回应答信号,主机调用 iic_stop 函数产生停止信号终止数据传输,最终需要延时 10 ms,等待 EEPROM 写入完毕。

我们的函数兼容 24Cxx 系列多种容量,所以在发送设备地址处做了处理,这里说一下这样设计的原因。24Cxx 芯片内存组织表如表 25.1 所列。

表 25.1 24Cxx 芯片内存组织表

芯 片	页 数	每页字节数	总的字节数	字节寻址地址线数量
AT24C01A	16	8	128	7
AT24C02	32	8	256	8
AT24C04	32	16	512	9
AT24C08A	64	16	1 024	10
AT24C16A	128	16	2 048	11
AT24C32	128	32	4 096	12
AT24C64A	256	32	8 192	13

主机发送的设备地址和内存地址共同确定了要写入的地方,24C16 使用 iic_send_byte(0xA0 + ((addr >>8) <<1)) 和 iic_send_byte(addr % 256) 确定写入位置;由于内存大小一共 2 048 字节,所以只需要定义 11 个寻址地址线,2 048=2^{11}。主机下发读/写命令的时候带了 3 位,后面再跟一个字节(8 位)的地址,正好 11 位,不需要再发后续的地址字节了。

对于容量大于 24C16 的芯片,则需要单独发送 2 字节(甚至更多)的地址,如 24C32 的大小为 4 096,需要 12 个寻址地址线支持,4 096=2^{12}。24C16 正好是 2 字节,而它需要 3 字节才能确定写入的位置。24C32 芯片规定设备写地址 0xA0/读地址 0xA1,后面接着发送 8 位高地址,最后才发送 8 位低地址。与函数里面的操作是一致。

接下来看一下 at24cxx_read_one_byte 函数,其定义如下:

```
uint8_t at24cxx_read_one_byte(uint16_t addr)
{
    uint8_t temp = 0;
    iic_start();                        /* 发送起始信号 */
    if (EE_TYPE > AT24C16)              /* 24C16 以上的型号,分 2 个字节发送地址 */
    {
        iic_send_byte(0XA0);            /* 发送写命令,IIC 规定最低位是 0,表示写入 */
        iic_wait_ack();                 /* 每次发送完一个字节,都要等待 ACK */
        iic_send_byte(addr >> 8);       /* 发送高字节地址 */
    }
    else
    {                                   /* 发送器件 0XA0 + 高位 a8/a9/a10 地址,写数据 */
        iic_send_byte(0XA0 + ((addr >> 8) << 1));
    }
    iic_wait_ack();                     /* 每次发送完一个字节,都要等待 ACK */
    iic_send_byte(addr % 256);          /* 发送低位地址 */
    iic_wait_ack();                     /* 等待 ACK,此时地址发送完成了 */
    iic_start();                        /* 重新发送起始信号 */
    iic_send_byte(0XA1);                /* 进入接收模式,IIC 规定最低位是 0,表示读取 */
    iic_wait_ack();                     /* 每次发送完一个字节,都要等待 ACK */
    temp = iic_read_byte(0);            /* 接收一个字节数据 */
    iic_stop();                         /* 产生一个停止条件 */
    return temp;
}
```

这里函数的实现与 25.1.4 小节 24C02 数据传输中的读时序一致,主机首先调用 iic_start 函数产生起始信号,然后调用 iic_send_byte 函数发送第一个字节数据设备写地址,使用 iic_wait_ack 函数等待 24Cxx 设备返回应答信号;收到应答信号后,继续发送第 2 个 1 字节数据内存地址 addr;等待接收应答后,重新调用 iic_start 函数产生起始信号,这一次的设备方向改变了,调用 iic_send_byte 函数发送设备读地址,然后使用 iic_wait_ack 函数去等待设备返回应答信号,同时使用 iic_read_byte 去读取从机发出来的数据。由于 iic_read_byte 函数的形参是 0,所以在获取完一个字节的数据后,主机发送非应答信号,停止数据传输,最终调用 iic_stop 函数产生停止信号,返回从机 addr 中读取到的数据。

为了方便检测 24Cxx 芯片是否正常工作,这里也定义了一个检测函数,代码如下:

```
uint8_t at24cxx_check(void)
{
    uint8_t temp;
    uint16_t addr = EE_TYPE;
    temp = at24cxx_read_one_byte(addr);        /* 避免每次开机都写 AT24CXX */
    if (temp == 0X55)                          /* 读取数据正常 */
    {
```

```
        return 0;
        }
        else                                /* 排除第一次初始化的情况 */
        {
            at24cxx_write_one_byte(addr,0X55);    /* 先写入数据 */
            temp = at24cxx_read_one_byte(255);    /* 再读取数据 */
            if (temp == 0X55)return 0;
        }
        return 1;
}
```

学到这个地方相信读者对于这个操作并不陌生了,前面的 RTC 实验也有相似的操作,可以翻回去看看。这里利用的是 EEPROM 芯片掉电不丢失的特性,在第一次写入某个值之后,再去读一下是否写入成功,利用这种方式去检测芯片是否正常工作。

此外,为方便多字节写入和读取,还定义了在指定地址读取指定个数的函数以及在指令地址写入指定个数的函数,代码如下:

```
void at24cxx_read(uint16_t addr,uint8_t * pbuf,uint16_t datalen)
{
    while (datalen--)
    {
        * pbuf++ = at24cxx_read_one_byte(addr++);
    }
}
/* *
 * @brief 在 AT24CXX 里面的指定地址开始写入指定个数的数据
 * @param       addr: 开始写入的地址 对 24C02 为 0~255
 * @param       pbuf:数据数组首地址
 * @param       datalen:要写入数据的个数
 */
void at24cxx_write(uint16_t addr,uint8_t * pbuf,uint16_t datalen)
{
    while (datalen--)
    {
        at24cxx_write_one_byte(addr, * pbuf);
        addr++;
        pbuf++;
    }
}
```

这 2 个函数都是调用前面的单字节操作函数去实现的,利用 for 循环连续调用单字节操作函数去实现,这里就不多讲了。

3. main.c 代码

在 main.c 里面编写如下代码:

```
const uint8_t g_text_buf[] = {"STM32 IIC TEST"};    /* 要写入到 24c02 的字符串数组 */
#define TEXT_SIZEsizeof(g_text_buf)                 /* TEXT 字符串长度 */
int main(void)
{
    uint8_t key;
```

```
    uint16_t i = 0;
    uint8_t datatemp[TEXT_SIZE];
    /* 一系列初始化 */
    at24cxx_init();                                    /* 初始化 24CXX */
    /* LCD 显示实验内容 */
    while (at24cxx_check())                            /* 检测不到 24c02 */
    {
        lcd_show_string(30, 130, 200, 16, 16, "24C02 Check Failed!", RED);
        delay_ms(500);
        lcd_show_string(30, 130, 200, 16, 16, "Please Check!        ", RED);
        delay_ms(500);
        LED0_TOGGLE();                                 /* 红灯闪烁 */
    }
    lcd_show_string(30, 130, 200, 16, 16, "24C02 Ready!", RED);
    while (1)
    {
        key = key_scan(0);
        if (key == KEY1_PRES) /* KEY1 按下,写入 24C02 */
        {
            lcd_fill(0, 150, 239, 319, WHITE);    /* 清除半屏 */
            lcd_show_string(30, 150, 200, 16, 16,
                            "Start Write 24C02....", BLUE);
            at24cxx_write(0, (uint8_t *)g_text_buf, TEXT_SIZE);
            /* 提示传送完成 *
            lcd_show_string(30, 150, 200, 16, 16,
                            "24C02 Write Finished!", BLUE);
        }
        if (key == KEY0_PRES)                        /* KEY0 按下,读取字符串并显示 */
        {
            lcd_show_string(30, 150, 200, 16, 16,
            "Start Read 24C02.... ", BLUE);
            at24cxx_read(0, datatemp, TEXT_SIZE);
            lcd_show_string(30, 150, 200, 16, 16,
                            "The DataReaded Is: ", BLUE);  /* 提示传送完成 */
            /* 显示读到的字符串 */
            lcd_show_string(30, 170, 200, 16, 16, (char *)datatemp, BLUE);
        }
        i++;
        if (i == 20)
        {
            LED0_TOGGLE();                            /* 红灯闪烁 */
            i = 0;
        }
        delay_ms(10);
    }
}
```

main 函数的流程大致是:在 main 函数外部定义要写入 24C02 的字符串数组 g_text_buf。在完成系统级和用户级初始化工作后,检测 24C02 是否存在,然后通过 KEY0 去读取 0 地址存放的数据并显示在 LCD 上;另外还可以通过 KEY1 去 0 地址处写入 g_text_buf 数据并在 LCD 界面中显示传输,完成后显示"24C02 Write Finished!"。

25.4　下载验证

将程序下载到开发板后,可以看到 LED0 不停闪烁,提示程序已经在运行了。先按下 KEY1 写入数据,然后再按 KEY0 读取数据,最终 LCD 显示的内容如图 25.14 所示。

```
STM32
IIC TEST
ATOM@ALIENTEK
KEY1:Write  KEY0:Read
24C02 Ready!
The Data Readed Is:
STM32 IIC TEST
```

图 25.14　I^{2}C 实验程序运行效果图

假如需要验证 24C02 的自检函数,则可以用根杜邦线把 PC11 和 PC12 短接,看是否能看到报错。

第 *26* 章

SPI 实验

本章将介绍如何使用 STM32F103 的 SPI 功能,并实现对外部 NOR FLASH 的读/写,同时把结果显示在 TFTLCD 模块上。

26.1 SPI 及 NOR FLASH 芯片介绍

26.1.1 SPI 介绍

这里将从结构、时序和寄存器 3 个部分来介绍 SPI。

1. SPI 框图

SPI 是 Serial Peripheral interface 缩写,顾名思义就是串行外围设备接口。SPI 通信协议是 Motorola 公司首先在其 MC68HCXX 系列处理器上定义的。SPI 接口是一种高速的全双工同步的通信总线,已经广泛应用在众多 MCU、存储芯片、ADC 和 LCD 之间。大部分 STM32 有 3 个 SPI 接口,本实验使用的是 SPI1。

我们先看 SPI 的结构框图,了解它的大致功能,如图 26.1 所示。这里展开介绍一下 SPI 的引脚信息、工作原理以及传输方式,把 SPI 的 4 种工作方式放在后面讲解。

(1) SPI 的引脚信息

➤ MISO(Master In/Slave Out):主设备数据输入,从设备数据输出。

➤ MOSI(Master Out/Slave In):主设备数据输出,从设备数据输入。

➤ SCLK(Serial Clock):时钟信号,由主设备产生。

➤ CS(Chip Select):从设备片选信号,由主设备产生。

(2) SPI 的工作原理

主机和从机都有一个串行移位寄存器,主机通过向它的 SPI 串行寄存器写入一个字节来发起一次传输。串行移位寄存器通过 MOSI 信号线将字节传送给从机,从机也将自己串行移位寄存器中的内容通过 MISO 信号线返回给主机。这样,2 个移位寄存

图 26.1   SPI 框图

器中的内容就被交换。外设的写操作和读操作是同步完成的。如果只是进行写操作,主机只须忽略接收到的字节。反之,若主机要读取从机的一个字节,就必须发送一个空字节引发从机传输。

(3) SPI 的传输方式

SPI 总线具有 3 种传输方式:全双工、单工以及半双工传输方式。

全双工通信:就是在任何时刻,主机与从机之间都可以同时进行数据的发送和接收。

单工通信:就是在同一时刻,只有一个传输的方向,发送或者接收。

半双工通信:就是在同一时刻,只能为一个方向传输数据。

2. SPI 工作模式

STM32 要与具有 SPI 接口的器件进行通信,就必须遵循 SPI 的通信协议。每一种通信协议都有各自的读/写数据时序,当然 SPI 也不例外。SPI 通信协议就具备 4 种工作模式,在讲这 4 种工作模式前,首先要知道 CPOL 和 CPHA。

CPOL,全称 Clock Polarity,就是时钟极性,即主从机没有数据传输时(空闲状态)SCL 线的电平状态。若空闲状态是高电平,那么 CPOL=1;若空闲状态是低电平,那么 CPOL=0。

CPHA,全称 Clock Phase,就是时钟相位。这里先介绍一下数据传输的常识:同步通信时,数据的变化和采样都是在时钟边沿上进行的,每一个时钟周期都有上升沿和下降沿 2 个边沿,那么数据的变化和采样就分别安排在 2 个不同的边沿。由于数据在产生和到它稳定需要一定的时间,那么假如我们在第一个边沿信号把数据输出了,从机只能从第 2 个边沿信号去采样这个数据。

CPHA 实质指的是数据的采样时刻,CPHA＝0 的情况就表示数据是从第一个边沿信号上(即奇数边沿)采样,具体是上升沿还是下降沿则由 CPOL 决定。这里就存在一个问题:当开始传输第一个 bit 的时候,第一个时钟边沿就采集该数据了,那数据是什么时候输出来的呢?那么就有 2 种情况:一是 CS 使能的边沿,二是上一帧数据的最后一个时钟沿。

CPHA＝1 的情况就表示数据是从第 2 个边沿(即偶数边沿)采样,它的边沿极性要注意一点,和上面 CPHA＝0 不一样的边沿情况。前面是奇数边沿采样数据,从 SCL 空闲状态的直接跳变,空闲状态是高电平,那么它就是下降沿,反之就是上升沿。由于 CPHA＝1 是偶数边沿采样,所以需要根据偶数边沿判断,假如第一个边沿(即奇数沿)是下降沿,那么偶数边沿的边沿极性就是上升沿。不理解的可以看下面 4 种 SPI 工作模式的图。

由于 CPOL 和 CPHA 都有 2 种不同状态,所以 SPI 分成了 4 种模式。开发的时候使用比较多的是模式 0 和模式 3。SPI 工作模式如表 26.1 所列。

表 26.1　SPI 工作模式表

SPI 工作模式	CPOL	CPHA	SCL 空闲状态	采样边沿	采样时刻
0	0	0	低电平	上升沿	奇数边沿
1	0	1	低电平	下降沿	偶数边沿
2	1	0	高电平	下降沿	奇数边沿
3	1	1	高电平	上升沿	偶数边沿

下面分别对 SPI 的 4 种工作模式进行分析。

先分析一下 CPOL＝0&&CPHA＝0 的时序。图 26.2 就是串行时钟的奇数边沿上升沿采样的情况。首先由于配置了 CPOL＝0,可以看到当数据未发送或者发送完毕,SCL 的状态是低电平,再者 CPHA＝0 即奇数边沿采集。所以传输的数据会在奇数边沿上升沿被采集,MOSI 和 MISO 数据的有效信号需要在 SCK 奇数边沿保持稳定且被采样,在非采样时刻,MOSI 和 MISO 的有效信号才发生变化。

在 CPOL＝0&CPHA＝1 的时序下,图 26.3 是串行时钟的偶数边沿下降沿采样的情况。由于 CPOL＝0,所以 SCL 的空闲状态依然是低电平;CPHA＝1 所以数据就从偶数边沿采样,至于是上升沿还是下降沿,从图 26.3 就可以知道,是下降沿。这里有一个误区,空闲状态是低电平的情况下,不是应该上升沿吗,为什么这里是下降沿?首先我们先明确这里是偶数边沿采样,那么看图就很清晰,SCL 低电平空闲状态下,上升沿是在奇数边沿上,下降沿是在偶数边沿上。

图 26.2　串行时钟的奇数边沿上升沿采样时序图

图 26.3　串行时钟的偶数边沿下降沿采样图

图 26.4 这种情况和第一种情况相似,只是这里是 CPOL=1,即 SCL 空闲状态为高电平,在 CPHA=0,奇数边沿采样的情况下,数据在奇数边沿下降沿要保持稳定并

图 26.4　串行时钟的奇数边沿下降沿采样图

等待采样。

图 26.5 是 CPOL＝1＆＆CPHA＝1 的情形,可以看到未发送数据和发送数据完毕时 SCL 的状态是高电平,奇数边沿的边沿极性是上升沿,偶数边沿的边沿极性是下降沿。因为 CPHA＝1,所以数据在偶数边沿上升沿被采样。在奇数边沿的时候 MOSI 和 MISO 会发生变化,在偶数边沿时候是稳定的。

图 26.5　串行时钟的偶数边沿上升沿采样图

3. SPI 寄存器

这里简单介绍一下本实验用到的寄存器。

(1) SPI 控制寄存器 1(SPI_CR1)

SPI 控制寄存器 1 描述如图 26.6 所示。

该寄存器控制着 SPI 很多相关信息,包括主设备模式选择、传输方向、数据格式、时钟极性、时钟相位和使能等。下面讲解一下本实验配置的位,位 CPHA 置 1,数据采样从第二个时钟边沿开始;位 CPOL 置 1,在空闲状态时,SCK 保持高电平;位 MSTR 置 1,配置为主机模式;位 BR[2：0]置 7,使用 256 分频,速度最低;位 SPE 置 1,开启 SPI 设备;位 LSBFIRST 置 0,MSB 先传输;位 SSI 置 1,禁止软件从设备,即做主机;位 SSM 置 1,软件片选 NSS 控制;RXONLY 置 0,传输方式采用的是全双工模式;位 DFF 置 0,使用 8 位数据帧格式。

(2) SPI 状态寄存器(SPI_SR)

SPI 状态寄存器描述如图 26.7 所示。

该寄存器用于查询当前 SPI 的状态,本实验中用到的是 TXE 位和 RXNE 位,即发送完成和接收是否完成的标记。

(3) SPI 数据寄存器(SPI_DR)

SPI 数据寄存器描述如图 26.8 所示。

15	14	13	12	11	10	9	8	7	6	5	4	3	2	1	0
BIDI MODE	BIDI OE	CRCEN	CRC NEXT	DFF	RX ONLY	SSM	SSI	LSB FIRST	SPE		BR[2:0]		MSTR	CPOL	CPHA
rw	rw	rw	rw	rw	rw	rw	rw	rw	rw	rw	rw	rw	rw	rw	rw

位	说明
位11	DFF：数据帧格式 0：使用8位数据帧格式进行发送/接收；　　　　　1：使用16位数据帧格式进行发送/接收。 注：只有当SPI禁止(SPE=0)时，才能写该位，否则出错。　注：I²S模式下不使用
位10	RXONLY：只接收 该位和BIDIMODE位一起决定在"双线双向"模式下的传输方向。在多个从设备的配置中，在未被访问的从设备上该位被置1，使得只有被访问的从设备有输出，从而不会造成数据线上数据冲突。注：I²C模式下不使用。 0：全双工(发送和接收)；　　　　　　　　　　1：禁止输出(只接收模式)
位9	SSM：软件从设备管理 当SSM被置位时，NSS引脚上的电平由SSI位的值决定。注：I²S模式下不使用。 0：禁止软件从设备管理；　　　　　　　　　　1：启用软件从设备管理
位7	LSBFIRST：帧格式 0：先发送MSB；　　　　　　　　　　　　　　1：先发送LSB。 注：当通信在进行时不能改变该位的值。　　　　注：I²S模式下不使用
位6	SPE：SPI使能 0：禁止SPI设备；　　　　　　　　　　　　　　1：开启SPI设备。 注：I²S模式下不使用。　　　　注：当关闭SPI设备时，可按照第23.3.8小节的过程操作
位5:3	BR[2:0]：波特率控制 000：$f_{PCLK}/2$　　　001：$f_{PCLK}/4$　　　010：$f_{PCLK}/8$　　　011：$f_{PCLK}/16$ 100：$f_{PCLK}/32$　　101：$f_{PCLK}/64$　　110：$f_{PCLK}/128$　　111：$f_{PCLK}/256$ 当通信正在进行的时候，不能修改这些位。　　注意：I²S模式下不使用
位2	MSTR：主设备选择 0：配置为从设备；　　　　　　　　　　　　　　1：配置为主设备。 注：当通信正在进行的时候，不能修改该位。　　注：I²S模式下不使用
位1	CPOL：时钟极性 0：空闲状态时，SCK保持低电平；　　　　　　　1：空闲状态时，SCK保持高电平。 注：当通信正在进行的时候，不能修改该位。　　注：I²S模式下不使用
位0	CPHA：时钟相位 0：数据采样从第一个时钟边沿开始；　　　　　　1：数据采样从第二个时钟边沿开始。 注：当通信正在进行的时候，不能修改该位。　　注：I²S模式下不使用

图 26.6　SPI_CR1 寄存器（部分）

15	14	13	12	11	10	9	8	7	6	5	4	3	2	1	0
保留								BSY	OVR	MODF	CRC ERR	UDR	CHSIDE	TXE	RXNE
res								r	r	r	rc w0	r	r	r	r

位	说明
位1	TXE：发送缓冲为空 0：发送缓冲非空；　　　　　　　1：发送缓冲为空
位0	RXNE：接收缓冲非空 0：接收缓冲为空；　　　　　　　1：接收缓冲非空

图 26.7　SPI_SR 寄存器（部分）

　　该寄存器是 SPI 数据寄存器，是一个双寄存器，包括了发送缓存和接收缓存。当向该寄存器写数据的时候，SPI 就会自动发送；当收到数据的时候，也是存在该寄存器内。

图 26.8　SPI_DR 寄存器

26.1.2　NOR FLASH 芯片简介

1. FLASH 简介

　　FLASH 是常用的用于储存数据的半导体器件,具有容量大、可重复擦写、按"扇区/块"擦除、掉电后数据可继续保存的特性。常见的 FLASH 主要有 NOR FLASH 和 NAND FLASH 共 2 种类型,它们的特性如表 26.2 所列。NOR 和 NAND 是 2 种数字门电路,可以简单地认为 FLASH 内部存储单元使用哪种门作存储单元就是哪种类型的 FLASH。U 盘、SSD、eMMC 等为 NAND 型,而 NOR FLASH 则根据设计需要灵活应用于各类 PCB 上,如 BIOS、手机等。

表 26.2　NOR FLASH 和 NAND_FLASH 特性对比

特　性	NOR FLASH	NAND FLASH
容量	较小	很大
同容量存储器成本	较贵	较便宜
擦除单元	以"扇区/块"擦除	以"扇区/块"擦除
读/写单元	可以基于字节读写	必须以"块"为单位读/写
读取速度	较高	较低
写入速度	较低	较高
集成度	较低	较高
介质类型	随机存储	连续存储
地址线和数据线	独立分开	共用
坏块	较少	较多
是否支持 XIP	支持	不支持

　　NOR 与 NAND 在数据写入前都需要有擦除操作,但实际上 NOR FLASH 的一个 bit 可以从 1 变成 0,而要从 0 变 1 就要擦除后再写入,NAND FLASH 这 2 种情况都需要擦除。擦除操作的最小单位为"扇区/块",这意味着有时候即使只写一字节

的数据,这个"扇区/块"之前的数据都可能被擦除。

NOR 的地址线和数据线分开,它可以按"字节"读/写数据,符合 CPU 的指令译码执行要求。所以假如 NOR 上存储了代码指令,CPU 给 NOR 一个地址,NOR 就能向 CPU 返回一个数据让 CPU 执行,中间不需要额外的处理操作,这体现于表 28.2 中的支持 XIP 特性(eXecute In Place)。因此,可以用 NOR FLASH 直接作为嵌入式 MCU 的程序存储空间。

NAND 的数据和地址线共用,只能按"块"来读/写数据。假如 NAND 上存储了代码指令,CPU 给 NAND 地址后,它无法直接返回该地址的数据,所以不符合指令译码要求。

若代码存储在 NAND 上,则可以把它先加载到 RAM 存储器上,再由 CPU 执行。所以在功能上可以认为 NOR 是一种断电后数据不丢失的 RAM,但它的擦除单位与 RAM 有区别,且读/写速度比 RAM 要慢得多。

FLASH 也有对应的缺点,使用过程中需要尽量规避这些问题:一是 FLASH 的使用率,另一个是可能的位反转。

使用寿命体现在读/写上,FLASH 的擦除次数都是有限的(NOR FLASH 普遍是 10 万次左右),当它的使用接近寿命的时候,可能会出现写操作失败。由于 NAND 通常是整块擦写,块内有一位失效整个块就会失效,这称为坏块。使用 NAND FLASH 最好通过算法扫描介质找出坏块并标记为不可用,因为坏块上的数据是不准确的。

位反转是数据位写入时为 1,但经过一定时间的环境变化后可能实际变为 0 的情况,反之亦然。位反转的原因很多,可能是器件特性,也可能与环境干扰有关。由于位反转的问题可能存在,所以 FLASH 存储器需要探测/错误更正(EDC/ECC)算法来确保数据的正确性。

FLASH 芯片有很多种芯片型号,在我们的 norflash.h 头文件中有芯片 ID 的宏定义,对应的就是不同型号的 NOR FLASH 芯片,比如有 W25Q64、BY25Q64、NM25Q64,它们是来自不同厂商的同种规格的 NOR FLASH 芯片,内存空间都是 64M 字,即 8 MB。它们的很多参数、操作都是一样的,所以我们的实验都是兼容它们的。

这么多的芯片就不一一介绍了,这里以华邦的 W25Q64 为例,认识一下具体的 NOR FLASH 的特性。其他的型号都类似。

W25Q64 是一款大容量 SPI FLASH 产品,其容量为 8 MB。它将 8 MB 的容量分为 128 个块(Block),每一个块大小为 64 KB,每个块又分为 16 个扇区(Sector),每一个扇区 16 页,每页 256 个字节,即每个扇区 4 KB。W25Q64 的最小擦除单位为一个扇区,也就是每次必须擦除 4 KB。这样我们需要给 W25Q64 开辟一个至少 4 KB 的缓存区,这样对 SRAM 要求比较高,要求芯片必须有 4 KB 以上的 SRAM 才能很好地操作。

W25Q64 的擦写周期多达 10 万次,具有 20 年的数据保存期限,支持电压为

2.7~3.6 V。W25Q64 支持标准的 SPI,还支持双输出/四输出的 SPI,最大 SPI 时钟可以到 80 MHz(双输出时相当于 160 MHz,四输出时相当于 320 MHz)。

W25Q64 芯片的引脚图如图 26.9 所示。

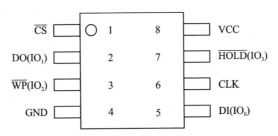

图 26.9　W25Q64 芯片引脚图

芯片引脚连接如下:$\overline{CS}$ 即片选信号输入,低电平有效;DO 是 MISO 引脚,在 CLK 引脚的下降沿输出数据;$\overline{WP}$ 是写保护引脚,高电平可读可写,低电平仅仅可读;DI 是 MOSI 引脚,主机发送的数据、地址和命令从 SI 引脚输入到芯片内部,在 CLK 引脚的上升沿捕获数据;CLK 是串行时钟引脚,为输入/输出提供时钟脉冲;$\overline{HOLD}$ 是保持引脚,低电平有效。

STM32F103 通过 SPI 总线连接到 W25Q64 对应的引脚即可启动数据传输。

2. NOR FLASH 工作时序

前面对于 W25Q64 的介绍中也提及其存储的体系,W25Q64 有写入、读取还有擦除的功能,下面就对这 3 种操作的时序进行分析,后面通过代码的形式驱动它。

下面先看一下读操作时序,如图 26.10 所示。

图 26.10　W25Q64 读操作时序图

从图 26.10 可知,读数据指令是 03H,可以读出一个字节或者多个字节。发起读操作时,先把 $\overline{CS}$ 片选引脚拉低,然后通过 MOSI 引脚把 03H 发送芯片,之后再发送要读取的 24 位地址,这些数据在 CLK 上升沿时采样。芯片接收完 24 位地址之后,就会把相对应地址的数据在 CLK 引脚下降沿从 MISO 引脚发送出去。从图中可以看出,只要 CLK 一直在工作,那么通过一条读指令就可以把整个芯片存储区的数据读出来。当主机把 $\overline{CS}$ 引脚拉高时,数据传输停止。

接着看一下写时序,这里先看页写时序,如图 26.11 所示。

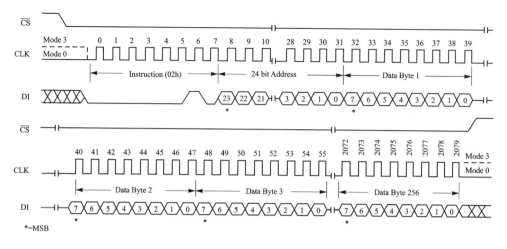

图 26.11 W25Q64 页写时序

在发送页写指令之前,需要先发送"写使能"指令。然后主机拉低 $\overline{CS}$ 引脚,通过 MOSI 引脚把 02H 发送到芯片,接着发送 24 位地址,最后就可以发送需要写的字节数据到芯片。完成数据写入之后,需要拉高 $\overline{CS}$ 引脚,停止数据传输。

下面介绍一下扇区擦除时序,如图 26.12 所示。

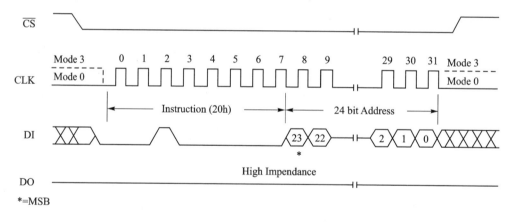

图 26.12 扇区擦除时序图

扇区擦除指的是将一个扇区擦除,通过前面的介绍也知道,W25Q64 的扇区大小是 4 KB。擦除扇区后,扇区的位全置 1,即扇区字节为 FFh。同样的,在执行扇区擦除之前,需要先执行写使能指令。这里需要注意的是当前 SPI 总线的状态,假如总线状态是 BUSY,那么这个扇区擦除是无效的,所以在拉低 $\overline{CS}$ 引脚准备发送数据前,需要先确定 SPI 总线的状态,这就需要执行读状态寄存器指令,读取状态寄存器的 BUSY 位,需要等待 BUSY 位为 0,才可以执行擦除工作。

接着按时序图分析,主机先拉低 $\overline{CS}$ 引脚,再通过 MOSI 引脚发送指令代码 20h 到芯片,接着把 24 位扇区地址发送到芯片,然后需要拉高 $\overline{CS}$ 引脚,通过读取寄存器状态等待扇区擦除操作完成。

此外还有对整个芯片进行擦除的操作,时序比扇区擦除更加简单,不用发送 24 bit 地址,只需要发送指令代码 C7h 到芯片即可实现芯片的擦除。

W25Q64 手册中还有许多种方式的读/写/擦除操作,这里只分析本实验用到的,其他可以参考 W25Q64 手册。

26.2　硬件设计

(1) 例程功能

通过 KEY1 按键来控制 NOR FLASH 的写入,通过按键 KEY0 来控制 NOR FLASH 的读取,并在 LCD 模块上显示相关信息。还可以通过 USMART 控制读取 NOR FLASH 的 ID、擦除某个扇区或整片擦除。LED0 闪烁用于提示程序正在运行。

(2) 硬件资源

➢ LED 灯:LED0-PA8;

➢ 独立按键:KEY0-PC5、KEY1 -PA15;

➢ NOR FLASH W25Q64;

➢ 正点原子 TFTLCD 模块(仅限 MCU 屏,16 位 8080 并口驱动);

➢ 串口 1(PA9、PA10 连接在板载 USB 转串口芯片 CH340 上面)(USMART 使用)。

(3) 原理图

我们主要来看看 NOR FLASH 和开发板的连接,如图 26.13 所示。可见,W25Q64 的 $\overline{CS}$、SCK、MISO 和 MOSI 分别连接在 STM32 的 PA2、PA5、PA6 和 PA7 上。本实验还支持多种型号的 SPI FLASH 芯片,比如 BY25Q64、NM25Q64、W25Q64 等,具体可查看 norflash.h 文件的宏定义,在程序上只需要稍微修改一下即可,后面讲解程序的时候会提到。

图 26.13　NOR FLASH 和开发板的连接

26.3 程序设计

26.3.1 SPI 的 HAL 库驱动

SPI 在 HAL 库中的驱动代码在 stm32f1xx_hal_spi.c 文件(及其头文件)中。

1. HAL_SPI_Init 函数

SPI 的初始化函数,其声明如下:

```
HAL_StatusTypeDef HAL_SPI_Init(SPI_HandleTypeDef * hspi);
```

函数描述:用于初始化 SPI。

函数形参:形参 SPI_HandleTypeDef 是结构体类型指针变量,其定义如下:

```
typedef struct __SPI_HandleTypeDef
{
    SPI_TypeDef                  * Instance;         /* SPI 寄存器基地址 */
    SPI_InitTypeDef              Init;               /* SPI 通信参数 */
    uint8_t                      * pTxBuffPtr;       /* SPI 的发送缓存 */
    uint16_t                     TxXferSize;         /* SPI 的发送数据大小 */
    __IOuint16_t                 TxXferCount;        /* SPI 发送端计数器 */
    uint8_t                      * pRxBuffPtr;       /* SPI 的接收缓存 */
    uint16_t                     RxXferSize;         /* SPI 的接收数据大小 */
    __IOuint16_t                 RxXferCount;        /* SPI 接收端计数器 */
    void ( * RxISR)(struct __SPI_HandleTypeDef * hspi); /* SPI 的接收端中断服务函数 */
    void ( * TxISR)(struct __SPI_HandleTypeDef * hspi); /* SPI 的发送端中断服务函数 */
    DMA_HandleTypeDef            * hdmatx;           /* SPI 发送参数设置(DMA) */
    DMA_HandleTypeDef            * hdmarx;           /* SPI 接收参数设置(DMA) */
    HAL_LockTypeDef              Lock;               /* SPI 锁对象 */
    __IO HAL_SPI_StateTypeDefState;                  /* SPI 传输状态 */
    __IOuint32_t                 ErrorCode;          /* SPI 操作错误代码 */
} SPI_HandleTypeDef;
```

这里主要讲解第二个成员变量 Init,它是 SPI_InitTypeDef 结构体类型,该结构体定义如下:

```
typedef struct
{
    uint32_t Mode;               /* 模式:主(SPI_MODE_MASTER)从(SPI_MODE_SLAVE) */
    uint32_t Direction;          /* 方向:只接收模式 单线双向通信数据模式 全双工 */
    uint32_t DataSize;           /* 数据帧格式:8 位/16 位 */
    uint32_t CLKPolarity;        /* 时钟极性 CPOL 高/低电平 */
    uint32_t CLKPhase;           /* 时钟相位 奇/偶数边沿采集 */
    uint32_t NSS;                /* SS 信号由硬件(NSS)管脚控制还是软件控制 */
    uint32_t BaudRatePrescaler;  /* 设置 SPI 波特率预分频值 */
    uint32_t FirstBit;           /* 起始位是 MSB 还是 LSB */
    uint32_t TIMode;             /* 帧格式 SPI motorola 模式还是 TI 模式 */
    uint32_t CRCCalculation;     /* 硬件 CRC 是否使能 */
    uint32_t CRCPolynomial;      /* 设置 CRC 多项式 */
} SPI_InitTypeDef;
```

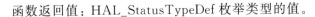
函数返回值：HAL_StatusTypeDef 枚举类型的值。

2. 使用 SPI 传输数据的配置步骤

① SPI 参数初始化（工作模式、数据时钟极性、时钟相位等）。

HAL 库通过调用 SPI 初始化函数 HAL_SPI_Init 完成对 SPI 参数初始化，详见例程源码。注意，该函数会调用 HAL_SPI_MspInit 函数来完成对 SPI 底层的初始化，包括 SPI 及 GPIO 时钟使能、GPIO 模式设置等。

② 使能 SPI 时钟和配置相关引脚的复用功能。

本实验用到 SPI1，使用 PA5、PA6 和 PA7 作为 SPI_SCK、SPI_MISO 和 SPI_MO-SI，因此需要先使能 SPI1 和 GPIOA 时钟。参考代码如下：

```
__HAL_RCC_SPI1_CLK_ENABLE();
__HAL_RCC_GPIOA_CLK_ENABLE();
```

I/O 口复用功能是通过函数 HAL_GPIO_Init 来配置的。

③ 使能 SPI。

通过 __HAL_SPI_ENABLE 函数使能 SPI 便可进行数据传输。

④ SPI 传输数据。

通过 HAL_SPI_Transmit 函数进行发送数据。通过 HAL_SPI_Receive 函数进行接收数据。也可以通过 HAL_SPI_TransmitReceive 函数进行发送与接收操作。

⑤ 设置 SPI 传输速度。

SPI 初始化结构体 SPI_InitTypeDef 有一个成员变量是 BaudRatePrescaler，该成员变量用来设置 SPI 的预分频系数，从而决定了 SPI 的传输速度。但是 HAL 库并没有提供单独的 SPI 分频系数修改函数，如果需要在程序中偶尔修改速度，那么就要通过设置 SPI_CR1 寄存器来修改，具体实现方法参考后面软件设计小节的相关函数。

26.3.2　程序流程图

程序流程如图 26.14 所示。

26.3.3　程序解析

本实验通过调用 HAL 库的函数去驱动 SPI 进行通信，所以需要在工程的分组中添加 stm32f1xx_hal_spi.c 文件。实验工程中新增了 spi.c 来存放 SPI 底层驱动代码，norflash.c 文件存放 W25Q64、NM25Q64 驱动。

1. SPI 底层驱动代码

这里只讲解核心代码，详细的源码可参考配套资料中本实验对应源码。SPI 驱动源码包括 2 个文件：spi.c 和 spi.h。

下面直接介绍 SPI 相关的程序，首先介绍 spi.h 文件，其定义如下：

图 26.14 SPI 实验程序流程图

```
/* SPI1 引脚定义 */
# define SPI1_SCK_GPIO_PORT                GPIOA
# define SPI1_SCK_GPIO_PIN                 GPIO_PIN_5
# define SPI1_SCK_GPIO_CLK_ENABLE()  do{ __HAL_RCC_GPIOA_CLK_ENABLE(); }while(0)
# define SPI1_MISO_GPIO_PORT               GPIOA
# define SPI1_MISO_GPIO_PIN                GPIO_PIN_6
# define SPI1_MISO_GPIO_CLK_ENABLE() do{ __HAL_RCC_GPIOA_CLK_ENABLE(); }while(0)
# define SPI1_MOSI_GPIO_PORT               GPIOA
# define SPI1_MOSI_GPIO_PIN                GPIO_PIN_7
# define SPI1_MOSI_GPIO_CLK_ENABLE() do{ __HAL_RCC_GPIOA_CLK_ENABLE(); }while(0)
/* SPI1 相关定义 */
# define SPI1_SPI                          SPI1
# define SPI1_SPI_CLK_ENABLE()       do{ __HAL_RCC_SPI1_CLK_ENABLE(); }while(0)
```

通过宏定义标识符的方式去定义 SPI 通信用到的 3 个引脚 SCK、MISO 和 MOSI，同时还宏定义 SPI1 的相关信息。

接下来看一下 spi.c 代码中的初始化函数，代码如下：

```c
SPI_HandleTypeDef g_spi1_handler;                    /* SPI1 句柄 */
void spi1_init(void)
{
    SPI1_SPI_CLK_ENABLE();                           /* SPI1 时钟使能 */
    g_spi1_handler.Instance = SPI1_SPI;              /* SPI1 */
    g_spi1_handler.Init.Mode = SPI_MODE_MASTER;      /* 设置 SPI 工作模式,设置为主模式 */
    /* 设置 SPI 单向或者双向的数据模式:SPI 设置为双线模式 */
    g_spi1_handler.Init.Direction = SPI_DIRECTION_2LINES;
    /* 设置 SPI 的数据大小:SPI 发送接收 8 位帧结构 */
    g_spi1_handler.Init.DataSize = SPI_DATASIZE_8BIT;
    /* 串行同步时钟的空闲状态为高电平 */
    g_spi1_handler.Init.CLKPolarity = SPI_POLARITY_HIGH;
    /* 串行同步时钟的第二个跳变沿(上升或下降)数据被采样 */
    g_spi1_handler.Init.CLKPhase = SPI_PHASE_2EDGE;
    /* NSS 信号由硬件(NSS 管脚)还是软件(使用 SSI 位)管理:内部 NSS 信号有 SSI 位控制 */
    g_spi1_handler.Init.NSS = SPI_NSS_SOFT;
    /* 定义波特率预分频的值:波特率预分频值为 256 */
    g_spi1_handler.Init.BaudRatePrescaler = SPI_BAUDRATEPRESCALER_256;
    /* 指定数据传输从 MSB 位还是 LSB 位开始:数据传输从 MSB 位开始 */
    g_spi1_handler.Init.FirstBit = SPI_FIRSTBIT_MSB;
    g_spi1_handler.Init.TIMode = SPI_TIMODE_DISABLE;   /* 关闭 TI 模式 */
    /* 关闭硬件 CRC 校验 */
    g_spi1_handler.Init.CRCCalculation = SPI_CRCCALCULATION_DISABLE;
    g_spi1_handler.Init.CRCPolynomial = 7;             /* CRC 值计算的多项式 */
    HAL_SPI_Init(&g_spi1_handler);                     /* SPI 初始化 */
    __HAL_SPI_ENABLE(&g_spi1_handler);                 /* 使能 SPI1 */
    /* 启动传输,实际上就是产生 8 个时钟脉冲,达到清空 DR 的作用,非必需 */
    spi1_read_write_byte(0Xff);
}
```

spi_init 函数中主要工作就是对于 SPI 参数的配置,这里包括工作模式、数据模式、数据大小、时钟极性、时钟相位、波特率预分频值等。关于 SPI 的引脚配置就放在了 HAL_SPI_MspInit 函数里,其代码如下：

```c
void HAL_SPI_MspInit(SPI_HandleTypeDef * hspi)
{
    GPIO_InitTypeDefgpio_init_struct;
    if (hspi->Instance == SPI1_SPI)
    {
        SPI1_SCK_GPIO_CLK_ENABLE();                    /* SPI1_SCK 脚时钟使能 */
        SPI1_MISO_GPIO_CLK_ENABLE();                   /* SPI1_MISO 脚时钟使能 */
        SPI1_MOSI_GPIO_CLK_ENABLE();                   /* SPI1_MOSI 脚时钟使能 */
        gpio_init_struct.Pin = SPI1_SCK_GPIO_PIN;
        gpio_init_struct.Mode = GPIO_MODE_AF_PP;       /* SCK 引脚模式设置(复用输出) */
        gpio_init_struct.Pull = GPIO_PULLUP;
        gpio_init_struct.Speed = GPIO_SPEED_FREQ_HIGH;
```

```
    HAL_GPIO_Init(SPI1_SCK_GPIO_PORT,& gpio_init_struct);
    gpio_init_struct.Pin = SPI1_MISO_GPIO_PIN;  /* MISO 引脚模式设置(复用输出) */
    HAL_GPIO_Init(SPI1_MISO_GPIO_PORT,&gpio_init_struct);
    gpio_init_struct.Pin = SPI1_MOSI_GPIO_PIN;  /* MOSI 引脚模式设置(复用输出) */
    HAL_GPIO_Init(SPI1_MOSI_GPIO_PORT,&gpio_init_struct);
    }
}
```

通过以上 2 个函数的作用就可以完成 SPI 初始化。接下来介绍 SPI 的发送和接收函数,其定义如下:

```
uint8_t spi1_read_write_byte(uint8_t txdata)
{
    uint8_t rxdata;
    HAL_SPI_TransmitReceive(&g_spi1_handler,&txdata,&rxdata,1,1000);
    return rxdata;          /* 返回收到的数据 */
}
```

这里的 spi_read_write_byte 函数直接调用了 HAL 库内置的函数进行接收和发送操作。

由于不同的外设需要的通信速度不一样,所以这里定义了一个速度设置函数,通过操作寄存器的方式去实现,其代码如下:

```
void spi1_set_speed(uint8_t speed)
{
    assert_param(IS_SPI_BAUDRATE_PRESCALER(speed));  /* 判断有效性 */
    __HAL_SPI_DISABLE(&g_spi1_handler);              /* 关闭 SPI */
    g_spi1_handler.Instance->CR1 &= 0XFFC7;          /* 位 3～5 清零,用来设置波特率 */
    g_spi1_handler.Instance->CR1 |= speed <<3;       /* 设置 SPI 速度 */
    __HAL_SPI_ENABLE(&g_spi1_handler);               /* 使能 SPI */
}
```

2. NOR FLASH 驱动代码

这里只讲解核心代码,详细的源码可参考配套资料中本实验对应源码。NOR FLASH 驱动源码包括 2 个文件:norflash.c 和 norflash.h。

前面已经对 SPI 协议需要用到的东西都封装好了,那么现在就要在 SPI 通信的基础上,通过前面分析的 W25Q64 工作时序拟定通信代码。

由于这部分的代码量比较大,这里就不一一贴出来介绍。介绍几个重点,其余的可查看源码。首先是 norflash.h 头文件,我们做了一个 FLASH 芯片列表(宏定义),这些宏定义是一些支持的 FLASH 芯片的 ID。接下来是 FLASH 芯片指令表的宏定义,这个可参考 FLASH 芯片手册比对得到,这里就不将代码列出来了。

下面介绍 norflash.c 文件几个重要的函数,首先是 NOR FLASH 初始化函数,其定义如下:

```
void norflash_init(void)
{
    GPIO_InitTypeDef gpio_init_struct;
    uint8_t temp;
```

```
        NORFLASH_CS_GPIO_CLK_ENABLE();                      /* NOR FLASH CS 脚 时钟使能 */
        /* CS 引脚模式设置(复用输出) */
        gpio_init_struct.Pin = NORFLASH_CS_GPIO_PIN;
        gpio_init_struct.Mode = GPIO_MODE_OUTPUT_PP;
        gpio_init_struct.Pull = GPIO_PULLUP;
        gpio_init_struct.Speed = GPIO_SPEED_FREQ_HIGH;
        HAL_GPIO_Init(NORFLASH_CS_GPIO_PORT,&gpio_init_struct);
        NORFLASH_CS(1);                                      /* 取消片选 */
        spi1_init();                                         /* 初始化 SPI1 */
        spi1_set_speed(SPI_SPEED_2);                         /* SPI1 切换到高速状态 36 MHz */
        g_norflash_type = nor
        flash_read_id();                                     /* 读取 FLASH ID */
        /* SPI FLASH 为 W25Q256,必须使能 4 字节地址模式 */
        if (g_norflash_type == W25Q256)
        {
            temp = norflash_read_sr(3);                      /* 读取状态寄存器 3,判断地址模式 */
            /* 如果不是 4 字节地址模式,则进入 4 字节地址模式 */
            if ((temp & 0X01) == 0)
            {
                norflash_write_enable();                     /* 写使能 */
                temp|= 1 <<1;                                /* ADP = 1,上电 4 位地址模式 */
                norflash_write_sr(3,temp);                   /* 写 SR3 */
                NORFLASH_CS(0);
                spi1_read_write_byte(FLASH_Enable4ByteAddr);/* 使能 4 字节地址指令 */
                NORFLASH_CS(1);
            }
        }
    }
```

在初始化函数中,将 SPI 通信协议用到的 CS 引脚配置好,同时根据 FLASH 的通信要求,通过调用 spi_set_speed 函数把 SPI1 切换到高速状态。然后就要读取 FLASH 的 ID,由于 W25Q256 的容量比较大,通信的时候需要 4 个字节,为了函数的兼容性,这里做了判断处理。当然,我们使用的 W25Q64 是 3 字节地址模式的。如果能读到 ID,则说明 SPI 时序能正常操作 FLASH,便可以通过 SPI 接口读/写 NOR FLASH 的数据了。

进行其他数据操作时,由于每一次读/写操作的时候都需要发送地址,所以这里把这个板块封装成函数,函数名是 norflash_send_address,实质上就是通过 SPI 的发送接收函数 spi1_read_write_byte 进行实现的,这里就不列出来了。

下面介绍一下 FLASH 读取函数,这里可以根据前面的时序图对照理解,其定义如下:

```
void norflash_read(uint8_t * pbuf,uint32_t addr,uint16_t datalen)
{
    uint16_t i;
    NORFLASH_CS(0);
    spi1_read_write_byte(FLASH_ReadData);                   /* 发送读取命令 */
    norflash_send_address(addr);                            /* 发送地址 */
    for(i = 0; i < datalen; i ++)
```

```
        {
            pbuf[i] = spi1_read_write_byte(0XFF);        /* 循环读取 */
        }
    NORFLASH_CS(1);
}
```

该函数用于从 NOR FLASH 的指定位置读出指定长度的数据,由于 NOR
FLASH 支持以任意地址(但是不能超过 NOR FLASH 的地址范围)开始读取数据,所
以,这个代码相对来说比较简单。首先拉低片选信号,发送读取命令,接着发送 24 位地
址之后,程序就可以开始循环读数据,其地址就会自动增加,读取完数据后需要拉高片
选信号,结束通信。

有读函数,那肯定就有写函数,接下来介绍一下 NOR FLASH 写函数,其定义
如下:

```
uint8_tg_norflash_buf[4096];                 /* 扇区缓存 */
void norflash_write(uint8_t * pbuf,uint32_t addr,uint16_t datalen)
{
    uint32_t secpos;
    uint16_t secoff;
    uint16_t secremain;
    uint16_t i;
    uint8_t * norflash_buf;
    norflash_buf = g_norflash_buf;
    secpos = addr / 4096;                    /* 扇区地址 */
    secoff = addr % 4096;                    /* 在扇区内的偏移 */
    secremain = 4096-secoff;                 /* 扇区剩余空间大小 */
    if (datalen < = secremain)
    {
        secremain = datalen;                 /* 不大于 4 096 个字节 */
    }
    while (1)
    {
        norflash_read(norflash_buf,secpos * 4096,4096);  /* 读出整个扇区的内容 */
        for (i = 0; i < secremain; i++ )                 /* 校验数据 */
        {
            if (norflash_buf[secoff + i] ! = 0XFF)
            {
                break;                       /* 需要擦除,直接退出 for 循环 */
            }
        }
        if (i < secremain)                   /* 需要擦除 */
        {
            norflash_erase_sector(secpos); /* 擦除这个扇区 */
            for (i = 0; i < secremain; i++ ) /* 复制 */
            {
                norflash_buf[i + secoff] = pbuf[i];
            }
            /* 写入整个扇区 */
            norflash_write_nocheck(norflash_buf,secpos * 4096,4096);
```

```
        }
        else                                    /*写已经擦除了的,直接写入扇区剩余区间*/
        {
            norflash_write_nocheck(pbuf,addr,secremain);    /*直接写扇区*/
        }
        if (datalen == secremain)
        {
            break;                              /*写入结束了*/
        }
        else                                    /*写入未结束*/
        {
            secpos ++ ;                         /*扇区地址增1*/
            secoff = 0;                         /*偏移位置为0*/
            pbuf += secremain;                  /*指针偏移*/
            addr += secremain;                  /*写地址偏移*/
            datalen -= secremain;               /*字节数递减*/
            if (datalen >4096)
            {
                secremain = 4096;              /*下一个扇区还是写不完*/
            }
            else
            {
                secremain = datalen;          /*下一个扇区可以写完了*/
            }
        }
    }
}
```

　　该函数可以在 NOR FLASH 的任意地址开始写入任意长度(必须不超过 NOR FLASH 的容量)的数据。

　　这里简单介绍一下思路:先获得首地址(addr)所在的扇区,并计算在扇区内的偏移,然后判断要写入的数据长度是否超过本扇区所剩下的长度。如果不超过,再看看是否要擦除。如果不要,则直接写入数据即可;如果要,则读出整个扇区,在偏移处开始写入指定长度的数据,然后擦除这个扇区,再一次性写入。当所需要写入的数据长度超过一个扇区的长度的时候,我们先按照前面的步骤把扇区剩余部分写完,再在新扇区内执行同样的操作,如此循环,直到写入结束。这里还定义了一个 g_norflash_buf 的全局变量,用于擦除时缓存扇区内的数据。

　　简单介绍一下写函数的实质调用,它用到的是通过无检验写 SPI_FLASH 函数实现的,而最终用到页写函数 norflash_write_page,前面也对页写时序进行了分析,现在看一下代码:

```
static void norflash_write_page(uint8_t * pbuf,uint32_t addr,uint16_t datalen)
{
    uint16_t i;
    norflash_write_enable();                    /*写使能*/
    NORFLASH_CS(0);
    spi1_read_write_byte(FLASH_PageProgram);    /*发送写页命令*/
```

```
        norflash_send_address(addr);              /* 发送地址 */
        for(i = 0; i < datalen; i ++)
        {
            spi1_read_write_byte(pbuf[i]);         /* 循环写入 */
        }
        NORFLASH_CS(1);
        norflash_wait_busy();                      /* 等待写入结束 */
}
```

在页写功能的代码中,先发送写使能命令,才发送页写命令,然后发送写入的地址,再把写入的内容通过一个 for 循环写入,发送完后拉高片选 $\overline{\text{CS}}$ 引脚结束通信,等待FLASH 内部写入结束。检测 FLASH 内部的状态可以通过查看 W25Qxx 状态寄存器1 的位 0 实现。这里介绍一下 W25Qxx 的状态寄存器,详细如表 26.3 所列。

表 26.3 W25Qxx 状态寄存器表

状态寄存器	Bit7	Bit6	Bit5	Bit4	Bit3	Bit2	Bit1	Bit0
状态寄存器 1	SPR	RV	TB	BP2	BP1	BP0	WEL	BUSY
状态寄存器 2	SUS	CMP	LB3	LB2	LB1	(R)	QE	SRP1
状态寄存器 3	HOLD/RST	DRV1	DRV0	(R)	(R)	WPS	ADP	ADS

我们也定义了一个函数 norflash_read_sr 去读取 W25Qxx 状态寄存器的值,这里就不列出来了,实现的方式也是老套路:根据传参判断需要获取的是哪个状态寄存器,然后拉低片选线,调用 spi1_read_write_byte 函数发送该寄存器的命令,再通过发送一字节空数据获取读取到的数据,最后拉高片选线,函数返回读取到的值。

在 norflash_write_page 函数的基础上,增加了 norflash_write_nocheck 函数进行封装解决写入字节可能大于该页剩下的字节数问题,方便解决写入错误问题,其代码如下:

```
static void norflash_write_nocheck(uint8_t * pbuf,uint32_t addr,
                                   uint16_t datalen)
{
    uint16_t pageremain;
    pageremain = 256-addr % 256;    /* 单页剩余的字节数 */
    if (datalen <= pageremain)      /* 不大于 256 个字节 */
    {
        pageremain = datalen;
    }
    while (1)
    {
        norflash_write_page(pbuf,addr,pageremain);
        if (datalen == pageremain) /* 写入结束了 */
        {
            break;
        }
        else/* datalen > pageremain */
        {
```

```
        pbuf += pageremain;       /* pbuf 指针地址偏移,前面已写了 pageremain 字节 */
        addr += pageremain;       /* 写地址偏移,前面已经写了 pageremain 字节 */
        datalen -= pageremain;    /* 写入总长度减去已经写入的字节数 */
        if (datalen >256)         /* 剩余数据还大于一页,可以一次写一页 */
        {
            pageremain = 256;     /* 一次可以写入 256 字节 */
        }
        else                      /* 剩余数据小于一页,可以一次写完 */
        {
            pageremain = datalen;  /* 不够 256 字节了 */
        }
        }
    }
}
```

上面函数的实现主要是逻辑处理,通过判断传参中的写入字节的长度与单页剩余的字节数来决定是否需要在新页写入剩下的字节。这里需要读者自行理解一下。通过调用该函数实现了 norflash_write 的功能。下面简单介绍一下擦除函数 norflash_erase_sector:

```
void norflash_erase_sector(uint32_t saddr)
{
    saddr * = 4096;
    norflash_write_enable();                    /* 写使能 */
    norflash_wait_busy();                       /* 等待空闲 */
    NORFLASH_CS(0);
    spi1_read_write_byte(FLASH_SectorErase);    /* 发送写页命令 */
    norflash_send_address(saddr);               /* 发送地址 */
    NORFLASH_CS(1);
    norflash_wait_busy();                       /* 等待扇区擦除完成 */
}
```

该代码也是老套路,通过发送擦除指令实现擦除功能。注意,使用扇区擦除指令前,需要先发送写使能指令,拉低片选线,发送扇区擦除指令之后,发送擦除的扇区地址实现擦除,最后拉高片选线结束通信。函数最后通过读取寄存器状态的函数,等待扇区擦除完成。

3. main. c 代码

在 main.c 里面编写如下代码:

```
const uint8_t g_text_buf[] = {" STM32F103 SPI TEST"};  /* 要写到 FLASH 的字符串数组 */
# define TEXT_SIZE        sizeof(g_text_buf)            /* TEXT 字符串长度 */
int main(void)
{
    uint8_t key;
    uint16_t i = 0;
    uint8_t datatemp[TEXT_SIZE];
    uint32_t flashsize;
    uint16_t id = 0;
```

```
        HAL_Init();                                        /* 初始化 HAL 库 */
        sys_stm32_clock_init(RCC_PLL_MUL9);                /* 设置时钟,72 MHz */
        delay_init(72);                                    /* 延时初始化 */
        usart_init(115200);                                /* 串口初始化为 115 200 */
        usmart_dev.init(72);                               /* 初始化 USMART */
        led_init();                                        /* 初始化 LED */
        lcd_init();                                        /* 初始化 LCD */
        key_init();                                        /* 初始化按键 */
        norflash_init();                                   /* 初始化 NOR FLASH */
        lcd_show_string(30,50,200,16,16,"STM32",RED);
        lcd_show_string(30,70,200,16,16,"SPI TEST",RED);
        lcd_show_string(30,90,200,16,16,"ATOM@ALIENTEK",RED);
        lcd_show_string(30,110,200,16,16,"KEY1:Write  KEY0:Read",RED);
        id = norflash_read_id();                           /* 读取 FLASH ID */
        while ((id == 0) || (id == 0XFFFF))                /* 检测不到 FLASH 芯片 */
        {
            lcd_show_string(30,130,200,16,16,"FLASH Check Failed!",RED);
            delay_ms(500);
            lcd_show_string(30,130,200,16,16,"Please Check!        ",RED);
            delay_ms(500);
            LED0_TOGGLE();
        }
        lcd_show_string(30,130,200,16,16,"SPI FLASH Ready!",BLUE);
        flashsize = 8 * 1024 * 1024;                       /* FLASH 大小为 8 MB */
        while (1)
        {
            key = key_scan(0);
            if (key == KEY1_PRES)
            {                            /* 从倒数第 100 个地址处开始,写入 SIZE 长度的数据 */
                lcd_fill(0,150,239,319,WHITE);             /* 清除半屏 */
                lcd_show_string(30,150,200,16,16,"Start Write FLASH....",BLUE);
                sprintf((char *)datatemp,"%s%d",(char *)g_text_buf,i);
                norflash_write((uint8_t *)datatemp,flashsize-100,TEXT_SIZE);
                lcd_show_string(30,150,200,16,16,"FLASH Write Finished!",BLUE);
            }
            if (key == KEY0_PRES)
            {                            /* 从倒数第 100 个地址处开始,读出 SIZE 个字节 */
                lcd_show_string(30,150,200,16,16,"Start Read FLASH.... ",BLUE);
                norflash_read(datatemp,flashsize-100,TEXT_SIZE);
                lcd_show_string(30,150,200,16,16,"The Data Readed Is: ",BLUE);
                lcd_show_string(30,170,200,16,16,(char *)datatemp,BLUE);
            }
            i++;
            if (i == 20)
            {
                LED0_TOGGLE();                             /* LED0 闪烁 */
                i = 0;
            }
            delay_ms(10);
        }
    }
```

main 函数前面定义了 g_text_buf 数组,用于存放要写入到 FLASH 的字符串。main 函数代码和 I²C 实验那部分代码大同小异,具体流程大致是:在完成系统级和用户级初始化工作后读取 FLASH 的 ID,然后通过 KEY0 去读取倒数第 100 的地址处开始的数据并把数据显示在 LCD 上;另外,还可以通过 KEY1 去倒数第 100 的地址处写入 g_text_buf 数据,并在 LCD 界面显示传输中,完成后显示"FLASH Write Finished!"。

26.4　下载验证

将程序下载到开发板后,可以看到 LED0 不停闪烁,提示程序已经在运行了。LCD显示的界面如图 26.15 所示。

先按下 KEY1 写入数据,然后再按 KEY0 读取数据,得到界面如图 26.16 所示。

```
STM32
SPI TEST
ATOM@ALIENTEK
KEY0:Write  KEY1:Read
SPI FLASH Ready!
```

图 26.15　SPI 实验程序运行效果图

```
STM32
SPI TEST
ATOM@ALIENTEK
KEY1:Write  KEY0:Read
SPI FLASH Ready!
The Data Readed Is:
STM32F103 SPI TEST4
```

图 26.16　操作后的显示效果图

程序在开机的时候会检测 NOR FLASH 是否存在,如果不存在,则在 LCD 模块上显示错误信息,同时 LED0 慢闪。读者可以通过跳线帽把 PB14 和 PB15 短接就可以看到报错了。不建议对整个 SPI_FLASH 进行擦除,因为会导致字库与综合例程所需的系统文件丢失。

第3篇 提高篇

现在我们已经学会如何使用 STM32 的一些基础外设，算是入门了。接下来将学习提高篇的内容，本篇大部分内容都和 STM32 硬件底层关系不大，主要以各种第三方组件代码为主，比如内存管理、文件系统、图片解码库、字库、手写识别库、T9 输入法、USB 库、网络协议栈、OS 等。这些内容偏向较复杂应用，掌握起来难度较大，需要读者认真学习，多多练习，做到举一反三。

本篇同样使用一章一实例的方式来介绍 STM32 的各种高级应用，通过本篇的学习，读者将可以完成更复杂的 STM32 项目开发。

本篇将分为如下章节：

① 内存管理实验

② SD 卡实验

③ FATFS 实验

④ 汉字显示实验

⑤ 串口 IAP 实验

第 **27** 章

内存管理实验

前面介绍过,STM32 FLASH 写入的时候需要一个 1 024 字节的 16 位数组,实际上占用了 2 KB,而这个数组几乎只能给 stmflash_write 一个函数使用,其实这是非常浪费内存的一种做法,好的办法就是:需要的时候申请 2 KB,用完了再释放掉。这样就不会出现一个大数组仅供一个函数使用的浪费现象了,这种内存的申请与释放就需要用到内存管理。本章将介绍内存管理,从而实现对内存的动态管理。

27.1 内存管理简介

内存管理是指软件运行时对计算机内存资源的分配和使用的技术,其最主要的目的是如何高效、快速地分配,并且在适当的时候释放和回收内存资源。内存管理的实现方法有很多种,其实最终都是要实现 2 个函数:malloc 和 free。malloc 函数用来内存申请,free 函数用于内存释放。

本章介绍一种比较简单的办法来实现内存管理,即分块式内存管理,如图 27.1 所示。可以看出,分块式内存管理由内存池和内存管理表 2 部分组成。内存池被等分为 n 块,对应的内存管理表大小也为 n,内存管理表的每一个项对应内存池的一块内存。

内存管理表的项值代表的意义为:当该项值为 0 的时候,代表对应的内存块未被占用;当该项值非 0 的时候,代表该项对应的内存块已经被占用,其数值则代表被连续占用的内存块数。比如某项值为 10,那么说明包括本项对应的内存块在内,总共分配了 10 个内存块给外部的某个指针。

内存分配方向如图 27.1 所示,是从顶→底的分配方向。即首先从最末端开始找空内存,当内存管理刚初始化的时候,内存表全部清零,表示没有任何内存块被占用。

(1) 分配原理

当指针 p 调用 malloc 申请内存的时候,先判断 p 要分配的内存块数(m),再从第 n

图 27.1　分块式内存管理原理

开始向下查找,直到找到 m 块连续的空内存块(即对应内存管理表项为 0),然后将这 m 个内存管理表项的值都设置为 m(标记被占用),最后,把这个空内存块的地址返回指针 p,完成一次分配。注意,当内存不够的时候(找到最后也没有找到连续 m 块空闲内存),则返回 NULL 给 p,表示分配失败。

(2) 释放原理

当 p 申请的内存用完、需要释放的时候,调用 free 函数实现。free 函数先判断 p 指向的内存地址所对应的内存块,然后找到对应的内存管理表项目,得到 p 所占用的内存块数目 m(内存管理表项目的值就是所分配内存块的数目),将这 m 个内存管理表项目的值都清零,标记释放,完成一次内存释放。

27.2　硬件设计

(1) 例程功能

开机后,LCD 显示提示信息,等待外部输入。KEY0 用于申请内存并写入数据到申请的内存中,每次申请 2 KB 内存,KEY1 用于更新数据写入申请到的内存里,WK_UP 用于释放内存。LED0 闪烁用于提示程序正在运行。

(2) 硬件资源

➢ LED 灯:LED0-PA8;

➢ 独立按键:KEY0-PC5、KEY1-PA15、WK_UP-PA0;

➢ 串口 1(PA9、PA10 连接在板载 USB 转串口芯片 CH340 上面);

➢ 正点原子 TFTLCD 模块(仅限 MCU 屏,16 位 8080 并口驱动)。

27.3 程序设计

27.3.1 程序流程图

程序流程如图 27.2 所示。

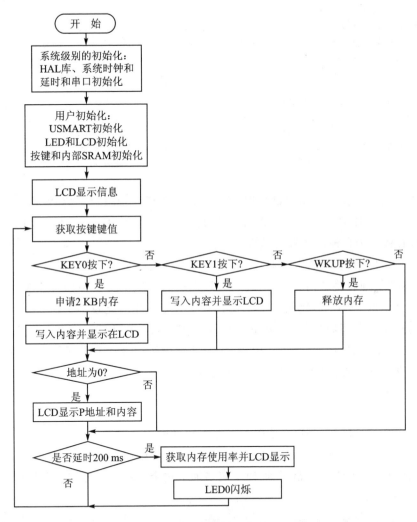

图 27.2 内存管理实验程序流程图

27.3.2 程序解析

1. 内存管理代码

这里只讲解核心代码,详细的源码可参考配套资料中本实验对应源码。内存管理驱动源码包括 2 个文件：malloc. c 和 malloc. h，这 2 个文件放在 Middlewares 文件夹下面的 MALLOC 文件夹。

下面直接介绍 malloc. h 中比较重要的一个结构体和内存参数宏定义，其定义如下：

```
#define SRAMIN          0          /*内部 SRAM 共 64 KB*/
#define SRAMBANK        1          /*定义支持的 SRAM 块数*/
/*定义内存管理表类型*/
#define MT_TYPE         uint16_t
#define MEM1_BLOCK_SIZE  32          /*内存块大小为 32 字节*/
#define MEM1_MAX_SIZE    40 * 1024 /*最大管理内存 40 KB,F103RC 内部 SRAM 总共 48 KB*/
#define MEM1_ALLOC_TABLE_SIZE  MEM1_MAX_SIZE/MEM1_BLOCK_SIZE  /*内存表大小*/
/*内存管理控制器*/
struct _m_mallco_dev
{
    void ( * init)(uint8_t);                    /*初始化*/
    uint16_t ( * perused)(uint8_t);             /*内存使用率*/
    uint8_t * membase[SRAMBANK];                /*内存池管理 SRAMBANK 个区域的内存*/
    MT_TYPE * memmap[SRAMBANK];                 /*内存管理状态表*/
    uint8_t  memrdy[SRAMBANK];                  /*内存管理是否就绪*/
};
```

这部分代码定义了很多关键数据：MEM1_BLOCK_SIZE 是内存管理最小分配单位，为 32 字节；MEM1_MAX_SIZE 是内存池总大小，为 40 KB；MEM1_ALLOC_TA-BLE_SIZE 代表内存池的内存管理表大小。

从这里可以看出，内存分块越小，那么内存管理表就越大。当分块为 2 字节 1 个块的时候，内存管理表就和内存池一样大了（管理表的每项都是 uint16_t 类型）。显然是不合适。这里取 32 字节，比例为 1∶16，内存管理表就相对比较小了。

通过这个内存管理控制器_m_malloc_dev 结构体，我们把分块式内存管理的相关信息，如初始化函数、获取使用率、内存池、内存管理表以及内存管理的状态保存下来，实现对内存池的管理控制。其中，内存池的定义为：

```
/*内存池(64 字节对齐)*/
static __align(64) uint8_t mem1base[MEM1_MAX_SIZE];          /*内部 SRAM 内存池*/
```

其中，MEM1_MAX_SIZE 是在头文件中定义的内存池大小。__align(64)定义内存池为 64 字节对齐，这个非常重要！如果不加上这个限制，在某些情况下（比如分配内存给结构体指针）可能出现错误，所以一定要加上这个。看一下分配内存和释放内存相关函数，定义如下：

```
static uint32_t my_mem_malloc(uint8_t memx,uint32_t size)
{
    signed long offset = 0;
    uint32_t nmemb;                             /*需要的内存块数*/
    uint32_t cmemb = 0;                         /*连续空内存块数*/
    uint32_t i;
    if (! mallco_dev.memrdy[memx])
    {
        mallco_dev.init(memx);                  /*未初始化,先执行初始化*/
```

```
    if (size == 0) return 0XFFFFFFFF;                    /* 不需要分配 */
    nmemb = size / memblksize[memx];                     /* 获取需要分配的连续内存块数 */
    if (size % memblksize[memx]) nmemb ++ ;
    for (offset = memtblsize[memx]-1; offset > = 0; offset -- )   /* 搜索整个内存控制区 */
    {
        if (! mallco_dev.memmap[memx][offset])
        {
            cmemb ++ ;                                   /* 连续空内存块数增加 */
        }
        else
        {
            cmemb = 0;                                   /* 连续内存块清零 */
        }
        if (cmemb == nmemb)                              /* 找到了连续 nmemb 个空内存块 */
        {
            for (i = 0; i < nmemb; i ++ )                /* 标注内存块非空 */
            {
                mallco_dev.memmap[memx][offset + i] = nmemb;
            }
            return (offset * memblksize[memx]);   /* 返回偏移地址 */
        }
    }
    return 0XFFFFFFFF;                                   /* 未找到符合分配条件的内存块 */
}
static uint8_t my_mem_free(uint8_t memx,uint32_t offset)
{
    int i;
    if (! mallco_dev.memrdy[memx])                       /* 未初始化,先执行初始化 */
    {
        mallco_dev.init(memx);
        return 1;                                        /* 未初始化 */
    }
    if (offset <memsize[memx])                           /* 偏移在内存池内 */
    {
        int index = offset / memblksize[memx];    /* 偏移所在内存块号码 */
        int nmemb = mallco_dev.memmap[memx][index];    /* 内存块数量 */
        for (i = 0; i < nmemb; i ++ )                    /* 内存块清零 */
        {
            mallco_dev.memmap[memx][index + i] = 0;
        }
        return 0;
    }
    else
    {
        return 2;                                        /* 偏移超区了 */
    }
}

void myfree(uint8_t memx,void * ptr)
```

```
{
    uint32_t offset;
    if (ptr == NULL)return;                              /* 地址为 0 */
    offset = (uint32_t)ptr-(uint32_t)mallco_dev.membase[memx];
    my_mem_free(memx,offset);                            /* 释放内存 */
}
void * mymalloc(uint8_t memx,uint32_t size)
{
    uint32_t offset;
    offset = my_mem_malloc(memx,size);
    if (offset == 0XFFFFFFFF)                            /* 申请出错 */
    {
        return NULL;                                     /* 返回空(0) */
    }
    Else                                                 /* 申请没问题,返回首地址 */
    {
        return (void *)((uint32_t)mallco_dev.membase[memx] + offset);
    }
}
```

整个 malloc 代码的核心函数:my_mem_malloc 和 my_mem_free 分别用于内存申请和内存释放。思路参考 27.1 节介绍的分配内存和释放内存,不过这里的 2 个函数只是内部调用,外部调用时另外定义了 mymalloc 和 myfree 这 2 个函数。其他函数就不多介绍了。

2. main.c 代码

在 main.c 下编写如下代码:

```
int main(void)
{
    uint8_t paddr[20];                          /* 存放 P Addr：+p 地址的 ASCII 值 */
    uint16_t memused = 0;
    uint8_t key;
    uint8_t i = 0;
    uint8_t * p = 0;
    uint8_t * tp = 0;
    HAL_Init();                                 /* 初始化 HAL 库 */
    sys_stm32_clock_init(RCC_PLL_MUL9);         /* 设置时钟,72 MHz */
    delay_init(72);                             /* 延时初始化 */
    usart_init(115200);                         /* 串口初始化为 115 200 */
    usmart_dev.init(72);                        /* 初始化 USMART */
    led_init();                                 /* 初始化 LED */
    lcd_init();                                 /* 初始化 LCD */
    key_init();                                 /* 初始化按键 */
    my_mem_init(SRAMIN);                        /* 初始化内部 SRAM 内存池 */
    lcd_show_string(30,50,200,16,16,"STM32",RED);
    lcd_show_string(30,70,200,16,16,"MALLOC TEST",RED);
    lcd_show_string(30,90,200,16,16,"ATOM@ALIENTEK",RED);
    lcd_show_string(30,110,200,16,16,"KEY0: Malloc",RED);
    lcd_show_string(30,130,200,16,16,"KEY1: Write Data",RED);
```

```
lcd_show_string(30,150,200,16,16,"KEY_UP: Free",RED);
lcd_show_string(30,170,200,16,16,"SRAMIN  USED:",BLUE);
while (1)
{
    key = key_scan(0);        /* 不支持连按 */
    switch (key)
    {
        case KEY0_PRES:/* KEY0 按下 */
            p = mymalloc(SRAMIN,2048);/* 申请 2 KB,并写入内容 */
            if (p ! = NULL)
            {
                sprintf((char *)p,"Memory Malloc Test % 03d",i);
                lcd_show_string(30,230,209,16,16,(char *)p,BLUE);
            }
            break;
        case KEY1_PRES:/* KEY1 按下 */
            if (p ! = NULL)
            {
                sprintf((char *)p,"Memory Malloc Test % 03d",i);
                lcd_show_string(30,230,209,16,16,(char *)p,BLUE);
            }
            break;
        case WKUP_PRES:/* KEY UP 按下 */
            myfree(SRAMIN,p);/* 释放内存 */
            p = 0;/* 指向空地址 */
            break;
    }
    if (tp ! = p )
    {
        tp = p;
        sprintf((char *)paddr,"P Addr:0X % 08X",(uint32_t)tp);
        lcd_show_string(30,210,209,16,16,(char *)paddr,BLUE);/* p 的地址 */
        if (p)
        {
            lcd_show_string(30,230,280,16,16,(char *)p,BLUE);/* P 的内容 */
        }
        else
        {
            lcd_fill(30,230,209,296,WHITE);     /* p = 0,清除显示 */
        }
    }
    delay_ms(10);
    i + + ;
    if ((i % 20) == 0)                        /* DS0 闪烁 */
    {
        memused = my_mem_perused(SRAMIN);
        sprintf((char *)paddr," % d. % 01d % %",memused / 10,memused % 10);
        lcd_show_string(30 + 112,170,200,16,16,(char *)paddr,BLUE);
        LED0_TOGGLE();                          /* LED0 闪烁 */
    }
}
}
```

该部分代码比较简单,主要是对 mymalloc 和 myfree 的应用。注意,如果对一个指针进行多次内存申请,而之前的申请又没有释放,那么将造成内存泄漏。这是内存管理不希望发生的,久而久之,可能导致无内存可用的情况。所以,在使用的时候,一定要记住,申请的内存在用完以后一定要释放。

另外,本章希望利用 USMART 调试内部管理,所以在 USMART 里面添加了 mymalloc 和 myfree 函数,用于测试内存分配和内存释放。

27.4　下载验证

将程序下载到开发板后,可以看到 LED0 不停闪烁,提示程序已经在运行了。LCD 显示的内容如图 27.3 所示。

可以看到,内存的使用率均为 0% ,说明还没有任何内存被使用,此时按下 KEY0,则可以看到内存使用了 5% ,同时下面提示了指针 p 所指向的地址(其实就是被分配到的内存地址)和内容。多按几次 KEY0,可以看到内存使用率持续上升(注意比对 p 的值,可以发现是递减的,说明是从顶部开始分配内存),此时如果按下 WK_UP,可以发现内存使用率降低了 5% ,但是再按

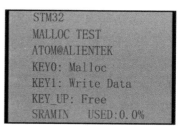

图 27.3　内存管理实验测试图

WK_UP 将不再降低,说明内存泄漏了。这就是前面提到的对一个指针多次申请内存,而之前申请的内存又没有释放,导致的内存泄漏,实际使用的时候必须避免。KEY1 用来更新 p 的内容,更新后的内容将重新显示在 LCD 模块上。

第**28**章

SD 卡实验

很多单片机系统都需要大容量存储设备来存储数据,目前常用的有 U 盘、FLASH 芯片、SD 卡等。它们各有优点,综合比较,最适合单片机系统的莫过于 SD 卡了,它不仅容量可以做到很大(32 GB 以上),支持 SPI/SDIO 驱动,而且有多种体积的尺寸可供选择(标准的 SD 卡尺寸及 micorSD 卡尺寸等),能满足不同应用的要求。

只需要少数几个 I/O 口即可外扩一个高达 32 GB 或以上的外部存储器,容量从几十 M 到几十 G 选择范围很大,更换也很方便,编程也简单,是单片机大容量外部存储器的首选。

正点原子 Mini STM32F103 V4 版本以后使用的接口是 microSD 卡接口,卡座带自锁功能,使用 STM32 自带的 SPI 接口驱动,最高通信速度可达 18 MHz,最高每秒可传输数据 2 MB,对于一般应用足够了。本章将介绍如何在正点原子 Mini STM32F103 上实现 micorSD 卡的读取。

28.1 SD 卡简介

28.1.1 SD 物理结构

SD 卡(Secure Digital Memort Card),中文翻译为安全数码卡,它是在 MMC 的基础上发展而来,是一种基于半导体快闪记忆器的新一代记忆设备,广泛用于便携式装置。

SD 卡的规范由 SD 卡协会明确,可以访问 https://www.sdcard.org 查阅更多标准。SD 卡主要有 SD、miniSD 和 microSD(原名 TF 卡,2004 年正式更名为 microSD 卡,为方便本文用 microSD 表示)这 3 种类型。miniSD 已经被 microSD 取代,使用得不多,根据最新的 SD 卡规格列出的参数如表 28.1 所列。

表 28.1 SD 卡的主要规格参数

形　状		SD	microSD
尺寸		32×24×2.1 mm， 32×24×1.4 mm， 重 1.2～2.5 g	11×15×1.0 mm，约重 0.5 g
卡片种类(容量范围)		SD(≤2 GB)、SDHC(2～32 GB)、SDXC(32 GB ～2 TB)、SDUC(2～128 TB)	
硬件规格	脚位数	High Speed and UHS-I：9 pin	High Speed and UHS-I：8 pin
		UHS-II and UHS-III：17 pin	UHS-II and UHS-III：16 pin
		SD Express 1-lane：17～19 pin	SD Express 1-lane：17 pin
		SD Express 2-lane：25～27 pin	
	电压范围	3.3 V 版本：2.7～3.6 V	
		1.8 V 低电压版：1.70～1.95 V	
	防写开关	是	否

　　表格中的"脚位数"对应于实卡上的"金手指"数,不同类型的卡的触点数量不同,访问的速度也不相同。SD 卡允许不同的接口来访问它的内部存储单元。最常见的是 SDIO 模式和 SPI 模式,根据这 2 种接口模式,我们也列出 SD 卡引脚对应于这 2 种不同电路模式的引脚功能定义,如表 28.2 所列。

表 28.2 SD 卡引脚编号

SD 卡	SD 模式			SPI 模式		
引脚编号	引脚名	引脚类型	功能描述	引脚名	引脚类型	功能描述
1	CD/DAT3	I/O/PP	卡识别/数据线位 3	CS	I3	片选,低电平有效
2	CMD	I/O/PP	命令/响应	DI	I	数据输入
3	VSS1	S	电源地	VSS	S	电源地
4	VDD	S	DC 电源正极	VDD	S	DC 电源正极
5	CLK	I	Clock	SCLK	I	时钟
6	VSS2	S	电源地	VSS2	S	电源地
7	DAT0	I/O/PP	数据线位 0	DO	O/PP	数据输出
8	DAT1	I/O/PP	数据线位 1	RSV		
9	DAT2	I/O/PP	数据线位 2	RSV		

注：S 表示电源,I 表示输入,O 表示推挽输出,PP 表示推挽。

对比看一下 microSD 引脚,如表 28.3 所列,其只比 SD 卡少了一个电源引脚 VSS2,其他的引脚功能类似。

表 28.3　microSD 卡引脚编号

microSD	SD 模式			SPI 模式		
引脚编号	引脚名	引脚类型	功能描述	引脚名	引脚类型	功能描述
1	DAT2	I/O/PP	数据线位 2	RSV		
2	CD/DAT3	I/O/PP	卡识别/数据线位 3	CS	I	片选低电平有效
3	CMD	PP	命令/响应	DI	I	数据输入
4	VDD	S	DC 电源正极	VDD	S	DC 电源正极
5	CLK	I	时钟	SCLK	I	时钟
6	VSS	S	电源地	VSS	S	电源地
7	DAT0	I/O/PP	数据线位 0	DO	O/PP	数据输出
8	DAT1	I/O/PP	数据线位 1	RSV		

注:S 表示电源,I 表示输入,O 表示推挽输出,PP 表示推挽。

SD 卡和 microSD 只有引脚和形状大小不同,内部结构类似,操作时序完全相同,可以使用完全相同的代码驱动。下面以 9'Pin SD 卡的内部结构为例,展示 SD 卡的存储结构,如图 28.1 所示。

SD 卡有自己的寄存器,但它不能直接进行读/写操作,需要通过命令来控制。SD 卡定义了 64 个命令,这些命令用于实现某一特定功能,SD 卡根据收到的命令会对内部寄存器进行修改(注意:SPI 模式下有部分 SD 卡命令是不支持的)。

表 28.4 描述了 SD 卡的寄存器与 SD 卡进行数据通信的主要通道。

表 28.4　SD 卡寄存器信息

名　称	位　宽	描　述
CID	128	卡标识(Card identification):每个卡都是唯一的
RCA	16	相对地址(Relative card address):卡的本地系统地址,初始化时,动态地由卡建议,经主机核准(SPI 模式下无 RCA)
DSR	16	驱动级寄存器(Driver Stage Register):配置卡的输出驱动
CSD	128	卡的特定数据(Card Specific Data):卡的操作条件信息
SCR	64	SD 配置寄存器(SD Configuration Register):SD 卡特殊特性信息
OCR	32	操作条件寄存器(Operation conditions register):卡电源和状态标识
SSR	512	SD 状态(SD Status):SD 卡专有特征的信息
CSR	32	卡状态(Card Status):卡状态信息

关于 SD 卡的更多信息和硬件设计规范可以参考 SD 卡协议《Physical Layer Simplified Specification Version 2.00》的相关章节(因为 STM32F103 用的是 SD 协议 2.0 版本,后续版本也兼容此旧协议版本,故本章仍以 2.0 版本为介绍对象)。

图 28.1　SD 卡内部物理结构(RCA 寄存器在 SPI 模式下不可访问)

28.1.2　命令和响应

一个完整的 SD 卡操作过程是：主机(单片机等)发起命令,SD 卡根据命令的内容决定是否发送响应信息及数据。如果是数据读/写操作,主机还需要发送停止读/写数据的命令来结束本次操作,这意味着主机发起命令指令后,SD 卡可以没有响应、数据等过程,这取决于命令的含义。这一过程如图 28.2 所示。

图 28.2　SD 卡命令格式

SD 卡有多种命令和响应,它们的格式定义及含义在《SD 卡协议 V2.0》的第 3 和第 4 章有详细介绍。发送命令时主机只能通过 CMD 引脚发送给 SD 卡,串行逐位发送时先发送最高位(MSB),然后是次高位,依此类推。接下来看看 SD 卡的命令格式,如

表 28.5 所列。

表 28.5　SD 卡控制命令格式

字节编号	字节 1			字节 2~5	字节 6	
位　域	47	46	45：40	39：8	7：1	0
参数说明	0	1	command	命令参数	CRC7	1

SD 卡的命令固定为 48 位,由 6 个字节组成,字节 1 的最高 2 位固定为 01,低 6 位为命令号(比如 CMD16,为 10000B 即 16 进制的 0x10,完整的 CMD16,第一个字节为 01010000,即 0x10+0x40)。字节 2~5 为命令参数,有些命令是没有参数的。字节 6 的高 7 位为 CRC 值,最低位恒定为 1。

SD 卡的命令总共有 12 类,分为 Class0~Class11,本章仅介绍几个比较重要的命令,如表 28.6 所列。

表 28.6　SD 卡部分命令

命　令	参　数	响　应	描　述
CMD0(0X00)	NONE	R1	复位 SD 卡
CMD8(0X08)	VHS+Checkpattern	R7	发送接口状态命令
CMD9(0X09)	NONE	R1	读取卡特定数据寄存器
CMD10(0X0A)	NONE	R1	读取卡标志数据寄存器
CMD16(0X10)	块大小	R1	设置块大小(字节数)
CMD17(0X11)	地址	R1	读取一个块的数据
CMD24(0X18)	地址	R1	写入一个块的数据
CMD41(0X29)	NONE	R3	发给主机容量支持信息和激活卡初始化过程
CMD55(0X37)	NONE	R1	告诉 SD 卡,下一个是特定应用命令
CMD58(0X3A)	NONE	R3	读取 OCR 寄存器

表 28.6 中大部分的命令是初始化时候用的。表中的 R1、R3 和 R7 等是 SD 卡的应答信号,每个响应也有规定好的格式,如图 28.3 所示。

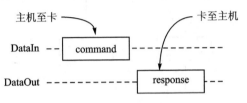

图 28.3　SD 卡命令传输过程

在规定为有响应的命令下,每发送一个命令,SD 卡都会给出一个应答,以告知主机该命令的执行情况,或者返回主机需要获取的数据。SPI 模式下,SD 卡针对不同的命令,应答可以是 R1～R7。R1 的应答时各位描述如表 28.7 所列。

表 28.7　R1 响应

位	7	6	5	4	3	2	1	0
含　义	开始位 始终为 0	参数 错误	地址 错误	擦除序列 错误	CRC 错误	非法 命令	擦除 复位	闲置 状态

限于篇幅,R2～R7 的响应就不介绍了,读者可参考《SD 卡 2.0 协议》。

28.2　SD 卡初始化流程

"SD 卡 2.0 协议.pdf"中提供了 SD 卡的 SPI 初始化时序,这里把图优化了一下,可以按建议的流程进行 SD 卡的初始化,如图 28.4 所示。

图 28.4　SD 卡的 SPI 初始化流程(SPI Mode Initialization Flow)

要使用 SPI 模式驱动 SD 卡,先得让 SD 卡进入 SPI 模式。方法如下:在 SD 卡收到复位命令(CMD0)时,$\overline{\text{CS}}$ 为有效电平(低电平),则 SPI 模式被启用。不过在发送 CMD0 之前,要发送＞74 个时钟,这是因为 SD 卡内部有个供电电压上升时间,大概为 64 个 CLK,剩下的 10 个 CLK 用于 SD 卡同步,之后才能开始 CMD0 的操作;在卡初始化的时候,CLK 时钟最大不能超过 400 kHz。

接着看看 SD 卡的初始化。SD 卡的典型初始化过程如下:

① 初始化与 SD 卡连接的硬件条件(MCU 的 SPI 配置,I/O 口配置);

② 拉低片选信号,上电延时(＞74 个 CLK);

③ 复位卡(CMD0),进入 IDLE 状态;

④ 发送 CMD8,检查是否支持 2.0 协议;

⑤ 根据不同协议检查 SD 卡(命令包括 CMD55、ACMD41、CMD58 和 CMD1 等);

⑥ 取消片选,发多 8 个 CLK,结束初始化。

注意,末尾发送的 8 个 CLK 是提供 SD 卡额外的时钟,完成某些操作。通过 SD 卡初始化可以知道 SD 卡的类型(V1、V2、V2HC 或者 MMC),完成了初始化之后就可以开始读/写数据了。

SD 卡单扇区读取数据,这里通过 CMD17 来实现,具体过程如下:

① 发送 CMD17;

② 接收卡响应 R1;

③ 接收数据起始令牌 0xFE;

④ 接收数据;

⑤ 接收 2 个字节的 CRC,如果不使用 CRC,这 2 个字节在读取后可以丢掉;

⑥ 禁止片选之后,发多 8 个 CLK。

以上就是一个典型的读取 SD 卡数据过程。SD 卡的写与读数据差不多,写数据通过 CMD24 来实现,具体过程如下:

① 发送 CMD24;

② 接收卡响应 R1;

③ 发送写数据起始令牌 0xFE;

④ 发送数据;

⑤ 发送 2 字节的伪 CRC;

⑥ 禁止片选之后,发多 8 个 CLK。

以上就是一个典型的写 SD 卡过程。更详细的介绍可参考配套资料 7,硬件资料→ SD 卡资料→SD 卡 V2.0 协议。

28.3　硬件设计

(1) 例程功能

本章实验功能简介:开机的时候先初始化 SD 卡,如果 SD 卡初始化完成,则提示

LCD 初始化成功。按下 KEY0,读取 SD 卡扇区 0 的数据,然后通过串口发送到电脑。如果没初始化通过,则在 LCD 上提示初始化失败。同样,用 LED0 来指示程序正在运行。

（2）硬件资源

➤ LED 灯：LED0-PA8；

➤ 按键：KEY0-PC5；

➤ 串口 1（PA9、PA10 连接在板载 USB 转串口芯片 CH340 上面）；

➤ 正点原子 TFTLCD 模块（仅限 MCU 屏,16 位 8080 并口驱动）；

➤ microSD 卡（使用大卡的情况类似,读者可根据自己设计的硬件匹配选择）。

（3）原理图

前面介绍 SD 卡时已经介绍了 SD 卡对外的接口部分,下面介绍 Mini STM32F103 板载的 SD 卡接口和 STM32 的连接关系,如图 28.5 所示。

图 28.5 SD 卡接口与 STM32F1 连接原理图

28.4 程序设计

28.4.1 程序流程图

本实验的程序流程如图 28.6 所示。

图 28.6　SD 读/写实验程序流程图

28.4.2　程序解析

1. SDMMC 驱动代码

这里只讲解核心代码,详细的源码可参考配套资料中本实验对应源码。SDMMC 驱动源码包括 2 个文件:spi_sdcard.c 和 spi_sdcard.h。

根据 STM32 的复用功能和硬件设置,我们把用到的引脚用宏定义,需要更换其他引脚时直接修改宏实现快速移植。这里与 SD 卡相关的引脚共有 4 个,即 SPI_SCK、SPI_MISO、SPI_MOSI 和 SD_CS,其中,SPI_SCK、SPI_MISO 和 SPI_MOSI 已经在 SPI 中定义了,这里就不列出来了。

spi_sdcard.h 中定义了 SD_CS 引脚以及与 SD 操作相关的宏,代码如下:

```
/* SD 卡 片选 引脚 定义 */
#define SD_CS_GPIO_PORT                 GPIOA
#define SD_CS_GPIO_PIN                  GPIO_PIN_3
#define SD_CS_GPIO_CLK_ENABLE()
        do{ __HAL_RCC_GPIOA_CLK_ENABLE(); }while(0)        /* PA 口时钟使能 */
/* SD 卡 SPI 操作函数宏定义 */
#define sd_spi_read_write_byte(x)  spi1_read_write_byte(x)   /* SD 卡 SPI 读/写函数 */
#define sd_spi_speed_low()   spi1_set_speed(SPI_SPEED_256)  /* SD 卡 SPI 低速模式 */
#define sd_spi_speed_high()  spi1_set_speed(SPI_SPEED_2)    /* SD 卡 SPI 高速模式 */
/* SD_CS 端口定义 */
#define SD_CS(x)  do{ x ? \
        HAL_GPIO_WritePin(SD_CS_GPIO_PORT,SD_CS_GPIO_PIN,GPIO_PIN_SET) : \
        HAL_GPIO_WritePin(SD_CS_GPIO_PORT,SD_CS_GPIO_PIN,GPIO_PIN_RESET); \
                }while(0)                                  /* SD_CS */
```

首先介绍的是 sd_init,其设计就比较简单了,只需要按照前面说的 SD 的初始化流程进行读/写操作就可以了,具体代码如下:

```
uint8_t sd_init(void)
{
    uint8_t res;                              /* 存放 SD 卡的返回值 */
    uint16_t retry;                           /* 用来进行超时计数 */
    uint8_t ocr[4];
    uint16_t i;
    uint8_t cmd;
    sd_spi_init();                            /* 初始化 I/O */
    sd_spi_speed_low();                       /* 设置到低速模式 */
    for (i = 0; i < 10; i++)
    {
        sd_spi_read_write_byte(0XFF);         /* 发送最少 74 个脉冲 */
    }
    retry = 20;
    do
    {
        res = sd_send_cmd(CMD0,0);            /* 进入 IDLE 状态 */
    } while ((res != 0X01) && retry--);
    sd_type = 0;                              /* 默认无卡 */
    if (res == 0X01)
    {
        if (sd_send_cmd(CMD8,0x1AA) == 1)     /* SD V2.0 */
        {
            for (i = 0; i < 4; i++)
            {
                ocr[i] = sd_spi_read_write_byte(0XFF);  /* 得到 R7 的 32 位响应 */
            }
            if (ocr[2] == 0X01 && ocr[3] == 0XAA)      /* 卡是否支持 2.7~3.6 V */
            {
                retry = 1000;
                do
                {
```

```
                        res = sd_send_cmd(ACMD41,1UL <<30);/*发送 ACMD41 */
                 } while (res && retry--);
                 if (retry && sd_send_cmd(CMD58,0) == 0)/*鉴别 SD2.0 卡版本开始 */
                 {
                        for (i = 0; i < 4; i++)
                        {
                              ocr[i] = sd_spi_read_write_byte(0XFF); /*得到 OCR 值 */
                        }
                        if (ocr[0] & 0x40)              /*检查 CCS */
                        {
                              sd_type = SD_TYPE_V2HC;/* V2.0 SDHC 卡 */
                        }
                        else
                        {
                              sd_type = SD_TYPE_V2;
                        }
                 }
          }
    }
    else
    {
          res = sd_send_cmd(ACMD41,0);/*发送 ACMD41 */
          retry = 1000;
          if (res <= 1)
          {
              sd_type = SD_TYPE_V1;  /* SD V1 卡 */
              cmd = ACMD41;                /*命令等于 ACMD41 */
          }
          else                                              /* MMC 卡不支持 ACMD41 识别 */
          {
              sd_type = SD_TYPE_MMC;/* MMC V3 */
              cmd = CMD1;                  /*命令等于 CMD1 */
          }
          do
          {
              res = sd_send_cmd(cmd,0);/*发送 ACMD41 / CMD1 */
          } while (res && retry--);        /*等待退出 IDLE 模式 */
          if (retry == 0 || sd_send_cmd(CMD16,512) != 0)
          {
              sd_type = SD_TYPE_ERR;     /*错误的卡 */
          }
    }
}
sd_deselect();                                          /*取消片选 */
sd_spi_speed_high();     /*高速模式 */
if (sd_type)                  /*卡类型有效,初始化完成 */
{
    return SD_OK;
}
return res;
}
```

该函数先设置与 SD 相关的 I/O 口以及 SPI 初始化,然后发送 CMD0,进入 IDLE 状态,并设置 SD 卡为 SPI 模式通信,然后判断 SD 卡类型,完成 SD 卡的初始化。注意,该函数调用的 sd_spi_init 等函数,实际是对 SPI1 的相关函数进行了一层封装,方便移植。

下面介绍一下 SD 卡读取函数,也是按照前面分析的 SD 卡读取数据过程进行操作,主要是通过操作 CMD17 进行实现,用于从 SD 卡读取扇区的数据。代码如下:

```c
uint8_t sd_read_disk(uint8_t * pbuf,uint32_t saddr,uint32_t cnt)
{
    uint8_t res;
    long long lsaddr = saddr;
    if (sd_type ! = SD_TYPE_V2HC)
    {
        lsaddr << = 9;                              /* 转换为字节地址 */
    }
    if (cnt == 1)
    {
        res = sd_send_cmd(CMD17,lsaddr);            /* 读命令 */
        if (res == 0)                               /* 指令发送成功 */
        {
            res = sd_receive_data(pbuf,512);        /* 接收 512 个字节 */
        }
    }
    else
    {
        res = sd_send_cmd(CMD18,lsaddr);            /* 连续读命令 */
        do
        {
            res = sd_receive_data(pbuf,512);        /* 接收 512 个字节 */
            pbuf += 512;
        } while ( -- cnt && res == 0);
        sd_send_cmd(CMD12,0);                       /* 发送停止命令 */
    }
    sd_deselect();                                  /* 取消片选 */
    return res;
}
```

此函数根据要读取扇区的多少发送 CMD17、CMD18 命令,然后读取一个/多个扇区的数据。这个扇区读取的过程在前面也提到了,实现过程也不难理解。SD 卡写函数跟 SD 卡的读函数差异不大,写数据通过 CMD24 来实现,代码如下:

```c
uint8_t sd_write_disk(uint8_t * pbuf,uint32_t saddr,uint32_t cnt)
{
    uint8_t res;
    long long lsaddr = saddr;
    if (sd_type ! = SD_TYPE_V2HC)
    {
        lsaddr << = 9;                              /* 转换为字节地址 */
    }
    if (cnt == 1)
```

```
    {
        res = sd_send_cmd(CMD24,lsaddr);           /* 读命令 */
        if (res == 0)                              /* 指令发送成功 */
        {
            res = sd_send_block(pbuf,0xFE);        /* 写 512 字节 */
        }
    }
    else
    {
        if (sd_type != SD_TYPE_MMC)
        {
            sd_send_cmd(ACMD23,cnt);               /* 发送 ACMD23 指令 */
        }
        res = sd_send_cmd(CMD25,lsaddr);           /* 连续读命令 */
        if (res == 0)
        {
            do
            {
                res = sd_send_block(pbuf,0xFC);    /* 写入一个 block,512 字节 */
                pbuf += 512;
            } while ( -- cnt && res == 0);
            res = sd_send_block(0,0xFD);           /* 写入一个 block,512 字节 */
        }
    }
    sd_deselect();                                 /* 取消片选 */
    return res;
}
```

此函数根据要写扇区的多少发送 CMD24、CMD23 命令,然后写入一个、多个扇区的数据。这个扇区写入的过程前面也提到了,这里不再展开了。

2．main. c 代码

main. c 就比较简单了,按照流程图的思路即可。为了方便测试,这里编写了 sd_test_write 和 sd_test_read 函数用于读/写测试,可以通过 USMART 进行测试,这里就不单独介绍这 2 个函数了,查看例程源码即可。最后,编写的 main 函数如下:

```
int main(void)
{
    uint8_t key;
    uint32_t sd_size;
    uint8_t t = 0;
    uint8_t *buf;
    /* 一系列初始化 */
    my_mem_init(SRAMIN);                           /* 初始化内部 SRAM 内存池 */
    /* LCD 显示实验内容 */
    while (sd_init())                              /* 检测不到 SD 卡 */
    {
        lcd_show_string(30, 130, 200, 16, 16, "SD Card Error!", RED);
        delay_ms(500);
```

```
                    lcd_show_string(30, 130, 200, 16, 16, "Please Check! ", RED);
                    delay_ms(500);
                    LED0_TOGGLE();                                    /* 红灯闪烁 */
              }
              lcd_show_string(30, 130, 200, 16, 16, "SD Card OK      ", BLUE);
              lcd_show_string(30, 150, 200, 16, 16, "SD Card Size:      MB", BLUE);
              sd_size = sd_get_sector_count();                        /* 得到扇区数 */
              lcd_show_num(30 + 13 * 8, 150, sd_size >>11, 5, 16, BLUE);
              while (1)
              {
                  key = key_scan(0);
                  if (key == KEY0_PRES)                               /* KEY0 按下了 */
                  {
                      buf = mymalloc(0, 512);                         /* 申请内存 */
                      key = sd_read_disk(buf, 0, 1);
                      if (key == 0)                                   /* 读取 0 扇区的内容 */
                      {
                          lcd_show_string(30,170,200,16,16,"USART1 SendingData...",BLUE);
                          printf("SECTOR 0 DATA:\r\n");
                          for (sd_size = 0; sd_size <512; sd_size ++ )
                          {
                              printf(" % x ", buf[sd_size]);  /* 打印 0 扇区数据 */
                          }
                          printf("\r\nDATA ENDED\r\n");
                          lcd_show_string(30, 170,200,16,16,"USART1 SendDataOver!",BLUE);
                      }
                      else
                      {
                          printf("err: % d\r\n", key);
                      }
                      myfree(0, buf);                                 /* 释放内存 */
                  }
                  t ++ ;
                  delay_ms(10);
                  if (t == 20)
                  {
                      LED0_TOGGLE();                                  /* 红灯闪烁 */
                      t = 0;
                  }
              }
        }
```

  main 函数先初始化相关外设和 SD 卡,初始化成功后,调用 sd_get_sector_count 函数获取扇区数,间接获得 SD 卡容量,再在 LCD 上显示出来。然后进入死循环,如果按键 KEY0 被按下,则通过 sd_read_disk 来读取 SD 卡指定扇区的数据,并将读到的数据通过串口 1 输出。这里对上一章学过的内存管理"小试牛刀",以后会尽量使用内存管理来设计。

28.5　下载验证

下载代码到正点原子 Mini STM32F103 上，测试使用的是 16 GB 标有 SDHC 标志的卡。安装方法如图 28.7 所示。

图 28.7　测试用的 microSD 卡与开发板的连接方式

SD 卡成功初始化后，LCD 显示本程序的一些必要信息，如图 28.8 所示。

打开串口助手，按下 KEY0 就可以看到开发板发回的数据，如图 28.9 所示。

图 28.8　程序运行效果图

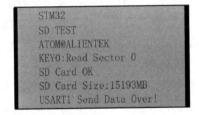

图 28.9　按下 KEY1 的开发板界面

注意，不同的 SD 卡所读扇区 0 是不尽相同的，故不要因读出数据不同于图 28.10 而惊讶。

图 28.10　串口调试助手显示按下 KEY0 后读取到的信息

第 **29** 章

FATFS 实验

第 28 章学习了 SD 卡的使用，并实现了简单的读/写扇区功能。在电脑上我们的资料常以文件的形式保存，通过文件名可以快速对自己的文件数据等进行分类。对于 SD 卡这种容量可以达到非常大的存储介质，按扇区去管理数据已经变得不方便，我们希望单片机也可以像电脑一样方便地用文件的形式去管理，在需要做数据采集的场合也会更加便利。

本章将介绍 FATFS 这个软件工具，利用它在 STM32 上实现类似电脑上的文件管理功能，方便管理 SD 卡上的数据，并设计例程在 SD 卡上生成文件，从而对文件实现读/写操作。

29.1 FATFS 简介

FATFS 是一个完全免费开源的 FAT/exFAT 文件系统模块，专门为小型的嵌入式系统而设计。它完全用标准 C 语言（ANSI C C89）编写，所以具有良好的硬件平台独立性，只须做简单的修改就可以移植到 8051、PIC、AVR、ARM、Z80、RX 等系列单片机上。它支持 FATl2、FATl6 和 FAT32，支持多个存储媒介；有独立的缓冲区，可以对多个文件进行读/写，并且特别对 8 位单片机和 16 位单片机做了优化。

FATFS 的特点如下：

➤ Windows/DOS 系统兼容的 FAT/exFAT 文件系统；

➤ 独立于硬件平台，方便跨硬件平台移植；

➤ 代码量少、效率高；

➤ 多种配置选项：

 • 支持多卷（物理驱动器或分区，最多 10 个卷）；

 • 多个 ANSI/OEM 代码页包括 DBCS；

 • 支持长文件名、ANSI/OEM 或 Unicode；

 • 支持 RTOS；

- 支持多种扇区大小；
- 只读、最小化的 API 和 I/O 缓冲区等；
- 新版的 exFAT 文件系统，突破了原来 FAT32 对容量管理 32 GB 的上限，可支持更巨大的存储。

FATFS 的这些特点，加上免费、开源的原则，使得 FATFS 应用非常广泛。FATFS 模块的层次结构如图 29.1 所示。

最顶层是应用层，使用者无须理会 FATFS 的内部结构和复杂的 FAT 协议，只需要调用 FATFS 模块提供给用户的一系列应用接口函数，如 f_open、f_read、f_write 和 f_close 等，就可以像在 PC 上读/写文件那样简单。

图 29.1　FATFS 层次结构图

中间层 FATFS 模块，实现了 FAT 文件读/写协议。FATFS 模块提供的是 ff. c 和 ff. h。除非有必要，使用者一般不用修改，使用时将头文件直接包含进去即可。

需要我们编写移植代码的是 FATFS 模块提供的底层接口，它包括存储媒介读/写接口（diskI/O）和供给文件创建修改时间的实时时钟。

FATFS 的源码及英文详述可以在 http://elm-chan. org/fsw/ff/00index_e. html 下载，目前使用的版本为 R0.14b。本章就介绍最新版本的 FATFS，下载解压后可以得到 2 个文件夹：documents 和 source。documents 里面主要是对 FATFS 的介绍，而 source 里面才是我们需要的源码。source 文件夹详情如表 29.1 所列。

表 29.1　source 文件夹详情表

文件名	作用简述	备　注
diskio. h	FATFS 和 diskI/O 模块公用的包含文件	与硬件平台无关
ff. c	FATFS 模块	
ff. h	FATFS 和应用模块公用的包含文件	
ffconf. h	FATFS 模块配置文件，宏定义对应的功能在代码中都有说明，具体的配置范围可以见官方配置说明 http://elm-chan. org/fsw/ff/doc/config. html	
ffsystem. c	根据是否有操作系统来修改这个文件	
ffunicode. c	可选，根据 ffconf. h 的配置进行 Unicode 编码转换	
diskio. c	FATFS 和 diskI/O 模块接口层文件，需要根据硬件修改这部分的代码	硬件平台相关代码

FATFS 模块在移植的时候一般只需要修改 2 个文件，即 ffconf. h 和 diskio. c。FATFS 模块的所有配置项都存放在 ffconf. h 里面，可以通过配置里面的一些选项来

满足自己的需求。接下来介绍几个重要的配置选项。

① FF_FS_TINY。这个选项在 R0.07 版本中开始出现,之前的版本都以独立的 C 文件出现(FATFS 和 TinyFATFS),有了这个选项之后,两者整合在一起了,使用起来更方便。我们使用 FATFS,所以把这个选项定义为 0 即可。

② FF_FS_READONLY。这个选项用来配置是不是只读,本章需要读/写都用,所以这里设置为 0 即可。

③ FF_USE_STRFUNC。这个选项用来设置是否支持字符串类操作,比如 f_putc、f_puts 等,本章需要用到,故设置这里为 1。

④ FF_USE_MKFS。这个选项用来定时是否使能格式化,本章需要用到,所以设置为 1。

⑤ FF_USE_FASTSEEK。这个选项用来使能快速定位,这里设置为 1,使能快速定位。

⑥ FF_USE_LABEL。这个选项用来设置是否支持磁盘盘符(磁盘名字)读取与设置。这里设置为 1,使能,就可以通过相关函数读取或者设置磁盘的名字了。

⑦ FF_CODE_PAGE。这个选项用来设置语言类型,包括很多选项(见 FATFS 官网说明),这里设置为 936,即简体中文(GBK 码,同一个文件夹下的 ffunicode.c 根据这个宏选择对应的语言设置)。

⑧ FF_USE_LFN。该选项用来设置是否支持长文件名(还需要_CODE_PAGE 支持),取值范围为 0~3。0 表示不支持长文件名,1~3 是支持长文件名,但是存储地方不一样。这里选择使用 3,通过 ff_memalloc 函数来动态分配长文件名的存储区域。

⑨ FF_VOLUMES。这个选项用于设置 FATFS 支持的逻辑设备数目,这里设置为 2,即支持 2 个设备。

⑩ FF_MAX_SS,扇区缓冲的最大值,一般设置为 512。

⑪ FF_FS_EXFAT。新版本增加的功能,使用 exFAT 文件系统,用于支持超过 32 GB 的超大存储。它们使用的是 exFAT 文件系统,使用时必须要根据设置 FF_USE_LFN 参数的值以决定 exFATs 系统使用的内存来自堆栈还是静态数组。

其他配置项这里就不一一介绍了,FATFS 的说明文档里面有很详细的介绍,读者可以参考 http://elm-chan.org/fsw/ff/doc/config.html。下面来讲讲 FATFS 的移植,主要分为 3 步。

① 数据类型:在 integer.h 里定义好数据的类型。这里需要了解使用的编译器的数据类型,并根据编译器定义好数据类型。

② 配置:通过 ffconf.h 配置 FATFS 的相关功能,以满足需要。

③ 函数编写:打开 diskio.c 进行底层驱动编写,一般需要编写 5 个接口函数,如图 29.2 所示。

通过以上 3 步即可完成对 FATFS 的移植。注意:

① 这里使用的是 MDK5.34 编译器,器数据类型和 integer.h 里面定义的一致,所以此步不需要做任何改动。

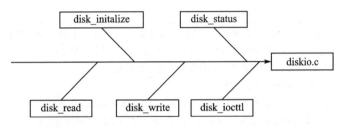

图 29.2　diskio 需要实现的函数

② 关于 ffconf.h 里面的相关配置,前面已经介绍过(之前介绍的 11 个配置),将对应配置修改为介绍时的值即可,其他的配置用默认配置。

③ 因为 FATFS 模块完全与磁盘 I/O 层分开,因此需要下面的函数来实现底层物理磁盘的读/写与获取当前时间。底层磁盘 I/O 模块并不是 FATFS 的一部分,并且必须由用户提供。这些函数一般有 5 个,在 diskio.c 里面。

首先是 disk_initialize 函数,该函数介绍如表 29.2 所列。

表 29.2　disk_initialize 函数介绍

函数名称	disk_initialize
函数原型	DSTATUS disk_initialize(BYTE Drive)
功能描述	初始化磁盘驱动器
函数参数	Drive:指定要初始化的逻辑驱动器号,即盘符,应当取值 0~9
返回值	函数返回一个磁盘状态作为结果,磁盘状态的细节信息可参考 disk_status 函数
所在文件	ff.c
实例	disk_initialize(0);　　　　　　/ * 初始化驱动器 0 * /
注意事项	disk_initialize 函数初始化一个逻辑驱动器为读/写做准备,函数成功时,返回值的 STA_NOINIT 标志被清零; 应用程序不应调用此函数,否则卷上的 FAT 结构可能会损坏; 如果需要重新初始化文件系统,可使用 f_mount 函数; 在 FATFS 模块上卷注册处理时调用该函数可控制设备的改变; 此函数在 FATFS 挂在卷时调用,应用程序不应该在 FATFS 活动时使用此函数

第二个函数是 disk_status 函数,该函数介绍如表 29.3 所列。

表 29.3　disk_status 函数介绍

函数名称	disk_status
函数原型	DRESULT disk_status (BYTE Drive)
功能描述	返回当前磁盘驱动器的状态
函数参数	Drive:指定要确认的逻辑驱动器号,即盘符,应当取值 0~9

续表 29.3

返回值	磁盘状态返回下列标志的组合,FATFS 只使用 STA_NOINIT 和 STA_PROTECTED STA_NOINIT:表明磁盘驱动未初始化,下面列出了产生该标志置位或清零的原因: 置位:系统复位,磁盘被移除和磁盘初始化函数失败 清零:磁盘初始化函数成功 STA_NODISK:表明驱动器中没有设备,安装磁盘驱动器后总为 0 STA_PROTECTED:表明设备被写保护,不支持写保护的设备总为 0,当 STA_NODISK 置位时非法
所在文件	ff.c
实例	disk_status(0); /* 获取驱动器 0 的状态 */

第三个函数是 disk_read 函数,该函数介绍如表 29.4 所列。

表 29.4　disk_read 函数介绍

函数名称	disk_read
函数原型	DRESULT disk_read (BYTE Drive,BYTE * Buffer,DWORD SectorNumber,BYTE Sector-Count)
功能描述	从磁盘驱动器上读取扇区
函数参数	Drive:指定逻辑驱动器号,即盘符,应当取值 0~9 Buffer:指向存储读取数据字节数组的指针,需要为所读取字节数的大小,扇区统计的扇区大小是需要的 (注:FAFTS 指定的内存地址并不总是字对齐的,如果硬件不支持不对齐的数据传输,函数里需要进行处理) SectorNumber:指定起始扇区的逻辑块(LBA)上的地址 SectorCount:指定要读取的扇区数,取值 1~128
返回值	RES_OK(0):函数成功 RES_ERROR:读操作期间产生了任何错误且不能恢复它 RES_PARERR:非法参数 RES_NOTRDY:磁盘驱动器没有初始化
所在文件	ff.c

第四个函数是 disk_write 函数,该函数介绍如表 29.5 所列。

表 29.5　disk_write 函数介绍

函数名称	disk_write
函数原型	DRESULT disk_write (BYTE Drive,const BYTE * Buffer,DWORD SectorNumber,BYTE SectorCount)
功能描述	向磁盘写入一个或多个扇区

函数参数	Drive：指定逻辑驱动器号，即盘符，应当取值 0～9 Buffer：指向要写入字节数组的指针 （注：FAFTS 指定的内存地址并不总是字对齐的，如果硬件不支持不对齐的数据传输，函数里需要进行处理） SectorNumber：指定起始扇区的逻辑块(LBA)上的地址 SectorCount：指定要写入的扇区数，取值 1～128
返回值	RES_OK(0)：函数成功； RES_ERROR：写操作期间产生了任何错误且不能恢复它； RES_WRPER：媒体被写保护； RES_PARERR：非法参数； RES_NOTRDY：磁盘驱动器没有初始化
所在文件	ff.c
注意事项	只读配置中不需要此函数

第五个函数是 disk_ioctl 函数，该函数介绍如表 29.6 所列。

表 29.6　disk_ioctl 函数介绍

函数名称	disk_ioctl
函数原型	DRESULT disk_ioctl (BYTE Drive,BYTE Command,void * Buffer)
功能描述	控制设备指定特性和除了读/写外的杂项功能
函数参数	Drive：指定逻辑驱动器号，即盘符，应当取值 0～9 Command：指定命令代码 Buffer：指向参数缓冲区的指针，取决于命令代码，不使用时指定一个 NULL 指针
返回值	RES_OK(0)：函数成功 RES_ERROR：写操作期间产生了任何错误且不能恢复它 RES_PARERR：非法参数 RES_NOTRDY：磁盘驱动器没有初始化
所在文件	ff.c
注意事项	CTRL_SYNC：确保磁盘驱动器已经完成了写处理，当磁盘 I/O 有一个写回缓存时，立即刷新原扇区，只读配置下不适用此命令 GET_SECTOR_SIZE：返回磁盘的扇区大小，只用于 f_mkfs() GET_SECTOR_COUNT：返回可利用的扇区数，_MAX_SS≥1 024 时可用 GET_BLOCK_SIZE：获得擦除块大小，只用于 f_mkfs() CTRL_ERASE_SECTOR：强制擦除一块的扇区，_USE_ERASE>0 时可用

　　以上 5 个函数会在软件设计部分一一实现。通过以上 3 个步骤就完成了对 FATFS 的移植，就可以在我们的代码里面使用 FATFS 了。

　　FATFS 提供了很多 API 函数，这些函数 FATFS 的自带介绍文件里面都有详细的介绍(包括参考代码)，这里就不多说了。注意，在使用 FATFS 的时候必须先通过

f_mount 函数注册一个工作区，才能开始后续 API 的使用。读者可以通过 FATFS 自带的介绍文件进一步了解和熟悉 FATFS 的使用。

29.2　硬件设计

（1）例程功能

本章实验功能简介：开机的时候先初始化 SD 卡，初始化成功之后注册 2 个磁盘：一个给 SD 卡用，一个给 SPI FLASH 用。之所以把 SPI FLASH 也当成磁盘来用，一方面是为了演示大容量的 SPI FLASH 也可以用 FATFS 管理，说明 FATFS 的灵活性；另一方面可以展示 FATFS 方式比原来直接按地址管理数据便利，使板载 SPI FLASH 的使用更具灵活性。挂载成功后获取 SD 卡的容量和剩余空间，并显示在 LCD 模块上，最后定义 USMART 输入指令进行各项测试。LED0 指示程序运行状态。

（2）硬件资源

➤ LED 灯：LED0-PA8；

➤ 串口 1（PA9、PA10 连接在板载 USB 转串口芯片 CH340 上面）；

➤ 正点原子 TFTLCD 模块（仅限 MCU 屏，16 位 8080 并口驱动）；

➤ microSD 卡（使用大卡的情况类似，读者可根据自己设计的硬件匹配选择）；

➤ SPI FLASH。

这几个外设原理图在之前的章节已经介绍过了，这里就不重复了，不清楚的读者可以查看之前章节的描述或对配套资料提供的开发板原理图。

29.3　程序设计

FATFS 的驱动为一个硬件独立的组件，因此把 FATFS 的移植代码放到 Middlewares 文件夹下。

本章在 SD 卡实验的基础上进行拓展。在 Middlewares 下新建一个 FATFS 的文件夹，然后将 FATFS R0.14b 程序包解压到该文件夹下。同时，在 FATFS 文件夹里面新建一个 exfuns 的文件夹，用于存放我们针对 FATFS 做的一些扩展代码（这个后面再讲）。操作结果如图 29.3 所示。

图 29.3　FATFS 文件夹子目录

29.3.1　程序流程图

程序流程如图 29.4 所示。

图 29.4　FATFS 实验程序流程图

29.3.2　程序解析

1. FATFS 驱动代码

这里只讲解核心代码,详细的源码可参考配套资料中本实验对应源码。

diskio.c/.h 提供了规定好的底层驱动接口的返回值。这个函数需要使用到我们的硬件接口,所以需要把使用到的硬件驱动的头文件包进来。

```
# include "./MALLOC/malloc.h"
# include "./FATFS/source/diskio.h"
# include "./BSP/SDMMC/spi_sdcard.h"
# include "./BSP/NORFLASH/norflash.h"
```

接下来对这几个接口进行补充实现。本章用 FATFS 管理了 2 个磁盘:SD 卡和 SPI FLASH,这里设置 SD_CARD 为 0,EX_FLASH 位为 1,对应到 disk_read/disk_write 函数里面。SD 卡比较好说,但是 SPI FLASH 扇区是 4 KB,为了方便设计,强制将其扇区定义为 512 字节,这样带来的好处就是设计使用相对简单,坏处就是擦除次数大增。所以不要随便往 SPI FLASII 里面写数据,非必要最好别写,频繁写很容易将 SPI FLASH 写坏。

```
# define SD_CARD          0       / * SD 卡,卷标为 0 * /
# define EX_FLASH         1       / * 外部 SPI FLASH,卷标为 1 * /
/ * SPI_FLASH 相关定义 * /
# define SPI_FLASH_SECTOR_SIZE    512          / * 扇区大小 * /
# define SPI_FLASH_SECTOR_COUNT   4.8 * 1024 * 2   / * 扇区数量 * /
# define SPI_FLASH_BLOCK_SIZE     8             / * 每个 BLOCK 有 8 个扇区 * /
# define SPI_FLASH_FATFS_BASE     0       / * FATFS 在外部 FLASH 的起始地址为 0 * /
```

另外,diskio.c 里面的函数直接决定了磁盘编号(盘符/卷标)所对应的具体设备,比如,以上代码通过 switch 来判断到底要操作 SD 卡,还是 SPI FLASH,然后,分别执行对应设备的相关操作,以此实现磁盘编号和磁盘的关联。

(1) disk_initialize 函数

要使用 FAFTS 管理,首先要对它进行初始化,所以先看磁盘的初始化函数,其声明如下:

```
DSTATUS disk_initialize(BYTE pdrv)
```

函数描述:初始化指定编号的磁盘、磁盘所指定的存储区。使用每个磁盘前要进行初始化,在代码中直接根据编号调用硬件的初始化接口即可,这样也能保证代码的扩展性,硬件的顺序可以根据自己的喜好定义。

函数形参:形参 1 是 FATFS 管理的磁盘编号 pdrv:磁盘编号 0~9,配置 FF_VOLUMES 为 2 来支持 2 个磁盘,因此可选值为 0 和 1。

代码实现如下:

```
DSTATUS disk_initialize(
    BYTE pdrv          / * Physical drive nmuber to identify the drive * /
)
{
    uint8_t res = 0;
    switch (pdrv)
    {
        case SD_CARD:                    / * SD 卡 * /
            res = sd_init();             / * SD 卡初始化 * /
```

```
            break;
         case EX_FLASH:                /* 外部 flash */
            norflash_init();           /* 外部 flash 初始化 */
            break;
         default:
            res = 1;
    }
    if (res)
    {
        return   STA_NOINIT;
    }
    else
    {
        return 0;                     /* 初始化成功 */
    }
}
```

函数返回值：DSTATUS 枚举类型的值，FATFS 规定了自己的返回值来管理各接口函数的操作结果，方便后续函数的操作和判断，我们看看它的定义：

```
/* Status of Disk Functions */
typedef BYTE        DSTATUS;
/* Disk Status Bits (DSTATUS) */
#define STA_NOINIT          0x01        /* Drive not initialized */
#define STA_NODISK          0x02        /* No medium in the drive */
#define STA_PROTECT         0x04        /* Write protected */
```

定义时也写出了各个参数的含义，根据 ff.c 中的调用实例可知操作返回 0 才是正常的状态，其他情况发生的话就需要结合硬件进行分析了。

（2）disk_status 函数

为便于我们知道当前磁盘驱动器的状态，FATFS 也提供了 disk_status 函数，其声明如下：

```
DSTATUS disk_status(BYTE pdrv)
```

函数描述：返回当前磁盘驱动器的状态。

函数形参：FATFS 管理的磁盘编号 pdrv：磁盘编号 0～9。我们配置 FF_VOLUMES 为 2 来支持 2 个磁盘，因此可选值为 0 和 1。为了简单测试，这里没有加入硬件状态的判断，测试代码很简单，这里就不贴出来了。

函数返回值：直接返回 RES_OK。

（3）disk_read 函数

disk_read 实现直接从硬件接口读取数据，这个函数接口是给 FATFS 的其他读操作接口函数调用，其声明如下：

```
DRESULT disk_read(BYTE pdrv,BYTE * buff,DWORD sector,UINT count)
```

函数描述：从磁盘驱动器上读取扇区数据。

函数形参：形参 1 是 FATFS 管理的磁盘编号 pdrv：磁盘编号 0～9，我们配置 FF_VOLUMES 为 2 来支持 2 个磁盘，因此可选值为 0 和 1；形参 2 buff 指向要保存数据的内存区域指针,为字节类型;形参 3 sector 为实际物理操作时要访问的扇区地址;形参 4 count 为本次要读取的数据量,最长为 unsigned int,读到的数量为字节数。

代码实现如下,同样要根据我们定义的设备标号在 switch-case 中添加对应硬件的驱动:

```
DRESULT disk_read(
    BYTE pdrv,          /* Physical drive nmuber to identify the drive */
    BYTE * buff,        /* Data buffer to store read data */
    DWORD sector,       /* Sector address in LBA */
    UINT count/* Number of sectors to read */)
{
    uint8_t res = 0;
    if (! count)return RES_PARERR;              /* count 不能等于 0,否则返回参数错误 */
    switch (pdrv)
    {
        case SD_CARD:                           /* SD 卡 */
            res = sd_read_disk(buff,sector,count);
            while (res)                         /* 读出错 */
            {
                if (res ! = 2)sd_init();   /* 重新初始化 SD 卡 */
                res = sd_read_disk(buff,sector,count);
            }
            break;
        case EX_FLASH:                          /* 外部 FLASH */
            for (; count > 0; count -- )
            {
                norflash_read(buff,SPI_FLASH_FATFS_BASE + sector * SPI_FLASH_SECTOR_
                        SIZE,SPI_FLASH_SECTOR_SIZE);
                sector ++ ;
                buff += SPI_FLASH_SECTOR_SIZE;
            }
            res = 0;
            break;
        default:
            res = 1;
    }
    /* 处理返回值,将返回值转成 ff.c 的返回值 */
    if (res == 0x00)
    {
        return RES_OK;
    }
    else
    {
        return RES_ERROR;
    }
}
```

函数返回值:DRESULT 为枚举类型,diskio. h 中有其定义,根据返回值的含义确认操作结果即可。这里也把该结果展示出来,如下所示:

```
/* Results of Disk Functions */
typedef enum
{
```

```
    RES_OK = 0,              /* 0：操作成功 */
    RES_ERROR,               /* 1：读/写错误 */
    RES_WRPRT,               /* 2：写保护状态 */
    RES_NOTRDY,              /* 3：设备忙 */
    RES_PARERR               /* 4：其他情形 */
} DRESULT;
```

根据返回值的含义确认操作结果即可。

（4）disk_write 函数

disk_write 函数实现直接在硬件接口写入数据,这个函数接口给 FATFS 的其他写操作接口函数调用,其声明如下：

```
DRESULT disk_write( BYTE pdrv,const BYTE * buff,DWORD sector,UINT count)
```

函数描述：向磁盘驱动器写入扇区数据。

函数形参：形参 1 是 FATFS 管理的磁盘编号 pdrv：磁盘编号 0～9,配置 FF_VOLUMES 为 2 来支持 2 个磁盘,因此可选值为 0 和 1;形参 2 buff 指向要发送数据的内存区域指针,为字节类型;形参 3 sector 为实际物理操作时要访问的扇区地址;形参 4 count 为本次要写入的数据量。

代码实现如下,同样要根据我们定义的设备标号在 switch-case 中添加对应硬件的驱动：

```
DRESULT disk_write(
    BYTE pdrv,              /* Physical drive nmuber to identify the drive */
    const BYTE * buff,      /* Data to be written */
    DWORD sector,           /* Sector address in LBA */
    UINT count/* Number of sectors to write */
)
{
    uint8_t res = 0;
    if (! count)return RES_PARERR;        /* count 不能等于 0,否则返回参数错误 */
    switch (pdrv)
    {
        case SD_CARD:                     /* SD 卡 */
            res = sd_write_disk((uint8_t * )buff,sector,count);
            while (res)                   /* 写出错 */
            {
                sd_init();                /* 重新初始化 SD 卡 */
                res = sd_write_disk((uint8_t * )buff,sector,count);
                //printf("sd wr error: % d\r\n",res);
            }
            break;
        case EX_FLASH:                    /* 外部 FLASH */
            for (; count >0; count -- )
            {
                norflash_write((uint8_t * )buff,SPI_FLASH_FATFS_BASE + sector * SPI_
                        FLASH_SECTOR_SIZE,SPI_FLASH_SECTOR_SIZE);
```

```
                    sector ++ ;
                    buff += SPI_FLASH_SECTOR_SIZE;
            }
            res = 0;
            break;
        default:
            res = 1;
    }
    /* 处理返回值,将返回值转成 ff.c 的返回值 */
    if (res == 0x00)
    {
        return RES_OK;
    }
    else
    {
        return RES_ERROR;
    }
}
```

函数返回值:DRESULT 为枚举类型,diskio.h 中有其定义,读函数时已经介绍了,注意要把返回值转成这个枚举类型的参数。

(5) disk_ioctl 函数

disk_ioctl 实现一些控制命令,这个接口为 FATFS 提供一些硬件操作信息,其声明如下:

```
DRESULT disk_ioctl(BYTE pdrv,BYTE cmd,void * buff)
```

函数描述:控制设备指定特性和除了读/写外的杂项功能。

函数形参:形参 1 为 FATFS 管理的磁盘编号 pdrv:磁盘编号 0～9,我们配置 FF_VOLUMES 为 2 来支持 2 个磁盘,因此可选值为 0 和 1;形参 2 cmd 是 FATFS 定义好的一些宏,用于访问硬盘设备的一些状态。我们实现几个简单的操作接口,用于获取磁盘容量这些基础信息(diskio.h 中已经定义好了)。为方便,这里先只实现几个标准的应用接口,关于 SD 的一些扩展命令根据需要再进行支持。

```
/* Command code for disk_ioctrl fucntion */
/* Generic command (Used by FatFs) */
# define CTRL_SYNC         0   /* 完成挂起的写入过程(当 FF_FS_READONLY == 0) */
# define GET_SECTOR_COUNT  1   /* 获取磁盘扇区数(当 FF_USE_MKFS == 1) */
# define GET_SECTOR_SIZE   2   /* 获取磁盘存储空间大小(当 FF_MAX_SS != FF_MIN_SS) */
# define GET_BLOCK_SIZE    3   /* 每个扇区块的大小 (当 FF_USE_MKFS == 1) */
```

下面是从 http://elm-chan.org/fsw/ff/doc/dioctl.html 得到的参数实现效果,也可以参考原有的 disk_ioctl 的实现来理解这几个参数:

命　令	说　明
CTRL_SYNC	确保设备已完成挂起的写入过程。如果磁盘 I/O 层或存储设备具有回写缓存,则必须立即将缓存数据提交到介质。如果对介质的每个写入操作都正常完成,则此命令无任何动作

续表

命　令	说　明
GET_SECTOR_COUNT	返回对应标号的硬盘的可用扇区数。此命令由 f_mkfs\f_fdisk 函数确定要创建的卷/分区的大小。使用时需要设置 FF_USE_MKFS 为 1
GET_SECTOR_SIZE	将用于读/写函数的扇区大小检索到 buff 指向的 WORD 变量中。有效扇区大小为 512、1 024、2 048 和 4 096。只有在 FF_MAX_SS>FF_MIN_SS 时才执行此命令。当 FF_MAX_SS=FF_MIN_SS 时，将永远不会使用此命令，并且读/写函数必须仅在 FF_MAX_SSbytes/扇区中工作
GET_BLOCK_SIZE	将扇区单位中闪存介质的块大小以 DWORD 指针存到 buff 中。允许的值为 1～32 768。如果擦除块大小未知或非闪存介质，则返回 1。此命令仅由 f_mkfs 函数使用，并尝试对齐擦除块边界上的数据区域。使用时需要设置 FF_USE_MKFS 为 1

　　形参 3 buff 为 void 形指针，根据命令的格式和需要，我们把对应的值转成对应的形式传给它。

　　参考原有的 disk_ioctl 的实现，我们的函数实现如下：

```
DRESULT disk_ioctl(
    BYTE pdrv,        /* Physical drive nmuber (0..) */
    BYTE cmd,         /* Control code */
    void * buff       /* Buffer to send/receive control data */
)
{
    DRESULT res;
    if (pdrv == SD_CARD)              /* SD 卡 */
    {
        switch (cmd)
        {
            case CTRL_SYNC:
                res = RES_OK;
                break;
            case GET_SECTOR_SIZE:
                * (DWORD * )buff = 512;
                res = RES_OK;
                break;
            case GET_BLOCK_SIZE:
                * (WORD * )buff = g_sdcard_handler.SdCard.BlockSize;
                res = RES_OK;
                break;
            case GET_SECTOR_COUNT:
                * (DWORD * )buff = ((long long) g_sdcard_handler.SdCard.BlockNbr
                                * g_sdcard_handler.SdCard.BlockSize)/512;
                res = RES_OK;
```

```
                break;
            default:
                res = RES_PARERR;
                break;
        }
    }
    else if (pdrv == EX_FLASH)          /* 外部 FLASH */
    {
        switch (cmd)
        {
            case CTRL_SYNC:
                res = RES_OK;
                break;
            case GET_SECTOR_SIZE:
                * (WORD * )buff = SPI_FLASH_SECTOR_SIZE;
                res = RES_OK;
                break;
            case GET_BLOCK_SIZE:
                * (WORD * )buff = SPI_FLASH_BLOCK_SIZE;
                res = RES_OK;
                break;
            case GET_SECTOR_COUNT:
                * (DWORD * )buff = SPI_FLASH_SECTOR_COUNT;
                res = RES_OK;
                break;
            default:
                res = RES_PARERR;
                break;
        }
    }
    else
    {
        res = RES_ERROR;                /* 其他的不支持 */
    }
    return res;
}
```

函数返回值：DRESULT 为枚举类型，diskio.h 中有其定义，编写读函数时已经介绍了，注意要把返回值转成这个枚举类型的参数。

以上实现了 29.1 节提到的 5 个函数，ff.c 中需要实现 get_fattime(void)，同时因为在 ffconf.h 里面设置对长文件名的支持为方法 3，所以必须在 ffsystem.c 中实现 get_fattime、ff_memalloc 和 ff_memfree 这 3 个函数。这部分比较简单，可以直接参考修改后的 ffsystem.c 的源码。

至此，我们已经可以直接使用 FATFS 的 ff.c 下的 f_mount 的接口挂载磁盘，然后使用类似标准 C 的文件操作函数就可以实现文件操作。但 f_mount 还需要一些文件操作的内存，为了方便操作，我们在 FATFS 文件夹下还新建了一个 exfuns 的文件夹，用于保存一些针对 FATFS 的扩展代码，如刚才提到的 FATFS 相关函数的内存申请方法等。

本章编写了 4 个文件,分别是 exfuns. c、exfuns. h、fattester. c 和 fattester. h。其中,exfuns. c 主要定义了一些全局变量,方便 FATFS 的使用,同时实现了磁盘容量获取等函数。而 fattester. c 文件则主要用于测试 FATFS,因为 FATFS 的很多函数无法直接通过 USMART 调用,所以我们在 fattester. c 里面对这些函数进行了一次再封装,使得可以通过 USMART 调用。

这几个文件的代码可以直接使用本例程源码,我们将 exfuns. c/. h 和 fattester. c/. h 加入 FATFS 组下的 exfuns 文件下,直接使用即可。

(6) exfuns_init 函数

在使用文件操作前,需要用 f_mount 函数挂载磁盘。挂载 SD 卡前需要一些文件系统的内存,为了方便管理,我们定义一个全局的 fs[FF_VOLUMES]指针,定成数组是要管理的多个磁盘。而 f_mount 也需要一个 FATFS 类型的指针,定义如下:

```
/* 逻辑磁盘工作区(在调用任何 FATFS 相关函数之前,必须先给 fs 申请内存)*/
FATFS * fs[FF_VOLUMES];
```

接下来只要用内存管理部分的知识来实现对 fs 指针的内存申请即可。

```
uint8_t exfuns_init(void)
{
    uint8_t i;
    uint8_t res = 0;
    for (i = 0; i < FF_VOLUMES; i++)
    {
        fs[i] = (FATFS *)mymalloc(SRAMIN,sizeof(FATFS));/* 为磁盘 i 工作区申请内存 */
        if (! fs[i])break;
    }
# if USE_FATTESTER == 1          /* 如果使能了文件系统测试 */
    res = mf_init();             /* 初始化文件系统测试(申请内存)*/
# endif
    if (i == FF_VOLUMES && res == 0)
        return 0;                /* 申请有一个失败,即失败. */
    else
        return 1;
}
```

其他函数暂时没有用到,这里不介绍了,读者使用时查阅源码即可。

2. main. c 代码

main. c 就比较简单了,按照流程图的思路编写即可。在成功初始化后,我们通过 LCD 看到 SD 卡的总容量和当前空余容量。

最后,main 函数如下:

```
int main(void)
{
    uint32_t total,free;
    uint8_t t = 0;
    uint8_t res = 0;
```

```
HAL_Init();                                  /* 初始化 HAL 库 */
sys_stm32_clock_init(RCC_PLL_MUL9);          /* 设置时钟,72 MHz */
delay_init(72);                              /* 延时初始化 */
usart_init(115200);                          /* 串口初始化为 115 200 */
usmart_dev.init(72);                         /* 初始化 USMART */
led_init();                                  /* 初始化 LED */
lcd_init();                                  /* 初始化 LCD */
key_init();                                  /* 初始化按键 */
norflash_init();                             /* 初始化 NOR FLASH */
my_mem_init(SRAMIN);                         /* 初始化内部 SRAM 内存池 */
lcd_show_string(30,50,200,16,16,"STM32",RED);
lcd_show_string(30,70,200,16,16,"FATFS TEST",RED);
lcd_show_string(30,90,200,16,16,"ATOM@ALIENTEK",RED);
lcd_show_string(30,110,200,16,16,"Use USMART for test",RED);
while (sd_init())                            /* 检测不到 SD 卡 */
{
    lcd_show_string(30,130,200,16,16,"SD Card Error!",RED);
    delay_ms(500);
    lcd_show_string(30,130,200,16,16,"Please Check! ",RED);
    delay_ms(500);
    LED0_TOGGLE();                           /* LED0 闪烁 */
}
exfuns_init();                               /* 为 FATFS 相关变量申请内存 */
f_mount(fs[0],"0:",1);                       /* 挂载 SD 卡 */
res = f_mount(fs[1],"1:",1);                 /* 挂载 FLASH */
if (res == 0X0D)            /* FLASH 磁盘,FAT 文件系统错误,重新格式化 FLASH */
{                                            /* 格式化 FLASH */
    lcd_show_string(30,130,200,16,16,"Flash Disk Formatting...",RED);
    res = f_mkfs("1:",0,0,FF_MAX_SS);
                               /* 格式化 FLASH,1:,盘符;0,使用默认格式化参数 */
    if (res == 0)
    {                                   /* 设置 FLASH 磁盘的名字为:ALIENTEK */
        f_setlabel((const TCHAR * )"1:ALIENTEK");
        /* 格式化完成 */
        lcd_show_string(30,130,200,16,16,"Flash Disk Format Finish",RED);
    }
    els
        lcd_show_string(30,130,200,16,16,"Flash Disk Format Error ",RED);
    delay_ms(1000);
}
lcd_fill(30,130,240,150 + 16,WHITE);
while (exfuns_get_free("0",&total,&free))    /* 得到 SD 卡的总容量和剩余容量 */
{
    lcd_show_string(30,130,200,16,16,"SD Card Fatfs Error!",RED);
    delay_ms(200);
    lcd_fill(30,130,240,150 + 16,WHITE);     /* 清除显示 */
    delay_ms(200);
    LED0_TOGGLE();                           /* LED0 闪烁 */
}
lcd_show_string(30,130,200,16,16,"FATFS OK!",BLUE);
lcd_show_string(30,150,200,16,16,"SD Total Size:    MB",BLUE);
```

```
lcd_show_string(30,170,200,16,16,"SD  Free Size:       MB",BLUE);
lcd_show_num(30+8*14,150,total>>10,5,16,BLUE);    /* 显示 SD 卡总容量 MB */
lcd_show_num(30+8*14,170,free>>10,5,16,BLUE);     /* 显示 SD 卡剩余容量 MB */
while (1)
{
    t++;
    delay_ms(200);
    LED0_TOGGLE();                                 /* LED0 闪烁 */
}
}
```

main 函数里面为 SD 卡和 FLASH 都注册了工作区(挂载),在初始化 SD 卡并显示其容量信息后进入死循环,等待 USMART 测试。

在 usmart_config.c 里面的 usmart_nametab 数组添加如下内容:

```
struct _m_usmart_nametab usmart_nametab[] =
{
#if USMART_USE_WRFUNS == 1/* 如果使能了读/写操作 */
    (void *)read_addr,"uint32_t read_addr(uint32_t addr)",
    (void *)write_addr,"void write_addr(uint32_t addr,uint32_t val)",
#endif
    (void *)delay_ms,"void delay_ms(uint16_t nms)",
    (void *)delay_us,"void delay_us(uint32_t nus)",
    (void *)mf_mount,"uint8_t mf_mount(uint8_t * path,uint8_t mt)",
    (void *)mf_open,"uint8_t mf_open(uint8_t * path,uint8_t mode)",
    (void *)mf_close,"uint8_t mf_close(void)",
    (void *)mf_read,"uint8_t mf_read(uint16_t len)",
    (void *)mf_write,"uint8_t mf_write(uint8_t * dat,uint16_t len)",
    (void *)mf_opendir,"uint8_t mf_opendir(uint8_t * path)",
    (void *)mf_closedir,"uint8_t mf_closedir(void)",
    (void *)mf_readdir,"uint8_t mf_readdir(void)",
    (void *)mf_scan_files,"uint8_t mf_scan_files(uint8_t * path)",
    (void *)mf_showfree,"uint32_t mf_showfree(uint8_t * path)",
    (void *)mf_lseek,"uint8_t mf_lseek(uint32_t offset)",
    (void *)mf_tell,"uint32_t mf_tell(void)",
    (void *)mf_size,"uint32_t mf_size(void)",
    (void *)mf_mkdir,"uint8_t mf_mkdir(uint8_t * path)",
    (void *)mf_fmkfs,"uint8_t mf_fmkfs(uint8_t * path,uint8_t opt,uint16_t au)",
    (void *)mf_unlink,"uint8_t mf_unlink(uint8_t * path)",
    (void *)mf_rename,"uint8_t mf_rename(uint8_t * oldname,uint8_t * newname)",
    (void *)mf_getlabel,"void mf_getlabel(uint8_t * path)",
    (void *)mf_setlabel,"void mf_setlabel(uint8_t * path)",
    (void *)mf_gets,"void mf_gets(uint16_t size)",
    (void *)mf_putc,"uint8_t mf_putc(uint8_t c)",
    (void *)mf_puts,"uint8_t mf_puts(uint8_t * str)",
};
```

29.4　下载验证

将程序下载到开发板后,这里使用的是 16 GB 标有 SDHC 标志的 microSD 卡,可以看到 LCD 显示如图 29.5 所示。

　　打开串口调试助手,我们就可以串口调用前面添加的各种 FATFS 测试函数了,比如输入 mf_scan_files("0:") 即可扫描 SD 卡根目录的所有文件,如图 29.6 所示。

图 29.5　FATFS 程序运行效果图　　　　图 29.6　扫描 SD 卡根目录所有文件

　　其他函数的测试用类似的办法即可实现。注意,这里 0 代表 SD 卡,1 代表 SPI FLASH。注意,mf_unlink 函数在删除文件夹的时候,必须保证文件夹是空的才可以正常删除,否则不能删除。

第 **30** 章

汉字显示实验

本章将介绍如何使用 STM32 控制 LCD 显示汉字,将使用外部 SPI FLASH 来存储字库,并可以通过 SD 卡更新字库。STM32 读取存在 SPI FLASH 里面的字库,然后将汉字显示在 LCD 上面。

30.1 汉字显示原理简介

汉字的显示和 ASCII 显示其实是一样的原理,如图 30.1 所示。单片机(MCU)先根据汉字编码(①②)从字库里面找到该汉字的点阵数据(③),然后通过描点函数,按字库取模方式,将点阵数据在 LCD 上画出来(④),就可以实现一个汉字的显示。

图 30.1 单个汉字显示原理框图

接下来重点介绍汉字的编码、字库及显示等相关知识。

30.1.1 字符编码

单片机只能识别 0 和 1(所有信息都是以 0 和 1 的形式存储的),其本身并不能识别字符,所以需要对字符进行编码(也叫内码,特定的编码对应特定的字符),使单片机通过编码来识别具体的汉字。常见的字符集编码如表 30.1 所列。

表 30.1　常见字符集编码

字符集	编码长度	说　　明
ASCII	1 个字节	拉丁字母编码,仅 128 个编码,最简单
GB2312	2 个字节	简体中文字符编码,包含 6 000 多汉字编码
GBK	2 个字节	对 GB2312 的扩充,支持繁体中文,包含 2 万多汉字编码
BIG5	2 个字节	繁体中文字符编码,在中国台湾、中国香港用得多
UNICODE	一般 2 个字节	国际标准编码,支持各国文字

其中,ASCII 编码最简单,采用单字节编码,前面的 OLED 和 LCD 实验已经有接触。ASCII 是基于拉丁字母的一套电脑编码系统,仅包括 128 个编码,其中包含 95 个显示字符。使用一个字节即可编码完所有字符,常见的英文字母和数字就是使用 ASCII 字符编码。另外,ASCII 字符显示所占宽度为汉字宽度的一半,也可以理解成:ASCII 字符的宽度=高度的一半。

GB2312、GBK 和 BIG5 都是汉字编码,GBK 码是 GB2312 的扩充,是国内计算机系统默认的汉字编码;而 BIG5 则是繁体汉字字符集编码,中国香港和中国台湾的计算机系统汉字编码一般默认使用 BIG5 编码。一般来说,汉字显示所占的宽度等于高度,即宽度和高度相等。

UNICODE 是国际标准编码,支持各国文字,一般是 2 字节编码(也可以是 3 字节)。

GBK 是一套汉字编码规则,采用双字节编码,共 23 940 个码位,收录汉字和图形符号 21 886 个,其中,汉字(含繁体字和构件)21 003 个、图形符号 883 个。

每个 GBK 码由 2 个字节组成,第一个字节范围为 0x81～0xFE,第二个字节分为 2 部分,一是 0x40～0x7E,二是 0x80～0xFE。其中与 GB2312 相同的区域,字完全相同。GBK 编码规则如表 30.2 所列。

表 30.2　GBK 编码规则

字　节	范　围	说　　明
第一字节(高)	0x81～0xFE	共 126 个区(不包括 0x00～0x80,以及 0xFF)
第二字节(低)	0x40～0x7E	63 个编码(不包括 0x00～0x39,以及 0x7F)
	0x80～0xFE	127 个编码(不包括 0xFF)

把第一个字节(高字节)代表的意义称为区,那么 GBK 里面总共有 126 个区(0xFE－0x81＋1),每个区内有 190 个汉字(0xFE－0x80＋0x7E－0x40＋2),总共就有 126× 190＝23 940 个汉字。

第一个编码:0x8140,对应汉字:丂;

第二个编码:0x8141,对应汉字:丄;

第三个编码:0x8142,对应汉字:丅;

第四个编码:0x8143,对应汉字:丆;

依次对所有汉字进行编码,详见 www.qqxiuzi.cn/zh/hanzi-gbk-bianma.php。

30.1.2　汉字字库

光有汉字编码,单片机还是无法在 LCD 上显示这个汉字,必须有对应汉字编码的点阵数据,才可以通过描点的方式将汉字显示在 LCD 上。所有汉字点阵数据的集合,就叫汉字字库。而不同大小的汉字的字库大小也不一样,因此又有不同大小汉字的字库(如 12×12 汉字字库、16×16 汉字字库、24×24 汉字字库等)。

单个汉字的点阵数据称为字模。汉字在液晶上的显示其实就是一些点的显示与不显示,这就相当于我们的笔,有笔经过的地方就画出来,没经过的地方就不画。为了方便取模和描点,一般规定一个取模方向,当取模和描点都按取模方向来操作时,就可以实现一个汉字的点阵数据提取和显示。

以 12×12 大小的"好"字为例,假设规定取模方向为从上到下、从左到右且高位在前,则其取模原理如图 30.2 所示。

取模的时候,从最左上方的点开始取(从上到下,从左到右),且高位在前(bit7 在表示第一个位),那么:

第一个字节是 0x11(1 表示浅灰色的点,即要画出来的点,0 则表示不要画出来);

第二个字节是 0x10;

第三个字节是 0x1E(到第二列了,每列 2 个字节);

第四个字节是 0xA0。

依此类推,共 12 列,每列 2 个字

图 30.2　从上到下,从左到右取模原理

节,总共 24 字节。12×12"好"字完整的字模如下:

```
uint8_t hzm_1212[24] = {
0x11,0x10,0x1E,0xA0,0xF0,0x40,0x11,0xA0,0x1E,0x10,0x42,0x00,
0x42,0x10,0x4F,0xF0,0x52,0x00,0x62,0x00,0x02,0x00,0x00,0x00}; /* 好字字模 */
```

显示时只需要读取这个汉字的点阵数据(12×12 字体,一个汉字的点阵数据为 24 个字节),然后将这些数据按取模方式反向解析出来(坐标要处理好),每个字节是 1 的位就画出来,不是 1 的位就忽略,这样就可以显示出这个汉字了。

知道显示一个汉字的原理就可以推及整个汉字库了,要显示任意汉字,首先要知道该汉字的点阵数据,整个 GBK 字库比较大(2 万多个汉字),这些数据可以由专门的软件来生成。下面介绍字库的制作。这里采用了由正点原子设计的字模生成软件 ATK_XFONT。该软件可以在 Windows 操作系统下生成任意点阵大小的 ASCII、(GB2312(简体中文)、GBK(简繁体中文)等共十几种编码的字库),不但支持生成二进制文件格

式的文件、可以生成 BDF 文件,还支持生成图片功能,并支持横向、纵向等多种扫描方式,且扫描方式可以根据用户的需求进行增加。软件主界面如图 30.3 所示。

图 30.3　点阵字库生成器默认界面

要生成 16×16 的 GBK 字库,第一步进入 XFONT 软件的字库模式;第二步设置编码和字体大小,这里需要选择 GBK 编码以及设置字体大小为 16×16,另外还需要设置输出路径,这个由用户自己设置,后面生成的字库文件会出现在该路径下;第三步设置取模方式,这里需要设置为从上到下、从左到右、高位在前;第四步,单击"生成字库"按钮,等待字库生成。这一系列的具体操作如图 30.4 所示。

注意,电脑端的字体大小与生成点阵大小的关系为

$$fsize = dsize \cdot 6/8$$

其中,fsize 是电脑端字体的大小,dsize 是点阵大小(12、16、24 等)。所以 16×16 点阵大小对应的是 12 号字体。

生成完毕,把文件名和后缀改成 GBK16. FON(这里是手动修改后缀)。用类似的方法生成 12×12 的点阵库(GBK12. FON)和 24×24 的点阵库(GBK24. FON),总共制作 3 个字库。另外,该软件还可以生成其他很多字库,字体也可选,读者根据自己的需要按照上面的方法生成即可,详细介绍可查看软件自带的《ATK-XFONT 软件用户手册》。

最后,由于汉字字库比较大,不可能将其烧录在 MCU 内部 FLASH。因此,生成的字库要先放入 TF 卡,然后通过 TF 卡将字库文件复制到单片机外挂的 SPI FLASH 芯片(25Qxx)里面。使用的时候,单片机从 SPI FLASH 里面获取汉字点阵数据,这样,

图 30.4　生成 GBK16×16 字库的设置方法

SPI FLASH 就相当于一个汉字字库芯片了。

30.1.3　汉字显示原理

经过以上 2 个小节的学习,我们可以归纳出汉字显示的过程为 MCU→汉字编码→汉字字库→汉字点阵数据→描点。编码和字库的制作已经学会了,所以只剩下一个问题:如何通过汉字编码在汉字字库里面查找对应汉字的点阵数据?

根据 GBK 编码规则,汉字点阵字库只要按照这个编码规则从 0x8140 开始,逐一建立,每个区的点阵大小为每个汉字所用的字节数×190。这样就可以得到在这个字库里面定位汉字的方法:

当 GBKL<0x7F 时,Hp=((GBKH−0x81)×190+GBKL−0x40) • csize;

当 GBKL>0x80 时,Hp=((GBKH−0x81)×190+GBKL−0x41) • csize;

其中,GBKH、GBKL 分别代表 GBK 的第一个字节和第二个字节(也就是高字节和低字节),csize 代表单个汉字点阵数据的大小(字节数),Hp 则为对应汉字点阵数据在字库里面的起始地址(假设从 0 开始存放,如果是非 0 开始,则加上对应偏移量即可)。

单个汉字点阵数据大小(csize)计算公式如下:

csize=(size / 8+((size % 8) ? 1 : 0)) • size;

其中,size 为汉字点阵长宽尺寸,如 12(对应 12×12 字体)、16(对应 16×16 字体)、24(对应 24×24 字体)。对于 12×12 字体,csize 大小为 24 字节;对于 16×16 字体,csize 大小为 32 字节。

通过以上方法,从字库里面获取到某个汉字点阵数据后,按取模方式(使用从上到下、从左到右,高位在前)进行描点还原即可将汉字显示在 LCD 上面。这就是汉字显示的原理。

30.1.4 ffunicode.c 优化

本小节内容和汉字显示无关,仅做补充说明,读者可选择性学习。

前面提到要用 ffunicode.c 来支持长文件名,但是 ffunicode.c 文件里面中文转换(中文的页面编码代号为 936)的 2 个数组太大了(172 KB),直接刷在单片机里面太占用 FLASH,所以必须把这 2 个数组存放在外部 FLASH。数组 uni2oem936 和 oem2uni936 存放 UNICODE 和 GBK 的互相转换对照表,这 2 个数组很大,这里利用正点原子提供的一个 C 语言数组转 BIN(二进制)的软件:C2B 转换助手 V2.0.exe,从而将这 2 个数组转为 BIN 文件。我们将这 2 个数组复制出来存放为一个新的文本文件,假设为 UNIGBK.TXT,然后用 C2B 转换助手打开这个文本文件,如图 30.5 所示。

图 30.5 C2B 转换助手

然后单击"转换"就可以在当前目录下(文本文件所在目录下)得到一个 UNIGBK.bin 的文件,这样就实现了将 C 语言数组转换为 .bin 文件;然后只需要将 UNIGBK.bin 保存到外部 FLASH 就实现了该数组的转移。

在 ffunicode.c 里面,通过 ff_uni2oem 和 ff_oem2uni 调用这 2 个数组来实现 UNICODE 和 GBK 的互转,该函数源代码如下:

```
WCHAR ff_uni2oem(     /* Returns OEM code character,zero on error */
    DWORD    uni,     /* UTF-16 encoded character to be converted */
    WORD     cp       /* Code page for the conversion */
)
{
    const WCHAR * p;
    WCHAR c = 0,uc;
    UINT i = 0,n,li,hi;
    if (uni <0x80)/* ASCII? */
    {
        c = (WCHAR)uni;
    }
    Else/* Non-ASCII */
    {
        if (uni <0x10000 && cp == FF_CODE_PAGE)/* in BMP and valid code page? */
        {
            uc = (WCHAR)uni;
            p = CVTBL(uni2oem,FF_CODE_PAGE);
            hi = sizeof CVTBL(uni2oem,FF_CODE_PAGE) / 4-1;
            li = 0;
            for (n = 16; n; n--)
            {
                i = li + (hi-li) / 2;
                if (uc == p[i * 2]) break;
                if (uc >p[i * 2])
                {
                    li = i;
                }
                else
                {
                    hi = i;
                }
            }
            if (n ! = 0) c = p[i * 2 + 1];
        }
    }
    return c;
}
WCHAR ff_oem2uni(     /* Returns Unicode character in UTF-16,zero on error */
    WCHAR    oem,     /* OEM code to be converted */
    WORD     cp       /* Code page for the conversion */
)
{
    const WCHAR * p;
    WCHAR c = 0;
    UINT i = 0,n,li,hi;
    if (oem <0x80)/* ASCII? */
    {
        c = oem;
    }
    else              /* Extended char */
```

```
    {
        if (cp == FF_CODE_PAGE)        /* Is it valid code page? */
        {
            p = CVTBL(oem2uni,FF_CODE_PAGE);
            hi = sizeof CVTBL(oem2uni,FF_CODE_PAGE) / 4-1;
            li = 0;
            for (n = 16; n; n-- )
            {
                i = li + (hi-li) / 2;
                if (oem == p[i * 2]) break;
                if (oem > p[i * 2])
                {
                    li = i;
                }
                else
                {
                    hi = i;
                }
            }
            if (n != 0) c = p[i * 2+1];
        }
    }
    return c;
}
```

这里只关心对 936 的处理,这 2 个函数通过二分法来查找 UNICODE(或 GBK)码对应的 GBK(或 UNICODE)码。将 2 个数组存放在外部 FLASH 的时候,这 2 个函数该可以修改为:

```
WCHAR ff_uni2oem(    /* Returns OEM code character,zero on error */
    DWORD    uni,    /* UTF-16 encoded character to be converted */
    WORD     cp      /* Code page for the conversion */
)
{
    WCHAR t[2];
    WCHAR c;
    uint32_t i,li,hi;
    uint16_t n;
    uint32_t gbk2uni_offset = 0;
    if (uni < 0x80)
    {
        c = uni;                          /* ASCII,直接不用转换 */
    }
    else
    {
        hi = ftinfo. ugbksize / 2;        /* 对半开 */
        hi = hi / 4-1;
        li = 0;
        for (n = 16; n; n--)              /* 二分法查找 */
        {
```

```
        i = li + (hi-li) / 2;
        norflash_read((uint8_t *)&t,ftinfo.ugbkaddr + i * 4 +
                      gbk2uni_offset,4);            /* 读出 4 个字节 */
        if (uni == t[0]) break;
        if (uni > t[0])
        {
            li = i;
        }
        else
        {
            hi = i;
        }
    }
    c = n ? t[1] : 0;
    }
    return c;
}
WCHAR ff_oem2uni(        /* Returns Unicode character,zero on error */
    WCHAR   oem,        /* OEM code to be converted */
    WORD    cp         /* Code page for the conversion */
)
{
    WCHAR t[2];
    WCHAR c;
    uint32_t i,li,hi;
    uint16_t n;
    uint32_t gbk2uni_offset = ftinfo.ugbksize / 2;
    if (oem < 0x80)
    {
        c = oem;                                    /* ASCII,直接不用转换 */
    }
    else
    {
        hi = ftinfo.ugbksize / 2;                   /* 对半开 */
        hi = hi / 4-1;
        li = 0;
        for (n = 16; n; n--)                        /* 二分法查找 */
        {
            i = li + (hi-li) / 2;
            norflash_read((uint8_t *)&t,ftinfo.ugbkaddr + i * 4 +
                          gbk2uni_offset,4);        /* 读出 4 个字节 */
            if (oem == t[0]) break;
            if (oem > t[0])
            {
                li = i;
            }
            else
            {
                hi = i;
            }
```

```
        }
        c = n ? t[1] : 0;
    }
    return c;
}
```

代码中的 ftinfo.ugbksize 为刚刚生成的 UNIGBK.bin 的大小,而 ftinfo.ugbkaddr 是存放 UNIGBK.bin 文件的首地址,这里同样采用的是二分法查找。

将修改后的 ffunicode.c 命名为 myffunicode.c,并保存在 exfuns 文件夹下。将工程 FATFS 组下的 ffunicode.c 删除,然后重新添加 myffunicode.c 到 FATFS 组下。myffunicode.c 的源码就不贴出来了,其实就是在 ffunicode.c 的基础上去掉了2个大数组,然后对 ff_uni2oem 和 ff_oem2uni 这2个函数进行了修改,详见本例程源码。

30.2 硬件设计

(1) 例程功能

本实验开机的时候程序通过预设值的标记位检测 NOR FLASH 中是否已经存在字库,如果存在,则按次序显示汉字(3种字体都显示)。如果没有,则检测 SD 卡和文件系统,并查找 SYSTEM 文件夹下的 FONT 文件夹;在该文件夹内查找 UNIGBK.BIN、GBK12.FON、GBK16.FON 和 GBK24.FON 这几个文件的由来,前面已经介绍过了。检测到这些文件之后就开始更新字库,更新完毕才开始显示汉字。通过按键 KEY0 可以强制更新字库。LED0 闪烁提示程序运行。

(2) 硬件资源

➢ LED 灯:LED0 -PA8;

➢ 独立按键:KEY0-PC5;

➢ 串口1(PA9、PA10 连接在板载 USB 转串口芯片 CH340 上面);

➢ 正点原子 TFTLCD 模块(仅限 MCU 屏,16 位 8080 并口驱动);

➢ SD 卡;

➢ NOR FLASH,通过 SPI 驱动,用来存储汉字库。

30.3 程序设计

30.3.1 程序流程图

程序流程如图 30.6 所示。

图 30.6　汉字显示实验程序流程图

30.3.2 程序解析

1. TEXT 代码

这里只讲解核心代码,详细的源码可参考配套资料中本实验对应源码。TEXT 驱动源码包括 4 个文件:text.c、text.h、fonts.c 和 fonts.h。

汉字显示实验代码主要分为 2 部分:一部分就是对字库的更新,另一部分就是对汉字的显示。字库的更新代码放在 font.c 和 font.h 文件中,汉字的显示代码放在 text.c 和 text.h 中。

下面介绍有关字库操作的代码,首先看 fonts.h 文件中字库信息结构体定义,其代码如下:

```
__packedtypedef struct
{
    uint8_t  fontok;                /*字库存在标志,0XAA,字库正常;其他,字库不存在*/
    uint32_t ugbkaddr;              /*unigbk 的地址*/
    uint32_t ugbksize;              /*unigbk 的大小*/
    uint32_t f12addr;               /*gbk12 地址*/
    uint32_t gbk12size;             /*gbk12 的大小*/
    uint32_t f16addr;               /*gbk16 地址*/
    uint32_t gbk16size;             /*gbk16 的大小*/
    uint32_t f24addr;               /*gbk24 地址*/
    uint32_t gbk24size;             /*gbk24 的大小*/
} _font_info;
```

这个结构体用于记录字库的首地址以及字库大小等信息,总共占用 33 字节,第一个字节用来标识字库是否正确,其他用来记录地址和文件大小。因为这里将 NOR FLASH(25Q64)的前 4.2 MB 给了 FATFS 管理(用作本地磁盘),4.2 MB 后紧跟 3 个字库+UNIGBK.BIN 总大小 3.09 MB 791 个扇区,在 7.89 MB 后预留了 100 KB 给用户自己使用。所以,存储地址是从 4.2×1 024×1 024 处开始的。最开始的 33 个字节给_font_info 用,用于保存_font_info 结构体数据,之后是 UNIGBK.BIN、GBK12.FON、GBK16.FON 和 GBK24.FON。

下面介绍 font.c 文件中几个重要的函数。

字库初始化函数也是利用其存储顺序进行检查字库,其定义如下:

```
uint8_t fonts_init(void)
{
    uint8_t t = 0;
    while (t < 10)   /*连续读取 10 次都是错误,说明确实有问题,须更新字库了*/
    {
        t++;
        /*读出 ftinfo 结构体数据*/
        norflash_read((uint8_t *)&ftinfo,FONTINFOADDR,sizeof(ftinfo));
        if (ftinfo.fontok == 0XAA)
        {
```

```
            break;
        }
            delay_ms(20);
    }
    if (ftinfo.fontok ! = 0XAA)
    {
        return 1;
    }
    return 0;
}
```

这里就是把 NOR FLASH 的 4.2 MB 地址的 33 个字节数据读取出来,进而判断字库结构体 ftinfo 的字库标记 fontok 是否为 AA,确定字库是否完好。

有读者会有疑问:ftinfo. fontok 在哪里赋值 AA 呢? 肯定是字库更新完毕后给该标记赋值的,下面就来看一下是不是这样。字库更新函数定义如下:

```
uint8_t fonts_update_font(uint16_t x,uint16_t y,uint8_t size,
                        uint8_t * src,uint16_t color)
{
    uint8_t * pname;
    uint32_t * buf;
    uint8_t res = 0;
    uint16_t i,j;
    FIL * fftemp;
    uint8_t rval = 0;
    res = 0XFF;
    ftinfo.fontok = 0XFF;
    pname = mymalloc(SRAMIN,100);                /* 申请 100 字节内存 */
    buf = mymalloc(SRAMIN,4096);                 /* 申请 4 KB 内存 */
    fftemp = (FIL * )mymalloc(SRAMIN,sizeof(FIL)); /* 分配内存 */
    if (buf == NULL || pname == NULL || fftemp == NULL)
    {
        myfree(SRAMIN,fftemp);
        myfree(SRAMIN,pname);
        myfree(SRAMIN,buf);
        return 5;                               /* 内存申请失败 */
    }
    for (i = 0; i < 4; i ++)/* 先查找文件 UNIGBK,GBK12,GBK16,GBK24 是否正常 */
    {
        strcpy((char * )pname,(char * )src);     /* copy src 内容到 pname */
        strcat((char * )pname,(char * )FONT_GBK_PATH[i]); /* 追加具体文件路径 */
        res = f_open(fftemp,(const TCHAR * )pname,FA_READ); /* 尝试打开 */
        if (res)
        {
            rval|= 1 << 7;                       /* 标记打开文件失败 */
            break;                               /* 出错了,直接退出 */
        }
    }
    myfree(SRAMIN,fftemp);                       /* 释放内存 */
    if (rval == 0)                              /* 字库文件都存在. */
    {                                           /* 提示正在擦除扇区 */
```

```
            lcd_show_string(x,y,240,320,size,"Erasing sectors... ",color);
            for (i = 0; i < FONTSECSIZE; i++)              /* 先擦除字库区域,提高写入速度 */
            {
                /* 进度显示 */
                fonts_progress_show(x + 20 * size/2,y,size,FONTSECSIZE,i,color);
                /* 读出整个扇区的内容 */
                norflash_read((uint8_t * )buf,
                ((FONTINFOADDR / 4096) + i) * 4096,4096);
                for (j = 0; j < 1024; j++)                 /* 校验数据 */
                {
                    if (buf[j] != 0XFFFFFFFF)break; /* 需要擦除 */
                }
                if (j != 1024)
                {
                    /* 需要擦除的扇区 */
                    norflash_erase_sector((FONTINFOADDR / 4096) + i);
                }
            }
            for (i = 0; i < 4; i++)                        /* 依次更新 UNIGBK,GBK12,GBK16,GBK24 */
            {
                lcd_show_string(x,y,240,320,size,FONT_UPDATE_REMIND_TBL[i],color);
                strcpy((char * )pname,(char * )src);/* 复制 src 内容到 pname */
                strcat((char * )pname,(char * )FONT_GBK_PATH[i]);   /* 追加具体文件路径 */
                /* 更新字库 */
                res = fonts_update_fontx(x + 20 * size/2,y,size,pname,i,color);
                if (res)
                {
                    myfree(SRAMIN,buf);
                    myfree(SRAMIN,pname);
                    return 1 + i;
                }
            }
            ftinfo.fontok = 0XAA;                          /* 全部更新好了 */
            /* 保存字库信息 */
            norflash_write((uint8_t * )&ftinfo,FONTINFOADDR,sizeof(ftinfo));
        }
        myfree(SRAMIN,pname);                              /* 释放内存 */
        myfree(SRAMIN,buf);
        return rval;                                       /* 无错误. */
    }
```

函数的实现: 动态申请内存→尝试打开文件(UNIGBK、GBK12、GBK16 和 GBK24),确定文件是否存在→擦除字库→依次更新 UNIGBK、GBK12、GBK16 和 GBK24→写入 ftinfo 结构体信息。

在字库更新函数中能直接看到的是 ftinfo.fontok 成员被赋值,而其他成员在单个字库更新函数中被赋值。接下来分析更新某个字库函数,其代码如下:

```
static uint8_t fonts_update_fontx(uint16_t x,uint16_t y,uint8_t size,uint8_t * fpath,
                        uint8_t fx,uint16_t color)
{
```

```
uint32_t flashaddr = 0;
FIL * fftemp;
uint8_t * tempbuf;
uint8_t res;
uint16_t bread;
uint32_t offx = 0;
uint8_t rval = 0;
fftemp = (FIL * )mymalloc(SRAMIN,sizeof(FIL));        /* 分配内存 */
if (fftemp == NULL)rval = 1;
tempbuf = mymalloc(SRAMIN,4096);                       /* 分配 4 096 字节空间 */
if (tempbuf == NULL)rval = 1;
res = f_open(fftemp,(const TCHAR * )fpath,FA_READ);
if (res)rval = 2;                                      /* 打开文件失败 */
if (rval == 0)
{
    switch (fx)
    {
        case 0:                                       /* 更新 UNIGBK.BIN */
            /* 信息头之后,紧跟 UNIGBK 转换码表 */
            ftinfo.ugbkaddr = FONTINFOADDR + sizeof(ftinfo);
            ftinfo.ugbksize = fftemp->obj.objsize;    /* UNIGBK 大小 */
            flashaddr = ftinfo.ugbkaddr;
            break;
        case 1:                                       /* 更新 GBK12.FONT */
            /* UNIGBK 之后,紧跟 GBK12 字库 */
            ftinfo.f12addr = ftinfo.ugbkaddr + ftinfo.ugbksize;
            ftinfo.gbk12size = fftemp->obj.objsize;   /* GBK12 字库大小 */
            flashaddr = ftinfo.f12addr;               /* GBK12 的起始地址 */
            break;
        case 2:                                       /* 更新 GBK16.FONT */
            /* GBK12 之后,紧跟 GBK16 字库 */
            ftinfo.f16addr = ftinfo.f12addr + ftinfo.gbk12size;
            ftinfo.gbk16size = fftemp->obj.objsize;   /* GBK16 字库大小 */
            flashaddr = ftinfo.f16addr;               /* GBK16 的起始地址 */
            break;
        case 3:                                       /* 更新 GBK24.FONT */
            /* GBK16 之后,紧跟 GBK24 字库 */
            ftinfo.f24addr = ftinfo.f16addr + ftinfo.gbk16size;
            ftinfo.gbk24size = fftemp->obj.objsize;   /* GBK24 字库大小 */
            flashaddr = ftinfo.f24addr;               /* GBK24 的起始地址 */
            break;
    }
    while (res == FR_OK)                               /* 死循环执行 */
    {
        res = f_read(fftemp,tempbuf,4096,(UINT * )&bread);  /* 读取数据 */
        if (res ! = FR_OK)break;                       /* 执行错误 */
        norflash_write(tempbuf,offx + flashaddr,bread);
                                                       /* 从 0 开始写入 bread 个数据 */
        offx += bread;
        /* 进度显示 */
```

```
            fonts_progress_show(x,y,size,fftemp->obj.objsize,offx,color);
            if (bread ! = 4096)break;                          /* 读完了 */
        }
        f_close(fftemp);
    }
    myfree(SRAMIN,fftemp);                                     /* 释放内存 */
    myfree(SRAMIN,tempbuf);                                    /* 释放内存 */
    return res;
}
```

此部分代码用于单个字库的更新操作(包含 UNIGBK 的转换码表更新),并写入 NOR FLASH。同时,把字库大小和起始地址保存在 ftinfo 结构体里,在前面的整个字库更新函数中使用函数:

```
norflash_write((uint8_t *)&ftinfo,FONTINFOADDR,sizeof(ftinfo));   /* 保存字库信息 */
```

结构体的所有成员一并写入到那 33 字节。有了这个字库信息结构体就能很容易定位。结合前面说到的根据地址偏移寻找汉字的点阵数据,就可以开始真正把汉字搬上屏幕中去了。

首先肯定需要获得汉字的 GBK 码,这里 MDK 已经帮我们实现了。这里用一个例子说明:

```
char * HZ_str = "正点原子";
printf("正点原子的 ' 正 ' 字 GBK 高位码: % # x\r\n", * HZ_str);
printf("正点原子的 ' 正 ' 字 GBK 低位码: % # x\r\n", * (HZ_str + 1));
串口打印
    正点原子的 ' 正 ' 字 GBK 高位码:0xd5
    正点原子的 ' 正 ' 字 GBK 低位码:0xfd
```

可以看出,MDK 识别汉字的方式是 GBK 码,换句话来说就是 MDK 自动会把汉字看成是 2 个字节表示的东西。知道了要表示的汉字及其 GBK 码,那么就可以去找对应的点阵数据。这里定义了一个获取汉字点阵数据的函数,其定义如下:

```
static void text_get_hz_mat(unsigned char * code,unsigned char * mat,
uint8_t size)
{
    unsigned char qh,ql;
    unsigned char i;
    unsigned long foffset;
    /* 得到字体一个字符对应点阵集所占的字节数 */
    uint8_t csize = (size / 8 + ((size % 8) ? 1 : 0)) * (size);
    qh = * code;
    ql = * ( ++ code);
    if (qh < 0x81 || ql < 0x40 || ql == 0xff || qh == 0xff)   /* 非常用汉字 */
    {
        for (i = 0; i < csize; i ++ )
        {
            * mat ++ = 0x00;                                  /* 填充满格 */
        }
        return;                                               /* 结束访问 */
```

```
    }
    if (ql < 0x7f)
    {
        ql -= 0x40;/* 注意 */
    }
    else
    {
        ql -= 0x41;
    }
    qh -= 0x81;
    foffset = ((unsigned long)190 * qh + ql) * csize;       /* 得到字库中的字节偏移量 */
    switch (size)
    {
        case 12:
            norflash_read(mat,foffset + ftinfo.f12addr,csize);
            break;
        case 16:
            norflash_read(mat,foffset + ftinfo.f16addr,csize);
            break;
        case 24:
            norflash_read(mat,foffset + ftinfo.f24addr,csize);
            break;
    }
}
```

函数实现的依据就是前面讲到的 2 条公式:

当 GBKL<0X7F 时,Hp=((GBKH-0x81)×190+GBKL-0X40)·csize;

当 GBKL>0X80 时,Hp=((GBKH-0x81)×190+GBKL-0X41)·csize。

目标汉字的 GBK 码满足上面公式其一,就会得出与一个 GBK 对应的汉字点阵数据的偏移。在这个基础上,通过汉字点阵的大小就可以从对应的字库提取目标汉字点阵数据。

获取到点阵数据后,接下来就可以进行汉字显示。汉字显示函数定义如下:

```
void text_show_font(uint16_t x,uint16_t y,uint8_t * font,uint8_t size,
                uint8_t mode,uint16_t color)
{
    uint8_t temp,t,t1;
    uint16_t y0 = y;
    uint8_t * dzk;
    /* 得到字体一个字符对应点阵集所占的字节数 */
    uint8_t csize = (size / 8 + ((size % 8) ? 1 : 0)) * (size);
    if (size != 12 && size != 16 && size != 24 && size != 32)
    {
        return;                                  /* 不支持的 size */
    }
    dzk = mymalloc(SRAMIN,size);                 /* 申请内存 */
    if (dzk == 0) return;                        /* 内存不够了 */
    text_get_hz_mat(font,dzk,size);              /* 得到相应大小的点阵数据 */
    for (t = 0; t < csize; t ++)
```

```
    {
        temp = dzk[t];                              /* 得到点阵数据 */
        for (t1 = 0; t1 < 8; t1 ++ )
        {
            if (temp & 0x80)
            {
                lcd_draw_point(x,y,color);          /* 画需要显示的点 */
            }
            else if (mode == 0)
                            /* 如果非叠加模式,不需要显示的点,用背景色填充 */
            {
                lcd_draw_point(x,y,g_back_color);   /* 填充背景色 */
            }
            temp << = 1;
            y ++ ;
            if ((y-y0) == size)
            {
                y = y0;
                x ++ ;
                break;
            }
        }
    }
    myfree(SRAMIN,dzk);                             /* 释放内存 */
}
```

汉字显示函数通过调用获取汉字点阵数据函数 text_get_hz_mat 来获取到点阵数据,使用 LCD 画点函数把点阵数据中"1"的点都画出来,最终会在 LCD 显示要表示的汉字。

2. main.c 代码

在 main.c 里编写代码如下:

```
int main(void)
{
    uint32_t fontcnt;
    uint8_t i,j;
    uint8_t fontx[2];                           /* GBK 码 */
    uint8_t key,t;
    HAL_Init();                                 /* 初始化 HAL 库 */
    sys_stm32_clock_init(RCC_PLL_MUL9);         /* 设置时钟,72 MHz */
    delay_init(72);                             /* 延时初始化 */
    usart_init(115200);                         /* 串口初始化为 115 200 */
    usmart_dev.init(72);                        /* 初始化 USMART */
    led_init();                                 /* 初始化 LED */
    lcd_init();                                 /* 初始化 LCD */
    key_init();                                 /* 初始化按键 */
    norflash_init();                            /* 初始化 NOR FLASH */
    my_mem_init(SRAMIN);                        /* 初始化内部 SRAM 内存池 */
    exfuns_init();                              /* 为 FATFS 相关变量申请内存 */
    f_mount(fs[0],"0:",1);                      /* 挂载 SD 卡 */
    f_mount(fs[1],"1:",1);                      /* 挂载 FLASH */
```

```
        while (fonts_init())                                /*检查字库*/
        {
UPD:
            lcd_clear(WHITE);                               /*清屏*/
            lcd_show_string(30,30,200,16,16,"STM32F103",RED);
            while (sd_init())                               /*检测 SD 卡*/
            {
                lcd_show_string(30,50,200,16,16,"SD Card Failed!",RED);
                delay_ms(200);
                lcd_fill(30,50,200 + 30,50 + 16,WHITE);
                delay_ms(200);
            }
            lcd_show_string(30,50,200,16,16,"SD Card OK",RED);
            lcd_show_string(30,70,200,16,16,"Font Updating...",RED);
            key = fonts_update_font(20,90,16,(uint8_t *)"0:",RED);    /*更新字库*/
            while (key)                                     /*更新失败*/
            {
                lcd_show_string(30,90,200,16,16,"Font Update Failed!",RED);
                delay_ms(200);
                lcd_fill(20,90,200 + 20,90 + 16,WHITE);
                delay_ms(200);
            }
            lcd_show_string(30,90,200,16,16,"Font Update Success!    ",RED);
            delay_ms(1500);
            lcd_clear(WHITE);                               /*清屏*/
        }
        text_show_string(30,30,200,16,"正点原子开发板",16,0,RED);
        text_show_string(30,50,200,16,"GBK 字库测试程序",16,0,RED);
        text_show_string(30,70,200,16,"正点原子@ALIENTEK",16,0,RED);
        text_show_string(30,90,200,16,"按 KEY0,更新字库",16,0,RED);
        text_show_string(30,110,200,16,"内码高字节:",16,0,BLUE);
        text_show_string(30,130,200,16,"内码低字节:",16,0,BLUE);
        text_show_string(30,150,200,16,"汉字计数器:",16,0,BLUE);
        text_show_string(30,180,200,24,"对应汉字为:",24,0,BLUE);
        text_show_string(30,204,200,16,"对应汉字(16 * 16)为:",16,0,BLUE);
        text_show_string(30,220,200,16,"对应汉字(12 * 12)为:",12,0,BLUE);
        while (1)
        {
            fontcnt = 0;
            for (i = 0x81; i < 0xff; i++)         /*GBK 内码高字节范围为 0x81~0xFE*/
            {
                fontx[0] = i;
                lcd_show_num(118,110,i,3,16,BLUE);           /*显示内码高字节*/
                for (j = 0x40;j < 0xfe;j++)
                                        /*GBK 内码低字节范围 0x40~0x7E,0x80~0xFE*/
                {
                    if (j == 0x7f)continue;
                    fontcnt++;
                    lcd_show_num(118,130,j,3,16,BLUE);            /*显示内码低字节*/
                    lcd_show_num(118,150,fontcnt,5,16,BLUE);  /*汉字计数显示*/
                    fontx[1] = j;
                    text_show_font(30 + 132,180,fontx,24,0,BLUE);
```

```
            text_show_font(30 + 144,204,fontx,16,0,BLUE);
            text_show_font(30 + 108,220,fontx,12,0,BLUE);
            t = 200;
            while (t--)                          /* 延时,同时扫描按键 */
            {
                delay_ms(1);
                key = key_scan(0);
                if (key == KEY0_PRES)
                {
                    goto UPD;                     /* 跳转到 UPD 位置(强制更新字库) */
                }
            }
            LED0_TOGGLE();
        }
    }
}
```

main 函数实现与硬件设计例程功能表述一致,至此整个软件设计就完成了。

30.4 下载验证

本例程支持 12×12、16×16 和 24×24 这 3 种字体的显示,将程序下载到开发板后,可以看到 LED0 不停闪烁,提示程序已经在运行了。LCD 开始显示 3 种大小的汉字及内码,如图 30.7 所示。

一开始就显示汉字,是因为板子在出厂的时候都测试过,里面刷了综合测试程序,已经把字库写到 NOR FLASH 里面了,所以并不会提示更新字库。如果想要更新字库,就需要先找一张 SD 卡,把配套资料的 A 盘资料→5,SD 卡根目录文件下面的 SYS-TEM 文件夹复制到 SD 卡根目录下,插入开发板并按复位,之后,在显示汉字的时候按下 KEY0 就可以开始更新字库。字库更新界面如图 30.8 所示。

图 30.7 汉字显示实验显示效果

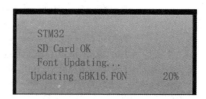

图 30.8 汉字字库更新界面

此外还可以使用 USMART 来测试该实验。通过 USMART 调用 text_show_string 或者 text_show_string_middle 来实现任意位置显示任何字符串,有兴趣的读者可以尝试一下。

第 **31** 章

串口 IAP 实验

　　IAP,即在应用编程,通俗说法就是"程序升级"。产品阶段设计完成后,在脱离实验室的调试环境下,想对产品做功能升级或 BUG 修复会十分麻烦,如果硬件支持,在出厂时预留一套升级固件的流程,就可以很好解决这个问题,IAP 技术就是为此而生的。之前的 FLASH 模拟 EEPROM 实验里面学习了 STM32F103 的 FLASH 自编程,本章将结合 FLASH 自编程的知识,通过 STM32F103 的串口实现一个简单的 IAP 功能。

31.1　IAP 简介

　　STM32 可以通过设置 MSP 的方式从不同的地址启动,包括 FLASH 地址、RAM 地址等,在默认方式下,嵌入式程序是以连续二进制的方式烧录到 STM32 的可寻址 FLASH 区域上的。如果使用的 FLASH 容量大到可以存储 2 个或多个完整程序,在保证每个程序完整的情况下,上电后的程序通过修改 MSP 的方式,就可以保证一个单片机上有多个有功能差异的嵌入式软件。这就是要讲解的 IAP 的设计思路。

　　IAP 是用户的程序在运行过程中对 User FLASH 的部分区域进行烧写,目的是在产品发布后可以方便地通过预留的通信口对产品中的固件程序进行更新升级。用户可以自定义通信方式和自定义加密,使得 IAP 在使用上非常灵活。通常实现 IAP 功能时,即用户程序运行中作自身的更新操作时,需要在设计固件程序时编写 2 个项目代码,第一个程序检查有无升级需求,并通过某种通信方式(如 USB、USART)接收程序或数据,执行对第二部分代码的更新;第二个项目代码才是真正的功能代码。这 2 部分项目代码都同时烧录在 User FLASH 中,当芯片上电后,首先是第一个项目代码开始运行,做如下操作:

　　① 检查是否需要对第二部分代码进行更新;

　　② 如果不需要更新则转到④;

　　③ 执行更新操作;

④ 跳转到第二部分代码执行。

第一部分代码必须通过其他手段，如 JTAG、ISP 等方式烧录，常常是烧录后就不再进行更改；第二部分代码可以使用第一部分代码 IAP 功能烧入，也可以和第一部分代码一起烧入，以后需要程序更新时再通过第一部分 IAP 代码更新。

将第一个项目代码称为 Bootloader 程序，第二个项目代码称为 APP 程序，它们存放在 STM32F103 FLASH 的不同地址范围，一般从最低地址区开始存放 Bootloader，紧跟其后的就是 APP 程序（注意，如果 FLASH 容量足够，则可以设计很多 APP 程序，本章只讨论一个 APP 程序的情况）。这样就是要实现 2 个程序：Bootloader 和 APP。

STM32F1 的 APP 程序不仅可以放到 FLASH 里面运行，也可以放到 SRAM 里面运行，本章将制作 2 个 APP，一个用于 FLASH 运行，一个用于内部 SRAM 运行。

先来看看 STM32F1 正常的程序运行流程（为了方便说明 IAP 过程，这里先仅考虑代码全部存放在内部 FLASH 的情况），如图 31.1 所示。

图 31.1　STM32F1 正常运行流程图

STM32F1 的内部闪存（FLASH）地址起始于 0x0800 0000，一般情况下，程序文件就从此地址开始写入。此外，STM32F103 是基于 Cortex-M3 内核的微控制器，其内部通过一张"中断向量表"来响应中断。程序启动后，将首先从中断向量表取出复位中断向量执行复位中断程序完成启动，而这张中断向量表的起始地址是 0x08000004；中断来临时，STM32F103 的内部硬件机制亦自动将 PC 指针定位到中断向量表处，并根据中断源取出对应的中断向量执行中断服务程序。

　　在图 31.1 中,STM32F1 在复位后,先从 0x08000004 地址取出复位中断向量的地址,并跳转到复位中断服务程序,如标号①所示;在复位中断服务程序执行完之后,则跳转到 main 函数,如标号②所示;main 函数一般是一个死循环,在 main 函数执行过程中,如果收到中断请求(发生了中断),则 STM32F103 强制将 PC 指针指回中断向量表处,如标号③所示;然后,根据中断源进入相应的中断服务程序,如标号④所示;在执行完中断服务程序以后,程序再次返回 main 函数执行,如标号⑤所示。

　　当加入 IAP 程序之后,程序运行流程如图 31.2 所示。

图 31.2　加入 IAP 之后程序运行流程图

在图 31.2 所示流程中,STM32F103 复位后,还是从 0x08000004 地址取出复位中断向量的地址,并跳转到复位中断服务程序,在运行完复位中断服务程序之后跳转到 IAP 的 main 函数,如标号①所示,此部分同图 31.1 一样;在执行完 IAP 以后(即将新的 APP 代码写入 STM32F1 的 FLASH,灰底部分,新程序的复位中断向量起始地址为 0x08000004+N+M),跳转至新写入程序的复位向量表,取出新程序的复位中断向量的地址,并跳转执行新程序的复位中断服务程序,随后跳转至新程序的 main 函数,如标号②和③所示。同样,main 函数为一个死循环,并且注意到此时 STM32F103 的 FLASH 在不同位置上共有 2 个中断向量表。

在 main 函数执行过程中,如果 CPU 得到一个中断请求,则 PC 指针仍然会强制跳转到地址 0x08000004 中断向量表处,而不是新程序的中断向量表,如标号④所示;程序再根据设置的中断向量表偏移量,跳转到对应中断源新的中断服务程序中,如标号⑤所示;在执行完中断服务程序后,程序返回 main 函数继续运行,如标号⑥所示。

通过以上 2 个过程的分析,我们知道 IAP 程序必须满足 2 个要求:

① 新程序必须在 IAP 程序之后的某个偏移量为 x 的地址开始;

② 必须将新程序的中断向量表做相应移动,移动的偏移量为 x。

对 STM32F1 系列来说,闪存编程一次可以写入 16 位(半字)。闪存擦除操作可以按页面擦除或完全擦除(全擦除)。全擦除不影响信息块。根据类别的不同,FLASH 有如下区别:

> 小容量产品主存储块最大为 4K×64 位,每个存储块划分为 32 个 1 KB 的页。
> 中容量产品主存储块最大为 16K×64 位,每个存储块划分为 128 个 1 KB 的页。
> 大容量产品主存储块最大为 64K×64 位,每个存储块划分为 256 个 2 KB 的页。
> 互联型产品主存储块最大为 32K×64 位,每个存储块划分为 128 个 2 KB 的页。

使用时需要根据自己的芯片型号来选择,设计 IAP 程序时需要严格避免不同的程序占用相同 FLASH 扇区的情形。

本章有 2 个 APP 程序:

① FLASH APP 程序,即只运行在内部 FLASH 的 APP 程序。

② SRAM APP 程序,即只运行在内部 SRAM 的 APP 程序,其运行过程和图 34.2 相似,不过需要设置向量表的地址为 SRAM 的地址。

1. APP 程序起始地址设置方法

APP 使用以前的例程即可,不过需要对程序进行修改。默认的条件下,图 34.3 中 IROM1 的起始地址(Start)一般为 0x08000000,大小(Size)为 0x40000,即从 0x08000000 开始的 256 KB 空间为程序存储区。

图 31.3 中设置起始地址(Start)为 0x08010000,即偏移量为 0x10000(64 KB,即留给 BootLoader 的空间),因而,留给 APP 用的 FLASH 空间(Size)为 0x40000−0x10000=0x30000(192 KB)。设置好 Start 和 Size,就完成了 APP 程序的起始地址设置。IRAM 是内存的地址,APP 可以独占这些内存,这里不需要修改。

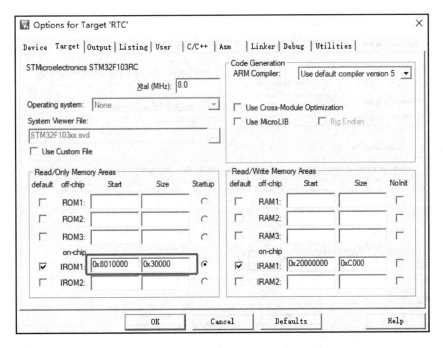

图 31.3　FLASH APP Target 选项卡设置

注意,需要确保 APP 起始地址在 Bootloader 程序结束位置之后,并且偏移量为 0x200 的倍数即可(相关知识可参考 http://www.openedv.com/posts/list/392.htm)。

这是针对 FLASH APP 的起始地址设置,如果是 SRAM APP,那么起始地址设置如图 31.4 所示。

这里将 IROM1 的起始地址(Start)定义为 0x20001000,大小为 0xB000(44 KB),即从地址 0x20000000 偏移 0x1000 开始,存放 SRAM APP 代码。这个分配关系可以根据实际情况修改,由于 STM32F103RCT6 只有一个 48 KB 的片内 SRAM,存放程序的位置与变量的加载位置不能重复,所以需要设置 IRAM1 中的地址到 SRAM 程序空间之外。

2. 中断向量表的偏移量设置方法

VTOR 寄存器存放的是中断向量表的起始地址。默认的情况下由 BOOT 的启动模式决定,对于 F103 来说就是指向 0x0800 0000 这个位置,也就是从默认的启动位置加载中断向量等信息,不过 ST 允许重定向这个位置,这样就可以从 FLASH 区域的任意位置启动代码。可以通过调用 sys.c 里面的 sys_nvic_set_vector_table 函数实现,该函数定义如下:

```
/**
 * @brief      设置中断向量表偏移地址
 * @param      baseaddr: 基址
 * @param      offset: 偏移量
 * @retval     无
```

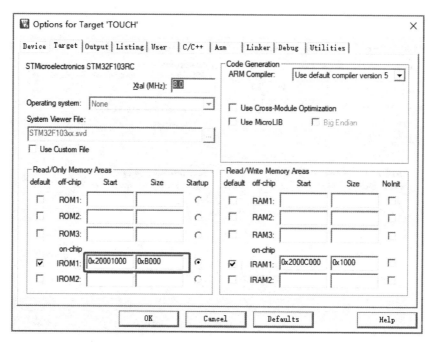

图 31. 4   SRAM APP Target 选项卡设置

```
    * /
void sys_nvic_set_vector_table(uint32_t baseaddr,uint32_t offset)
{
    /*设置 NVIC 的向量表偏移寄存器,VTOR 低 9 位保留,即[8:0]保留*/
    SCB->VTOR = baseaddr | (offset & (uint32_t)0xFFFFFE00);
}
```

该函数用于设置中断向量偏移,baseaddr 为基地址(即 APP 程序首地址),Offset 为偏移量,需要根据自己的实际情况进行设置。比如 FLASH APP 设置中断向量表偏移量为 0x10000,调用情况如下:

```
sys_nvic_set_vector_table(FLASH_BASE,0x10000);/*设置中断向量表偏移量为 0X10000 */
```

这是设置 FLASH APP 的情况,SRAM APP 的情况可以参考触摸屏实验_SRAM APP 版本,其具体的调用情况可参考 main 函数。

通过以上 2 个步骤的设置就可以生成 APP 程序了,只要 APP 程序的 FLASH 和 SRAM 大小不超过我们的设置即可。不过 MDK 默认生成的文件是. hex 文件,并不便于作 IAP 更新,我们希望生成的文件是. bin 文件,这样可以方便 IAP 升级(原因读者可自行百度 HEX 和 BIN 文件的区别)。这里通过 MDK 自带的格式转换工具 fromelf. exe(如果安装在 C 盘的默认路径,则它的位置是 C:\Keil_v5\ARM\ARMCC\bin\ fromelf. exe)来实现. axf 文件到. bin 文件的转换。该工具在 MDK 的安装目录\ARM\ ARMCC\bin 文件夹里面。

fromelf. exe 转换工具的语法格式为:fromelf [options] input_file。其中,options

有很多选项可以设置,详细使用可参考配套资料的"mdk 如何生成 bin 文件.doc"。

　　本实验可以通过在 MDK 的 Options for Target'TOUCH' 对话框的 User 选项卡,在 After Build/Rebuild 一栏中选中 Run ♯1,并在选项同一行后的文本框输入相对地址:fromelf　--bin -o ..\..\Output\@L.bin　..\..\Output\%L,如图 31.5 所示。

图 31.5　MDK 生成.bin 文件设置方法

　　通过这一步设置就可以在 MDK 编译成功之后,调用 fromelf.exe,..\..\Output\%L 表示当前编译的链接文件(..\是相对路径,表示上级目录,编译器默认从工程文件 *.uvprojx 开始查找,根据工程文件 Output 的位置就能明白路径的含义),指令 --bin － o ..\..\Output\@L.bin 表示在 Output 目录下生成一个.bin 文件,@L 在 Keil 下表示 Output 选项卡的 Name of Executable 后面的字符串,即在 Output 文件夹下生成一个 atk_f103.bin 文件。得到.bin 文件之后,只需要将这个 bin 文件传送给单片机即可执行 IAP 升级。

　　最后来看 APP 程序的生成步骤:

　　① 设置 APP 程序的起始地址和存储空间大小

　　对于在 FLASH 里面运行的 APP 程序,只需要设置 APP 程序的起始地址和存储空间大小即可。而对于在 SRAM 里面运行的 APP 程序,还需要设置 SRAM 的起始地址和大小。无论哪种 APP 程序,都需要确保 APP 程序的大小和所占 SRAM 大小不超过设置范围。

　　② 设置中断向量表偏移量。

　　通过调用 sys_nvic_set_vector_table 函数,实现对中断向量表偏移量的设置。这个偏移量的大小,其实就等于程序起始地址相对于 0x08000000 或者 0x20000000 的偏移。

　　③ 设置编译后运行 fromelf.exe,生成.bin 文件。

　　通过在 User 选项卡设置编译后调用 fromelf.exe,根据.axf 文件生成.bin 文件,用于 IAP 更新。

通过以上 3 个步骤就可以得到一个.bin 的 APP 程序,通过 Bootlader 程序即可实现更新。

31.2　硬件设计

(1) 例程功能

本章实验(Bootloader 部分)功能简介:开机的时候先显示提示信息,然后等待串口输入接收 APP 程序(无校验,一次性接收);串口接收到 APP 程序之后,即可执行 IAP。如果是 SRAM APP,则通过按下 KEY0 即可执行这个收到的 SRAM APP 程序。如果是 FLASH APP,则需要先按下 KEY_UP 按键,将串口接收到的 APP 程序存放到 STM32F1 的 FLASH,之后再按 KEY1 即可以执行这个 FLASH APP 程序。LED0 用于指示程序运行状态。

(2) 硬件资源

➤ LED 灯:LED0-PA8;

➤ 串口 1(PA9、PA10 连接在板载 USB 转串口芯片 CH340 上面);

➤ 正点原子 TFTLCD 模块(仅限 MCU 屏,16 位 8080 并口驱动);

➤ 独立按键:KEY0-PC5、KEY1-PA15、WK_UP-PA0。

31.3　程序设计

31.3.1　程序流程图

程序流程如图 31.6 所示。

31.3.2　程序解析

本实验总共需要 3 个程序(1 个 IAP,2 个 APP):

① FLASH IAP Bootloader,起始地址为 0x08000000,设置为用于升级的跳转程序,用串口 1 来做数据接收程序,通过按键功能手动跳转到指定 APP。

② FLASH APP,仅使用 STM32 内部 FLASH,大小为 37 KB。本程序使用配套资料的"实验 13 RTC 实验"作为 FLASH APP 程序(起始地址为 0x08010000)。

③ SRAM APP,使用 STM32 内部 SRAM,使用-O2 优化,生成的 bin 大小为 44 KB。本程序使用配套资料的"实验 21 触摸屏实验"作为 SRAM APP 程序(起始地址为 0x20001000)。

本章关于 APP 程序的生成和修改比较简单,读者结合配套资料以及 31.1 节的介绍自行理解。本章程序解析小节仅针对 Bootloader 程序。

1. IAP 程序

在 iap.c/h 中实现 IAP 的功能,由于 STM32 芯片的 FLASH 容量一般要比

图 31.6　串口 IAP 实验程序流程图

SRAM 大,所以只编写对 FLASH 的写功能和对 MSP 的设置功能以实现程序的跳转。
写 STM32 内部 FLASH 的功能时用到 STM32 的 FLASH 操作,通过封装配套资料中
"实验 33 FLASH 模拟 EEPROM 实验"的驱动,实现 IAP 的写 FLASH 操作如下:

```
void iap_write_appbin(uint32_t appxaddr,uint8_t * appbuf,uint32_t appsize)
{
    uint16_t t;
    uint16_t i = 0;
    uint16_t temp;
    uint32_t fwaddr = appxaddr;              /* 当前写入的地址 */
    uint8_t * dfu = appbuf;
    for (t = 0; t < appsize; t += 2)
    {
        temp = (uint16_t)dfu[1] << 8;
        temp|= (uint16_t)dfu[0];
        dfu += 2;                            /* 偏移 2 个字节 */
        g_iapbuf[i++] = temp;
```

```
        if (i = = 1024)
        {
            i = 0;
            stmflash_write(fwaddr,g_iapbuf,1024);
            fwaddr + = 2048;                    /* 偏移 2048  16 = 2 * 8  所以要乘以 2 */
        }
    }
    if (i)
    {
        stmflash_write(fwaddr,g_iapbuf,i); /* 将最后的一些内容字节写进去 */
    }
}
```

保存了一个完整的 APP 到了对应的位置后,需要对栈顶进行检查操作,初步检查程序设置正确再进行跳转。以 FLASH APP 为例,用查看工具以十六进制查看 bin 文件的内容,可以看到 bin 的内容默认为小端结构,如图 31.7 所示。

图 31.7 FLASH APP 的 bin 文件

iap_load_app 函数用于跳转到 APP 程序运行,其参数 appxaddr 为 APP 程序的起始地址,程序先判断栈顶地址是否合法,在得到合法的栈顶地址后,通过 sys_msr_msp(该函数在 sys.c)函数设置栈顶地址。最后通过一个虚拟的函数(jump2app)跳转到 APP 程序执行代码,实现 IAP→APP 的跳转。这部分用到 sys.c 下的嵌入汇编函数 sys_msr_msp(),实现代码如下:

```
void iap_load_app(uint32_t appxaddr)
{   /* 检查栈顶地址是否合法. 可以放在内部 SRAM, 共 64 KB(0x20000000) */
    if ((( * (volatile   uint32_t * )appxaddr) & 0x2FFE0000) == 0x20000000)
    {
        jump2app = (iapfun) * (volatile uint32_t * )(appxaddr + 4);  /* 复位地址 */
        sys_msr_msp( * (volatile uint32_t * )appxaddr); /* 初始化 APP 堆栈指针 */
        jump2app();                                      /* 跳转到 APP */
    }
}
```

2. IAP Bootloader 程序

根据流程图的设想,需要用到 LCD、串口、按键和 STM32 内部 FLASH 的操作,所以通过复制配套资料中的"FLASH 模拟 EEPROM 实验"来修改,重命名为"串口 IAP 实验",工程内的组重命名为 IAP。

这里需要修改串口接收部分的程序。为了便于测试,这里定义一个大的接收数组 g_usart_rx_buf[USART_REC_LEN],并保证这个数组能接收并缓存一个完整的 bin 文件。程序中定义这个大小为 44 KB,因为有 SRAM 程序(优化后为 44 KB),所以把这部分的数组用 __attribute__ ((at(0X20001000))) 直接放到 SRAM 程序的位置,这样接收完整的 SRAM 程序后直接跳转就可以了。

```
uint8_t g_usart_rx_buf[USART_REC_LEN] __attribute__ ((at(0X20001000)));
```

接收的数据处理方法与之前的串口处理方式类似。把接收标记的处理放在 main.c 中处理,具体如下:

```
int main(void)
{
    uint8_t t;
    uint8_t key;
    uint32_t oldcount = 0;               /* 老的串口接收数据值 */
    uint32_t applenth = 0;               /* 接收到的 app 代码长度 */
    uint8_t clearflag = 0;
    /* 一系列初始化 */
    /* LCD 显示实验内容 */
    while (1)
    {
        if (g_usart_rx_cnt)
        {
            if(oldcount == g_usart_rx_cnt)
            {   /* 新周期内,没有收到任何数据,认为本次数据接收完成 */
                applenth = g_usart_rx_cnt;
                oldcount = 0;
                g_usart_rx_cnt = 0;
                printf("用户程序接收完成! \r\n");
                printf("代码长度:%dBytes\r\n", applenth);
            }
            else oldcount = g_usart_rx_cnt;
        }
        t++;
        delay_ms(10);
        if (t == 30)
        {
            LED0_TOGGLE();
            t = 0;
            if (clearflag)
            {
                clearflag--;
                if (clearflag == 0)
                {
                    lcd_fill(30, 190, 240, 210 + 16, WHITE);    /* 清除显示 */
                }
            }
        }
    }
```

```
            key = key_scan(0);
            if (key == WKUP_PRES)                  /* WKUP 按下,更新固件到 FLASH */
            {
                if (applenth)
                {
                    printf("开始更新固件...\r\n");
                    lcd_show_string(30, 190, 200, 16, 16, "Copying APP2FLASH...", BLUE);
                        if ((( * (volatile uint32_t * )(0X20001000 + 4)) & 0xFF000000) =
                            = 0x08000000)    /* 判断是否为 0X08XXXXXX */
                            {
                                iap_write_appbin(FLASH_APP1_ADDR, g_usart_rx_buf, applenth);
                                                /* 更新 FLASH 代码 */
                                lcd_show_string(30,190,200,16,16,"Copy APPSuccessed!!",BLUE);
                                printf("固件更新完成! \r\n");
                            }
                            else
                            {
                                lcd_show_string(30,190,200,16,16,"Illegal FLASH APP!",BLUE);
                                printf("非 FLASH 应用程序! \r\n");
                            }
                }
                else
                {
                    printf("没有可以更新的固件! \r\n");
                    lcd_show_string(30, 190, 200, 16, 16, "No APP!", BLUE);
                }
                clearflag = 7;    /* 标志更新了显示,并且设置 7 * 300ms 后清除显示 */
            }
            if (key == KEY1_PRES) /* KEY1 按键按下,运行 FLASH APP 代码 */
            {
                if ((( * (volatile uint32_t * )(FLASH_APP1_ADDR + 4)) & 0xFF000000) ==
                    0x08000000)    /* 判断 FLASH 里面是否有 APP,有的话执行 */
                {
                    printf("开始执行 FLASH 用户代码!! \r\n\r\n");
                    delay_ms(10);
                    iap_load_app(FLASH_APP1_ADDR);/* 执行 FLASH APP 代码 */
                }
                else
                {
                    printf("没有可以运行的固件! \r\n");
                    lcd_show_string(30, 190, 200, 16, 16, "No APP!", BLUE);
                }
                clearflag = 7; /* 标志更新了显示,并且设置 7 * 300ms 后清除显示 */
            }
            if (key == KEY0_PRES)    /* KEY0 按下 */
            {
                printf("开始执行 SRAM 用户代码!! \r\n\r\n");
                delay_ms(10);
                if ((( * (volatile uint32_t * )(0x20001000 + 4)) & 0xFF000000) ==
0x20000000)                                    /* 判断是否为 0X20XXXXXX */
```

```
            {
                iap_load_app(0x20001000);    /* SRAM 地址 */
            }
            else
            {
                printf("非 SRAM 应用程序,无法执行! \r\n");
                lcd_show_string(30, 190, 200, 16, 16, "Illegal SRAM APP!", BLUE);
            }
            clearflag = 7; /* 标志更新了显示,并且设置 7 * 300ms 后清除显示 */
        }
    }
  }
}
```

APP 代码就不介绍了,读者可以参考本例程提供的源代码。注意,在 main 函数起始处重新设置中断向量表(寄存器 SCB→VTOR)的偏移量,否则 APP 无法正常运行。仍以 FLASH APP 为例,这里编译通过后执行了 fromelf.exe 生成 bin 文件,如图 31.8 所示。

« 串口IAP实验 › 实验13 RTC实验_FLASH_APP › Output	∨ ↺
名称 ^	类型	大小
atk_f103.bin	BIN 文件	47 KB
atk_f103.hex	HEX 文件	132 KB

图 31.8 多存储段 APP 程序生成多个 .bin 文件

31.4 下载验证

将程序下载到开发板后,可以看到 LCD 首先显示一些实验相关的信息,如图 31.9 所示。

此时,可以通过串口发送 FLASH APP、SRAM APP 到开发板。以 FLASH APP 为例进行演示,如图 31.10 所示。

首先找到开发板 USB 转串口的串口号,打开串口(笔者的电脑是 COM4),然后设置波特率为 115 200 并打开串口。然后,单击"打开文件"按钮(图中标号③所示),找到 APP 程序生成的 .bin 文件(注意,文

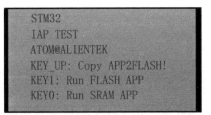

```
STM32
IAP TEST
ATOM@ALIENTEK
KEY_UP: Copy APP2FLASH!
KEY1: Run FLASH APP
KEY0: Run SRAM APP
```

图 31.9 IAP 程序界面

件类型须选择所有文件,默认只打开 txt 文件),最后单击"发送文件"(图中标号④所示),将 .bin 文件发送给 STM32 开发板,发送完成后 XCOM 会提示文件发送完毕(图中标号⑤所示)。

图 31.10 串口发送 APP 程序界面

开发板收到 APP 程序之后会打印提示信息,可以根据发送的数据与开发板的提示信息确认开发板接收到的 bin 文件是否完整,从而可以通过 KEY0、KEY1 运行这个 APP 程序(如果是 FLASH APP,则需要通过 KEY1 将其存入对应 FLASH 区域)。此时根据程序设计,按下 KEY1 即可执行 FLASH APP 程序,更新 SRAM APP 的过程类似,读者自行测试即可。

参考文献

[1] 刘军. 原子教你玩 STM32(寄存器版)[M]. 2 版. 北京：北京航空航天大学出版社,2013.

[2] ST. STM32 中文参考手册(第 10 版). 2010.

[3] Joseph Yiu. ARM Cortex-M3 权威指南[M]. 宋岩,译. 北京：北京航空航天大学出版社,2009.

[4] 刘荣. 圈圈教你玩 USB[M]. 北京：北京航空航天大学出版社,2009.

[5] Microsoft. FAT32 白皮书. 夏新,译. 2000.